"十三五"职业教育系列教材

DIANJI JISHU

电机技术

主　　编　李元庆

副主编　韦卫红

编　　写　苏汉新　李春娴

　　　　　莫小勇　陆亚萍

主　　审　叶水音

中国电力出版社
CHINA ELECTRIC POWER PRESS

内 容 提 要

本书集电机及电力拖动基础理论、新能源发电技术、电机运行技术、电机拖动技术、电动机选择、电机试验等内容于一体。本书分五部分，内容包括变压器、异步电动机、同步发电机、其他电机与电力拖动、新能源发电技术简介。每章均附有单元小结、思考与练习，便于读者学习。

为学习贯彻落实党的二十大精神，根据《党的二十大报告学习辅导百问》《二十大党章修正案学习问答》，在本书配套数字资源中设置了"二十大报告及党章修正案学习辅导"栏目，以方便师生学习。

本书可作为高等职业教育发电厂及电力系统、供用电技术、电力系统继电保护、电机与电器、电气自动化技术、机器人技术、智能制造等专业高职高专教育和高职本科教育教材，也可作为成人职业教育、中等职业教育等专业的教材或辅助教学用书。

图书在版编目（CIP）数据

电机技术/李元庆主编. —北京：中国电力出版社，2017.9（2025.2 重印）

"十三五"职业教育规划教材

ISBN 978-7-5198-1035-1

Ⅰ. ①电… Ⅱ. ①李… Ⅲ. ①电机学－高等职业教育－教材 Ⅳ. ①TM3

中国版本图书馆 CIP 数据核字（2017）第 188208 号

出版发行：中国电力出版社

地　　址：北京市东城区北京站西街 19 号（邮政编码 100005）

网　　址：http://www.cepp.sgcc.com.cn

责任编辑：乔　莉（010-63412535）　盛兆亮

责任校对：太兴华

装帧设计：赵姗姗

责任印制：吴　迪

印　　刷：固安县铭成印刷有限公司

版　　次：2017 年 9 月第一版

印　　次：2025 年 2 月北京第十七次印刷

开　　本：787 毫米×1092 毫米　16 开本

印　　张：20

字　　数：487 千字

定　　价：55.00 元

前　　言

本书作为高等职业教育类、机电类等专业核心课教材，同时也是"清华教育在线"网络教学综合平台在线开放课程"电机技术"的配套教材。

为适应高等职业教育迅猛发展的需要，本书在教学内容编排上进行了较大力度的改革。对传统教学内容进行了大胆的取舍和补充。本书将电机理论知识、电机试验、电机运行技术、电机拖动技术、电动机选择、新能源发电技术等内容有机地结合在一起，能使广大读者学习到高级应用型技术人才所必需的电机方面的基础知识和操作技能，掌握电机的运行、维护技术。

本书具有以下特点：

（1）以培养学生的就业能力为导向，以培养学生的实践能力、动手能力为基础，将电机理论知识和电机运行技术、电机试验有机地结合在一起。

（2）介绍了电机的基础理论，介绍了直流电机、控制电机及电力拖动中电动机的选择，同时还介绍了电机的运行技术、试验方法、电机的常见故障分析、新能源发电技术等知识。

（3）注重于教学方法和教学手段的改革，教材将"电机技术"的知识点通过导学引入，每一单元编写时力求做到概念准确，语言精练，重点突出，内容创新，叙述通俗；并配以单元小结、思考与练习，可进一步提高读者学习电机知识的兴趣，掌握相关知识点。

（4）借助于"清华教育在线"网络教学综合平台开放的在线课程"电机技术"，通过开放共享教育资源，通过在线学习，主动适应学习者个性化和多样化终身学习的需求，使每一位读者"随处可学、时时可学"成为可能。

本书分五部分。第一部分为变压器，内容包括变压器的基本结构、工作原理及拆装，双绕组变压器的空载、负载运行分析，变压器的运行特性及参数测定，三相变压器的联结组别及判断，变压器并联运行分析，其他变压器的应用分析，变压器的异常运行与维护；第二部分为异步电动机，内容包括三相异步电动机的基本结构、工作原理及拆装，交流绕组的基本知识，电动势和磁动势分析，空载、负载运行、功率和电磁转矩分析及工作特性分析，启动、调速和制动，单相及三相异步电动机的应用分析；第三部分为同步发电机，内容包括同步发电机基本结构、工作原理分析、电枢反应及同步电抗、电动势方程式和相量图分析、运行特性及试验、并列运行及试验、有功功率的调节及静态稳定分析、无功功率的调节及 V 形曲线分析、异常运行及维护；第四部分为其他电机与电力拖动，主要讲述直流电机的结构和工作原理分析、控制电机及其应用、电力拖动与电动机的选择；第五部分为新能源发电技术简介，内容包括风力发电、核能发电、太阳能发电工作原理简介。

本书由李元庆教授统稿，并编写第一、第二、第三部分；苏汉新编写第四部分第三单元；陆亚萍编写第四部分第一单元及第五部分第一单元；李春娴编写第四部分第二单元；韦卫红编写第五部分第二单元；莫小勇编写第五部分第三单元。本书由福建电力职业技术学院叶水音老师担任主审，并提出了诸多宝贵意见，在此表示衷心的感谢。

限于编者水平，书中难免有不足之处，真诚希望广大读者批评指正。

编　者

2017 年 7 月

目　　录

前言

绪论 ·· 1
第一部分　变压器 ·· 3
　第一单元　变压器的基本结构、工作原理及拆装 ······················· 4
　　知识点一　变压器的基本结构 ······································· 4
　　知识点二　变压器的基本工作原理 ································· 7
　　知识点三　变压器的铭牌及额定值 ································· 8
　　知识点四　变压器的拆卸与组装方法 ····························· 10
　　单元小结 ·· 13
　　思考与练习 ·· 13
　第二单元　双绕组变压器的空载运行分析 ····························· 15
　　知识点一　变压器空载时的各物理量及电动势 ················· 15
　　知识点二　变压器空载时的等效电路和相量图 ················· 18
　　知识点三　单相变压器高压、低压绕组及同名端判断 ·········· 20
　　单元小结 ·· 21
　　思考与练习 ·· 21
　第三单元　双绕组变压器的负载运行分析 ····························· 23
　　知识点一　变压器负载时的各物理量及电动势 ················· 23
　　知识点二　变压器负载时的相量图和等效电路 ················· 25
　　单元小结 ·· 30
　　思考与练习 ·· 30
　第四单元　变压器的运行特性及参数测定 ····························· 33
　　知识点一　变压器的运行特性 ······································ 33
　　知识点二　变压器参数的测定 ······································ 34
　　单元小结 ·· 37
　　思考与练习 ·· 37
　第五单元　三相变压器的联结组别及判断 ····························· 39
　　知识点一　三相变压器的磁路系统 ································· 39
　　知识点二　三相变压器的电路系统 ································· 40
　*知识点三　三相变压器的空载电动势波形 ······················ 45
　　知识点四　三相变压器的联结组别及判断 ······················ 46

单元小结 ………………………………………………………………………… 50

思考与练习 ……………………………………………………………………… 51

第六单元　变压器并联运行分析 ……………………………………………… 53

知识点一　变压器并联运行的条件 …………………………………………… 53

知识点二　变压器并联运行时的负载分配 …………………………………… 55

单元小结 ………………………………………………………………………… 57

思考与练习 ……………………………………………………………………… 57

第七单元　其他变压器的应用分析 ……………………………………………… 59

知识点一　自耦变压器 ………………………………………………………… 59

知识点二　三绕组变压器 ……………………………………………………… 62

知识点三　仪用变压器 ………………………………………………………… 64

*知识点四　分裂变压器 ………………………………………………………… 66

*知识点五　电焊变压器 ………………………………………………………… 67

单元小结 ………………………………………………………………………… 67

思考与练习 ……………………………………………………………………… 68

第八单元　变压器的异常运行与维护 ………………………………………… 70

知识点一　变压器的检修项目 ………………………………………………… 70

知识点二　变压器的常见故障类型及处理方法 ……………………………… 72

*知识点三　变压器的暂态过程分析 …………………………………………… 73

*知识点四　三相变压器的不对称运行分析 …………………………………… 75

单元小结 ………………………………………………………………………… 77

思考与练习 ……………………………………………………………………… 77

第二部分　异步电动机 …………………………………………………………… 79

第一单元　三相异步电动机基本结构、工作原理及拆装 …………………… 80

知识点一　三相异步电动机的基本结构 ……………………………………… 80

知识点二　三相异步电动机的工作原理 ……………………………………… 82

知识点三　三相异步电动机的铭牌及拆装 …………………………………… 86

单元小结 ………………………………………………………………………… 89

思考与练习 ……………………………………………………………………… 90

第二单元　交流绕组的基本知识 ……………………………………………… 92

知识点一　交流绕组的构成原则及分类 ……………………………………… 92

知识点二　三相单层绕组和三相双层绕组分析 ……………………………… 94

单元小结 ………………………………………………………………………… 97

思考与练习 ……………………………………………………………………… 97

第三单元　交流绕组的电动势和磁动势分析 ………………………………… 99

知识点一　交流绕组的电动势分析 …………………………………………… 99

知识点二　交流绕组的磁动势分析 …………………………………………… 103

　　　知识点三　三相绕组首尾端判断 ……………………………………………… 105

　　　单元小结 …………………………………………………………………………… 106

　　　思考与练习 ………………………………………………………………………… 107

第四单元　异步电动机的空载、负载运行分析 …………………………………… 109

　　　知识点一　异步电动机的空载运行分析 ………………………………………… 109

　　　知识点二　异步电动机的负载运行分析 ………………………………………… 110

　　　单元小结 …………………………………………………………………………… 114

　　　思考与练习 ………………………………………………………………………… 114

第五单元　异步电动机的功率和电磁转矩分析 …………………………………… 117

　　　知识点一　异步电动机的功率分析 ……………………………………………… 117

　　　知识点二　异步电动机的电磁转矩分析 ………………………………………… 119

　　　单元小结 …………………………………………………………………………… 119

　　　思考与练习 ………………………………………………………………………… 120

第六单元　异步电动机的工作特性分析 …………………………………………… 122

　　　知识点一　异步电动机的工作特性分析 ………………………………………… 122

　　　知识点二　异步电动机的参数测定 ……………………………………………… 126

　　　单元小结 …………………………………………………………………………… 128

　　　思考与练习 ………………………………………………………………………… 128

第七单元　异步电动机的启动、调速和制动 ……………………………………… 130

　　　知识点一　三相异步电动机的启动 ……………………………………………… 130

　　　知识点二　深槽型和双笼型异步电动机 ………………………………………… 135

　　　知识点三　三相异步电动机的调速 ……………………………………………… 137

　　　知识点四　三相异步电动机的制动 ……………………………………………… 139

　　　知识点五　三相异步电动机的启动、反转和制动试验 ………………………… 140

　　　单元小结 …………………………………………………………………………… 145

　　　思考与练习 ………………………………………………………………………… 145

第八单元　单相异步电动机的应用分析 …………………………………………… 147

　　　知识点一　单相异步电动机的结构与原理 ……………………………………… 147

　　　知识点二　单相异步电动机的常见故障及处理 ………………………………… 151

　　　单元小结 …………………………………………………………………………… 156

　　　思考与练习 ………………………………………………………………………… 156

第九单元　三相异步电动机的应用分析 …………………………………………… 158

　　　知识点一　三相异步电动机的异常运行 ………………………………………… 158

　　　知识点二　三相异步电动机的日常维护 ………………………………………… 159

　　　知识点三　三相异步电动机发生故障的原因及检修方法 ……………………… 161

　　　单元小结 …………………………………………………………………………… 163

　　　思考与练习 ………………………………………………………………………… 164

第三部分　同步发电机···167

  第一单元　同步发电机基本结构、工作原理分析···························168

    知识点一　同步发电机的基本结构·······························168

    知识点二　同步发电机的工作原理及励磁方式···················171

    知识点三　同步发电机的型号和额定值·························174

    知识点四　同步发电机的拆装方法·····························176

    单元小结···179

    思考与练习···180

  第二单元　同步发电机的电枢反应及同步电抗···························182

    知识点一　同步发电机的空载运行·····························182

    知识点二　对称负载时的电枢反应·····························183

    知识点三　同步发电机的电抗构成·····························185

    单元小结···186

    思考与练习···187

  第三单元　同步发电机的电动势方程式和相量图分析·····················189

    知识点一　同步发电机的电动势方程式·························189

    知识点二　同步发电机的相量图分析···························190

    单元小结···193

    思考与练习···194

  第四单元　同步发电机的运行特性及试验·······························196

    知识点一　同步发电机的运行特性分析·························196

    知识点二　同步发电机的损耗和效率···························199

    知识点三　同步发电机空载、短路试验·························200

    单元小结···202

    思考与练习···203

  第五单元　同步发电机的并列运行及试验·······························205

    知识点一　同步发电机准同步并列法···························205

    知识点二　同步发电机自同步并列法···························207

    知识点三　同步发电机的并列运行试验·························208

    单元小结···211

    思考与练习···211

  第六单元　同步发电机有功功率的调节及静态稳定分析···················213

    知识点一　同步发电机有功功率的调节及功角特性···············213

    知识点二　同步发电机的静态稳定分析·························216

    单元小结···219

    思考与练习···219

  第七单元　同步发电机无功功率的调节及 V 形曲线分析··················222

    知识点一　同步发电机无功功率的调节·························222

　　知识点二　同步发电机的 V 形曲线分析 ································ 223

　　知识点三　同步发电机的调相运行及同步调相机 ················ 224

　　单元小结 ·· 227

　　思考与练习 ·· 227

第八单元　同步发电机的异常运行及维护 ························ 229

　　知识点一　同步发电机的突然短路分析 ···························· 229

　　知识点二　同步发电机的不对称运行分析 ························ 233

　　知识点三　同步发电机的失磁运行分析 ···························· 235

　　知识点四　同步发电机常见故障原因及处理方法 ················ 236

　　单元小结 ·· 238

　　思考与练习 ·· 238

第四部分　其他电机与电力拖动 ································ 241

第一单元　直流电机的结构和工作原理分析 ···················· 242

　　知识点一　直流电机的工作原理 ···································· 242

　　知识点二　直流电机的基本结构 ···································· 244

　　知识点三　直流电机的铭牌参数 ···································· 246

　　单元小结 ·· 247

　　思考与练习 ·· 247

第二单元　控制电机及其应用 ···································· 249

　　知识点一　控制电机的特点及类型 ································· 249

　＊知识点二　伺服电动机的应用 ···································· 250

　　知识点三　测速发电机 ·· 252

　　知识点四　步进电动机的应用 ······································ 254

　　知识点五　永磁电机的分类及用途 ································· 256

　　单元小结 ·· 259

　　思考与练习 ·· 259

第三单元　电力拖动与电动机的选择 ···························· 261

　　知识点一　电力拖动的动力学基础 ································· 261

　　知识点二　电动机选择的一般概念 ································· 264

　　知识点三　电动机的发热和冷却 ···································· 266

　　知识点四　电动机工作制的分类 ···································· 267

　　知识点五　电动机额定功率的选择 ································· 269

　　知识点六　电动机类型、额定电压与额定转速的选择 ··········· 274

　　单元小结 ·· 277

　　思考与练习 ·· 278

第五部分　新能源发电技术简介 ································ 281

第一单元　风力发电工作原理简介 ······························ 282

　　知识点一　风力发电概述 ··· 282

　　知识点二　风力发电的意义和特点 ································ 284

　　知识点三　风力发电的原理及系统组成 ···················· 285

　　知识点四　风力发电机组的类型及结构 ···················· 286

　　知识点五　风力发电的运行方式 ····························· 289

　　单元小结 ·· 291

　　思考与练习 ·· 291

第二单元　核能发电工作原理简介 ························ 293

　　知识点一　核电发展概况 ····································· 293

　　知识点二　核能基础知识 ····································· 294

　　知识点三　核反应堆 ·· 295

　　知识点四　核电发电原理 ····································· 297

　　单元小结 ·· 300

　　思考与练习 ·· 300

第三单元　太阳能发电工作原理简介 ···················· 302

　　知识点一　太阳能热发电系统工作原理 ···················· 302

　　知识点二　光伏发电系统的组成 ····························· 303

　　知识点三　光伏发电系统的分类 ····························· 304

　　知识点四　光伏发电系统的设计 ····························· 305

　　知识点五　光伏发电的优缺点 ······························· 307

　　单元小结 ·· 308

　　思考与练习 ·· 308

参考文献 ·· 310

绪　　论

知识要求

（1）了解"电机技术"课程的学习内容及分类。
（2）掌握"电机技术"课程的特点及学习方法。

能力要求

（1）能初步了解"电机技术"课程的主要内容和要求。
（2）能掌握"电机技术"课程的学习方法。

导　学

"电机技术"是研究电力变压器、同步电机、异步电机、直流电机的运行技术，是研究电能的产生、调节、变换和设备控制、检修技术的一门科学。

（1）电机的定义。电机是指依据电磁感应定律实现电能转换或传递的一种电磁装置。
（2）电机的作用。

1）进行电能的生产、传输和分配。如图 0-1 所示，电机在电力系统中实现电能的产生、变换、分配、使用和设备控制。

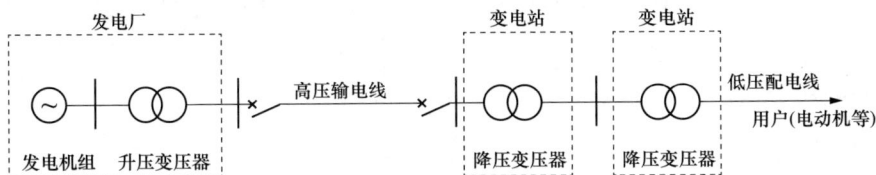

图 0-1　电机在电力系统中的应用示意图

2）驱动各种生产机械做功，将电能转换为机械能。

3）作自动控制系统中的执行元件，如卫星导航、智能变电站、自动控制机床等。

（3）电机的分类。电机分为静止电机、旋转电机两大类。

电机作为利用电磁感应原理，实现机电能量转换的机械装置，类型繁多，现将主要用作机电能量转换的各种电机归纳如下：

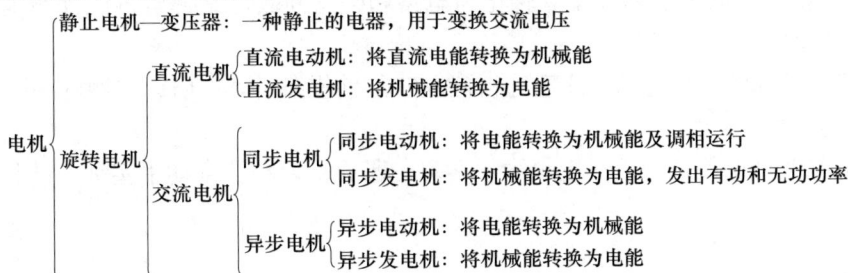

```
      ┌ 静止电机—变压器：一种静止的电器，用于变换交流电压
      │
      │            ┌ 直流电机 ┌ 直流电动机：将直流电能转换为机械能
      │            │         └ 直流发电机：将机械能转换为电能
电机 ─┤            │
      │            │         ┌ 同步电机 ┌ 同步电动机：将电能转换为机械能及调相运行
      └ 旋转电机 ──┤         │         └ 同步发电机：将机械能转换为电能，发出有功和无功功率
                   │ 交流电机┤
                   │         │ 异步电机 ┌ 异步电动机：将电能转换为机械能
                   └         └         └ 异步发电机：将机械能转换为电能
```

（4）"电机技术"课程的特点。"电机技术"课程是高职高专院校电气工程、供用电技术、机电一体化等专业的一门主干核心课程，是联系基础课和专业课的技术基础课，同时也是一门将电机理论知识和电机维修技术、电机试验、电机实训有机地结合在一起的课程。该课程是研究电能的产生、调节、变换和设备控制及各种电机的检测方法、检修技术的一门科学。它是在学习数学、物理、工程力学和电路原理等课程的基础上研究电机的工作原理、主要结构、基础理论、运行特征及试验方法、维修技术的一门课程。

"电机技术"课程将理论知识和实践知识两者相互渗透，相互融合，将电机理论知识融化在实践操作技能知识之中，它以实践为主要教学手段；整个教学内容理论穿插实践、实践过程中穿插理论。

本课程的任务是为学习专业课做准备和打基础。电机是电力系统中的重要组成部分，它的运行状态直接影响系统的正常工作；而电机原理和特性又是进行电机设计和控制的理论依据。

"电机技术"课程的内容涉及领域广泛，课程的特点是：概念抽象不易理解，内容繁杂；既有磁的又有电的联系，既有时间的又有空间的联系；既有单相的又有三相的，既有对称的又有不对称的，既有静止的又有旋转的，既有稳态的又有暂态的联系等。故分析时既有理论又有实际，为了突出主要矛盾通常采取忽略次要因素，做某些假定和处理，使分析问题的思路清晰，物理概念更加明确。

（5）"电机技术"课程常用的基本定律。

1）基尔霍夫定律及欧姆定律：KCL（$\Sigma I=0$）、KVL（$\Sigma U=0$），欧姆定律 $U=IR$；$E=IR+U$。

2）法拉第电磁感应定律：反映磁生电的规律。

导体感生电动势：$e = BlV$。

线圈感生电动势：$e = -N\mathrm{d}\Phi/\mathrm{d}t$。

3）全电流定律：反映电生磁的规律 $\oint_l \bar{H}\mathrm{d}\bar{l} = i_1 + i_2 + i_3 \cdots + i_n = \sum_{i=1}^{n} i$。

4）电磁力定律：$f = BLi$。

5）磁路欧姆定律：$\Phi = F/R_i$。

6）能量守恒定律。

（6）"电机技术"课程的学习方法。由于影响电机运行的因素很多，全部考虑这些因素是十分困难的，因此分析时要从工程观点考虑，首先忽略一些次要因素，突出主要矛盾，找出基本关系，然后再考虑次要因素的影响，使分析结果更为完善。

1）注意理论联系实际，融合理论知识到实践操作技能中进行学习。重视习题、试验、实训、实践性环节。

2）掌握分析步骤，注意各类电机的共性（基本概念和基本理论）及彼此间的区别，懂得应用电磁规律将复杂的电机物理现象转化为电路和磁路问题，掌握电机运行的基本方程式、等效电路和相量图。

3）了解本课程的分析方法，注意分析问题时的前提条件，被研究问题的主要矛盾及所得的结论及其局限性。

4）尽可能做到课前预习、线上、线下学习，课后复习和认真动手实训、试验，并进行阶段总结。

第一部分

变 压 器

变压器是借助于电磁感应作用，在两个或更多的绕组之间变换同频率交流电压和交流电流的一种静止电器。变压器作为一种静止电机，它与旋转电机的能量转换作用不同，变压器只起到能量传递的作用。

本部分以普通双绕组变压器为主要研究对象，着重分析单相变压器的基本原理、空载负载运行的电磁关系及运行特性，变压器空载、短路试验的方法，并联运行分析等内容。对于三相变压器当带负载稳态运行时，每一相情况与单相变压器相同，但三相变压器的磁路和电路系统与单相变压器略有不同。对于三绕组变压器、自耦变压器和仪用互感器等只作简要的介绍。

第一单元 变压器的基本结构、工作原理及拆装

知识要求

（1）掌握单相双绕组、三相双绕组、三绕组变压器、自耦变压器的基本结构、铭牌参数及额定功率、额定电压、额定电流的计算。

（2）掌握变压器的基本工作原理及拆装方法。

能力要求

（1）能了解变压器的基本结构及各部件的作用，了解变压器的工作原理及用途。

（2）能判断变压器的高压、低压绕组。

（3）能计算单相、三相变压器的额定功率、额定电压、额定电流。

（4）能了解拆装变压器的方法。

导 学

变压器的主要结构部件是铁芯和绕组，它们分别构成了变压器的磁路和电路。除了铁芯和绕组外，还有一些附属部件。

变压器依据电磁感应作用进行交流电能的传递，它利用一次、二次绕组匝数的不等实现变压。

变压器的额定值是运行的依据，包括额定容量 S_N、额定电压 U_N、额定电流 I_N，对于单相变压器 $S_N = U_{1N}I_{1N} = U_{2N}I_{2N}$，对于三相变压器 $S_N = \sqrt{3}U_{1N}I_{1N} = \sqrt{3}U_{2N}I_{2N}$。

为保证变压器的安全可靠运行，必须深入了解变压器的基本结构及各部件的作用，了解变压器是如何变压的，变压器各参数如何计算。

知识点一 变压器的基本结构

各种变压器的结构大同小异，它们主要由铁芯以及绕在铁芯上的一次、二次绕组组成。油浸式变压器的铁芯和绕组一般都浸放在盛满变压器油的油箱中。变压器还有油箱及冷却装置、绝缘套管、调压和保护装置等部件，不同用途的变压器结构略有差异。图 1-1-1 为三相油浸式电力变压器结构。

一、三相变压器的基本结构及各部件的作用

（1）变压器各部件的名称及作用。

（2）铁芯。变压器的铁芯一般用厚度 0.23～0.35mm 高磁导率的磁性材料——硅钢片叠压而成。包括铁芯柱和铁轭两部分。铁芯柱上套装一次、二次绕组，上下铁轭将铁芯柱连接起来，形成闭合的主磁路。如图 1-1-2（a）所示为三相变压器的日字形铁芯。

铁芯：构成磁的通路

器身——绕组：构成电的通路

分接头开关：分有载调压和无载调压两种

变压器——绝缘部分——绝缘套管：将带电部分与地分隔

油箱：储油

储油柜(油枕)

保护装置(包括测温装置，安全气道，继电器等)

冷却装置(包括油浸自冷，油浸风冷，强迫油循环冷却)

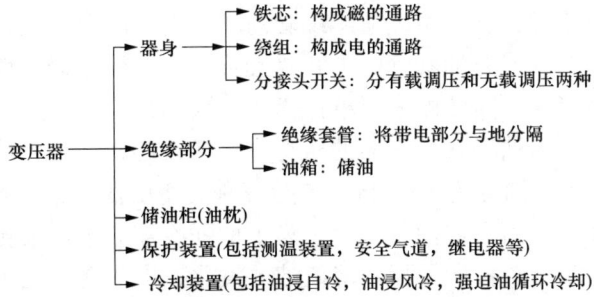

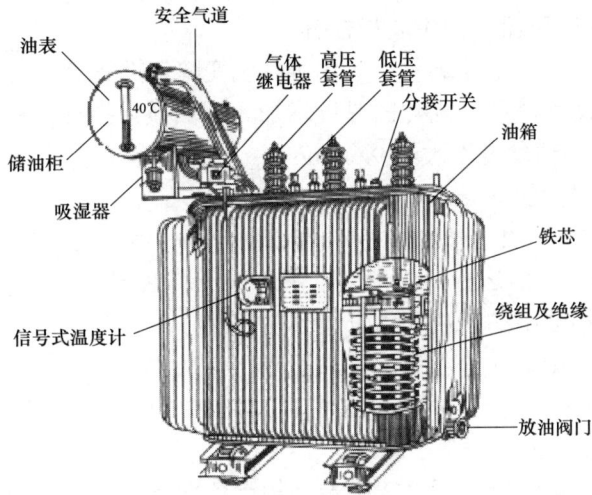

图 1-1-1　三相油浸式电力变压器结构示意图

（3）绕组。绕组是变压器的电路部分，它由铜绝缘扁导线或圆导线绕制而成，一般高压绕组电阻大，匝数多，低压绕组电阻小，匝数少；按高压、低压绕组在铁芯上排列方式的不同，分为同心式和交叠式两种。同心式绕组结构简单、制造方便，国产电力变压器常采用这种结构，如图 1-1-2（b）～（e）所示，交叠式绕组用于特种变压器中。一般情况下低压绕组靠近铁芯柱，高压绕组套在低压绕组外面，中间用绝缘纸筒隔开。

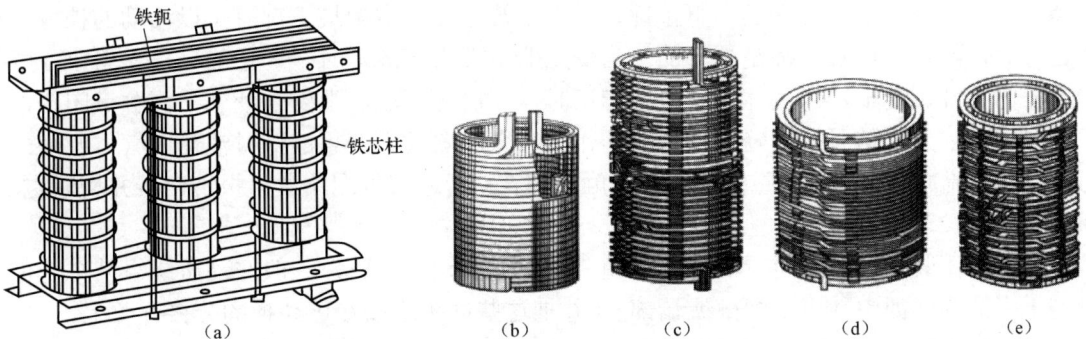

图 1-1-2　三相变压器的铁芯、同心式绕组
（a）铁芯；（b）圆筒式绕组；（c）螺旋式绕组；（d）连续式绕组；（e）纠结式绕组

（4）绝缘套管。变压器的引出线从油箱内部引到油箱外部时，必须经过绝缘套管，使带

电的引线和接地的油箱绝缘。套管由瓷质绝缘套筒和导电杆组成。根据电压等级的不同，套管分为瓷质绝缘套管、充气或充油套管、电容式套管。配电变压器一般采用瓷质绝缘套管，低压侧采用复合瓷绝缘套管，高压侧采用单体瓷质绝缘套管。

（5）油箱及变压器油。油浸式变压器的器身（包括铁芯、绕组、绝缘结构等）放在充满变压器油的油箱中，变压器油分为10、25、45号三种。变压器油箱一般做成椭圆形，这样可使油箱有较强的机械强度，而且需油量较少。为了增强冷却效果，油箱壁上焊有散热管或装设散热器。为减少油与空气的接触面积，降低油的氧化速度，在油箱上面安装一储油柜，用连通管与油箱接通。变压器油的作用是绝缘（作为绕组间及绕组与铁芯、油箱壁间的绝缘介质）和散热。通常反映变压器油的主要指标有：

1）油的外观颜色。新油呈淡黄色，老化时颜色变暗，严重老化时呈棕色。

2）黏度。越低流动性越好，老化时黏度增加。新油质量指标：在20℃时运动黏度不大于30mm/s，在50℃时运动黏度不大于9.6mm/s。

3）凝固点。变压器油的标号就是其凝固点的温度。

4）闪点。指油受热后产生的蒸汽与空气形成混合物，遇明火能够发生燃烧的温度。新油的闪点一般不低于135℃，而运行中的油闪点不应低于新油5℃。

5）比重。比重越小油中的杂质和水分越容易沉淀。

6）酸、碱、硫及机械杂质等含量。新油不应含有杂质。

7）酸价。新油酸价不应小于0.03mgKOH/g，运行中的油酸价不应小于0.1mgKOH/g。酸价越高，说明油氧化越严重。

8）电气绝缘强度。电气绝缘强度表征油在规定条件下承受电压的能力。如6～35kV为25kV/mm，35kV以上为35kV/mm。

9）介质损耗角正切值（又称介质损耗因数）。介质损耗角正切值表征变压器在交变电场作用下，因电导、松弛极化及游离产生的能量损耗的大小。新油在70℃时不大于0.5%，运行中的油在70℃时不大于2%。

（6）气体继电器。气体继电器安装在储油柜和油箱之间的连接管里，其底部高于变压器箱盖，气体继电器是变压器内部短路故障的保护装置。目前主要采用的是挡板式结构，包括外壳和继电器芯子两部分。芯子顶盖上装有跳闸及信号接线端头、放气塞，顶盖下面的支架上装有开口油杯、上下磁铁及上下重锤、上下干簧触点，支架最下部有可以活动的挡板。正常运行时，两对干簧触点都是断开的，当变压器出现内部故障时，产生的气体将聚集在气体继电器的上部，继电器内气体达到一定容积时，开口杯下沉，上磁铁使上干簧触点闭合，接通信号回路，发出信号，即轻瓦斯保护动作；当变压器发生严重故障时油箱内气体剧增，压力升高，油流冲动挡板，下磁铁使下干簧触点闭合，接通信号回路发出报警信号并切断电源，即重瓦斯保护动作。

（7）调压装置。调压装置的作用是调节变压器的输出电压，一般在高压绕组某个部位引出若干个抽头（如中性点、中部或端部），并把这些抽头连接在可切换的分接开关上。

二、单相变压器的结构特点及作用

（1）结构。单相变压器多用于单相交流电的场所，它由一个一次绕组和一个二次绕组（二次侧可有多个绕组）组成，铁芯为口字形，分为心式和壳式两种。心式结构的心柱被绕组所包围，如图1-1-3所示；壳式结构则是铁芯包围绕组的顶面、底面和侧面，如图1-1-4所示。

心式结构的绕组和绝缘装配比较容易，所以变压器常常采用这种结构。壳式变压器的机械强度较好，常用于低压、大电流的变压器或小容量电信变压器。

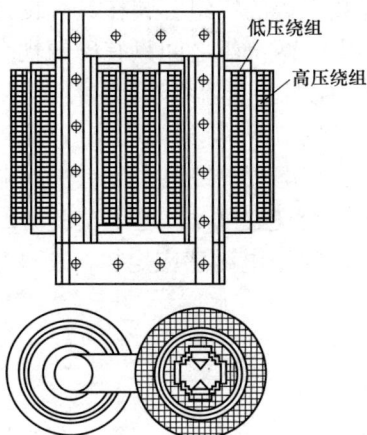

图 1-1-3　单相心式变压器

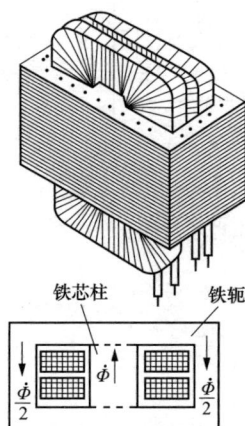

图 1-1-4　单相壳式变压器

绕组用纸包或纱包的绝缘扁线或圆线绕成。其中输入电能的绕组称为一次绕组（或原绕组），输出电能的绕组称为二次绕组（或副绕组），它们通常套装在同一铁芯柱上。

（2）特点。一次绕组和二次绕组具有不同的匝数、电压和电流，其中电压较高的绕组称为高压绕组，电压较低的绕组称为低压绕组。高压绕组的匝数多、导线细；低压绕组的匝数少、导线粗。对于升压变压器，一次绕组为低压绕组，二次绕组为高压绕组；对于降压变压器，情况恰好相反。

三、三绕组变压器的结构及用途

（1）结构。三绕组变压器每相有高压、中压、低压三个绕组。

（2）特点。升压变压器：绕组按高、低、中（1、3、2）排列（从外部往铁芯看）。降压变压器：绕组按高、中、低（1、2、3）排列。三绕组的不同排列将影响电抗的大小，同时也影响阻抗电压的大小，位于中间位置的绕组电抗最小。

（3）用途。三绕组变压器一般用于有三个不同电压等级变换的电网中。

四、自耦变压器的结构及用途

自耦变压器是一台高压、低压侧共用一个绕组的变压器（详见第一部分第七单元）。

（1）结构。每相只有一个绕组，低压绕组为高压绕组的一部分。

（2）特点。高压、低压绕组之间不仅有磁的耦合，还有电的联系。

（3）用途。单相自耦变压器多用于实验室，三相自耦变压器一般用于大型发电厂变换电压。

知识点二　变压器的基本工作原理

变压器是电力系统中实现电能经济传输、灵活分配和合理使用的重要设备；变压器借助于电磁感应作用通过改变一次、二次绕组的匝数实现变压。变压器种类繁多，在国民经济的各个领域应用广泛。

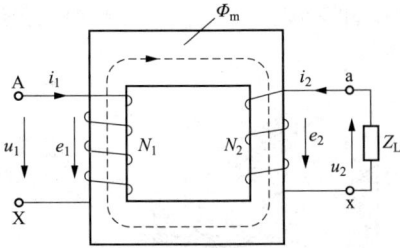

图 1-1-5 单相双绕组变压器工作
原理示意图

一、变压器的工作原理

单相双绕组变压器工作原理如图 1-1-5 所示，它由两个互相绝缘且匝数不等的绕组套装在具有良好导磁材料制成的闭合铁芯上，两绕组之间只有磁的耦合而没有电的联系。其中一个绕组接交流电源，称为一次绕组（或原绕组）；另一个绕组接负载，称为二次绕组（或副绕组）。若将一次绕组接上交流电源，绕组中便有交流电流 i_1 流过，并在铁芯中产生交变磁通 Φ，这个交变磁通同时交链一次、二次绕组，根据电磁感应定律，交变磁通 Φ 将分别在一次、二次绕组中感生出同频率的电动势 e_1 和 e_1。

$$e_1 = -N_1 \mathrm{d}\Phi/\mathrm{d}t \tag{1-1-1}$$

$$e_2 = -N_2 \mathrm{d}\Phi/\mathrm{d}t \tag{1-1-2}$$

式中：N_1、N_2 分别为一次、二次绕组的匝数。

当二次侧接上负载或用电设备，在电动势 e_2 的作用下，将向负载输出电能，实现不同电压等级电能的传递。因此，只需改变变压器一次、二次绕组的匝数比，就能达到改变变压器输出电压的目的，这就是变压器的变压原理。

二、变压器的分类

变压器可按用途、绕组数目、相数、铁芯结构、调压方式、冷却方式和绝缘介质进行分类。

（1）按用途，分为电力变压器、仪用互感器、调压变压器、试验用变压器、特殊变压器。

（2）按每相绕组数目，分为双绕组变压器、三绕组变压器、多绕组变压器、自耦变压器。

（3）按相数，分为单相和三相变压器等。

（4）按冷却方式和绝缘介质，分用空气或环氧树脂为冷却介质的干式变压器，用 SF_6 气体为介质的充气式变压器，用变压器油为介质的油浸变压器（包括油浸自冷、油浸风冷、强迫油循环式和强迫油循环导向风冷式、强迫油循环水冷）等。

（5）按调压方式，分为有载调压变压器（有励磁调压）和无载调压变压器（无励磁调压）。

此外，电力变压器按容量还可分为大、中、小型和特大型。小型变压器的容量为 10～630kVA，中型变压器的容量为 800～6300kVA，大型变压器的容量为 8～63MVA，特大型变压器的容量为 90MVA 及以上。

知识点三 变压器的铭牌及额定值

一、变压器的额定值

额定值是制造厂对变压器在指定工作条件下运行时所规定的一些量值。在额定状态下运行时，可以保证变压器长期可靠地工作，并具有优良的性能。额定值也是产品设计和试验的依据。额定值通常标在变压器的铭牌上，也称为铭牌值，分述如下。

（一）变压器的铭牌及额定容量

（1）铭牌。标明变压器的型号及额定使用数据。

（2）额定容量（S_N）（又称额定功率）。指额定状态下变压器输出视在功率的保证值。单位为伏安（VA）或千伏安（kVA）。对于三相变压器，S_N 是三相容量之和，且一次、二次侧额定容量相等。

1）单相双绕组变压器的额定容量为

$$S_N = U_{1N}I_{1N} = U_{2N}I_{2N} \tag{1-1-3}$$

2）三相变压器的额定容量为

$$S_N = \sqrt{3}U_{1N}I_{1N} = \sqrt{3}U_{2N}I_{2N} \tag{1-1-4}$$

3）三绕组变压器的额定容量。指三个绕组中容量最大的那个绕组的容量。其容量搭配为 100/100/100；100/50/100；100/100/50。

4）自耦变压器的额定容量：

①单相自耦变压器额定容量为

$$S_N = U_{1N}I_{1N} = U_{2N}I_{2N}$$

②三相自耦变压器额定容量为

$$S_N = \sqrt{3}U_{1N}I_{1N} = \sqrt{3}U_{2N}I_{2N}$$

（二）额定电压

U_{1N}/U_{2N} 指铭牌规定的各个绕组在空载、额定分接开关位置下的端电压，U_{1N} 称为一次侧额定电压，U_{2N} 称为二次侧额定电压。单位为伏（V）或千伏（kV）。对于三相变压器，U_N 指额定线电压。

（三）额定电流

根据额定容量和额定电压计算出来的电流称为额定电流（I_{1N}/I_{2N}），单位为安（A）或千安（kA）。对于三相变压器，I_N 指额定线电流。

单相变压器，一次和二次额定电流分别为

$$I_{1N} = S_N/U_{1N}, \quad I_{2N} = S_N/U_{2N} \tag{1-1-5}$$

三相变压器，一次和二次额定电流分别为

$$I_{1N} = S_N/\sqrt{3}U_{1N}, \quad I_{2N} = S_N/\sqrt{3}U_{2N} \tag{1-1-6}$$

（四）额定频率及联结组

（1）额定频率。我国规定电力系统的频率为 50 赫［兹］（Hz）。

（2）联结组。联结组是指三相变压器高压、低压三相绕组的接法和三相变压器高压侧线电压与低压侧线电压之间的相位差。通常用相量图和时钟表示法来判断组别号（即相位差）。

除额定值外，变压器铭牌上还标注有相数、绕组联结法、短路电压、运行方式和冷却方式等参数。

（五）解题要点

（1）额定功率、电压和电流的计算。对于变压器的额定功率、额定电压、额定电流及相关值的计算，分析题目时必须要注意是单相还是三相；额定功率（S_N）对于三相变压器是指三相的总功率值，对于单相变压器才是单相值。

（2）额定相电压、相电流的计算。U_N、I_N 对于单相变压器指"相值"（用 U_{Nph}、I_{Nph} 表示）；对于三相变压器，均指"线值"；"相值"和"线值"的关系要视一次绕组和二次绕组是 Y 形还是△形连接（D 接）而定。Y 形连接，相电流 $I_{Nph} = I_N$，相电压 $U_{Nph} = U_N/\sqrt{3}$；△形连接，

相电流 $I_{Nph} = I_N / \sqrt{3}$ ，相电压 $U_{Nph} = U_N$ 。

二、案例分析

[例 1-1-1] 一台单相变压器，额定容量 $S_N = 100kVA, U_{1N} / U_{2N} = 10.5 / 0.22kV$ ，求变压器一次、二次侧额定电流。

解： 依据变压器的额定容量计算公式，变压器一次、二次侧额定电流分别为

$$I_{1N} = S_N / U_{1N} , \quad I_{1N} = 100 \times 10^3 / (10.5 \times 10^3) = 9.524(A)$$

$$I_{2N} = S_N / U_{2N} , \quad I_{2N} = 100 \times 10^3 / (0.22 \times 10^3) = 454.545(A)$$

[例 1-1-2] 一台三相变压器，额定容量 $S_N = 1000 kVA$ ， $U_{1N} / U_{2N} = 6000 / 400 V$ ，Yd11 接法，求变压器一次、二次侧额定电流及一次、二次侧额定相电压、额定相电流。

解 （1）对于三相变压器，额定电流即线电流，依据变压器的额定容量计算公式有

$$I_{1N} = S_N / \sqrt{3} U_{1N} = 1000 \times 10^3 / (\sqrt{3} \times 6000) = 96.3(A)$$

$$I_{2N} = S_N / \sqrt{3} U_{2N} = 1000 \times 10^3 / (\sqrt{3} \times 400) = 1443.4(A)$$

（2）变压器一次、二次侧额定相电压：

一次侧 Y 接，额定相电压为 $U_{1Nph} = U_{1N} / \sqrt{3} = 6000 / \sqrt{3} = 3464.1(V)$

二次侧△接，额定相电压为 $\quad U_{2Nph} = U_{2N} = 400(V)$

（3）变压器一次、二次侧额定相电流：

一次侧 Y 接，额定相电流为 $\quad I_{1Nph} = I_{1N} = 96.3(A)$

二次侧△接，额定相电流为 $I_{2Nph} = I_{2N} / \sqrt{3} = 1443.4 / \sqrt{3} = 833.34(A)$

知识点四　变压器的拆卸与组装方法

变压器是供用电部门变换交流电压的重要设备，变压器发生故障或事故时，将会造成用户停电。为此，当变压器发生故障时应及时进行检修。变压器的检修分为大修和小修，要进行变压器的检修，必须熟悉变压器的拆卸和组装程序。

一、拆卸变压器前的准备

变压器在检修前必须做好以下准备工作，以保证检修的顺利进行：

（1）检修工具、材料及设备的准备。如准备 100kVA 以下油浸式电力变压器；滤油、注油设备；起吊支架、吊链、起吊绳索等起重工具；钳工、电工工具；枕木、撬杠、油盆、油桶、棉布、砂纸等。

（2）查阅资料了解变压器运行状况及各种缺陷。

1）查阅上次变压器大修总结报告和技术档案。

2）查阅运行记录，了解变压器运行中已经暴露的缺陷和异常情况。

3）检查渗、漏油部位并做出标记。

4）查阅试验记录（包括油的化验和色谱分析），了解变压器的绝缘情况。

5）进行大修前的试验，确定附加检修项目。

（3）制定检修技术和组织措施。

1）人员的组织及分工。

2）检修项目及进度表、设备明细表和必要的施工图。

3）主要材料明细表等。

（4）确定变压器检修中的特殊项目。在检修中，可能对老、旧变压器的某些部件做程度不同的改进工作或消除某些特殊的重大缺陷等，这些都要事先经过技术人员的研究来决定，并列出特殊项目。

（5）施工场地要求。变压器的拆卸检修工作，应在专门的检修场所进行，要做好防雨、防潮、防尘和消防等工作。检修时应与带电设备保持一定的安全距离，准备充足的施工电源及照明，安排好储油容器、大型机具、拆卸附件的放置地点和消防器材的合理布置等。

二、变压器的拆卸步骤

变压器的拆卸就是将整个变压器进行解体，拆下各个单元部件，依据技术标准，对各部件进行检查，测量绝缘电阻和直流电阻，做介质损耗及油试验。

（1）拆卸步骤。停电拆线→放油→拆卸箱底上各部件→吊芯（或吊钟罩）。

1）办理工作票；设备停电后，拆除变压器的高压、低压套管连接引线；断开风扇、温度计、气体继电器等附件的电源线，并用胶布把线头包扎好，做好记号；拆开氮气管；拆掉变压器接地线及变压器轮下垫铁，在变压器轨道上做好定位标记，以便检修后变压器复位。

2）放出变压器油，清洗油箱。放油时应预先检查好油管，以防跑油。

3）拆卸套管、储油柜、安全气道、冷却器、气体继电器、净油器、温度计等附件。拆卸60kV 以上电压等级的充油套管时，引线需用专用的细尼龙绳慢慢系下去。拆下来的套管需垂直稳妥地放置在套管架上。

4）拆卸分接开关操作杆或有载分接开关顶盖及有关部件。

5）对于采用桶式油箱的中小型变压器，拆卸油箱顶盖与箱壳之间的连接螺栓，将器身吊出油箱。在器身吊出之前，应拆除芯部与顶盖之间的连接物。对于采用钟罩式油箱的大型变压器，拆卸中腰法兰的连接螺栓，吊起钟罩后，器身便全部暴露在空气中。

（2）拆卸注意事项。

1）冷却器、安全气道、净油器及储油柜拆下后，应用盖板密封以防雨水浸入变压器内。

2）拆卸套管时应注意不要碰坏瓷套。拆下的套管、油位计、温度计等易损件应妥善保管，并做好防潮措施。

3）拆卸下的螺栓等零件应清洗干净，妥善保管。

4）拆卸有载分接开关时，分接头置于中间位置或按制造厂规定执行；拆卸无励磁分接开关操作杆时，应记录分接开关的位置，并做好标记。

5）吊芯（或吊钟罩）一般在室内进行，以保持器身清洁。若在露天，应选择无水汽、无尘土、无灰烟及无污染的晴天进行。器身暴露在空气中的时间不应超过以下规定：空气相对湿度不大于 65%时为 16h；空气相对湿度不大于 75%时为 12h。

6）起吊之前，要详细检查钢丝绳的强度和吊环、U 形挂环的可靠性。起吊时，钢丝绳的夹角不应大于 60°，起吊 100mm 左右应停顿检查悬挂及捆绑情况，确认可靠后再继续起吊。

7）吊芯或吊钟罩时应有专人指挥，油箱一旁应有人监视，防止器身及其零部件与油箱碰撞损坏。

三、变压器的组装方法

变压器的器身检修完毕后，应及时将器身或钟罩回装，并将其他附件组装好。变压器的组装步骤：器身（或钟罩）回装→箱体上各部件回装→注油→高压、低压套管回装→补注油。

1. 变压器组装前的准备

（1）清理零部件。

1）组装前必须将油箱内部、器身和箱底内的异物清理干净。

2）清理冷却器、储油柜、安全气道、油管、套管及所有零部件。用干净变压器油冲洗油直接接触的零部件。

3）对所属的油水管路必须进行彻底的清理，管内不得留有焊渣等杂物，并做好记录。

（2）准备好合格的变压器油。

（3）准备好全套密封胶垫和密封胶。

（4）清理注油设备。

2. 组装步骤及注意事项

（1）器身与大盖的回装。

1）器身各部件检查、清理完毕后，吊起器身，将油箱移至器身下。

2）将器身（或钟罩）徐徐放下，同时四周应有专人监视线圈或木支架不要被碰坏。

3）将大盖（或钟罩）新胶条顺箱沿放好，做好防止胶条跑偏的措施，以免胶条安装质量不好，引起漏油，给检修工作带来麻烦。

4）沿箱沿站人，用钢钎子四角对眼，当周围螺孔都对准后，落下大盖（或钟罩）。上螺栓，沿周围多次紧固至严密。

（2）附件的回装。分接开关、安全气道、气体继电器、冷却器（散热器）、净油器、储油柜、温度计等附件与油箱的相对位置和角度需按照拆前标记或安装使用说明书进行组装。

（3）向变压器油箱注油。先将油注至没过绕组顶部，其余的油待装完套管后再补注。

（4）低压套管的回装。

1）瓷套表面应光滑、无闪络痕迹，并经交流耐压实验合格后，按相位及拆前标记进行回装。更换新的耐油胶垫。

2）稳固套管压盘。紧固螺栓时，先徒手将螺栓拧紧，然后用扳手按对角拧紧，最后一人进行，防止用力不均而损坏法兰或瓷套。

3）接下部引线。应先将连接下部引线的螺母、平垫用 00 号砂纸打磨，去掉氧化物及引线上的脏物，上引线时一定要紧固，螺母要拧紧，松脱会引起套管下部连接处发热。

（5）高压套管的回装。

1）吊套管前应旋下均压帽，检查帽内应无积水，否则应擦干净。

2）起吊套管，穿入拉线，将套管装入套管座内。拉引线接头时应注意线心不要打弯。

3）紧固套管螺栓，保持密封良好。

（6）补注油至标准油位。注油时要及时排放大盖下和套管座等突出部位的积气。

（7）做电气试验。静止 24h 后，进行检修后的电气试验。

（8）组装变压器时注意事项。

1）各部件应装配正确、紧固、无损伤。

2）各密封衬垫应质量优良、耐油、化学性能稳定，压紧后一般应压缩原厚度的 1/3 左右。

3）各装配接合面应无渗漏油现象，阀门的开关应灵活，无卡涩现象。

4）油箱和储油柜间的连通管应有 2%～4% 的升高坡度（以变压器顶盖为基准）。

5）气体继电器安装应"水平"（以变压器为基准），变压器就位后，应使其顶盖沿气体继电器方向有 1%～1.5% 的升高坡度。

6）变压器组装完毕后，应进行油压试验 15min（其压力对于波伏油箱和有散热器油箱来说应比正常压力增加 2400Pa），并且各部件接合面密封衬垫及焊缝应无渗漏。

单 元 小 结

（1）变压器是依据电磁感应定律进行交流电能传递的静止电机。它利用一次、二次绕组匝数不等实现变压；而一次、二次侧频率是相同的，等于电源的频率。

（2）变压器的基本结构是铁芯和绕组，铁芯用导磁性能良好的硅钢片制成，一次、二次绕组套装在铁芯柱上，它们之间没有电的连接只有磁的耦合（自耦变压器除外）。

（3）变压器铭牌上的额定值是正确、安全、可靠使用变压器的依据。额定容量、额定电压、额定电流之间的关系，单相变压器与三相变压器的含义不同。对于三相变压器，额定电压和额定电流均指额定线电压和额定线电流。

（4）变压器的拆卸步骤是：停电拆线→放油→拆卸箱底上各部件→掉芯（或吊钟罩）。

（5）变压器的组装步骤是：器身（或钟罩）回装→箱体上各部件回装→注油→高压、低压套管回装→补注油。

思考与练习

一、单选题

1. 变压器是利用（　　）将一种电压等级的交流电能转变为另一种电压等级的交流电能。
　　A．电磁感应原理　　　　　　　B．电磁力定律　　　　　　　C．电路定律

2. 变压器匝数少的一侧电压低，电流（　　）。
　　A．小　　　　　　　　　　　　B．大　　　　　　　　　　　C．不确定

3. 我国变压器铁芯采用的硅钢片的厚度主要有（　　）。
　　A．0.35、0.30、0.27mm 等
　　B．0.38、0.23、0.25mm 等
　　C．0.39、0.25、0.29mm 等

4. 如果变压器铁芯采用的硅钢片的单片厚度越薄，则（　　）。
　　A．铁芯中的铜损耗越大
　　B．铁芯中的涡流损耗越大
　　C．铁芯中的涡流损耗越小

5. 电力变压器中油所起的作用是（　　）。
　　A．绝缘和灭弧　　　　　　　　B．绝缘和防锈　　　　　　　C．绝缘和散热

6. A级绝缘的油浸式变压器正常运行时，变压器上层油温最高不超过（　　）℃。
　　A．40　　　　　　　　　　　　B．85　　　　　　　　　　　C．95

7. 变压器正常运行时，（　　）的温度最高。
　　A．绕组　　　　　　　　　　　B．铁芯　　　　　　　　　　C．变压器油

8．三相变压器的额定电流等于（   ）。

　　A．变压器额定容量除以额定电压的 3 倍（即 $S_N / 3U_N$）

　　B．变压器额定容量除以额定电压的 $\sqrt{3}$ 倍（即 $S_N / \sqrt{3}U_N$）

　　C．变压器额定容量除以工作相电压的 3 倍（即 $S_N / 3U_{Nph}$）

9．一台单相变压器，$S_N = 100\text{VA}$，$U_{1N} / U_{2N} = 220/36\text{V}$，高压侧、低压侧的额定电流分别为（   ）。

　　A．0.45、2.78A　　　　　　　B．0.26、1.60A　　　　　　　C．0.23、1.39A

10．某台变压器的型号为 S9—250/10，$U_{1N} / U_{2N} = 10/0.4\text{kV}$，高压侧、低压侧的额定电流分别为（   ）。

　　A．25、625A　　　　　　　B．360.85、14.43A　　　　　　　C．14.43、360.85A

二、判断题（对的打√，错的打×）

1．我国变压器的额定频率为 50Hz。　　　　　　　　　　　　　　　　（　　）

2．在单相变压器的两个绕组中，与电源连接的一侧叫作二次绕组。　　（　　）

3．变压器匝数多的一侧电流大，电压高。　　　　　　　　　　　　　（　　）

4．三相变压器的额定电流等于变压器额定容量除以额定相电压的 $\sqrt{3}$ 倍。　（　　）

5．电力变压器按冷却介质分为油浸式和干式两种。　　　　　　　　　（　　）

三、计算题

1．一台单相变压器，额定容量 $S_N = 50\text{kVA}$，$U_{1N} / U_{2N} = 10.5/0.23\text{kV}$，求变压器一次、二次侧额定电流。

2．一台三相变压器，额定容量 $S_N = 800\text{kVA}$，$U_{1N} / U_{2N} = 6000/400\text{V}$，Yd11 接线，求变压器一次、二次侧额定电流及一次、二次侧额定相电流相电压。

第二单元　双绕组变压器的空载运行分析

知识目标

（1）了解变压器运行时的电磁过程、主磁通和漏磁通的区别。
（2）掌握变压器空载运行时的等值电路、相量图及励磁参数 z_m、r_m、x_m 的计算。
（3）掌握变压器变比的计算；掌握单相变压器同名端的判断方法。

能力目标

（1）能了解变压器空载运行时各电磁量之间的关系。
（2）能读懂变压器空载运行时的电动势方程式，能做出变压器空载运行时的等效电路。
（3）会计算变压器的变比及励磁参数 z_m、r_m、x_m。

导学

变压器的空载运行是变压器的一种特殊运行方式。变压器空载时，输入的电流大约为额定电流的 1%～10%，基本为无功性质，空载电流主要用于建立磁场。当频率、匝数不变时，铁芯中主磁通的最大值由电源电压大小决定；当电源电压为常数时，主磁通也为常数。变压器空载运行时主要应用电动势方程式、等效电路及相量图进行分析。

知识点一　变压器空载时的各物理量及电动势

一、空载运行的概念

变压器一次绕组加上交流电压，二次绕组开路的运行状态称为变压器的空载运行，如图 1-2-1 所示。

二、变压器空载时的电磁过程

在图 1-2-1 电路中，当变压器一次绕组加上交流电压 $\dot{U}_1$ 时，一次绕组便有空载电流 $\dot{I}_0$ 流过。$\dot{I}_0$ 建立空载磁动势 $\dot{F}_0 = \dot{I}_0 N_1$，该磁动势作用在闭合的铁芯主磁路上，产生主磁通 Φ_m，同时交链一次、二次绕组；作用非铁磁材料（变压器油或空气）的漏磁通 $\dot{\Phi}_{1\sigma}$ 仅与一次绕组交链，称为一次绕组漏磁通。根据电磁感应定律可知，交变的磁通分别在一次、二次绕组感应电动势 $\dot{E}_1$ 和 $\dot{E}_2$；漏磁通在一次绕组感应出漏电动势 $\dot{E}_{1\sigma}$。同时空载电流还在一次绕组电阻 r_1 上产生电阻压降 $\dot{I}_0 r_1$。变压器空载时，各物理量之间的关系可表示如下：

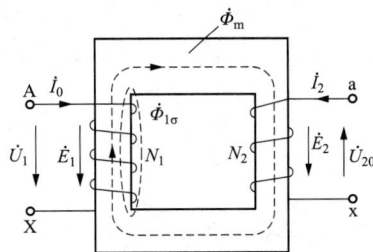

图 1-2-1　变压器空载运行

$$\dot{U}_1 \rightarrow \dot{I}_0 \rightarrow \dot{F}_0 = \dot{I}_0 N_1 \begin{cases} \dot{\Phi}_m \begin{cases} \dot{E}_1 \\ \dot{E}_2 \end{cases} \\ \dot{\Phi}_{1\sigma} \rightarrow \dot{E}_{1\sigma} \\ \dot{I}_0 r_1 \end{cases}$$

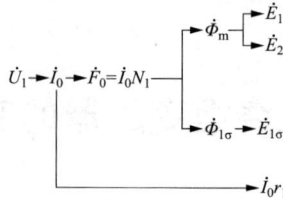

三、变压器正方向的选定

变压器中各电磁量都随时间而变化，要建立它们之间的相互关系，必须首先规定各物理量的正方向，通常按"电工惯例"来规定参考正方向。具体原则如下：

（1）在同一支路内，电压降的正方向与电流的正方向一致，如图 1-2-1 中的 $\dot{U}_1$ 与 $\dot{I}_0$。

（2）磁通的正方向与产生它的电流之间的关系应符合右手螺旋定则，如图 1-2-1 中的 $\dot{\Phi}_m$ 与 $\dot{I}_0$。

（3）感应电动势的正方向与产生它的磁通之间符合右手螺旋定则，如图 1-2-1 中的 $\dot{E}_1$、$\dot{E}_2$ 与 $\dot{\Phi}_m$。

若把变压器一次侧当作负载，二次侧当作电源，当 $\dot{I}_2$、$\dot{U}_2$ 同时为正或同时为负时，表示变压器二次绕组向负载端输出电功率，如图 1-2-1 所示（$\dot{I}_2 = 0$）。

四、变压器空载时的物理量

（1）空载电流 $\dot{I}_0$。

1）空载电流的作用。一是建立空载时的磁场，二是提供空载时变压器内部的有功功率损耗。空载电流的数值不大，约为额定电流的 1%～10%，一般变压器的容量越大，空载电流的百分数越小，大型变压器还不到额定电流的 1%。在电力变压器中，空载电流的无功分量远大于有功分量，因此空载电流基本上属于无功性质的电流，空载电流 $\dot{I}_0$ 又称为励磁电流。

2）空载电流的波形。依据电能质量对波形的要求，主磁通应按正弦规律变化，而空载电流的波形为尖顶波，基本为无功性质。

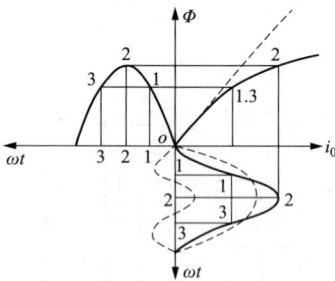

图 1-2-2　空载电流波形

$\dot{I}_0$ 的波形一般取决于铁芯主磁路的饱和程度。当变压器接额定电压时，铁芯通常处于饱和的情况下工作。若磁通按正弦规律变化，则励磁电流为尖顶波，如图 1-2-2 所示。根据谐波分析，尖顶波可分解为基波和三、五、七次谐波等。除基波外，三次谐波分量最大。这就是说，由于铁磁材料磁化曲线的非线性关系，要在变压器中建立正弦波磁通，励磁电流必须包含三次谐波分量。空载电流的波形实际上是一尖顶波。

空载电流 $\dot{I}_0$ 包含的成分主要是无功分量 $\dot{I}_r$ 和有功分量 $\dot{I}_a$。$\dot{I}_r$ 与主磁通 $\dot{\Phi}_m$ 同相位，$\dot{I}_a$ 超前主磁通 $\dot{\Phi}_m$ 为 90°。故 $\dot{I}_0$ 超前 $\dot{\Phi}_m$ 一个铁损耗角 α。$\dot{I}_0 = \dot{I}_r + \dot{I}_a$。

（2）空载磁动势 $\dot{F}_0 = \dot{I}_0 N_1$。

1）磁动势的定义。磁动势指产生磁通推动力的物理量。$\dot{F}_0 = \dot{I}_0 N_1$。空载磁动势指一次侧空载电流 $\dot{I}_0$ 建立的磁动势。

2）磁动势的作用。它产生主磁通 $\dot{\Phi}_m$ 和一次侧漏磁通 $\dot{\Phi}_{1\sigma}$，漏磁通产生漏电动势 $\dot{E}_{1\sigma}$。

（3）主磁通 $\dot{\Phi}_m$。$\dot{\Phi}_m$ 指同时交链一次、二次绕组的磁通，与 $\dot{I}_0$ 为非线性关系。

$\dot{\Phi}_m$ 的作用是分别在一次、二次绕组中感生电动势 $\dot{E}_1$、$\dot{E}_2$，它通过主磁通的耦合作用，实现变压器的能量传递。

（4）一次、二次绕组感生电动势 $\dot{E}_1$、$\dot{E}_2$ 及其表达式。

1）微分表达式：设 $\Phi = \Phi_m \sin \omega t$ 则

$$e_1 = -N_1 \frac{\mathrm{d}\Phi}{\mathrm{d}t} = -N_1 \omega \Phi_m \cos \omega t = N_1 \omega \Phi_m \sin(\omega t - 90°) \tag{1-2-1}$$

$$e_2 = -N_2 \frac{\mathrm{d}\Phi}{\mathrm{d}t} = -N_2 \omega \Phi_m \cos \omega t = N_2 \omega \Phi_m \sin(\omega t - 90°) \tag{1-2-2}$$

2）有效值表达式

$$E_1 = \frac{N_1 \omega \Phi_m}{\sqrt{2}} = \frac{2\pi}{\sqrt{2}} f N_1 \Phi_m = 4.44 f N_1 \Phi_m \tag{1-2-3}$$

$$E_2 = \frac{N_2 \omega \Phi_m}{\sqrt{2}} = \frac{2\pi}{\sqrt{2}} f N_2 \Phi_m = 4.44 f N_2 \Phi_m \tag{1-2-4}$$

3）相量关系式

$$\dot{E}_1 = -\mathrm{j} 4.44 f N_1 \dot{\Phi}_m \tag{1-2-5}$$

$$\dot{E}_2 = -\mathrm{j} 4.44 f N_2 \dot{\Phi}_m \tag{1-2-6}$$

（5）一次绕组漏电动势 $\dot{E}_{1\sigma}$。$\dot{E}_{1\sigma}$ 由 $\dot{\Phi}_{1\sigma}$ 产生，$\dot{E}_{1\sigma} = -\mathrm{j}\dot{I}_0 x_1$（$x_1$ 称为一次侧漏电抗，反映一次侧漏磁场对一次侧电路的影响），由于漏磁路不饱和，$\dot{E}_{1\sigma}$ 和 $\dot{I}_0$，属于线性关系。

（6）空载损耗 P_0。P_0 包括两部分，一部分是 $\dot{I}_0$ 在一次绕组中产生的电阻损耗称为铜损耗 $P_{Cu} = I_0^2 r_1$；另一部分是由于铁芯中磁滞和涡流引起的铁损耗 P_{Fe}。即 $P_0 = P_{Cu} + P_{Fe}$。

空载损耗 P_0 的大小约占变压器额定容量的 0.2%~1%，近似计算可取 $P_0 \approx P_{Fe}$。

（7）变压器空载时的电动势方程式。

1）一次侧的电动势方程式。按图 1-2-1 中各物理量的参考方向，根据基尔霍夫第二定律有

$$\dot{U}_1 = -\dot{E}_1 + \dot{I}_0 r_1 + \mathrm{j}\dot{I}_0 x_1 = -\dot{E}_1 + \dot{I}_0 z_1 \tag{1-2-7}$$

式中：z_1 为一次绕组漏阻抗，$z_1 = r_1 + \mathrm{j}x_1$，$z_1$ 是常数。

若忽略漏阻抗压降 $\dot{I}_0 z_1$，则有

$$E_1 = 4.44 f N_1 \Phi_m \approx U_1 \tag{1-2-8}$$

从前面的分析可知，$\dot{I}_0$ 在一次绕组中产生漏磁通 $\dot{\Phi}_{1\sigma}$ 感生的漏电动势 $\dot{E}_{1\sigma}$，在数值上可看作是空载电流在漏电抗 x_1 上的压降。同理，空载电流 $\dot{I}_0$ 产生主磁通在一次绕组感生出电动势 $\dot{E}_1$ 的作用也可类似地用一个电路参数来处理，考虑到 $\dot{\Phi}_m$ 在铁芯中将引起铁损耗，故引入一个阻抗 z_m，这样便把 $\dot{E}_1$ 和 $\dot{I}_0$ 联系起来，这时 $\dot{E}_1$ 的作用可看作 $\dot{I}_0$ 在 z_m 上的阻抗压降，即

$$-\dot{E}_1 = \dot{I}_0 z_m = \dot{I}_0 (r_m + \mathrm{j}x_m)$$

$$P_{Fe} = I_0^2 r_m, \quad z_m = r_m + \mathrm{j}x_m$$

式中：z_m 为励磁阻抗；x_m 为励磁电抗，它是对应于主磁路磁导的电抗；r_m 为励磁电阻，是对应于铁损耗的等效电阻。

2）二次侧电动势方程式。空载时变压器二次侧的电流为零，则

$$\dot{U}_{20} = \dot{E}_2 \tag{1-2-9}$$

（8）变比。衡量变压器变压幅度大小的物理量。

1）定义。变比是变压器一次、二次侧相电动势之比（或一次、二次绕组匝数之比），用 k 表示。

2）表达式（对于单相变压器）

$$k = \frac{E_1}{E_2} = \frac{N_1}{N_2} \approx \frac{U_1}{U_{20}} = \frac{U_{1\text{Nph}}}{U_{2\text{Nph}}} \qquad （1\text{-}2\text{-}10）$$

对于三相变压器，在已知额定电压（线电压）的情况下，求变比 k 必须换成额定相电压之比。

3）变比的作用。变比是用来衡量变压器一次、二次侧电压变换幅度大小的参数。

🌱 知识点二　变压器空载时的等效电路和相量图

一、等效电路

等效电路就是指用一个电路有条件地等效一台实际变压器，这样可以将变压器用一个纯电路来分析。

（1）等效电路的含义。变压器的等效电路是基本方程式的模拟电路。等效电路把变压器中电与磁的关系用纯电路的形式"等效"表示出来。

将 $-\dot{E}_1 = \dot{I}_0 z_{\text{m}} = \dot{I}_0(r_{\text{m}} + jx_{\text{m}})$ 代入 $\dot{U}_1 = -\dot{E}_1 + \dot{I}_0 r_1 + j\dot{I}_0 x_1 = -\dot{E}_1 + \dot{I}_0 z_1$ 得

$$\dot{U}_1 = -\dot{E}_1 + \dot{I}_0 z_1 = \dot{I}_0(z_{\text{m}} + z_1) = \dot{I}_0(r_{\text{m}} + jx_{\text{m}} + r_1 + jx_1) \qquad （1\text{-}2\text{-}11）$$

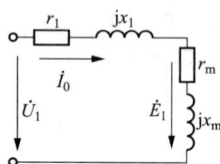

图 1-2-3　变压器空载等效电路图

由式（1-2-11）可绘出变压器空载时的等效电路图，如图 1-2-3 所示。从图 1-2-3 可见，变压器空载时的等效电路由两个阻抗串联而成，一个是一次绕组漏阻抗 $z_1 = r_1 + jx_1$，另一个是励磁阻抗 $z_{\text{m}} = r_{\text{m}} + jx_{\text{m}}$，等效电路接入电源电压 $\dot{U}_1$，流过空载电流 $\dot{I}_0$。上述各物理量为相值。

（2）等效电路中各量的含义。

1）$z_1 = r_1 + jx_1$ 表示一次绕组漏阻抗，是常数。

2）$z_{\text{m}} = r_{\text{m}} + jx_{\text{m}}$ 表示励磁阻抗，不是常数；r_{m} 和 x_{m} 随主磁路饱和程度的增加而减少。当电源电压 $\dot{U}_1$ 不变时，则主磁通基本不变，故 z_{m} 可认为不变。

3）变压器空载时铁损耗 $P_{\text{Fe}} \gg P_{\text{Cu}}$，所以 $r_{\text{m}} \gg r_1$；$\Phi_{\text{m}} \gg \Phi_{\sigma}$，$x_{\text{m}} \gg x_1$。故在近似分析中可忽略 r_1 和 x_1；$\dot{I}_0$ 的大小主要取决于励磁阻抗 z_{m}。增大 z_{m}，I_0 减少。

二、变压器空载时的相量图

（1）相量图的含义。相量图又称向量图。它是基本方程式的图形表示法。相量图直观地反映变压器各物理量之间的相位关系；作相量图的依据是变压器空载运行时的基本方程式，包括式（1-2-5）、式（1-2-6）和式（1-2-11）。

（2）相量图的作图步骤。

1）在横坐标上作出主磁通 $\dot{\Phi}_{\text{m}}$，并选为参考相量。

2）根据式（1-2-5）、式（1-2-6）作出电动势相量 $\dot{E}_1$ 和 $\dot{E}_2$，它们滞后 $\dot{\Phi}_{\text{m}}$ 90°。

3）作空载电流相量 $\dot{I}_0$ 的无功分量 $\dot{I}_r$（ $\dot{I}_r$ 和 $\dot{\Phi}_m$ 同相位），作空载电流相量 $\dot{I}_0$ 的有功分量 $\dot{I}_a$（ $\dot{I}_a$ 超前 $\dot{\Phi}_m$ 90°），并合成相量 $\dot{I}_0$。

4）由 $\dot{U}_1 = -\dot{E}_1 + \dot{I}_0 z_1 = \dot{I}_0(z_m + z_1) = \dot{I}_0(r_m + jx_m + r_1 + jx_1)$，依次作出 $-\dot{E}_1$、$\dot{I}_0 r_1$、$j\dot{I}_0 x_1$，叠加得相量 $\dot{U}_1$，如图 1-2-4 所示。

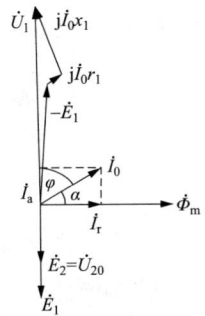

图 1-2-4　变压器空载时的相量图

三、案例分析

[例 1-2-1]　一台单相变压器，已知 $S_N = 5000\text{kVA}$，$U_{1N}/U_{2N} = 35\text{kV}/6.6\text{kV}$，$f = 50\text{Hz}$，铁芯的有效面积为 $S_{Fe} = 1120\text{cm}^2$，若铁芯中最大磁通密度为 $B_m = 1.5\text{T}$，试求变压器高压、低压绕组的匝数和电压比（不计漏磁通）。

解： 变压器变比为

$$k \approx U_1/U_2 = 35/6.6 = 5.3$$

铁芯中的磁通为

$$\Phi_m = B_m S_{Fe} = 1.5 \times 1120 \times 10^{-4} = 0.168(\text{Wb})$$

高压绕组的匝数为

$$N_1 = \frac{U_1}{4.44 f \Phi_m} = \frac{35 \times 10^3}{4.44 \times 50 \times 0.168} = 938（匝）$$

低压绕组的匝数为

$$N_2 = N_1/k = 938/5.3 = 177（匝）$$

[例 1-2-2]　一台三相变压器；Yd 接法；$S_N = 31500\text{kVA}$，$U_{1N}/U_{2N} = 110/10.5\text{kV}$，原绕组每相参数 $r_1 = 1.21\Omega$，$x_1 = 14.45\Omega$，$r_m = 1439.3\Omega$，$x_m = 14161.3\Omega$，试求：

（1）变压器一次、二次侧的额定电流。

（2）变压器空载电流与一次、二次侧额定电流的百分比。

（3）变压器的变比。

（4）变压器每相铜损耗、铁损耗及三相铜损耗和铁损耗。

（5）变压器空载时的功率因数。

解：（1）变压器一次、二次侧额定电流分别为

$$I_{1N} = \frac{S_N}{\sqrt{3} U_{1N}} = \frac{31500 \times 10^3}{\sqrt{3} \times 110 \times 10^3} = 165.2(\text{A})$$

$$I_{2N} = \frac{S_N}{\sqrt{3} U_{2N}} = \frac{31500 \times 10^3}{\sqrt{3} \times 10.5 \times 10^3} = 1732(\text{A})$$

（2）变压器空载电流与一次侧额定电流的百分比。（一次侧为星形连接）由图 1-2-3 变压器空载等效电路得

$$I_0 = \frac{U_{Nph}}{Z} = \frac{U_{1N}/\sqrt{3}}{\sqrt{(r_1 + r_m)^2 + (x_1 + x_m)^2}}$$

$$= \frac{110 \times 10^3}{\sqrt{3} \times \sqrt{(1.21 + 1439.3)^2 + (14.45 + 14161.3)^2}}$$

$$= 4.46(\text{A})$$

电流百分比

$$\frac{I_0}{I_{1N}} = \frac{4.46}{165.3} = 0.027 = 2.7\%$$

（3）变比（变压器一次侧为星形连接，二次侧为三角形连接）。

$$k = \frac{U_{1Nph}}{U_{2Nph}} = \frac{U_{1N}}{\sqrt{3}U_{2N}} = \frac{110\times10^3}{\sqrt{3}\times10.5\times10^3} = 6.05$$

（4）铜损耗和铁损耗。

每相铜损耗　　　　$I_0^2 r_1 = 4.46^2 \times 1.21 = 24.07$（W）

每相铁损耗　　　　$I_0^2 r_m = 4.46^2 \times 1439.3 = 28629.9$（W）

三相铜损耗　　　　$P_{Cu} = 3I_0^2 r_1 = 3\times24.07 = 72.21$（W）

三相铁损耗　　　　$P_{Fe} = 3I_0^2 r_m = 3\times28629.9 = 85889.7$（W）

（5）空载时的功率因数。空载时的功率因数角为（即空载电路的阻抗角）。

方法一：

$$z = (r_1 + r_m) + j(x_1 + x_m) = (1.21+1439.3) + j(14.45+14161.3)$$
$$= 1440.51 + j14175.75 = 14248.75\angle 84.19°$$

$$\cos\varphi_0 = \cos 84.19° = 0.1$$

方法二：　　　　$\varphi_0 = \arctan\frac{x_m + x_1}{r_m + r_1} = \arctan\frac{14161.3 + 14.5}{1439 + 1.21} = 84.19°$

则空载时的功率因数为

$$\cos\varphi_0 = \cos 84.19° = 0.1$$

从计算可见，变压器空载运行时的功率因数很低。

知识点三　单相变压器高压、低压绕组及同名端判断

一、试验目的

（1）通过测定单相变压器绕组的电阻值，根据电阻值大小判断出变压器的高压、低压绕组。

（2）通过判断单相变压器的同名端，实现三相变压器的 Yy（星形）及 Yd（星三角）连接（详见第一部分第五单元）。

二、试验电路

判断单相变压器同名端的电路如图 1-2-5 所示。

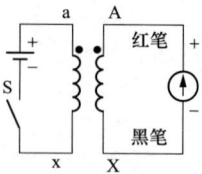

图 1-2-5　单相变压器
同名端判断电路图

三、试验方法（直流法）

单相变压器同名端的判断电路如图 1-2-5 所示。被测变压器用单相变压器。

第一步：用万用表欧姆挡（R×1Ω）（或直流单臂电桥）分别测量单相变压器高压、低压绕组的四个引出线端，找出同一绕组的两个端头，并做标记，电阻值大的绕组为高压绕组，电阻值小的绕组为低压绕组。

第二步：按图 1-2-5 接线，将变压器任一个绕组接万用表的红、黑

表笔两端，并将万用表量程转到直流电压（或电流）最小挡。

第三步：用 1.5～3V 干电池点接变压器另一绕组进行判断。点接（或开关接通）瞬间，若万用表指针"正向偏转"，则万用表红笔端相接的端头与电池"+"端所连接的端头为同名端（即用"已知极性"判断"未知极性"）。

单 元 小 结

（1）变比是衡量变压器变压幅度大小的参数，它与变压器一次、二次绕组的电压、电流和电动势及匝数密切相关。对于三相变压器，若已知线电压，计算变比时要先计算出一次、二次侧相电压，然后根据近似关系 $k = E_1 / E_2 = N_1 / N_2 \approx U_1 / U_2 \approx I_2 / I_1$ 计算出变比 k。

（2）计算励磁参数 $z_m = U_0 / I_0$、$r_m = P_0 / I_0^2$ 和 $x_m = \sqrt{z_m^2 - r_m^2}$ 的计算公式为单相计算公式。若为三相变压器，已知的 P_0 为三相值，电压 U_0、电流 I_0 为线值，应先计算出相应的相电压、相电流及单相功率 P_{0ph} 后，再代入公式计算。

思考与练习

一、单选题

1. 变压器的空载电流主要为（　　　）。

　A．有功性质　　　　　　　　　B．感性无功性质　　　　　　C．容性无功性质

2. 变压器的空载电流一般为额定电流的（　　　）。

　A．1%～10%　　　　　　　　　B．10%～20%　　　　　　　　C．20%～30%

3. 变压器的空载电流波形为（　　　）。

　A．正弦波形　　　　　　　　　B．余弦波形　　　　　　　　C．尖顶波形

4. 变压器二次绕组开路，一次绕组施加额定频率的（　　　）时，一次绕组中流过的电流为空载电流。

　A．最大电压　　　　　　　　　B．任意电压　　　　　　　　C．额定电压

5. 变压器的变比等于（　　　）之比。

　A．一次、二次侧电流有效值

　B．一次、二次侧电压最大值

　C．一次、二次侧感应电动势有效值

6. 在忽略变压器内部损耗的情况下，变压器的一次、二次电流之比与（　　　）之比互为倒数。

　A．一次、二次侧感应电动势瞬时值

　B．一次、二次侧感应电动势最大值

　C．一次、二次绕组匝数

7. 已知一台变压器的一次、二次绕组匝数为 N_1、N_2，铁芯中交变磁通的幅值为 Φ_m，当频率为 f 的交流电源电压加到该变压器的一次绕组后，一次绕组中的感应电动势为（　　　）。

　A．$E_1 = 4.44 f N_1 \Phi_m$　　　　　B．$E_1 = 4.44 f N_2 \Phi_m$　　　　　C．$E_1 = 2.22 f N_1 \Phi_m$

8. 变压器空载合闸时，（　　）产生较大的冲击电流。

　　A．会　　　　　　　　　　　B．不会　　　　　　　　　C．很难

9. 把空载变压器从电网中切除，系统电压将（　　）。

　　A．降低　　　　　　　　　　B．升高　　　　　　　　　C．不确定

10. 如果忽略变压器一次、二次绕组的（　　）和电阻时，变压器一次侧电压有效值等于一次侧感应电动势有效值，二次侧电压有效值等于二次侧感应电动势有效值。

　　A．漏电抗　　　　　　　　　B．励磁电抗　　　　　　　C．励磁阻抗

二、判断题（对的打√，错的打×）

1. 变压器的变比等于一次、二次侧感应电动势瞬时值之比。　　　　　　　（　　）

2. 变压器的变比等于一次、二次侧电压最大值之比。　　　　　　　　　　（　　）

3. 变压器一次、二次侧感应电动势最大值之比等以一次、二次侧电压有效值之比。（　　）

4. 变压器二次绕组接纯电阻负载，一次绕组施加额定频率的额定电压时，一次绕组中流过的电流为空载电流。　　　　　　　　　　　　　　　　　　　　　　　（　　）

5. 单相变压器空载运行，主磁通和感应电动势波形均为正弦波。　　　　　（　　）

三、计算题

一台三相变压器，已知 S_N=500kVA，U_{1N}/U_{2N}=10000/400V，Yy 接法（一次侧相电压为 $10000/\sqrt{3}=5773.5\text{V}$，二次侧相电压为 $400/\sqrt{3}\approx230\text{V}$），$f=50\text{Hz}$，铁芯的有效面积 $S_{Fe}=1120\text{cm}^2$，若铁芯中最大磁通密度 $B_m=1.5\text{T}$，试求变压器高压、低压绕组的匝数和电压比（不计漏磁通）。

第三单元　双绕组变压器的负载运行分析

知识目标

（1）了解变压器负载运行时的电磁过程。
（2）掌握标幺值的定义及在变压器中的应用。
（3）掌握变压器阻抗电压的含义及计算。
（4）掌握变压器负载运行时等值电路、相量图及短路阻抗 z_k、r_k、x_k 的计算。

能力目标

（1）能分析变压器负载运行时各电磁量之间的关系。
（2）能作出变压器负载运行时的等效电路及简化等效电路。
（3）能用标幺值和实际值计算变压器的短路阻抗 z_k、r_k、x_k。

导学

变压器负载运行是变压器的一种正常运行方式，变压器负载时，输入的电流分为两部分，一部分用于建立磁场，另一部分供给负载，变压器负载运行时主要应用电动势方程式、等效电路及相量图进行分析和阐述。

知识点一　变压器负载时的各物理量及电动势

一、变压器负载运行的概念

变压器负载运行是指变压器一次侧接入交流电源，二次侧接上负载的运行方式，如图 1-3-1 所示。

二、变压器负载时的电磁过程

变压器空载运行时，二次侧电流为零，一次侧空载电流 $\dot{I}_0$ 产生磁动势 $\dot{F}_0=\dot{I}_0 N_1$。变压器负载运行时，各物理量之间的关系可表示如下：

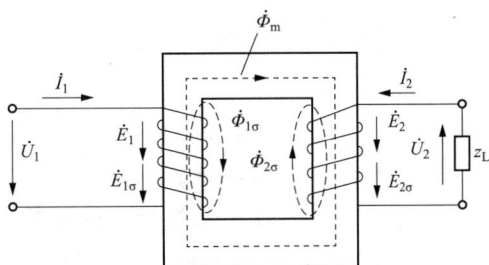

图 1-3-1　变压器负载运行

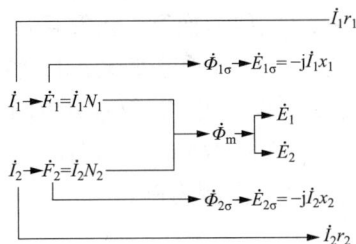

$$\dot{I}_1 \rightarrow \dot{F}_1=\dot{I}_1 N_1$$

$$\dot{I}_2 \rightarrow \dot{F}_2=\dot{I}_2 N_2$$

$\dot{F}_0$ 产生的主磁通 $\dot{\Phi}_m$ 在一次、二次绕组中分别感应出电动势 $\dot{E}_1$ 和 $\dot{E}_2$。空载运行时，变压器的电源电压与一次绕组反电动势（$-\dot{E}_1$）和一次绕组漏阻抗压降 $\dot{I}_0 z_1$ 相平衡，此时变压器处于空载运行时的电磁平衡状态。

当变压器二次绕组接上负载后，二次侧便有电流 I_2 流过，并产生磁动势 $\dot{F}_2 = \dot{I}_2 N_2$，$\dot{F}_2$ 同样作用于变压器的主磁路上，从而改变了原有的磁动势平衡，迫使主磁通 $\dot{\Phi}_m$ 和一次、二次绕组中感应电动势 $\dot{E}_1$、$\dot{E}_2$ 改变，于是原有的磁动势关系遭到破坏，因而一次绕组电流发生变化，即从空载电流 $\dot{I}_0$ 变为负载时的电流 $\dot{I}_1$。一次绕组的磁动势也从空载磁动势 $\dot{F}_0$ 变为 $\dot{F}_1 = \dot{I}_1 N_1$。此时负载时的主磁通 $\dot{\Phi}_m$ 由一次、二次绕组的合成磁动势 $\dot{F}_1 + \dot{F}_2 = \dot{F}_0$ 所产生，于是变压器在负载时的磁动势关系重新达到平衡。即

$$\dot{F}_1 + \dot{F}_2 = \dot{F}_0 \rightarrow \dot{I}_1 N_1 + \dot{I}_2 N_2 = \dot{I}_0 N_1 \tag{1-3-1}$$

两边同除以 N_1 得

$$\dot{I}_1 = \dot{I}_0 + \left(-\frac{N_2}{N_1}\right)\dot{I}_2 = \dot{I}_0 + (-\dot{I}_2 / k) \tag{1-3-2}$$

式（1-3-2）说明变压器一次、二次侧能量传递的关系，当变压器空载运行时 $\dot{I}_2 = 0$，二次侧没有功率输出和功率损耗，此时，$\dot{I}_1 = \dot{I}_0$ 用于建立空载磁场和提供空载损耗所需的电能。变压器负载运行时 $\dot{I}_2 \neq 0$，二次侧电流的增加必然引起一次侧电流相应地增加，因此一次侧除了从电源吸取 $\dot{I}_0$ 以外，还要吸取一个负载分量电流 $(-\dot{I}_2 / k)$。变压器一次、二次绕组之间，虽然没有电的联系，但借助于磁的耦合，实现了一次、二次绕组间的能量传递和电压、电流的变换。

三、变压器负载运行时的基本方程式

变压器负载运行时的电动势方程式与空载运行时的电动势方程式非常相似。一次侧电动势平衡方程式为

$$\dot{U}_1 = -\dot{E}_1 + \dot{I}_1(r_1 + jx_1) = -\dot{E}_1 + \dot{I}_1 z_1 \tag{1-3-3}$$

二次侧电动势平衡方程式为

$$\dot{U}_2 = \dot{E}_2 - \dot{I}_2(r_2 + jx_2) = \dot{E}_2 - \dot{I}_2 z_2 \tag{1-3-4}$$

式中：z_2 为二次绕组的漏阻抗，$z_2 = r_2 + jx_2$；r_2、x_2 分别为二次绕组的电阻和漏电抗。

四、变压器参数的折算

由于变压器一次、二次绕组的匝数不等（$N_1 \neq N_2$），则一次、二次绕组的感应电动势也不等（$E_1 \neq E_2$），这给分析变压器的工作特性和绘制相量图增加了困难，为了克服这些困难，需要用一个假想的绕组代替其中一个绕组，使变比 $k = 1$，这样就可以把变压器一次、二次侧连成一个等效电路。

（1）变压器的折算（换算）。折算又称为换算。折算可以由二次侧向一次侧折算，也可以由一次侧向二次侧折算。变压器的折算只需通过变比 k 的变换。

1）折算的含义。折算是指将变压器一次、二次绕组的不同匝数变换为同一匝数的方法。

2）折算的原理。$k = E_1 / E_2 = N_1 / N_2 \approx U_1 / U_2 \approx I_2 / I_1$。

3）折算的方法。以二次侧折算到一次侧为例。

①电动势的折算值。等于原值乘以变比 k，即

$$\dot{E}_2' = k\dot{E}_2 \approx \dot{E}_1, \quad \dot{U}_2' = k\dot{U}_2$$

②电流的折算值。等于原值除以变比 k，即

$$\dot{I}_2' = \dot{I}_2 / k \approx \dot{I}_1$$

③阻抗的折算值。等于原值乘以变比 k^2，即

$$z_2' = k^2 z_2 = k^2(r_2 + \mathrm{j}x_2) = r_2' + \mathrm{j}x_2'$$

其中 $z_L' = k^2 z_L$，$r_2' = k^2 r_2$，$x_2' = k^2 x_2$。

（2）折算后的方程式。通过折算，变压器负载时的基本方程式表示如下

$$\begin{cases} \dot{U}_1 = -\dot{E}_1 + \dot{I}_1(r_1 + \mathrm{j}x_1) = -\dot{E}_1 + \dot{I}_1 z_1 \\ \dot{U}_2' = \dot{E}_2' - \dot{I}_2'(r_2' + \mathrm{j}x_2') = \dot{E}_2' - \dot{I}_2' z_2' \\ \dot{I}_1 = \dot{I}_0 + (-\dot{I}_2') \\ \dot{E}_2' = \dot{E}_1 = -\dot{I}_0 z_m \\ \dot{U}_2' = \dot{I}_2' z_L' \end{cases} \quad (1\text{-}3\text{-}5)$$

🌱 知识点二 变压器负载时的相量图和等效电路

一、变压器负载时的等效电路

（1）T 形等效电路。根据方程式（1-3-5），可以构成图 1-3-2 所示电路。由于它能正确反映变压器的基本电磁量关系，故称为变压器的 T 形等效电路。

（2）近似等效电路。T 形等效电路虽然能准确地表达变压器内部的电磁关系，但复数运算较为麻烦。考虑到 $z_m \gg z_1$，可将 $z_m = r_m + \mathrm{j}x_m$ 支路移到电源端，便得到变压器的近似等效电路，如图 1-3-3 所示。近似等效电路有一定的误差，但可使分析计算大为简化。

（3）简化等效电路及短路阻抗。变压器的空载电流仅为额定电流的 1%～10%。因此在分析变压器的短路运行、负载运行及并联运行时可以忽略空载电流，即将 T 形等效电路中励磁阻抗 z_m 支路去掉，从而得到更为简单的串联电路，称为简化等效电路，如图 1-3-4 所示。

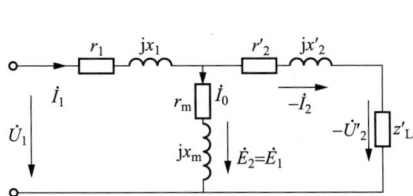

图 1-3-2 变压器 T 形等效电路　　　图 1-3-3 近似等效电路　　　图 1-3-4 简化等效电路

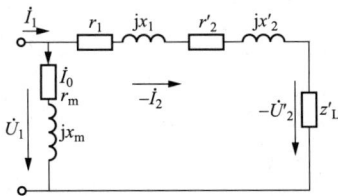

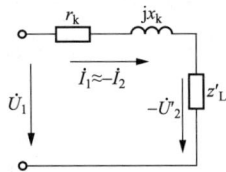

将图 1-3-4 中一次、二次侧的参数合并，便得到短路电阻 r_k、短路电抗 x_k、短路阻抗 z_k，即

$$\begin{cases} r_k = r_1 + r_2' \\ x_k = x_1 + x_2' \\ z_k = r_k + \mathrm{j}x_k \end{cases} \quad (1\text{-}3\text{-}6)$$

短路阻抗 z_k 是变压器的一个重要参数，它相当于电源的内阻抗。

二、变压器负载时的相量图

1. 变压器带负载时的相量图作法

根据变压器折算后的方程式（1-3-5），可绘出变压器负载运行时的相量图。相量图由二次侧电压相量图、电流相量图、一次侧电压相量图三部分组成。绘制相量图的步骤随已知条件的不同而变化，设已知负载情况，即已知 $\dot{U}_2$、$\dot{I}_2$、$\cos\varphi_2$（即负载性质）以及变压器参数，由已知变比 k 计算出 $\dot{U}_2'$、$\dot{I}_2'$ 等相量的大小，设变压器负载为阻感性负载，$\dot{I}_2'$ 滞后于 $\dot{U}_2'$ 的角度为 φ_2，具体作图步骤如下：

（1）在横坐标上作出主磁通 $\dot{\Phi}_{\mathrm{m}}$，并作为参考相量。

（2）作 $\dot{E}_1 = \dot{E}_2'$，它滞后于 $\dot{\Phi}_{\mathrm{m}}$ 90°。

（3）作 $\dot{I}_2'$ 滞后于 $\dot{E}_2'$ 一个 φ_2 角。

（4）在 $\dot{E}_2'$ 相量上叠加 $-\mathrm{j}\dot{I}_2'x_2'$ 和 $-\dot{I}_2'r_2'$，得到 $\dot{U}_2'$。$\dot{I}_2'$ 和 $\dot{U}_2'$ 之间的相位角 φ_2 为二次侧功率因数角。

（5）作 $\dot{I}_0$ 相量，它超前 $\dot{\Phi}_{\mathrm{m}}$ 铁损耗角 α。

（6）作出 $-\dot{I}_2'$，与 $\dot{I}_0$ 相量相加得 $\dot{I}_1$。

（7）作出 $-\dot{E}_1$，并在 $-\dot{E}_1$ 相量上依次作出 $\dot{I}_0r_1$、$\mathrm{j}\dot{I}_0x_1$，叠加得到相量 $\dot{U}_1$。

阻感性负载时的变压器相量图如图 1-3-5 所示。

阻容性和纯电阻性负载相量图可参照此法作出。

2. 变压器简化等效电路相量图的作法

对于变压器的简化等效电路，可列出相应的方程式

$$\begin{cases} \dot{U}_2' = \dot{I}_2'z_2' \\ \dot{I}_1 \approx -\dot{I}_2' \\ \dot{U}_1 = -\dot{U}_2' + \dot{I}_1r_{\mathrm{k}} + \mathrm{j}\dot{I}_1x_{\mathrm{k}} \end{cases} \qquad (1\text{-}3\text{-}7)$$

根据以上方程式可作出变压器感性负载时的简化相量图如图 1-3-6 所示。其作图步骤如下：

（1）作出 $-\dot{I}_2'$、$-\dot{U}_2'$ 之间的相位角 φ_2。

（2）作出 $\dot{I}_1r_{\mathrm{k}}$ 及 $\mathrm{j}\dot{I}_1x_{\mathrm{k}}$。

（3）作出相量 $\dot{U}_1$。

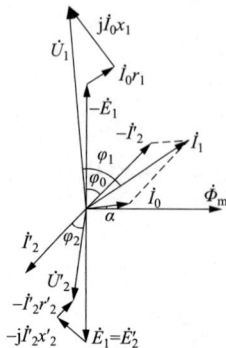

图 1-3-5　变压器带阻感性负载时的相量图　　　　图 1-3-6　变压器感性负载简化相量图

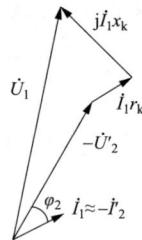

三、变压器的标幺值及阻抗电压

在电机和电力工程中，变压器各物理量和参数除采用实际值表示和计算外，也可以采用标幺值来表示和计算。

1. 标幺值

标幺值指实际值与选定的同单位的基准值之比，称为标幺值，即

$$标幺值 = 实际值/基准值$$

某物理量的标幺值，用原来符号的右下角加"*"号表示。

（1）基准值的选取。通常取各物理量的额定值作为基准值。如取功率的基准值为额定功率 S_N，变压器一次、二次侧的额定电压 U_{1N}、U_{2N} 作为一次、二次侧电压的基准值；取一次、二次侧的额定电流作为一次、二次侧电流的基准值等；电阻、电抗、阻抗共用一个基准值，故阻抗基准值为

$$z_{1j} = \frac{U_{1Nph}}{I_{1Nph}} , \quad z_{2j} = \frac{U_{2Nph}}{I_{2Nph}}$$

（2）采用标幺值的优点。

1）变压器额定电压、额定电流、额定视在功率的标幺值均为 1，计算方便，便于性能比较。

2）采用标幺值计算，等效电路中各参数无需进行折算，因为

$$U_{2*} = \frac{U_2}{U_{2N}} = \frac{kU_2}{kU_{2N}} = \frac{U_2'}{U_{1N}} = U_{2*}'$$

3）某些物理量的标幺值具有相同的数值，例如

$$z_{k*} = \frac{z_k}{\dfrac{U_{1N}}{I_{1N}}} = \frac{I_{1N}z_k}{U_{1N}} = u_{k*} , \quad r_{k*} = u_{kr*} , \quad x_{k*} = u_{kx*}$$

在变压器的分析与计算中，负载系数 β 定义为

$$\beta = \frac{I_1}{I_{1N}} = \frac{I_2}{I_{2N}} = \frac{S_1}{S_{1N}} = \frac{S_2}{S_{2N}}$$

当二次电压为额定值时

$$\beta = I_{1*} = I_{2*} = S_{1*} = S_{2*}$$

（3）百分值与标幺值的关系。同基值的标幺值乘以 100 可得到百分值，同理，百分值除以 100 也可得到标幺值。例如，$u_k = 4.5\%$ 时，其标幺值为 $u_{k*} = 0.045$。

2. 变压器的阻抗电压 U_k

阻抗电压 U_k（或短路电压）是变压器的一个重要参数，其大小反映变压器在额定负载下运行时漏阻抗电压降的大小。由图 1-3-4 可知，阻抗电压有电阻电压 u_{kr} 和电抗电压 u_{kx} 两个分量，即

$$U_{1N} = I_{1N}z_{k(75℃)} = u_{kr} + u_{kx} \tag{1-3-8}$$

$$u_k = \frac{I_{1N}z_{k(75℃)}}{U_{1N}} \times 100\%$$

$$u_{kr} = \frac{I_{1N} r_{k(75℃)}}{U_{1N}} \times 100\%$$

$$u_{kx} = \frac{I_{1N} x_k}{U_{1N}} \times 100\%$$

因电阻随温度而变，按国家标准，应将试验温度下的 r_k 和 z_k 换算到 75℃ 时的值，而漏抗与温度无关。对于铜线变压器按下式换算

$$r_{k(75℃)} = \frac{235 + 75}{235 + \theta} r_k ; \quad Z_{k(75℃)} = \sqrt{r_{k(75℃)}^2 + x_k^2}$$

式中：θ 为试验时的环境温度。对铝线变压器，则式中的常数 235 应改为 225。

中小型变压器阻抗电压一般为 4%～10.5%，大型变压器阻抗电压为 12.5%～17.5%。

四、案例分析

[例 1-3-1] 某台三相变压器 $S_N=260000$kVA，频率为 50Hz，铜线绕组（Yd11 接法），试验时环境温度 $\theta=25℃$，$U_{1N}/U_{2N} = 242/15.75$kV。试验数据见表 1-3-1。

表 1-3-1 试 验 数 据

试验名称	线电流（A）	线电压（V）	三相功率（W）	备　　注
空载试验	92	15.75×10^3	232×10^3	电源加在低压侧
短路试验	620.3	33.88×10^3	1460×10^3	电源加在高压侧

试求：

（1）折算到高压侧 T 形等效电路中各阻抗的实际值。

（2）各阻抗的标幺值。

（3）画出该变压器的 T 形等效电路。

（4）求该变压器的阻抗电压及其两个分量（u_{kr}、u_{kx}）。

（5）三相额定短路损耗 P_{kN}。

解：（1）折算到高压侧 T 形等效电路各阻抗的实际值（高压绕组星形连接，低压绕组三角形连接）

$$U_{1Nph} = \frac{U_{1N}}{\sqrt{3}} = \frac{242 \times 10^3}{\sqrt{3}} = 139722.9(V)$$

$$I_{1Nph} = I_{1N} = \frac{S_N}{\sqrt{3} U_{1N}} = \frac{260000 \times 10^3}{\sqrt{3} \times 242 \times 10^3} = 620.3(A)$$

$$U_{2Nph} = U_{2N} = 15750(V)$$

$$I_{2Nph} = I_{2N}/\sqrt{3} = \frac{S_N}{\sqrt{3} \times \sqrt{3} U_{2N}} = \frac{260000 \times 10^3}{\sqrt{3} \times \sqrt{3} \times 15.75 \times 10^3} = 5502.6(A)$$

$$k = \frac{U_{1Nph}}{U_{2Nph}} = \frac{139722.9}{15750} = 8.871$$

一相的空载试验数据值（低压侧做空载试验）

$$U_0 = U_{2Nph} = 15750(V)$$

$$I_0 = \frac{92}{\sqrt{3}} = 53.12(\text{A})$$

$$P_0 = \frac{232}{3} \times 10^3 = 77333.3(\text{W})$$

一相的短路试验数据值（高压侧做短路试验）

$$U_k = \frac{33.88}{\sqrt{3}} \times 10^3 = 19561.2(\text{V})$$

$$I_k = I_{1Nph} = 620.3(\text{A})$$

$$P_k = \frac{1460}{3} \times 10^3 = 486666.7(\text{W})$$

计算励磁阻抗的实际值并折算到高压侧

$$z'_m = k^2 \frac{U_0}{I_0} = 8.871^2 \times \frac{15750}{53.12} = 23332.84(\Omega)$$

$$r'_m = k^2 \frac{P_0}{I_0^2} = 2156.73(\Omega)$$

$$x'_m = \sqrt{z_m^2 - r_m^2} = \sqrt{23332.84^2 - 2156.73^2} = 23232.95(\Omega)$$

短路试验数据换算到 75℃时的值

$$z_k = \frac{U_k}{I_k} = \frac{19561.2}{620.3} = 31.53(\Omega)$$

$$r_k = \frac{P_k}{I_k^2} = \frac{486666.7}{620.3^2} = 1.265(\Omega)$$

$$x_k = \sqrt{31.53^2 - 1.265^2} = 31.5(\Omega)$$

$$r_{k(75℃)} = \frac{235 + 75}{235 + 25} \times 1.265 = 1.5(\Omega)$$

$$z_{k(75℃)} = \sqrt{1.5^2 + 31.5^2} = 31.535(\Omega)$$

（2）各阻抗的标幺值。

高压侧阻抗基准值为

$$z_{1j} = \frac{U_{1Nph}}{U_{1Nph}} = \frac{139722.9}{620.3} = 225.3(\Omega)$$

$$z_{m*} = \frac{z'_m}{z_{1j}} = \frac{23332.84}{225.3} = 103.56$$

$$r_{m*} = \frac{r'_m}{z_{1j}} = \frac{2156.73}{225.3} = 9.57$$

$$x_{m*} = \sqrt{103.56^2 - 9.57^2} = 103.12$$

$$z_{k*(75℃)} = \frac{z_{k(75℃)}}{z_{1j}} = \frac{31.535}{225.3} = 0.14$$

$$r_{k*(75℃)} = \frac{r_{k(75℃)}}{z_{1j}} = \frac{1.5}{225.3} = 0.0067$$

$$x_{k*} = \sqrt{0.14^2 - 0.0067^2} = 0.1398$$

漏阻抗标幺值为

$$r_{1*} = r'_{2*} = \frac{r_{k*(75℃)}}{2} = \frac{0.0067}{2} = 0.00335$$

$$x_{1*} = x'_{2*} = \frac{x_{k*(75℃)}}{2} = \frac{0.1398}{2} = 0.0699$$

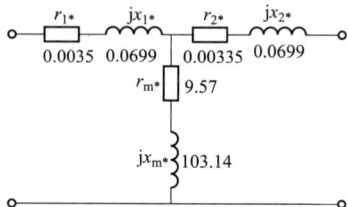

（3）用标幺值表示的 T 形等效电路，如图 1-3-7 所示。

（4）阻抗电压及其两个分量

$$u_{k*} = z_{k*} = 0.14$$

$$u_{kr*} = r_{k*(75℃)} = 0.0067, \quad u_{kx*} = x_{k*} = 0.1398$$

（5）三相额定短路损耗

$$P_{kN} = 3I_{1Nj}^2 r_{k(75℃)} = 3 \times 620.3^2 \times 1.5 = 1731.53(\text{kW})$$

图 1-3-7　变压器 T 形等效电路

（图中标注：r_{1*} 0.0035　jx_{1*} 0.0699　r_{2*} 0.00335　jx_{2*} 0.0699　r_{m*} 9.57　jx_{m*} 103.14）

单 元 小 结

（1）计算 z_k、r_k、x_k 值的公式均为相值计算公式，如果试验测量的参数为三相变压器的线电压、线电流，则先根据电路是星形连接或是三角形连接计算出相应的相电压、相电流及一相功率值，再代入相关公式进行计算。

（2）变压器的折算是为了简化分析计算而采取的一种方法，二次侧折算到一次侧，凡"Ω"量纲，实际值乘以 k^2 便是折算后的值；凡"V"量纲，实际值乘以 k 后就是折算后的值；凡"A"量纲，实际值除以 k 以后就是折算后的值。

思考与练习

一、单选题

1. 变压器带负载运行，负载电流增大，一次侧电流会（　　），励磁电流会不变。

A．增大　　　　　　　　　B．减少　　　　　　　　　C．保持恒定

2. 单相变压器 U_{1N}/U_{2N}=220/110V，忽略励磁电流，当 I_2=18.2A，I_1=（　　），I_1 与 I_2 的相位差180°。

A．9.1A　　　　　　　　　B．38A　　　　　　　　　C．18.2A

3. 变压器等值电路中 r_m 是表示铁损耗的等效电阻，r_1 是（　　）电阻。

A．一次绕组的　　　　　　B．铁芯损耗　　　　　　　C．二次绕组的

4. 变压器接（　　）的绕组称为一次绕组，接负载的绕组称为二次绕组。

A．低压　　　　　　　　　B．电源　　　　　　　　　C．高压

5. 单相变压器 U_{1N}/U_{2N}=220/110V，T 形等效电路中的 r_2' 是（　　）电阻。

　　A. 折算到一次侧的二次绕组

　　B. 电源内

　　C. 折算到二次侧的一次绕组

6. 单相变压器 U_{1N}/U_{2N}=220/110V，带负载运行后，U_2=108V，I_2=10A，I_2'=5A，则 U_2'=（　　）V。

　　A. 220　　　　　　　　　　B. 216　　　　　　　　　　C. 110

7. 一台变压器的变比 k=2，低压绕组的电阻 r_2=2Ω，则折算到高压侧的 r_2' 为（　　）Ω。

　　A. 0.5　　　　　　　　　　B. 4　　　　　　　　　　C. 8

8. 一台变压器的变比 k=10，低压侧的电流 I_2=2A，折算到高压侧的 I_2' 为（　　）A。

　　A. 0.2　　　　　　　　　　B. 2　　　　　　　　　　C. 20

9. 变压器的标幺值是指同一单位的（　　）值与基准值的比值。

　　A. 实际　　　　　　　　　　B. 额定值　　　　　　　　　　C. 非实际值

10. 下列标幺值计算式中正确的是（　　）。

　　A. $S_* = \sqrt{3}U_*I_*$　　　　　B. $S_* = U_*I_*$　　　　　C. $S_* = 3U_*I_*$

二、判断题（对的打√，错的打×）

1. 采用标幺值，变压器 T 形等值电路中的物理量都不需要折算。　　　　　（　　）

2. 变压器带负载运行，负载电流变化，主磁通幅值也会明显变化。　　　　（　　）

3. 变压器带负载运行，负载电流变化，励磁电流也增大。　　　　　　　　（　　）

4. 三相变压器带负载运行，一相功率与三相功率的标幺值相等。　　　　　（　　）

5. 变压器阻抗的标幺值等于阻抗电压的标幺值。　　　　　　　　　　　　（　　）

三、计算题

1. 某单相变压器的额定数据为：$S_N = 4.6\text{kVA}$，$U_{1N}/U_{2N} = 380/115\text{V}$，其空载和短路试验数据如下：

空载试验（电源接低压侧进行）$U_{20} = 115\text{V}$，$I_{20} = 3\text{A}$，$P_0 = 60\text{W}$；

短路试验（电源接高压侧进行）$U_k = 15.6\text{V}$，$I_k = 12.1\text{A}$，$P_k = 172\text{W}$。

试求：

（1）折算到变压器高压侧的励磁阻抗 z_m' 和短路阻抗 z_k。

（2）折算到变压器低压侧的励磁阻抗 z_m 和短路阻抗 z_k'。

（3）变压器阻抗电压 u_k 的百分值及其有功、无功分量的百分值 u_{kr} 和 u_{kx}。

2. 一台三相变压器 $S_N = 100\text{kVA}$，$U_{1N}/U_{2N} = 6/0.4\text{kV}$，Yy 接法，室温 25℃时空载、短路试验数据见表 1-3-2。

表 1-3-2　　　　　　　　　　　　試　験　数　据

试验名称	线电流（A）	线电压（W）	三相功率（W）	备　　注
空载试验	9.37	400	616	电源加在低压侧
短路试验	9.4	251.9	1920	电源加在高压侧

试求：

（1）折算到变压器高压侧的励磁阻抗的实际值、标幺值。

（2）变压器短路阻抗的实际值、标幺值。

（3）作出变压器 T 形等效电路（设 $r_1 = r_2'$ ， $x_1 = x_2'$ ）。

（4）变压器阻抗电压及其两个分量，额定短路损耗。

第四单元　变压器的运行特性及参数测定

知识目标

（1）掌握变压器各参数的含义及实验测定方法。

（2）掌握变压器电压变化率及效率的概念及应用。

（3）掌握变压器电压变化率及效率的计算。

能力目标

（1）能进行变压器的空载、短路试验接线。

（2）能进行变压器空载、短路试验各参数的测量和计算。

（3）能计算变压器的电压变化率及效率。

导学

变压器等效电路中的 r_m、r_k（电阻），x_m、x_k（电抗）及 z_m、z_k（阻抗）等称为变压器的参数。对已经制造好的变压器，可通过空载试验和短路试验测定各参数。

反映变压器运行特性的指标有电压变化率 ΔU 和效率 η。它是衡量变压器电压波动程度和经济性的两个重要指标。

知识点一　变压器的运行特性

变压器负载时的运行性能包括电压变化率和效率，电压变化率反映变压器输出电压的稳定性，效率反映变压器运行的经济性。

一、电压变化率

电压变化率 ΔU 是指变压器二次空载电压与负载电压之差与二次额定电压之比。即

$$\Delta U = \frac{U_{2N} - U_2}{U_{2N}} = 1 - U_{2*} \tag{1-4-1}$$

ΔU 与变压器各参数的关系，可由变压器简化相量图及负载性质推导求得

$$\Delta U = \beta(r_{k*} \cos\varphi_2 + x_{k*} \sin\varphi_2) \tag{1-4-2}$$

式中：β 为负载系数，额定负载时，$\beta = I_1 / I_{1N} = 1.0$。

式（1-4-2）说明，电压变化率与负载的大小成正比。当变压器带阻感性负载时，φ_2 为正值，ΔU 为正，此时二次侧实际电压 $U_2 < U_{2N}$；当变压器带阻容性负载时，φ_2 为负值，$\sin\varphi_2$ 为负值，ΔU 可能为负值，说明二次侧实际电压 $U_2 > U_{2N}$。

变压器的电压变化率 ΔU 通常为 5%～8%。

配电变压器电压变化率一般为±5%。电力变压器一般采用改变高压绕组匝数的办法来调

节二次侧输出电压的高低，即采用分接头调压。分接头数量从几个到二十几个不等。分接开关一般又分为两类，一类是在断电状态下操作的分接开关，称为无励磁分接开关。另一类是带电时也能操作，称为有载分接开关。相应的变压器称为无励磁调压变压器和有载调压变压器。有载调压变压器由于其在调压过程中无需断电，得到了越来越广泛的应用。

二、变压器的损耗和效率

（1）变压器的损耗。变压器在传递功率的过程中会产生铜损耗和铁损耗，总损耗 $\sum P = P_{Cu} + P_{Fe}$，在额定电压下，铁损耗近似与 B_m^2 成正比而基本不变，称为不变损耗 $P_0 = P_{Fe}$；铜损耗 P_{Cu} 与负载电流的平方成正比并随负载的大小而变化，P_{Cu} 称为可变损耗。其表达式为

$$P_{Cu} = I_1^2 r_{k(75℃)} = \beta^2 I_{1N}^2 r_{k(75℃)} = \beta^2 P_{kN} \tag{1-4-3}$$

（2）效率。变压器输出功率 P_2 与输入功率 P_1 之比称为变压器的效率，用 η 表示。常用百分值表示变压器的效率，即

$$\eta = \frac{P_2}{P_1} \times 100\% = \frac{P_2}{P_2 + \sum P} \times 100\% \tag{1-4-4}$$

若不考虑二次侧电压的变化，即认为 $U_2 = U_{2N}$ 不变。这样便有

$$P_2 = m U_2 I_2 \cos\varphi_2 = m U_{2N} \beta I_{2N} \cos\varphi_2 = \beta S_N \cos\varphi_2$$

将上述关系式代入式（1-4-4）可得

$$\eta = \frac{\beta S_N \cos\varphi_2}{\beta S_N \cos\varphi_2 + P_0 + \beta^2 P_{kN}} \times 100\% \tag{1-4-5}$$

式（1-4-5）说明，当负载功率因数 $\cos\varphi_2$ 一定时，效率随负载系数 β 而变化。因此，求出变压器最高效率时的负载系数 β_m，代入式（1-4-5）便得到最高效率。

即对 β 求导，并使之等于零，即 $\dfrac{\mathrm{d}\eta}{\mathrm{d}\beta} = 0$，得

$$\beta_m^2 P_{kN} = P_0$$

$$\beta_m = \sqrt{\frac{P_0}{P_{kN}}} \tag{1-4-6}$$

即变压器的铜损耗等于铁损耗（即 $P_{Cu} = P_{Fe}$）时，效率最高。

由于电力变压器总是在额定电压下运行，但不可能长期满载。为了提高运行的经济性，通常取 $\beta_m = 0.5\sim0.6$，$P_0 / P_{kN} = 1/4\sim1/3$，使铁损耗较小。

将式（1-4-6）代入式（1-4-5）得到最高效率表达式

$$\eta_{max} = \frac{\beta_m S_N \cos\varphi_2}{\beta_m S_N \cos\varphi_2 + 2P_0} \times 100\% \tag{1-4-7}$$

📖 知识点二　变压器参数的测定

变压器等效电路中的 r_m、x_m、r_k、x_k（电阻、电抗）及 z_m、z_k（阻抗）等称为变压器的参数。对已经制造好的变压器，可通过变压器空载试验和短路试验测定各参数。

一、变压器的空载试验

（1）试验目的。通过测定施加给变压器空载时的电压 U_0、空载时的铁损耗 P_0、空载电流 I_0，计算出励磁参数 z_m、r_m、x_m 及变比 k。

（2）试验电路。单相、三相变压器空载试验电路如图 1-4-1 所示。

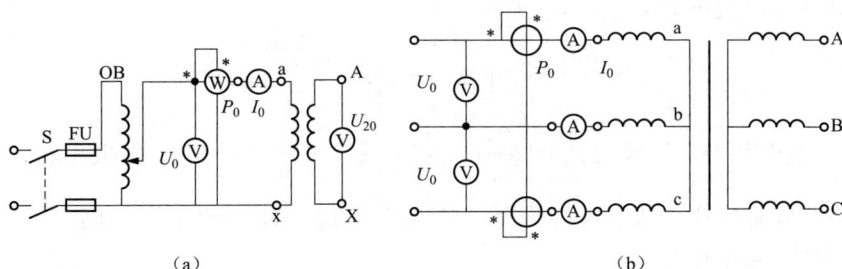

图 1-4-1　变压器空载试验原理电路图

（a）单相变压器；（b）三相变压器

（3）试验方法。为了试验安全和仪表选择方便，一般在低压侧施加电压而在高压侧空载。按图 1-4-1（a）接线，经检查无误后，合电源开关，用调压器缓慢地将电压调至变压器低压侧额定电压值 $U_0 = U_{2N}$，读取 U_{20}、U_{1N}、I_0、P_0 的值，降压，断开电源。

（4）数据计算。由于 r_1、x_1 很小可忽略；故可认为 $z_0 \approx z_m = r_m + jx_m$，于是求得

$$z_m = \frac{U_0}{I_0}, \quad r_m = \frac{P_0}{I_0^2}, \quad x_m = \sqrt{z_m^2 - r_m^2}, \quad k = \frac{U_{1Nph}}{U_{2Nph}} \tag{1-4-8}$$

式中：k 为变比，即变压器高压侧相电压与低压侧相电压之比。

注：由于空载试验是在低压侧施加电源电压，测得的励磁参数是低压侧的数值，如需折算到高压侧，应乘以变比 k^2。如被测量变压器为三相变压器，则按图 1-4-1（b）接线，测量的 U_{20}、U_{1N}、I_0 均为线值，P_0 为三相值。

二、变压器的短路试验

（1）试验目的。通过变压器的短路试验测出变压器的阻抗电压 U_k、短路电流 I_k 和负载损耗 P_k 的值，从而计算出 z_k、r_k 和 x_k 的值。

（2）试验电路。单相、三相变压器短路试验电路如图 1-4-2 所示。

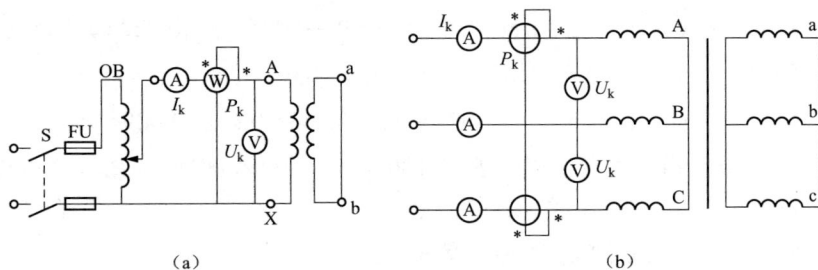

图 1-4-2　变压器短路试验原理电路图

（a）单相变压器；（b）三相变压器

（3）试验方法。为了试验安全和仪表选择方便，一般在高压侧施加电压而在低压侧短路。

即试验电压一般加于高压侧。

按图 1-4-2（a）接线，经检查无误后，合电源开关，用调压器缓慢地将电流调至变压器高压侧额定电流值，即 $I_k=I_{1N}$，读取 U_k、I_k 和 P_k 的值，降电压，断开电源。三相变压器按图 1-4-2（b）接线。

（4）数据计算。数据计算按下式进行

$$z_k = \frac{U_k}{I_k}, \quad r_k = \frac{P_k}{I_k^2}, \quad x_k = \sqrt{z_k^2 - r_k^2} \tag{1-4-9}$$

在 T 形等效电路中，一般可以认为 $r_1 = r_2' = \dfrac{r_k}{2}$，$x_1 = x_2' = \dfrac{x_k}{2}$。由于电阻与温度有关，按国家标准，应将实验温度 θ 下的 r_k 和 z_k 换算到 75℃时的值，对于铜线变压器按下式换算（铜线常数为 235，铝线常数为 225）

$$r_{k(75℃)} = \frac{235+75}{235+\theta} r_k, \quad z_{k(75℃)} = \sqrt{r_{k(75℃)}^2 + x_k^2} \tag{1-4-10}$$

变压器短路试验时，由于二次侧短路，因此输出功率为 0，输入功率全部变成功率损耗，称为短路损耗。短路损耗包括铜损耗和铁损耗，但做短路试验时，外加试验电压很低，主磁通远低于正常运行的数值，铁损耗很小，可以忽略不计，因而认为短路损耗就是铜损耗。由于电阻与温度有关，一般将它换算为 75℃时的值。额定短路损耗是指额定电流在 $r_{k(75℃)}$ 上的铜损耗，即

$$P_{kN} = I_{1Nph}^2 r_{k(75℃)} \tag{1-4-11}$$

三、案例分析

［例 1-4-1］　一台三相电力变压器，已知 $r_{k*} = 0.022$，$x_{k*} = 0.045$。试计算额定负载时下列情况变压器的电压变化率。

（1）$\cos\varphi_2 = 0.80$（滞后）；

（2）$\cos\varphi_2 = 1.0$（纯电阻性）；

（3）$\cos\varphi_2 = 0.80$（超前）。

解：（1）额定负载时，$\cos\varphi_2 = 0.8$，$\sin\varphi_2 = 0.6$，则

$$\Delta U = \beta(r_{k*}\cos\varphi_2 + x_{k*}\sin\varphi_2) = 0.022 \times 0.8 + 0.045 \times 0.6 = 0.0446 \Rightarrow 4.46\%$$

（2）额定负载时，$\cos\varphi_2 = 1.0$，$\sin\varphi_2 = 0$，则

$$\Delta U = \beta(r_{k*}\cos\varphi_2 + x_{k*}\sin\varphi_2) = 0.022 \times 1.0 + 0.045 \times 0 = 0.022 \Rightarrow 2.2\%$$

（3）额定负载时，$\cos\varphi_2 = 0.8$（超前），$\sin\varphi_2 = -0.6$，则

$$\Delta U = \beta(r_{k*}\cos\varphi_2 + x_{k*}\sin\varphi_2) = 0.022 \times 0.8 - 0.045 \times 0.6 = -0.0094 \Rightarrow -0.94\%$$

［例 1-4-2］　一台三相电力变压器，$S_N = 100\text{kVA}$，$P_0 = 600\text{W}$，$P_{kN} = 2400\text{W}$，试求：

（1）额定负载且 $\cos\varphi_2 = 0.8$（滞后）时的效率；

（2）最高效率时的负载系数 β_m 和最高效率 η_m。

解：（1）额定负载，即 $\beta = 1.0$。则

$$\eta = \frac{\beta S_N \cos\varphi_2}{\beta S_N \cos\varphi_2 + P_0 + \beta^2 P_{kN}} \times 100\% = \frac{1.0 \times 100 \times 10^3 \times 0.8}{1.0 \times 100 \times 10^3 \times 0.8 + 600 + 1^2 \times 2400} \times 100\% = 96.39\%$$

（2）最高效率时，负载系数 β_m 和最高效率 η_{max} 分别为

$$\beta_m = \sqrt{P_0 / P_{kN}} = \sqrt{600 / 2400} = 0.5$$

$$\eta_{max} = \frac{\beta_m S_N \cos\varphi_2}{\beta_m S_N \cos\varphi_2 + 2P_0} \times 100\% = \frac{0.5 \times 100 \times 10^3 \times 0.8}{0.5 \times 100 \times 10^3 \times 0.8 + 2 \times 600} \times 100\% = 97.09\%$$

四、解题要点

（1）电压变化率的计算。变压器的电压变化率 ΔU 一般有两种方法求取，后者最常用。

$$\Delta U = \frac{U_{2N} - U_2}{U_{2N}} = 1 - U_{2*}; \quad \Delta U = \beta(r_{k*}\cos\varphi_2 + x_{k*}\sin\varphi_2)$$

（2）变压器效率的计算。变压器的效率可用下式计算

$$\eta = \frac{\beta S_N \cos\varphi_2}{\beta S_N \cos\varphi_2 + P_0 + \beta^2 P_{kN}} \times 100\%$$

若要求取最高效率 η_{max}，则将 $\beta_m = \sqrt{P_0 / P_{kN}}$ 代替效率公式中的 β 即可求得。

单 元 小 结

（1）电压变化率及效率是衡量变压器运行性能的两个主要指标。电压变化率的大小表明了变压器负载运行时输出电压的稳定性，效率的高低则直接影响变压器的运行经济性。电压变化率和效率的大小不仅与变压器的本身参数有关，还与负载的大小和性质有关。

（2）变压器的参数测定。通过测定变压器空载时的电压、电流及空载损耗功率，可计算出变压器的励磁参数 r_m、x_m、z_m；通过测定变压器短路时的电压、电流及短路损耗功率，可计算出变压器的短路参数 r_k、x_k、z_k。

（3）空载试验在低压侧施加电压，测得的励磁阻抗一般应折算到高压侧；短路试验在高压侧施加电压进行试验，测得的短路阻抗应进行温度的换算。

思考与练习

一、单选题

1. 变压器的空载实验一般在（　　）施加额定电压而在另一侧空载。

    A．高压侧　　　　　　　　B．低压侧　　　　　　　　C．两侧均可

2. 变压器的短路实验一般在（　　）施加额定电流而在另一侧短路。

    A．高压侧　　　　　　　　B．低压侧　　　　　　　　C．两侧均可

3. 变压器突然短路时，其短路电流的幅值一般为其额定电流的（　　）倍。

    A．15～20　　　　　　　　B．25～30　　　　　　　　C．35～40

4. 变压器做空载试验，应选用（　　）功率表，因为空载电流中无功分量是主要的。

    A．低功率因数　　　　　　B．有功　　　　　　　　　C．视在功率

5. 随着负载变化，变压器的效率也发生变化，当铜损耗（　　）铁损耗时，变压器的效率达到最高。

    A．大于　　　　　　　　　B．等于　　　　　　　　　C．小于

6. 变压器带负载运行，达到最高效率时（　　）。

   A．铜损耗>铁损耗　　　　　B．铜损耗=铁损耗　　　　C．铜损耗<铁损耗

7. 变压器的调压方式分为（　　）。

   A．有励磁调压和有载调压

   B．无励磁调压和无载调压

   C．无励磁调压和有载调压

8. 双绕组电力变压器的分接开关一般接在（　　）。

   A．一次侧　　　　　　　　　B．高压侧　　　　　　　　C．低压侧

9. 三绕组电力变压器的分接开关一般接在（　　）。

   A．高压侧　　　　　　　　　B．高压、中压侧　　　　　C．低压侧

10. 变压器带感性负载运行，随负载电流的增加其二次侧端电压会（　　）。

   A．增加　　　　　　　　　　B．下降　　　　　　　　　C．不变

二、判断题（对的打√，错的打×）

1. 中小型变压器的效率约为90%以上，大型变压器的效率在95%以上。（　　）

2. 变压器短路实验中电压表读数为额定电压。（　　）

3. 变压器二次绕组短路，一次绕组施加电压使其电流达到额定值时，变压器从电源吸取的功率称为短路损耗功率。（　　）

4. 变压器二次绕组短路，一次绕组施加电压使其电流达到额定值时，此时所施加的电压称为阻抗电压。（　　）

5. 变压器运行达到最高效率时，负载系数 β 一般为 0.3 左右。（　　）

三、计算题

1. 一台三相电力变压器，已知 $r_{k*} = 0.024$，$x_{k*} = 0.0504$。试计算额定负载时下列情况变压器的电压变化率。

（1）$\cos\varphi_2 = 0.85$（滞后）；

（2）$\cos\varphi_2 = 1.0$（纯电阻性）；

（3）$\cos\varphi_2 = 0.85$（超前）。

2. 一台三相电力变压器，$S_N = 200\text{kVA}$，$P_0 = 1200\text{W}$，$P_{kN} = 4800\text{W}$，试计算：

（1）额定负载且 $\cos\varphi_2 = 0.8$（滞后）时的效率；

（2）最高效率时的负载系数 β_m 和最高效率 η_{max}。

第五单元　三相变压器的联结组别及判断

知 识 要 求

（1）熟悉三相变压器的磁路系统。熟悉三相变压器不同连接时对输出电动势波形的影响。

（2）掌握三相变压器联结组别的含义。熟练掌握三相绕组首尾端的判断。

（3）掌握三相绕组星形及三角形的连接方法。

（4）掌握 Yy0 及 Yd11 联结组的接线及判断方法。

能 力 要 求

（1）能判断三相变压器的同名端和首尾端。

（2）能进行三相绕组的星形连接及三角形连接。

（3）能将三相变压器连接成 Yy0 及 Yd11 联结组，并进行组别判断。

导 学

现代电力系统均采用三相制运行，从运行原理来看，三相变压器在对称负载下运行时，各相电压、电流大小相等，相位互差120°，因此，分析单相变压器的方法及结论，完全适用于对称运行的三相变压器。但三相变压器在磁路结构、三相绕组连接及感应电动势方面与单相变压器略有差别。

知识点一　三相变压器的磁路系统

三相变压器按铁芯结构分为三相组式变压器和三相心式变压器。

一、三相组式变压器的磁路特点

（1）组成。由完全相同的三台单相变压器按三相连接方式连接而成，如图 1-5-1 所示。

（2）磁路结构特点。

1）有三个独立的变压器铁芯；

2）三相磁路互不关联，各相彼此独立；

3）三相电压平衡时，三相电流、磁通也平衡。

二、三相心式变压器的磁路特点

（1）组成。三相心式变压器是由三相组式变压器演变而成，它是现代三相变压器的主要结构。把三个单相铁芯合并成图 1-5-2（a）所示的结构时，由于三相磁通对称，其相量和为零，因此可省去中间铁芯柱，形成图 1-5-2（b）所示的形状，再将三

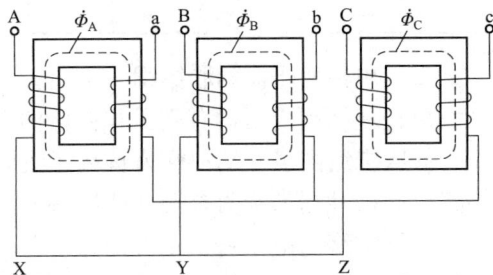

图 1-5-1　三相组式变压器磁路

个铁芯柱安排在同一平面上，便得到三相心式变压器，如图 1-5-2（c）所示。

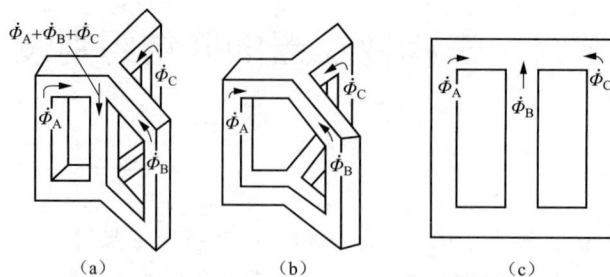

图 1-5-2　三相心式变压器磁路

（2）磁路特点。

1）三个铁芯柱互不独立；

2）三相磁路互相关联；

3）中间相的磁路短、磁阻小。

当三相电压平衡时，三相电流稍有不对称。

知识点二　三相变压器的电路系统

一、三相绕组的端头标志与极性

三相变压器一次、二次侧的三相绕组，主要有星形和三角形两种接法。国家标准对端头标志有统一的规定，见表 1-5-1。

由于变压器高压、低压绕组交链着同一磁通，当某一瞬间高压绕组的某一端头为正电位时，在低压绕组上必有一个端头的电位也为正，这两个对应的端点称为同极性端或同名端，并在对应的端点上用符号"."标出。绕组的极性只决定于绕组的绕向，与绕组的首尾端标志无关。

表 1-5-1　　　　　　　　　　变压器的首尾端标志

绕组名称	单相变压器		三相变压器		
	首端	尾端	首端	尾端	中点
高压绕组	A	X	A　B　C	X　Y　Z	N
低压绕组	a	x	a　b　c	x　y　z	n
中压绕组	A_m	X_m	A_m　B_m　C_m	X_m　Y_m　Z_m	N_m

二、单相变压器的联结组

单相双绕组变压器有高压和低压两个绕组，绕组首尾端的标记有两种方法，一种是把高压、低压绕组同极性端都标为首端（或尾端），如图 1-5-3（a）所示；另一种是把高压、低压绕组不同极性端都标为首端（或尾端），如图 1-5-3（b）所示。

若规定绕组电动势的正方向为从首端指向尾端。当同一铁芯柱上高压、低压绕组首端的极性相同时，其电动势相位相同，如图 1-5-3（a）所示。当首端的极性不同时，高压、低压绕组电动势相位相反，如图 1-5-3（b）和图 1-5-3（c）所示。

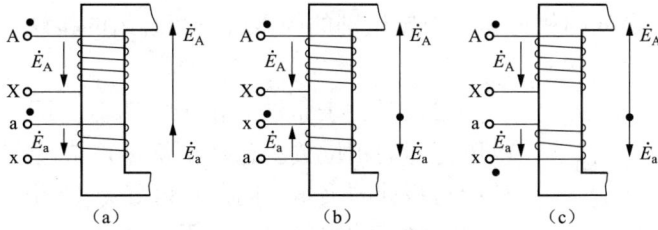

图 1-5-3 绕组的标志、极性和电动势相量图

（a）高低压绕组绕向及标志相同；（b）绕向相同、标志相反；（c）绕向相反、标志相同

对于绕组之间的相位，常用"联结组别"来表示高压、低压绕组的连接法及其电动势的相位关系，组别标号用时钟的点数来表示，其含义是把变压器高压绕组相电动势 $\dot{E}_A$ 及低压绕组相电动势 $\dot{E}_a$，形象地分别看成为时钟上的长针和短针，并且令高压绕组相电动势 $\dot{E}_A$ 指向时钟盘上的数字"12"，那么低压绕组相电动势 $\dot{E}_a$ 指向时钟的数字，即为组别号。单相变压器高压和低压绕组的相位关系，不是同相便是反相，因此，单相变压器"联结组"的表示方法有 Ii0 和 Ii6 两种，图 1-5-3（a）的联结组为 Ii0，图 1-5-3（b）和图 1-5-3（c）的联结组为 Ii6。

三、三相绕组的连接方式

对于三相变压器，我国主要采用星形连接和三角形连接两种。

（1）星形连接。把三相绕组的三个尾端连接在一起，接成中性点，三个首端分别引出，便是星形连接，以符号 Y 表示。如图 1-5-4（a）所示。

（2）三角形连接。三角形连接有两种连接顺序，一种按 AX-CZ-BY 的顺序连接，称为逆序（逆时针）三角形连接，如图 1-5-4（b）所示；另一种按 AX-BY-CZ 的顺序连接，称为顺序（顺时针）三角形连接，如图 1-5-4（c）所示。

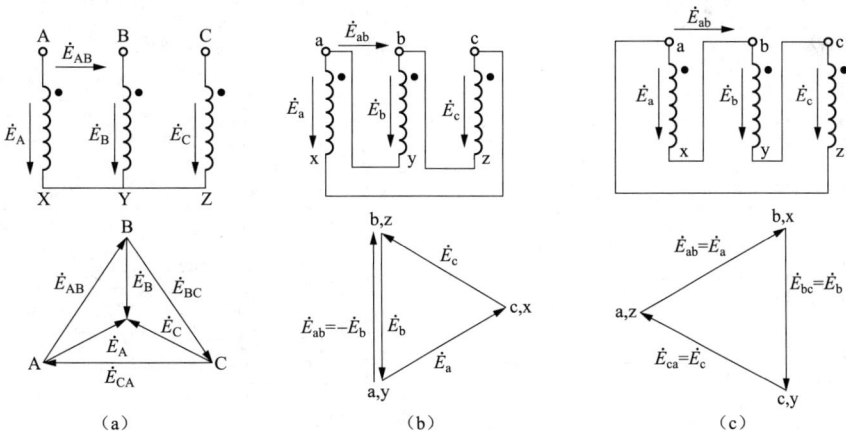

图 1-5-4 三相绕组的联结方式及相量图

（a）星形连接；（b）逆序三角形连接；（c）顺序三角形连接

四、三相变压器的联结组别

（一）联结组别的概念

（1）联结组别。指三相变压器高压、低压三相绕组的连接方法及高压、低压绕组对应线

电动势（或线电压）之间的相位差。决定组别的因素有三相绕组的接法、绕组的极性及出线标记。

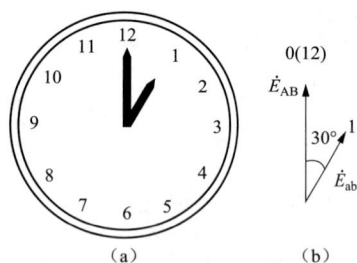

图 1-5-5　时钟法

（a）时钟盘；（b）相量表示

（2）时钟表示法。由于变压器高压、低压绕组对应的线电压之间的相位关系总是相差 30°的倍数，与时钟整点时的长针与短针的夹角相同，且恰好为 12 个夹角，故联结组别可借用时钟序数来表示，即所谓"时钟表示法"，如图 1-5-5 所示。其方法是，将三相变压器高压和低压绕组的线电动势相量图画在一起，并将高压和低压绕组线电动势相量图的三角形重心重合，然后选高压侧线电动势（如 $\dot{E}_{AB}$）相量作长针，且固定指向时钟"12"点（即 0 点），对应的低压侧线电动势 $\dot{E}_{ab}$ 相量作短针，短针所指向的钟点数，便是联结组中的组别号。如 Yd1 联结组可表示为图 1-5-5（b）所示。

（二）三相变压器的 Yy 连接

当各相绕组同一铁芯柱时，Yy 接法有两种情况。图 1-5-6（a）为高压和低压绕组的 A、a，B、b，C、c 端为同名端，则高压和低压绕组相电动势同相位。图 1-5-7（a）与图 1-5-6（a）相反，高压和低压绕组为异名端，则高压和低压绕组相电动势反相位（180°）。上述关系可组成两种联结组（Yy0 联结组和 Yy6 联结组）。

（1）Yy0 联结组。高压和低压绕组的首端为同名端时，高压和低压绕组相电动势同相位。取 Aa 点重合时的相量图，$\dot{E}_{AB}$ 指向"12"，$\dot{E}_{ab}$ 也指向"12"，其联结组记为 Yy0，如图 1-5-6 所示。

（2）Yy6 联结组。高压和低压绕组的首端为异名端，因此高压和低压绕组相电动势相位相反。取 Aa 点重合时的相量图，$\dot{E}_{AB}$ 指向"12"时，$\dot{E}_{ab}$ 指向"6"，其联结组记为 Yy6，如图 1-5-7 所示。

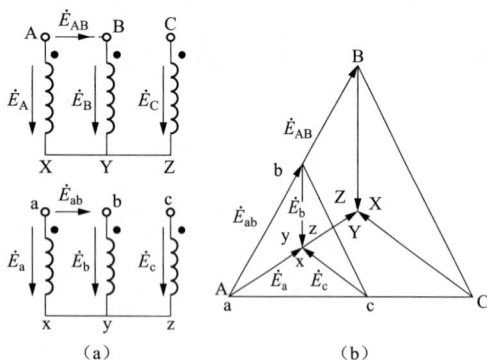

图 1-5-6　Yy0 联结组

（a）Yy0 联结组接线图；（b）电动势相量图

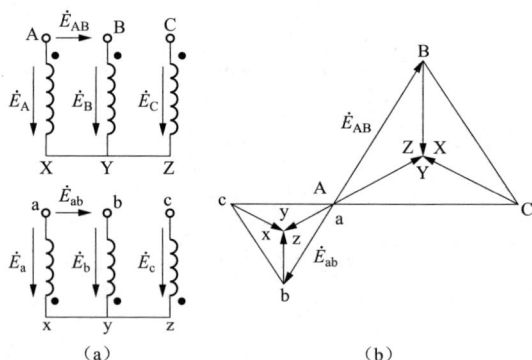

图 1-5-7　Yy6 联结组

（a）Yy6 联结组接线图；（b）电动势相量图

若改变低压绕组的极性端，或在保证正相序下改变低压绕组端头标记，可得到 0、2、4、6、8、10 六个偶数组别号，即 Yy 连接有六种联结组。

（三）三相变压器的 Yd 连接

Yd 连接中的 d 接法有两种情况。d 接有顺三角形连接法（ax–by–cz）和逆三角形连接法

（ax–cz–by）两种，它们组成 Yd1 和 Yd11 两种联结组。

（1）Yd1 联结组。图 1-5-8 所示三相变压器高压绕组为星形连接，低压绕组为 ax–by–cz 顺序三角形连接，此时高压和低压绕组相电动势同相位，高压和低压绕组线电动势 $\dot{E}_{ab}$ 滞后 $\dot{E}_{AB}$ 30°，其联结组为 Yd1。

（2）Yd11 联结组。图 1-5-9 所示三相变压器高压绕组为星形连接，低压绕组为 ax–cz–by 逆序三角形连接，此时高压和低压绕组相电动势同相位，高压和低压绕组线电动势 $\dot{E}_{ab}$ 超前 $\dot{E}_{AB}$ 30°，其联结组为 Yd11。

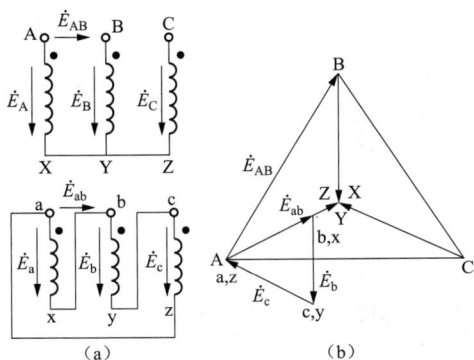

图 1-5-8　Yd1 联结组
（a）Yd1 联结组接线图；（b）电动势相量图

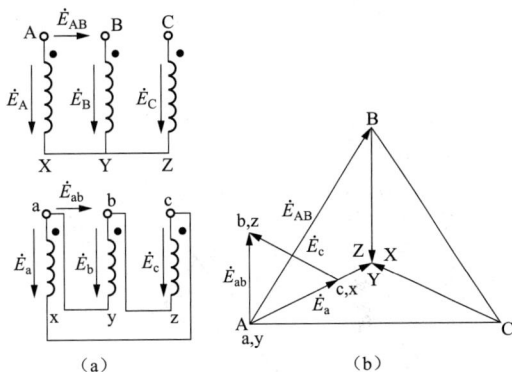

图 1-5-9　Yd11 联结组
（a）Yd11 联结组接线图；（b）电动势相量图

改变极性端和相号标记，还可得到 Yd3、Yd5、Yd7、Yd9 等奇数联结组别。

我国规定同一铁芯柱上的高压和低压绕组为同一相绕组，并采用相同的字母符号作端头标记，三相双绕组变压器的标准联结组有 Yyn0、YNd11 和 Yd11。YNd11 主要用于高压输电线路中，使电力系统高压侧可用于接地；Yd11 用于低压侧超过 400V 的线路中，Yyn0 的二次绕组用于引出中性线，成为三相四线制，用作配电变压器供照明和动力负载。

五、案例分析

[**例 1-5-1**]　根据图 1-5-10 所示接线图确定其联结组别。作出联结组 Yy4 及 Yd7 的接线图及相量图。

解：分析：作相量图的关键点是按套在同一铁芯柱上的两个绕组，不是同相（0°）便是反相（180°）的原则作出高压和低压侧三相绕组的相量图。

（1）根据图 1-5-10（a）、（b）的接线图作出的相量图如图 1-5-11（a）、（b）所示，据相量图可知，其联结组别为 Yd5 和 Yy8。

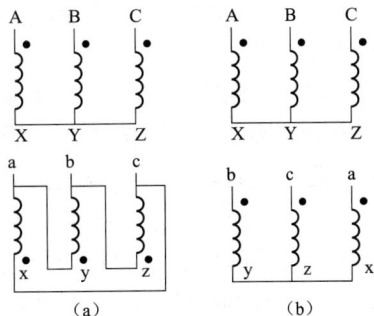

图 1-5-10　接线图
（a）Yd 联结组；（b）Yy 联结组

（2）Yy4 联结组的高压和低压绕组均为星形连接，根据 Yy4 联结组由 Yy0 联结组低压绕组线端标记右移一相得到，作出它的接线图，然后根据接线图作出相量图，如图 1-5-11（c）所示。

Yd7 联结组高压绕组为星形连接，低压绕组为三角形连接，Yd7 联结组由 Yd1 联结组低压绕组反相得到。依据上述原则作出 Yd7 联结组的接线图，然后根据接线图作出相量图，如图 1-5-11（d）所示。

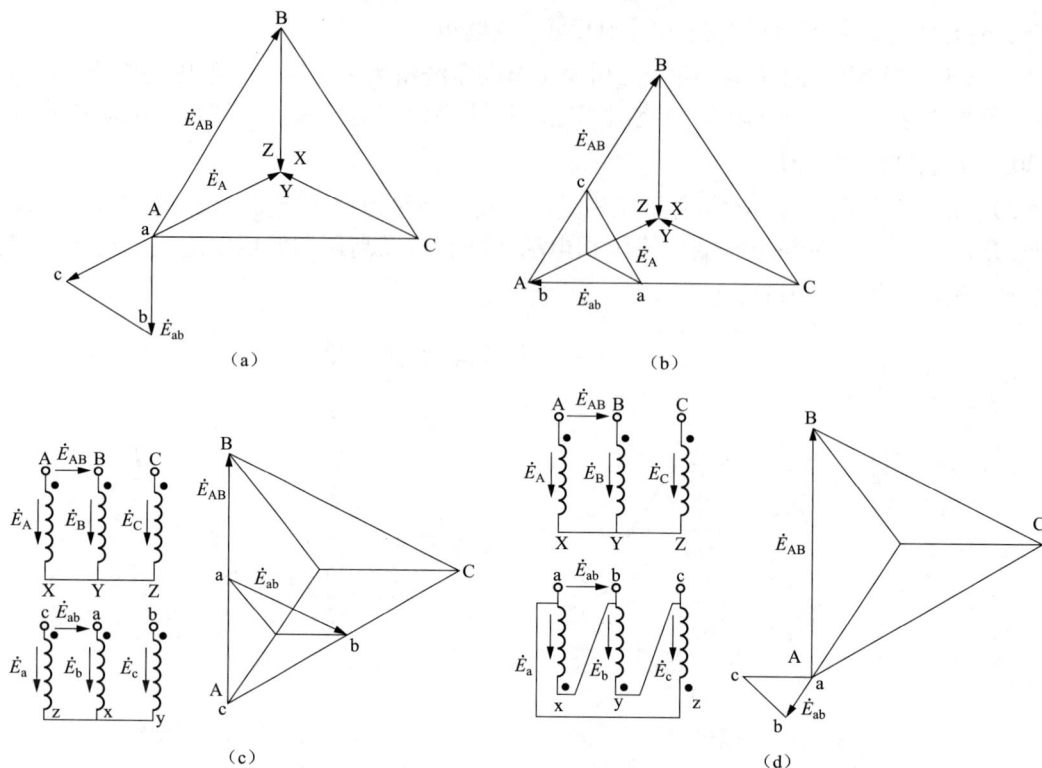

图 1-5-11　变压器联结组

（a）Yd5 联结组电动势相量图；（b）Yd8 联结组电动势相量图；
（c）Yy4 联结组接线图及电动势相量图；（d）Yd7 联结组接线图及电动势相量图

六、联结组别判断要点

（1）判断方法一。在 Yy 接法或 Dd 接法中，当变压器相同标记的端头为同名端时，相位差为 0°，组别号为 0；当变压器相同标记的端头为异名端时，相位差为 180°（6×30°=180°），组别号为"6"。

（2）判断方法二。在 Yd 接法中，变压器相同标记的端头为同名端时，低压绕组为顺序三角形连接，组别号为"1"；低压绕组为逆序三角形连接，组别号为"11"；上述接法中，若变压器二次绕组与一次绕组为异名端，联结组别为原组别号加"6"（即组别号为 7 或 5）。

（3）判断方法三。不论是 Yy 或 Yd 接法，若变压器二次绕组的三相出线标记按相序作相间移位时（即向右或向左轮换移动），每错移一相（如将 a、b、c 向右移一相为 c、a、b），则变压器二次侧相或线电动势皆顺时针转 120°，即原组别号加"4"；若向左移位（如将 a、b、c 向左移一相为 b、c、a），则二次侧相或线电动势皆逆时针转 120°，即原组别号减"4"；依此变换，Yy 接法共有 6 个偶数联结组别；Yd 接法共有 6 个奇数联结组别；即三相双绕组变压器共有 12 种接法。

（4）判断方法四。变压器的联结组别通常有两种情况：一是根据联结组别画出对应的相量图和接线图；二是根据接线图画出相量图确定变压器的联结组别。

1）第一种情况（已知联结组别作出接线图和相量图）。

a. 根据给出的联结组是星形或三角形接法作出三相变压器的接线图。

b. 根据接线图先作出高压三相绕组的相电动势及线电动势相量图，后作低压侧三相绕组相量图时按套在同一铁芯柱上的两个绕组，不是同相（0°）便是反相（180°）的原则作出低压侧三相绕组的电动势相量图。

c. 运用时钟法将 $\dot{E}_{AB}$（或 $\dot{U}_{AB}$）和 $\dot{E}_{ab}$（或 $\dot{U}_{ab}$）线电动势相量的 A 点与 a 点重合在一起判断联结组别的正确性。

2）第二种情况（根据接线图画出相量图确定变压器的联结组别）。

a. 根据接线图作出高压三相绕组的相电动势及线电动势相量图。

b. 依据套在同一铁芯柱上的两个绕组，不是同相（0°）便是反相（180°）的原则作出低压侧三相绕组的相、线电动势相量图。

c. 确定联结组别。将 $\dot{E}_{AB}$（或 $\dot{U}_{AB}$）和 $\dot{E}_{ab}$（或 $\dot{U}_{ab}$）线电动势相量的 A 点与 a 点重合在一起进行时钟法判断出组别号。

🌱 *知识点三　三相变压器的空载电动势波形

三相变压器的磁路和绕组连接方式不相同会对空载时电动势的波形产生影响。铁芯饱和时，空载电动势的波形为尖顶波，$\dot{I}_0$ 中含有三次谐波磁通产生的三次谐波电流。

在三相变压器中，各相基波彼此互差 120°，空载电流的三次谐波大小相等、相位相同。即

$$\begin{cases} i_{03A} = I_{03m} \sin 3\omega t \\ i_{03B} = I_{03m} 3(\omega t - 120°) \\ i_{03C} = I_{03m} 3\sin(\omega t + 120°) \end{cases} \qquad (1\text{-}5\text{-}1)$$

若三相变压器的一次绕组为 YN 或 D 接法，则三次谐波电流可以流通，各相励磁电流为尖顶波。在这种情况下，不论二次绕组是星形连接或三角形连接，铁芯中的主磁通均为正弦波，因此各相电动势波形也为正弦波。若一次绕组为 Y 接，则三次电流不能流通，会影响到变压器的输出电动势波形，下面对不同情况加以分析。

一、Yy 连接的三相变压器波形

Yy 连接的三相变压器，一次、二次绕组均为 Y 接，三次谐波电流不能流通，空载电流为正弦波，利用空载电流正弦曲线 $i_0 = f(t)$ 和铁芯磁路磁化曲线 $\Phi = f(i_0)$，可以作出主磁通曲线 $\Phi = f(t)$ 为一平顶波，如图 1-5-12 所示。平顶波的主磁通中除了基波磁通 Φ_1 外还包含有三次谐波磁通 Φ_3（忽略较弱的五、七次等高次谐波）。

在组式变压器中，由于各相磁路彼此独立，三次谐波磁通 Φ_3 和基波磁通 Φ_1 沿同一磁路闭合。铁芯的磁阻很小，三次谐波磁通较大，所以主磁通为平顶波。感应电动势的波形如图 1-5-13 所示（注意：三次谐波磁通的频率为基波磁通频率的 3 倍，即 $f_3 = 3f_1$）。基波电动势 e_1 与三次谐波电动势 e_3 相叠加，得到空载时绕组的相电动势波形为尖顶波。三次谐波电动势的幅值可达基波电动势幅值的 45%～60%，结果使相电动势波形严重畸变，会危害绕组的绝缘，因此，三相组式变压器不允许采用 Yy 连接。上述分析和结论也适用于 Yyn 连接的组式变压器。

在心式变压器磁路中，三次谐波磁通 Φ_3 不能沿铁芯闭合，只能借助油箱壁等形成闭合回路，如图 1-5-14 所示。由于磁路的磁阻很大，将使三次谐波磁通大为削弱，主磁通波形仍接近正弦波，相电动势的波形也接近正弦波。但由于三次谐波磁通在油箱壁等构件中引起 3 倍

频率的涡流损耗，致使变压器局部发热，降低了变压器的效率，所以容量大于 1800kVA 的心式变压器，不宜采用 Yy 连接。

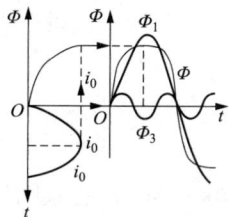

图 1-5-12　正弦电流产生的
主磁通波形

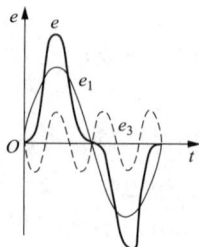

图 1-5-13　Yy 组式变压器
感应电动势波形

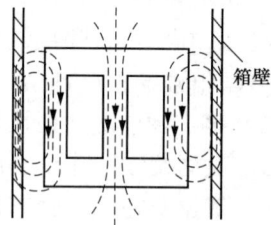

图 1-5-14　心式变压器中三次
谐波磁通的路径

二、Yd 连接的三相变压器波形

三相变压器 Yd 连接时，一次绕组为星形接法无中性线，三次谐波电流在一次侧不能流通，一次、二次绕组中交链着三次谐波磁通，感应出三次谐波电动势。由于二次侧为△接法，三相大小相等、相位相同的三次谐波电动势在 d 接法的三相绕组内形成环流，如图 1-5-15 所示。环流在二次绕组产生的磁通对原有的三次谐波磁通产生强烈的去磁作用，使合成磁通及其感应电动势均接近正弦波。

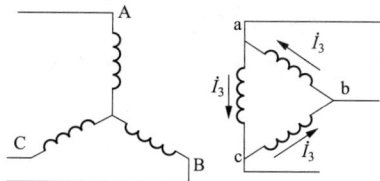

图 1-5-15　Yd 组式变压器二次侧的三次谐波电流

综上所述，三相变压器的一次、二次绕组中只要有一侧接成三角形，就能保证感应出的相电动势波形接近于正弦波。

知识点四　三相变压器的联结组别及判断

三相双绕组变压器共有 12 个引出线端，如将一台三相双绕组变压器连接成 Yy0 或 Yd11 联结组，需要进行以下四步判断。

第一步：判断出三相双绕组变压器中每一相绕组的同名端。

第二步：判断出三相变压器高压、低压三相绕组的首尾端。

第三步：将三相变压器连接成星形或三角形。

第四步：用试验法或作相量图判断出变压器的联结组别。

三相双绕组变压器的联结组别及判断方法简述如下：

任务一：判断出三相双绕组变压器中每一相绕组的同名端

（1）用万用表欧姆挡（R×1Ω）（或直流单臂电桥）分别测量三相变压器中任一单相变压器的 4 个引出线端，找出同一相绕组的 2 个端头，并做标记。一般电阻值大的为高压绕组，电阻值小的为低压绕组，共找出 6 个绕组。

（2）将单相变压器中任一个绕组接万用表红、黑表笔两端，并将万用表量程转到直流电压（或电流）最小挡；如图 1-5-16 所示。

（3）用 1.5～3V 干电池点接变压器另一绕组进行判断。点接（或开关接通）瞬间，若万用表指针"正向偏转"（摆动），则与万用表红笔端相接的端头与电池"+"端所连接的端头为同名端。

任务二：判断出三相变压器高压、低压三相绕组的首尾端

（1）用万用表欧姆挡（如 R×1Ω）分别测量高压、低压三相绕组的 6 个引出端，电阻大的 3 个绕组为高压绕组，电阻小的为低压绕组，做好标记。

（2）万用表选用较小的直流电压挡（或电流挡），将其接在任一相绕组的两端，如图 1-5-17 所示。

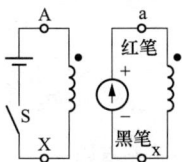

图 1-5-16　单相变压器同名端判断电路图　　　图 1-5-17　三相变压器首尾端判断电路图

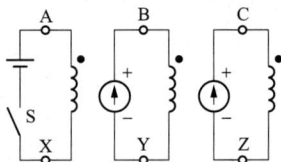

（3）将第二（或第三）相绕组接上 1.5～3V 干电池，在电池引线端点接（或开关接通）瞬间，观察万用表的指针偏转方向。如果万用表的表针"反向偏转"（摆动），则接电池"+"的端子与接万用表红笔的端子为首端（或尾端）。如万用表的表针"正偏转"（正摆动），则接电池"+"的端子与接万用表黑表笔的端子为首端（或尾端）。用步骤（第二步）和（第三步）继续判断第三相绕组，得到三相绕组的首尾端，做好标记。

任务三：将三相变压器连接成星形或三角形

（1）将变压器高压三相绕组连接成星形。把变压器高压三相绕组的三个末端 XYZ 连接在一起，接成中性点，高压三相绕组的三个首端 ABC 分别引出三相导线，便构成了三相绕组的星形连接，如图 1-5-18（a）所示。

（2）将变压器高压三相绕组连接成三角形。将三相变压器的任一相尾端与另一相的首端相连接，顺次连成一个闭合回路，三个首端 abc 分别引出三根相线，便构成了三相绕组的三角形连接。三角形连接有两种连接顺序，一种按 ax-cz-by 连接，称为逆序（逆时针）三角形连接，如图 1-5-18（b）所示；另一种按 ax-by-cz 连接，称为顺序（顺时针）三角形连接，如图 1-5-18（c）所示。

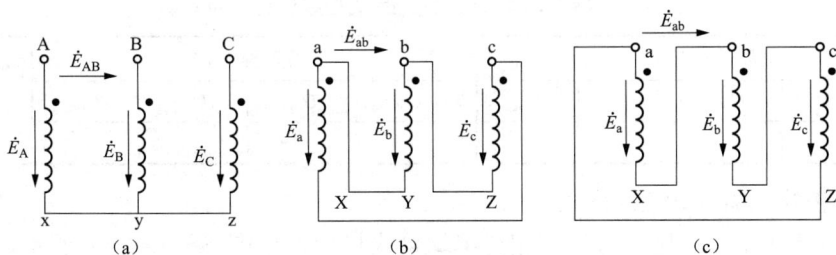

图 1-5-18　三相绕组的连接方式及相量图

（a）星形连接；（b）逆序三角形连接；（c）顺序三角形连接

任务四：用试验法或作相量图判断出变压器的联结组别

（一）Yy0 联结组别的判断

1．试验法判断 Yy0 的联结组别

（1）试验电路。三相变压器 Yy0 联结组别试验接线图和相量图如图 1-5-19 所示。

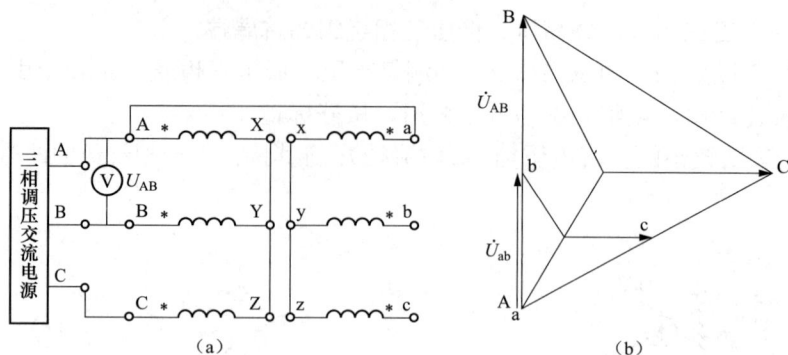

图 1-5-19 三相变压器 Yy0 联结组别试验接线图和相量图

（a）Yy0 联结组接线图；（b）Yy0 联结组相量图

（2）试验方法。

1）按图 1-5-19（a）接线，在三相调压交流电源断电的条件下，将三相变压器连接成 Yy0，被测变压器高压线圈接电源，并将 A、a 两端点用导线连接（等电位点）。

2）选择好所有测量仪表量程，将三相交流电源调到输出电压为零的位置，经检查无误后，按下电源"启动"按钮，调节外施电压使被测变压器 $U_{AB}=100V$（线电压），测取变压器高压、低压绕组 U_{AB}、U_{ab}、U_{Bb}、U_{Cc}、U_{Bc} 的电压值，记录于表 1-5-2 中。试验结束降低电压到零值，断开电源。

（3）数据计算。根据图 1-5-19（b）可得

$$\begin{cases} U_{Bb} = U_{Cc} = U_{ab}(k-1) \\ U_{Bc} = U_{ab}\sqrt{k^2-k+1} \end{cases} \qquad (1-5-2)$$

式中：k 为两线电压之比，$k = U_{AB}/U_{ab}$。

若式（1-5-2）计算出的电压值 U_{Bb}、U_{Cc}、U_{Bc} 数值与试验测取的数值相同，则表示绕组连接正确，属 Yy0 联结组。

表 1-5-2　　　　　三相变压器 Yy0 联结组别判断试验数据记录及计算

试验数据（V）					计算数据（V）				判断联结组别
U_{AB}	U_{ab}	U_{Bb}	U_{Cc}	U_{Bc}	$k=U_{AB}/U_{ab}$	U_{Bb}	U_{Cc}	U_{Bc}	

2. 相量图法判断 Yy0 联结组别

（1）将三相变压器高压、低压三相绕组均接成星形，如图 1-5-20（a）所示。

（2）根据 Yy0 联结组的接线图作出相量图，方法如下。

1）作出变压器高压三相绕组星形连接的相电压相量图及线电压相量图；

2）作出变压器低压三相绕组星形连接的相电压相量图及线电压相量图，如图 1-5-20（b）所示。

（3）在相量图上用时钟法判断 Yy0 联结组的正确性。

1）取变压器高压绕组线电压 $\dot{U}_{AB}$ 相量作为时钟的分针并固定指向 12 点（即 0 点）；

2）取变压器低压绕组线电压 $\dot{U}_{ab}$ 相量作为时钟的时针，时针所指的钟点数为 0 点。如图

1-5-20（b）所示，即该变压器的联结组为 Yy0。

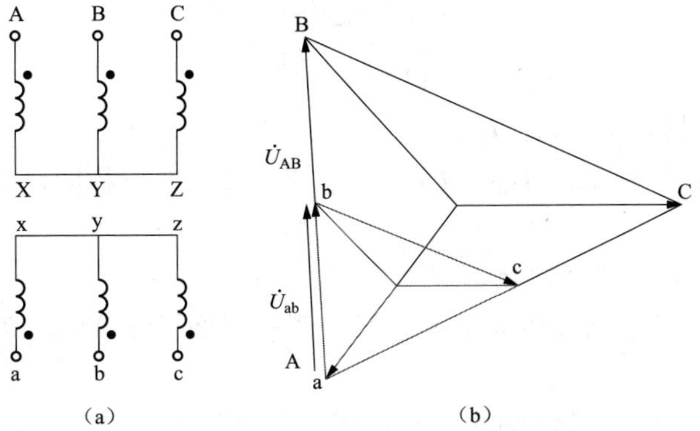

图 1-5-20 相量图法判断 Yd11 联结组别

（a）接线图；（b）相量图

（二）三相变压器 Yd11 联结组别的判断

1．试验法判断 Yd11 联结组别

（1）试验电路。三相变压器 Yd11 联结组别试验接线图和相量图如图 1-5-21 所示。

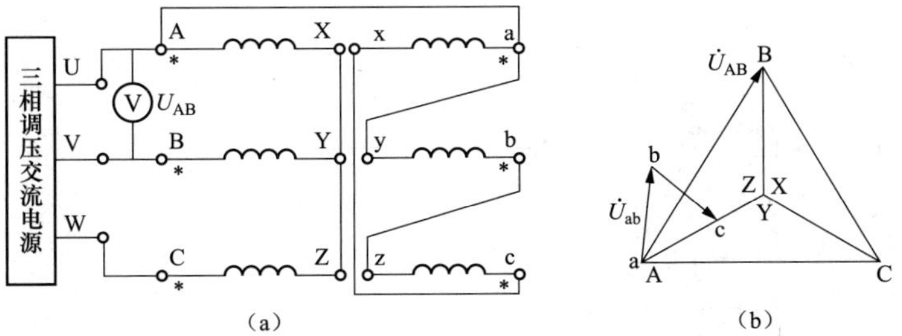

图 1-5-21 三相变压器 Yd11 联结组别试验接线图和相量图

（a）Yd11 联结组接线图；（b）Yd11 联结组相量图

（2）试验方法。

1）按图 1-5-21（a）接线，在三相调压交流电源断电的条件下，将三相变压器连接成 Yd11，被测变压器高压绕组接电源，并将 A、a 两端点用导线连接（等电位点）。

2）选择好所有测量仪表量程，将三相交流电源调到输出电压为零的位置，经检查无误后，按下电源"启动"按钮，调节外施电压使被测变压器 U_{AB}=100V（线电压），测取变压器高压、低压绕组 U_{AB}、U_{ab}、U_{Bb}、U_{Cc}、U_{Bc} 的电压值，记录于表 1-5-3 中。试验结束降低电压到零值，断开电源。

表 1-5-3   三相变压器 Yd11 联结组别试验数据记录及计算

试验数据（V）					计算数据（V）				判断联结组别
U_{AB}	U_{ab}	U_{Bb}	U_{Cc}	U_{Bc}	$k=U_{AB}/U_{ab}$	U_{Bb}	U_{Cc}	U_{Bc}	

（3）数据计算。根据图 1-5-21（b）可得

$$\begin{cases} U_{Bb} = U_{Cc} = U_{ab}\sqrt{k^2 - \sqrt{3}k + 1} \\ U_{Bc} = U_{ab}\sqrt{k^2 - \sqrt{3}k + 1} \end{cases} \quad (1\text{-}5\text{-}3)$$

式中：k 为两线电压之比，$k = U_{AB}/U_{ab}$。

若由式（1-5-3）计算出电压 U_{Bb}、U_{Cc}、U_{Bc} 的数值与实测相同，则绕组连接正确，属于 Yd11 联结组。

2. 相量图法判断 Yd11 联结组别

（1）将三相变压器高压侧连接成星形，低压侧三相绕组连接成三角形，如图 1-5-22（a）所示。

（2）根据 Yd11 联结组的接线图作出相量图，方法如下：

1）作出变压器高压三相绕组星形连接的相电压相量图及线电压相量图。

2）作出变压器低压三相绕组三角形连接的相电压相量图及线电压相量图。

如图 1-5-22（b）所示。

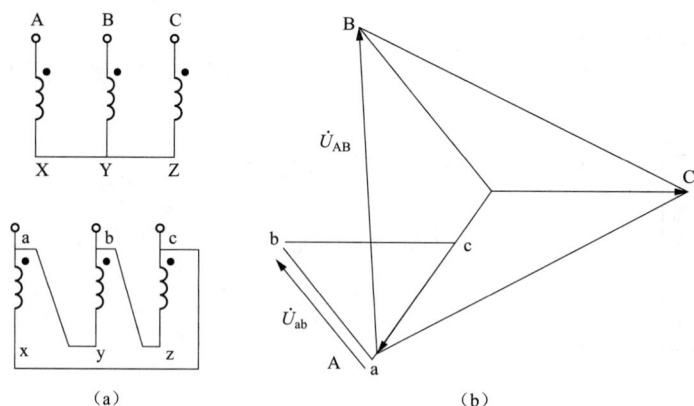

图 1-5-22　相量图法判断 Yd11 联结组别

（a）接线图；（b）相量图

（3）在相量图上用时钟法判断 Yd11 联结组的正确性。

1）取变压器高压绕组线电压 $\dot{U}_{AB}$ 相量作为时钟的分针并固定指向 12 点（即 0 点）。

2）取变压器低压绕组线电压 $\dot{U}_{ab}$ 相量作为时钟的时针，时针所指的钟点数为 11 点，如图 1-5-22（b）所示。即该变压器的联结组为 Yd11。

单 元 小 结

（1）三相变压器的铁芯结构分为组式和心式两类。组式三相磁路彼此独立。心式三相磁路彼此相关，三次谐波磁通在铁芯中无通路。

（2）单相变压器两绕组之间的相位关系只有两种可能，不是同相便是反相；它构成的联结组只有两种，即 Ii0 和 Ii6。

（3）三相变压器的联结组反映了高压、低压三相绕组的连接法及高压、低压侧对应线电

动势（线电压）之间的相位差。三相双绕组变压器的标准联结组有 Yyn0、YNd11 和 Yd11 三种。在 Yd 接法中，相同标记的端头为同名端时，低压绕组为顺序三角形连接，组别号为"1"；低压绕组为逆序三角形连接（ax–cz–by），组别号为"11"；上述接法中，若二次绕组与一次绕组为异名端，联结组别为原组别号加"6"（即组别号为 7 或 5）。Yy 接法共有 6 种偶数联结组别；Yd 接法共有 6 种奇数联结组别；即三相双绕组变压器共有 12 种接法。

（4）变压器空载时电动势的波形受绕组连接法及铁芯结构形式的影响，高压、低压绕组中只要有一侧绕组接成三角形或 YN，就能使相电动势的波形为正弦波或基本上为正弦波。

思考与练习

一、单选题

1. 三相变压器 Yd 接线，低压绕组的接线方式为（　　）。

　　A．Y 接　　　　　　　　　B．⊔接　　　　　　　　　C．△接

2. 三相组式变压器各相磁路的特点为彼此（　　）。

　　A．独立　　　　　　　　　B．关联　　　　　　　　　C．非关联

3. 三相心式变压器，各相磁路的特点为彼此（　　）。

　　A．独立　　　　　　　　　B．关联　　　　　　　　　C．非关联

4. 三相电力变压器联结组为 Yd11，组别号 11 的含义为（　　）。

　　A．E_{AB} 超前 E_{ab}30°　　B．E_{AB} 滞后 E_{ab}30°　　C．E_{AB} 超前 E_{ab}11°

5. 三相电力变压器联结组为 Yy0，组别号的含义为（　　）。

　　A．E_{AB} 与 E_{ab} 同相　　B．E_{AB} 与 E_{ab} 反相　　C．E_{AB} 超前 E_{ab}12°

6. 以下哪一个为国家标准规定的三相电力变压器联结组别（　　）。

　　A．Yy11　　　　　　　　　B．Yd0　　　　　　　　　C．Yd11

7. 三相电力变压器联结组为 Yd1，组别号 1 的含义为（　　）。

　　A．E_{AB} 超前 E_{ab}30°　　B．E_{AB} 滞后 E_{ab}30°　　C．E_{AB} 超前 E_{ab}11°

8. 三相变压器 Yd5 联结组，组别号 5 表示高压侧线电动势在相位上（　　）低压侧对应的线电动势 150°。

　　A．超前　　　　　　　　　B．滞后　　　　　　　　　C．250°

9. 三相变压器组别的时钟表示法是指：长针表示（　　）线电动势，且长针固定指向 12 点。

　　A．高压侧　　　　　　　　B．低压侧的对应　　　　　C．二次侧

10. 三相变压器的组别是指高压、低压对应电动势间的（　　）。

　　A．对应线　　　　　　　　B．相位差　　　　　　　　C．相电压

二、判断题（对的打√，错的打×）

1. 三相变压器，只要有一侧的绕组接成三角形，相电动势即为正弦波。　　（　　）

2. 三相降压变压器 U_{1N}/U_{2N}=10/0.4kV；Yyn 接线，不能采用三相组式变压器。（　　）

3. Yyn 接线的三相组式变压器空载运行，相电动势的波形为正弦波。　　（　　）

4. 三相变压器 Yd1 联结组，组别号 1 表示高压侧线电动势在相位上超前低压侧对应的线电动势 60°。　　　　　　　　　　　　　　　　　　　　　　　　　（　　）

5.三相心式变压器，各相磁路的特点为彼此关联。 （　　）

三、作图题

1．根据图 1-5-23 做出相量图判断三相变压器的联结组别。

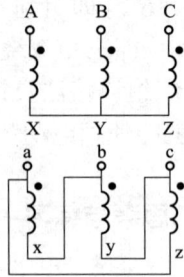

图 1-5-23　作图题 1 图

2．做出三相变压器 Yy0 及 Yd11 联结组的接线图和相量图。

第六单元　变压器并联运行分析

知识要求

（1）了解变压器并联条件不满足时并联运行产生的后果。

（2）掌握变压器并联运行的条件和方法。

（3）掌握变压器并联运行时的负载分配。

能力要求

（1）能进行变压器并联运行操作。

（2）能判断变压器并联运行的条件。

（3）能计算变压器并联运行时的负载分配。

导学

为保证发电厂、变电站的安全可靠运行，发电厂、变电站的多台变压器一般要求采取并联运行，以提高变压器运行的可靠性和经济性。变压器并联运行需要满足一定的条件，若条件不满足并联，轻者损坏变压器，重者会产生重大事故，造成不可估量的损失。

知识点一　变压器并联运行的条件

现代电力系统中的发电厂、变电站普遍采用变压器并联运行方式。变压器并联运行具有比单台变压器运行更高的可靠性和经济性。

一、并联运行

（1）并联运行的概念。指两台及以上的变压器一次、二次三相绕组分别接到公共母线上，同时向负载供电的运行方式，如图 1-6-1 所示。

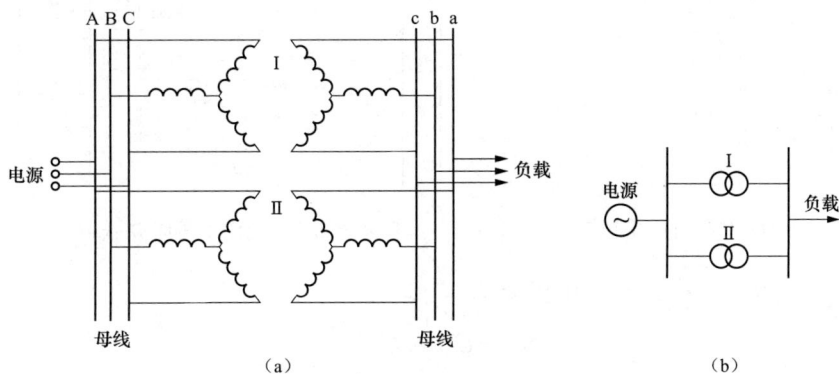

图 1-6-1　变压器的并联运行

（a）三相变压器；（b）单线图

（2）并联运行的优点。

1）提高供电的可靠性。多台变压器并联运行时，如某台发生故障或需要检修时，另几台变压器仍可照常供电，减少了用户的停电，提高了用电可靠性。

2）提高运行的经济性。并联运行可根据负载的大小变化，调整投入并联运行变压器的台数，从而减少空载损耗，提高运行效率。

3）减少变电站初次投资。用电负荷是逐年增加的，分批安装变压器，可减少初次投资。

二、变压器并联运行的条件

（1）变压器一次、二次侧额定电压相等。

（2）变压器的短路阻抗标幺值相等，短路阻抗角相同。

（3）变压器的联结组别相同。

三、并联条件不满足时的运行分析

（1）变压器联结组别不同时并列。变压器联结组别不同时，各变压器二次侧各线电动势的相位差最少差30°。例如 Yy0 与 Yd11 两台变压器并联时，二次侧线电压的相位差为30°，如图 1-6-2 所示，其二次侧电压差为

$$\Delta U = 2U_{ab}\sin\frac{30°}{2} = 0.518U_{ab} \tag{1-6-1}$$

联结组别不同时并联产生的电压差 ΔU 可达二次侧线电压的 51.8%，这个电压差作用在变压器二次绕组上，必将产生巨大环流（超过额定电流许多倍），它将烧毁变压器。因此，联结组别不同的变压器绝对不允许并联运行。

（2）并联条件 1）和条件 2）允许有偏差。在实际运行中，要求各并联运行的变压器变比的差值 $\Delta k = (k_{\mathrm{I}} - k_{\mathrm{II}})/\sqrt{k_{\mathrm{I}}k_{\mathrm{II}}}$ 不应大于1%。

（3）并联运行变压器电压不等时并列。并联运行变压器电压不等时，变压器并联后会产生环流。设有两台变压器 I 和 II，联结组别和短路阻抗标幺值都相同，但变比 $k_{\mathrm{I}} \neq k_{\mathrm{II}}$，一次侧接入同一电源后，因一次侧电压相同，但由于变比不同二次侧的空载电压便不相等，如图 1-6-3 所示。

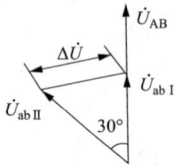

图 1-6-2　Yy0 与 Yd11 并联时的电压差　　　　　图 1-6-3　变比不等时并联运行

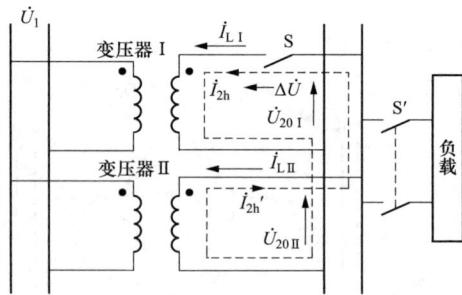

设 $k_{\mathrm{I}} < k_{\mathrm{II}}$，则 $\dot{U}_{20\mathrm{I}} > \dot{U}_{20\mathrm{II}}$，其电压差为

$$\Delta\dot{U} = \dot{U}_{20\mathrm{I}} - \dot{U}_{20\mathrm{II}} \neq 0$$

两台变压器并联后产生的环流为

$$\dot{I}_{2\mathrm{h}} = \frac{\Delta\dot{U}}{z_{\mathrm{kI}} + z_{\mathrm{kII}}} \tag{1-6-2}$$

由于 z_k 很小，不大的 k 值差异就会产生较大的环流。一般要求空载环流不超过额定电流的 10%，故要求变比偏差不大于 1%。一般情况下，变压器理想并列运行时，变压器的阻抗电压允许有±10%的差值。两台变压器容量比不超过 3∶1。变比差不大于 1%。

🌱 知识点二　变压器并联运行时的负载分配

若并联运行的变压器阻抗标幺值不相等，则各变压器承担的负载系数将不相同，下面分析变压器并联运行后的负载分配。

一、任一台变压器分担的负载 S_n

设两台变压器并联运行时的简化等效电路如图 1-6-4 所示。a、b 两点的短路阻抗压降为

$$I_\mathrm{I} z_\mathrm{kI} = I_\mathrm{II} z_\mathrm{kII}$$

由于　　　$z_{\mathrm{k}*} = u_{\mathrm{k}*}$，$U_\mathrm{IN} = U_\mathrm{IIN}$，$I_{\mathrm{I}*} = \beta_\mathrm{I}$

则　　　　　　$\beta_\mathrm{I} u_{\mathrm{kI}*} = \beta_\mathrm{II} u_{\mathrm{kII}*}$

负载系数为　　$\beta_n = \dfrac{\sum S}{u_{\mathrm{k}n*}\sum\dfrac{S_\mathrm{N}}{u_{\mathrm{k}*}}}$

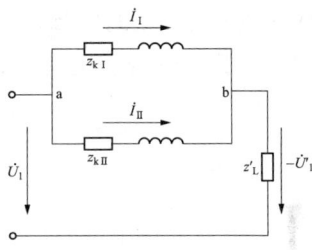

图 1-6-4　并联运行简化等效电路

$$S_n = \beta_n S_{\mathrm{N}n} = \frac{\sum S}{u_{\mathrm{k}n*}\sum\dfrac{S_\mathrm{N}}{u_{\mathrm{k}*}}} S_{\mathrm{N}n} \tag{1-6-3}$$

式中：$\sum\dfrac{S_\mathrm{N}}{u_{\mathrm{k}*}}$ 为各台变压器的额定容量与自身阻抗电压标幺值之比的算术和。$\sum\dfrac{S_\mathrm{N}}{u_{\mathrm{k}*}} = \dfrac{S_\mathrm{NI}}{u_{\mathrm{kI}*}} + \dfrac{S_\mathrm{NII}}{u_{\mathrm{kII}*}} + \cdots + \dfrac{S_{\mathrm{N}n}}{u_{\mathrm{k}n}}$；$\sum S$ 为变压器承担的总负载，$\sum S = S_\mathrm{I} + S_\mathrm{II} + \cdots + S_n$；$u_{\mathrm{kI}*}$、$u_{\mathrm{kII}*}$ 为变压器自身的阻抗电压标幺值。当阻抗电压标幺值不等时并联运行，各台变压器的负载分配（负载系数β）与自身阻抗电压标幺值成反比。

因此，阻抗电压标幺值不等的变压器并联运行时，当阻抗电压标幺值大的变压器满载（$\beta=1$）时，阻抗电压标幺值小的变压器将处于过载状态（$\beta>1$）；当阻抗电压标幺值小的变压器满载（$\beta=1$）时，阻抗电压标幺值大的变压器却处于欠载状态（$\beta<1$）。如果不允许变压器过载运行，就要减小阻抗电压标幺值（或短路阻抗标幺值）小的变压器到额定负载（$\beta=1$），另一台变压器同时按比例减小负载而处于欠载状态（$\beta<1$），使变压器所带的总负载减小，变压器容量不能得到充分利用。

二、任一台变压器都不过载时的最大输出功率

变压器并联运行时，若不允许并联运行的变压器过载，则阻抗电压标幺值最小的变压器先达到满载（$\beta=1$），这时，并联运行的变压器能够输出的最大功率为

$$\sum S_\mathrm{max} = u_{\mathrm{kmin}*}\sum\frac{S_\mathrm{N}}{u_{\mathrm{k}*}} \tag{1-6-4}$$

式中：$u_{\text{k min}*}$ 为 n 台并联运行变压器中阻抗电压标幺值最小的一台。

综上所述，变压器变比不等时并联运行，空载时，一次、二次侧回路会产生环流，增加了附加损耗。负载时，环流的存在，使变比小的变压器电流大，出现过载；变比大的变压器电流小，可能欠载，限制了变压器的输出功率。为此当变比稍有不同的变压器如需并联运行时，要求容量大的变压器具有较小的变比为宜。

三、案例分析

[例 1-6-1] 有两台三相变压器并联运行，其联结组别、额定电压、变比均相同，第 I 台参数 $S_{\text{NI}}=3200\text{kVA}$，$z_{\text{kI}*}=0.07$；第 II 台参数 $S_{\text{NII}}=5600\text{kVA}$，$z_{\text{kII}*}=0.075$；试求：当第 I 台变压器满载时，第 II 台变压器的负载是多少？并联组的利用率是多少？

解：（1）分析：两台变压器并联运行，短路阻抗标幺值 $z_{\text{k}*}$ 不等，$z_{\text{k}*}$ 小的变压器首先出现满载（$\beta_{\text{I}}=I_{\text{I}*}=1.0$），$z_{\text{k}*}$ 大的变压器出现欠载，导致变压器的总容量得不到充分利用。

（2）计算：两台变压器并联后阻抗压降相同，则有

$$I_{\text{I}}z_{\text{kI}}=I_{\text{II}}z_{\text{kII}} \rightarrow I_{\text{I}*}z_{\text{kI}*}=I_{\text{II}*}z_{\text{kII}*} \rightarrow \beta_{\text{I}}z_{\text{kI}*}=\beta_{\text{II}}z_{\text{kII}*}$$

$$\beta_{\text{I}}=I_{\text{I}*}=1.0$$

$$\beta_{\text{II}}=I_{\text{II}*}=\beta_{\text{I}}z_{\text{kI}}/z_{\text{kII}}=0.934$$

$$S_{\text{I}}=\beta_{\text{I}}S_{\text{NI}}=1.0\times3200=3200(\text{kVA})$$

$$S_{\text{II}}=\beta_{\text{II}}S_{\text{NII}}=0.934\times5600=5228(\text{kVA})$$

变压器输出的总容量为

$$\sum S=S_{\text{I}}+S_{\text{II}}=3200+5228=8428(\text{kVA})$$

并联组的利用率为

$$\frac{S}{S_{\text{NI}}+S_{\text{NII}}}\times100\%=\frac{8428}{3200+5600}\times100\%=95.8\%$$

[例 1-6-2] 某一变电站有三台变压器并联运行，其联结组别相同，变比相等，每台变压器的额定容量均为 100kVA，各变压器的阻抗电压标幺值分别为 $u_{\text{kI}*}=0.035$，$u_{\text{kII}*}=0.04$，$u_{\text{kIII}*}=0.055$。设总负载 $\sum S=300\text{kVA}$，试求：

（1）每一台变压器所分担的功率（负载）。

（2）不使任何一台变压器过载时，变压器输出的最大功率。

（3）在第（2）种运行状态下并联组的利用率是多少？

解：（1）由题意可知

$$\sum\frac{S_{\text{N}}}{u_{\text{k}*}}=\frac{100}{0.035}+\frac{100}{0.04}+\frac{100}{0.055}=7175.32$$

每一台变压器分担的功率及负载系数分别为

$$S_{\text{I}}=\beta_{\text{I}}S_{\text{NI}}=\frac{\sum S}{u_{\text{kI}*}\sum\dfrac{S_{\text{N}}}{u_{\text{k}*}}}S_{\text{NI}}=\frac{300}{0.035\times7175.32}\times100=119.45(\text{kVA})$$

$$\beta_{\text{I}}=119.45/100=1.19$$

$$S_{\text{II}}=\frac{300}{0.04\times7175.32}\times100=104.52(\text{kVA})$$

$$\beta_{II} = 104.52/100 = 1.0452$$

$$S_{III} = \frac{300}{0.055 \times 7175.32} \times 100 = 76.03(\text{kVA})$$

$$\beta_{III} = 76.03/100 = 0.7603$$

从计算可见，第 I 台变压器过载 19.45%，第 II 台过载 4.52%，而第 III 台欠载 23.97%。

（2）任一台变压器均不过载时输出的最大功率为

$$\sum S_{\max} = u_{k\min}^{*} \sum \frac{S_N}{u_{k*}} = 0.035 \times 7175.32 = 251.14(\text{kVA})$$

（3）变压器设备组的利用率为

$$\frac{\sum S_{\max}}{S_I + S_{II} + S_{III}} \times 100\% = \frac{251.14}{100 + 100 + 100} \times 100\% = 83.71\%$$

单 元 小 结

（1）变压器并联运行的理想条件是：

1）一次、二次侧额定电压分别相等（变比相等）。

2）联结组别相同。

3）短路阻抗标幺值及短路阻抗角相等。

（2）变压器并联运行的条件中：变比和联结组别相同是为了保证并联变压器空载运行时一次、二次绕组回路中都没有环流；阻抗电压标幺值相等是为了保证负载分配合理，使变压器容量得到充分利用。除联结组别必须相同外，其他两个条件允许有一定的偏差。

思考与练习

一、单选题

1. 将两台或多台变压器的（　　）分别接于公共母线上，同时向负载供电的运行方式称为变压器的并列运行。

　　A．一次绕组和二次绕组　　　　B．一次绕组　　　　　C．二次绕组

2. 变压器理想并联运行的条件是变压器的联结组别相同、变压器的电压比相等和（　　）。

　　A．阻抗电压标幺值相等　　　　B．变压器的效率相等　　　C．变压器的温升相等

3. 变压器并联运行时其负荷分配与变压器的短路电压百分数成（　　）。

　　A．正比　　　　　　　　　　　B．反比　　　　　　　　　C．不确定

4. 变压器理想并联运行的条件中，变压器的电压比（变比）允许有（　　）的差值。

　　A．±0.5%　　　　　　　　　　B．±10%　　　　　　　　C．±15%

5. 变压器理想并联运行条件中，变压器的阻抗电压允许有（　　）的差值。

　　A．±5%　　　　　　　　　　　B．±10%　　　　　　　　C．±15%

6. 变压器并联运行，变比相等是为了无（　　），组别相同是为了无损坏性环流产生。

A．环流　　　　　　　　　B．负载分配　　　　　　C．极大的损坏性电流

7．变压器并联运行，阻抗电压标幺值相等是为了（　　　）合理，组别相同是为了无损坏性环流产生。

A．环流　　　　　　　　　B．负载分配　　　　　　C．极大的损坏性电流

8．组别和阻抗电压标幺值相同，但变比不相等的两台变压器并联运行后（　　　）。

A．只有一次绕组中产生环流

B．只在二次绕组中产生环流

C．一次、二次绕组中都产生环流

9．两台变压器变比、组别和额定容量都相同，但阻抗电压标幺值不相等，设 $U_{kA*}>U_{kB*}$，并联运行后输出容量间的大小关系为（　　　）。

A．$S_A>S_B$　　　　　　　B．$S_A<S_B$　　　　　　C．$S_A=S_B$

10．阻抗电压标幺值不等的变压器并联运行，当阻抗电压标幺值大的变压器满载（$\beta=1$）运行时，阻抗电压标幺值小的变压器已过载；当阻抗电压标幺值小的变压器满载运行时，阻抗电压标幺值大的变压器却处于（　　　）。

A．满载状态　　　　　　　B．欠载状态　　　　　　C．过载状态

二、判断题（对的打√，错的打×）

1．两台三相变压器的变比、组别、阻抗电压标幺值都相同，但额定容量不同，并联运行后不能同时达到满载。　　　　　　　　　　　　　　　　　　　　　　（　　　）

2．两台三相变压器的各台高、低额定电压分别相等和组别都相同，阻抗电压标幺值也相同，但连接方式不同，一台为 Yd11，另一台为 Dy11。这台变压器可以并联运行。　　（　　　）

3．单相变压器空载合闸时一定会出现励磁涌流。　　　　　　　　　　　　（　　　）

4．变压器的阻抗电压标幺值越小，突然短路电流的标幺值越小。　　　　（　　　）

5．变压器的短路阻抗标幺值越小，突然短路电流的标幺值越大。　　　　（　　　）

三、计算题

有两台变压器并联运行，数据如下：

变压器Ⅰ：200kVA，6000/500V，$u_k=5.5\%$；

变压器Ⅱ：200kVA，6000/500V，$u_k=5.0\%$。

试求总负载为 400kVA 时，各台变压器分配的负荷为多少？在任何一台变压器不过载的条件下，变压器组的最大输出功率为多少？设备的利用率为多少？

第七单元　其他变压器的应用分析

知识要求

（1）了解三绕组变压器的绕组排列，了解仪用变压器的用途。
（2）掌握自耦变压器的结构特点。
（3）掌握自耦变压器的额定容量、变比、等值电路。
（4）掌握三绕组变压器的结构特点和容量关系。

能力要求

（1）能分析和应用自耦变压器的额定容量、等效电路。
（2）能作出三绕组变压器的简化等效电路。

导学

　　现代电力系统中除大量使用三相双绕组变压器外，还普遍使用三相三绕组变压器和自耦变压器。把普通双绕组变压器的高压绕组和低压绕组串联连接，便构成一台自耦变压器。

　　三绕组变压器与双绕组变压器的工作原理相同，但结构和工作方式有它的特点。在发电厂或变电站中常常有多种不同等级的电压，例如 U_1、U_2 及 U_3，此时，可用两台双绕组变压器，也可用一台三绕组变压器，把不同电压的输电系统联系起来，当采用一台三绕组变压器代替两台双绕组变压器运行时，维护更为简单方便、更为经济。

知识点一　自耦变压器

　　把普通双绕组变压器的高压绕组和低压绕组串联连接，便构成了一台自耦变压器，自耦变压器的正方向规定与双绕组变压器相同。

一、自耦变压器的结构、特点和用途

（1）结构。自耦变压器指一次、二次侧共用一个绕组的变压器。图 1-7-1（a）为一台单相自耦变压器的结构示意图。图中一次绕组为 AX，二次绕组为 ax，两绕组绕向一致，并且相互串联，出线端 X 与 x 为同一引出点。AX 绕组为高压绕组，匝数为 N_1；ax 绕组称为低压绕组，匝数为 N_2；ax 绕组既是二次绕组又是一次绕组的一部分，称为公共绕组；Aa 绕组匝数为 N_1-N_2，称为串联绕组。

（2）特点。自耦变压器一次、二次绕组之间不仅有磁的耦合，还有电的直接联系。

（3）用途。用于高电压、大容量、小变比的输电系统及实验、实训室调节输出电压。

二、电压、电流及容量关系

（1）电压关系。如图 1-7-1（b）所示，当忽略自耦变压器的漏磁通和绕组电阻时，一次

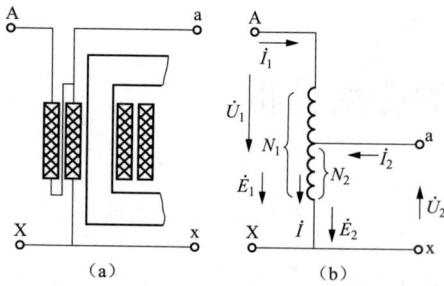

图 1-7-1 自耦变压器

（a）结构示意图；（b）原理接线图

侧的感应电动势 $\dot{E}_1$ 与外加电压 $\dot{U}_1$ 相平衡，二次侧的感应电动势等于二次侧的端电压 $\dot{U}_2$，根据对双绕组变压器分析的结果。按图 1-7-1（b）所示的正方向，可写出自耦变压器高压、低压侧的电动势平衡方程式。

$$\dot{U}_1 = -\dot{E}_1 + \dot{I}_1 z_{Aa} + \dot{I} z_{ax} \tag{1-7-1}$$

$$\dot{U}_2 = \dot{E}_2 - \dot{I} z_{ax} \tag{1-7-2}$$

$$\dot{U}_2 = \frac{N_2}{N_1}\dot{U}_1 = \dot{U}_1 / k_a, \quad k_a = \frac{N_1}{N_2} \approx \frac{\dot{U}_1}{\dot{U}_2}$$

$$z_{Aa} = r_{Aa} + jx_{Aa}, \quad z_{ax} = r_{ax} + jx_{ax}$$

式中：k_a 为自耦变压器的变比；z_{Aa} 为串联绕组漏阻抗；z_{ax} 为公共绕组漏阻抗；$\dot{I}$ 为公共绕组的电流。

（2）电流关系。自耦变压器带负载时，外施电压为额定电压，主磁通近似为常数，总的励磁磁动势仍等于空载磁动势。根据磁动势平衡关系，有

$$\dot{I}_1 N_1 + \dot{I}_2 N_2 = \dot{I}_0 N_1 \tag{1-7-3}$$

忽略空载电流得

$$\dot{I}_1 N_1 + \dot{I}_2 N_2 = 0 \tag{1-7-4}$$

$$\dot{I}_1 = -\dot{I}_2 (N_2 / N_1) = -\dot{I}_2 / (N_1 / N_2) = -\dot{I}_2 / k_a \tag{1-7-5}$$

公共绕组 ax 中的电流为

$$\dot{I} = \dot{I}_1 + \dot{I}_2 = -\dot{I}_2 / k_a + \dot{I}_2 = (1 - 1/k_a)\dot{I}_2 \tag{1-7-6}$$

由式（1-7-5）、式（1-7-6）可知，$\dot{I}_1$ 与 $\dot{I}_2$ 相位相反（相差 180°）；$\dot{I}$ 与 $\dot{I}_2$ 相位相同，因此可得 I_1 与 I_2 及 I 的大小关系为

$$I_2 = I_1 + I \tag{1-7-7}$$

式（1-7-7）表明，自耦变压器的输出电流 $\dot{I}_2$ 由两部分组成，其中串联绕组 Aa 流过的电流 $\dot{I}_1$ 是从高压侧直接流入低压侧的电流，公共绕组 ax 流过的电流 $\dot{I}$ 是通过电磁感应作用传递到低压侧的电流。

（3）容量关系。自耦变压器的额定容量、额定电压、额定电流之间的关系与双绕组变压器相同，即

$$S_N = U_{1N} I_{1N} = U_{2N} I_{2N} \tag{1-7-8}$$

双绕组变压器的容量就是它的绕组容量，它等于绕组上电压电流的乘积。绕组容量又称为电磁容量，它是通过电磁感应作用由一次侧传递到二次侧的功率。它的大小决定了变压器的主要尺寸和材料消耗，是变压器设计的依据。与双绕组变压器不同，自耦变压器的容量却不等于它的绕组容量。以单相自耦变压器为例分析如下：

额定负载运行时，自耦变压器的额定容量见式（1-7-8）。串联绕组（Aa 绕组）的容量为

$$S_{Aa} = U_{Aa} I_{1N} = \frac{N_1 - N_2}{N_1} U_{1N} I_{1N} = \left(1 - \frac{1}{k_a}\right) S_N \tag{1-7-9}$$

公共绕组（ax 绕组）的容量为

$$S_{ax} = U_{ax}I = U_{2N}I_{2N}\left(1 - \frac{1}{k_a}\right) = \left(1 - \frac{1}{k_a}\right)S_N \qquad (1\text{-}7\text{-}10)$$

式（1-7-9）、式（1-7-10）说明，串联绕组 Aa 与公共绕组 ax 的容量相等，但都比自耦变压器的额定容量小。自耦变压器工作时，其输出容量

$$S_2 = U_2 I_2 = U_2(I_1 + I) = U_2 I_1 + U_2 I \qquad (1\text{-}7\text{-}11)$$

式（1-7-11）表明，自耦变压器的输出容量由两部分组成：一部分为电磁容量 $U_2 I$，等于公共绕组 ax 的绕组容量，它是通过电磁感应作用传递给负载的功率；另一部分为传导容量 $U_2 I_1$，它是通过一次绕组直接传导到二次负载的功率。

自耦变压器的绕组容量是设计的依据，它决定了变压器的主要尺寸和材料消耗，绕组容量又称计算容量。传导容量的存在，因不需要增加变压器的计算容量，所以自耦变压器比双绕组变压器更具优越性。由于绕组容量仅是额定容量的 $\left(1 - \dfrac{1}{k_a}\right)$ 倍。当 k_a 越接近 1 时，$\left(1 - \dfrac{1}{k_a}\right)$ 越小，这一优点就越突出。因此，一般电力系统使用的自耦变压器 $k_a = 1.5 \sim 2.5$。

三、自耦变压器简化等效电路

（1）短路阻抗的求取。与双绕组变压器相似，自耦变压器等效电路中的短路阻抗 Z_k 可参照双绕组变压器短路试验的方法求取。把自耦变压器一次绕组的串联回路看作是一次绕组，公共部分看作是二次绕组时的双绕组变压器的短路阻抗。当自耦变压器二次 ax 短路，一次侧加试验电压时，它相当于以串联绕组 Aa 为一次侧，以公共绕组 ax 为二次侧的双绕组变压器的短路试验情况。于是得

$$z_k = z_{Aa} + z_{ax}\left(\frac{N_{Aa}}{N_{ax}}\right)^2 = z_{Aa} + z_{ax}\frac{N_{AX} - N_{ax}}{N_{ax}} = z_{Aa} + z_{ax}(k_a - 1)^2 \qquad (1\text{-}7\text{-}12)$$

（2）等效电路。根据式（1-7-12）可作出自耦变压器的简化等效电路，如图 1-7-2 所示。

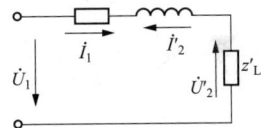

图 1-7-2 自耦变压器简化等效电路

四、自耦变压器的优、缺点

（1）自耦变压器的优点。

1）自耦变压器的绕组容量小于额定容量，在额定容量相等的情况下，自耦变压器体积小，质量轻，节省材料，成本较低。

2）所用有效材料（硅钢片和铜钱）减少，使铜损耗、铁损耗相应减少，效率高；

3）体积小，方便运输和安装。

（2）自耦变压器的缺点。

1）自耦变压器的短路阻抗比同容量的双绕组变压器小，其短路电流较大，需采用相应的限制及保护措施。

2）自耦变压器高压、低压侧有电的直接连接，高压侧发生故障会直接影响到低压侧，因此，自耦变压器的运行方式、继电保护及过电压保护装置等，要比双绕组变压器复杂。

五、案例分析

[例 1-7-1] 一台单相双绕组变压器，$S_N = 100\text{kVA}$，$U_{1N}/U_{2N} = 220/110\text{V}$，$P_0 = 400\text{W}$，$P_{kN} = 1200\text{W}$，如果改接成 330/110V 自耦变压器，试求：

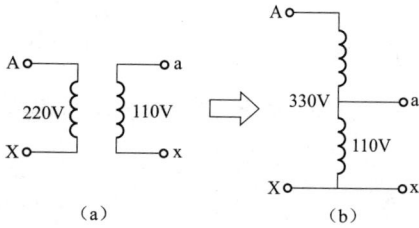

图 1-7-3 双绕组变压器改接为
自耦变压器示意图

（a）双绕组变压器；（b）自耦变压器

（1）自耦变压器的额定容量、传导容量和绕组容量各是多少？

（2）在额定负载下运行时，双绕组变压器和自耦变压器的效率各是多少？

解： 双绕组变压器改接为自耦变压器的电路如图 1-7-3 所示。

（1）自耦变压器的变比为

$$k_a = \frac{U_{1N} + U_{2N}}{U_{2N}} = \frac{220 + 110}{110} = 3$$

自耦变压器的绕组容量与双绕组变压器的绕组容量相同，即

$$S_{Aa} = S_N = 100 \text{kVA}$$

自耦变压器的额定容量为

$$S_N = S_{Aa} / \left(1 - \frac{1}{3}\right) = 100 / \left(1 - \frac{1}{3}\right) = 150 (\text{kVA})$$

自耦变压器的传导容量为

$$S = S_N / k_a = 150 / 3 = 50 (\text{kVA})$$

或

$$S = S_N - S_{双} = 150 - 100 = 50 (\text{kVA})$$

（2）双绕组变压器的效率为

$$\eta = \frac{P_2}{P_1} \times 100\% = \frac{\beta S_N \cos\varphi}{\beta S_N \cos\varphi + P_0 + \beta^2 P_{kN}} \times 100\% = \frac{1 \times 100 \times 0.8}{1 \times 100 \times 0.8 + 0.4 + 1^2 \times 1.2} \times 100\% = 98.04\%$$

自耦变压器的效率（改接成自耦变压器后，因其铁损耗和铜损耗不变）为

$$\eta = \frac{P_2}{P_1} \times 100\% = \frac{\beta S_N \cos\varphi}{\beta S_N \cos\varphi + P_0 + \beta^2 P_{kN}} \times 100\% = \frac{1 \times 150 \times 0.8}{1 \times 150 \times 0.8 + 0.4 + 1^2 \times 1.2} \times 100\% = 98.68\%$$

🌱 知识点二 三绕组变压器

在大型发电厂和变电站中，常常需要把几种不同电压等级的输电系统联系在一起，为了减少变压器的台数，降低成本，同时减少占地面积，可采用一台三绕组变压器代替两台双绕组变压器。当采用一台三绕组变压器代替两台双绕组变压器运行时，维护更为简单方便、更为经济，所以三绕组变压器在电力系统中得到了广泛应用。

一、三绕组变压器的结构特点

（1）绕组的布置。三绕组变压器每相有三个绕组（高压绕组 1，中压绕组 2，低压绕组 3）同心套装在同一铁芯柱上，其中一个绕组为一次绕组，另外两个为二次绕组。其单相示意图如图 1-7-4 所示。为了绝缘方便，三绕组变压器总是将高压绕组放在最外层。对于升压变压器，功率是从低压侧向高压、中压侧传递，所以把低压绕组放在中间，如图 1-7-4（c）所示；对于降压变压器，功率是从高压侧向中压、低压侧传递，把中压绕组放在中间，低压绕组靠近铁芯柱，如图 1-7-4（d）所示。绕组的排列布置方式，影响彼此间漏磁通的分布情况，从而

影响阻抗电压的大小。

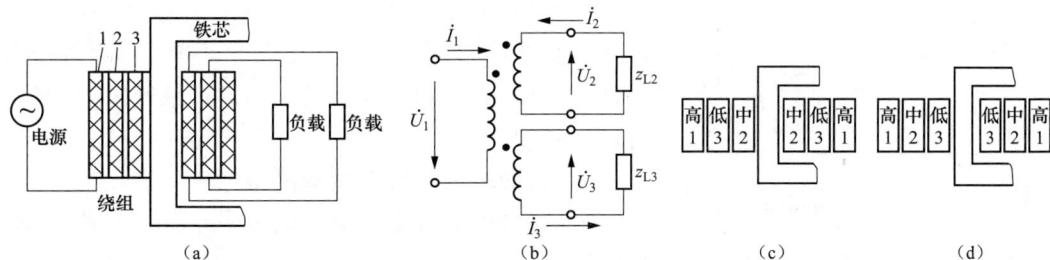

图 1-7-4　三绕组变压器

（a）结构示意图；（b）原理示意图；（c）升压变压器绕组布置图；（d）降压变压器绕组布置图

（2）额定容量。三绕组变压器各绕组的容量可以相等，也可以不相等。三绕组变压器铭牌上的额定容量，是指容量最大的那个绕组的容量。另外两个绕组的容量，可以是额定容量，也可以小于额定容量。将额定容量作为 100，三个绕组的容量搭配关系见表 1-7-1。

表 1-7-1　　　　　　　　　　　　　三绕组变压器的容量配合

变压器种类	高　压　绕　组	中　压　绕　组	低　压　绕　组
三绕组变压器	100	100	100
	100	50	100
	100	100	50
三绕组自耦变压器	100	100	50

表 1-7-1 中三个绕组的容量关系代表每个绕组传递功率的能力，并不是三个绕组按此比例传递功率。

（3）联结组别。国家标准规定，三相三绕组变压器的标准联结组有 YNyn0d11 和 YNyn0y0 两种。

二、电压方程式和等效电路

（1）变比。设三绕组变压器各绕组的匝数和额定相电压分别是 N_1、N_2、N_3 及 U_1、U_2、U_3。则三绕组变压器各绕组间的变比为

$$k_{12} = \frac{N_1}{N_2} \approx \frac{U_1}{U_2} , \quad k_{13} = \frac{N_1}{N_3} \approx \frac{U_1}{U_3} , \quad k_{23} = \frac{N_2}{N_3} \approx \frac{U_2}{U_3} = \frac{k_{13}}{k_{12}} \qquad （1-7-13）$$

（2）磁动势平衡方程式。三绕组变压器带负载运行时，磁动势平衡方程式为

$$\dot{I}_1 N_1 + \dot{I}_2 N_2 + \dot{I}_3 N_3 = \dot{I}_0 N_1$$

把绕组 2 与绕阻 3 分别折算到绕组 1，则磁动势方程式为

$$\dot{I}_1 + \dot{I}_2' + \dot{I}_3' = \dot{I}_0$$

忽略较小励磁电流 $\dot{I}_0$，得

$$\dot{I}_1 + \dot{I}_2' + \dot{I}_3' = 0 \qquad （1-7-14）$$

式中：$\dot{I}_2' = \dot{I}_2 / k_{12}$，　$\dot{I}_3' = \dot{I}_3 / k_{13}$ 分别为绕组 2 和绕组 3 的电流折算值。

（3）等效电路。三绕组变压器简化的等效电路如图 1-7-5 所示。图中 z_1、z_2'、z_3' 中的 x_1、

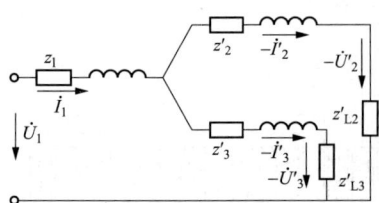

图 1-7-5　三绕组变压器简化等效电路

x_2'、x_3' 是由各绕组的自感漏电抗及绕组间的互感漏电抗合成的等效电抗。相应的 $z_1 = r_1 + jx_1$、$z_2' = r_2' + jx_2'$、$z_3' = r_3' + jx_3'$ 称为等效阻抗。由于与自感漏电抗和互感漏电抗对应的自漏磁通和互漏磁通主要通过空气闭合，故等效阻抗仍为常数。

三、三绕组变压器的参数测定

三绕组变压器等效电路中的电阻 r_1、r_2'、r_3' 和电抗 x_1、x_2'、x_3' 等参数。可通过三次短路试验测出。

（1）第一次试验。绕组 1 加电压，绕组 2 短路，绕组 3 开路，如图 1-7-6（a）所示。按求双绕组变压器短路阻抗一样的方法可求得 z_{k12}、r_{k12}、x_{k12}。其阻抗方程为

$$z_{k12} = r_{k12} + jx_{k12}$$

（2）第二次试验。绕组 1 加电压，绕组 3 短路，绕组 2 开路，如图 1-7-6（b）所示，这时可求得 z_{k13}、r_{k13}、x_{k13}。其阻抗方程为

$$z_{k13} = r_{k13} + jx_{k13}$$

（3）第三次试验。绕组 2 加电压，绕组 3 短路，绕组 1 开路，如图 1-7-6（c）所示，这时可求得 z_{k23}、r_{k23}、x_{k23}。其阻抗方程为

$$z_{k23} = r_{k23} + jx_{k23}$$

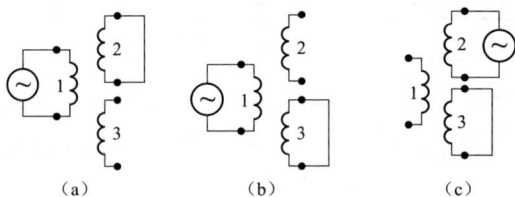

图 1-7-6　三绕组变压器短路试验示意图

（a）第一次短路试验；（b）第二次短路试验；（c）第三次短路试验

将绕组 2 和绕组 3 的阻抗折算到一次侧，联立求解得

$$r_1 = \frac{r_{k12} + r_{k13} - r_{k23}'}{2}, \quad r_2' = \frac{r_{k12} + r_{k23}' - r_{k13}}{2}, \quad r_3' = \frac{r_{k13} + r_{k23}' - r_{k12}}{2},$$

$$x_1 = \frac{x_{k12} + x_{k13} - x_{23}'}{2}, \quad x_2' = \frac{x_{k12} + x_{k23}' - x_{k13}}{2}, \quad x_3' = \frac{x_{k13} + x_{k23}' - x_{k12}}{2}$$

等效电抗 x_1、x_2'、x_3' 的大小与各绕组在铁芯上的排列位置有关。一般位于中间的绕组等效电抗值可能接近于零，甚至为微小的负值。出现负值的原因是等效电抗由不同的电抗组合，既有自感又有互感，而互感是有负值的。

📗 知识点三　仪 用 变 压 器

仪用变压器主要是配合测量仪表专用的小型变压器。仪用变压器又称仪用互感器，分为电压互感器和电流互感器两种。使用互感器的目的在于扩大仪表的测量范围和使仪表与高压隔离而保证仪表安全使用。

一、电压互感器

（1）工作原理。电压互感器的工作原理与普通降压变压器的工作原理相同，不同的是它的变比更准确；电压互感器的一次侧与被测电压（高电压侧）并联连接，二次侧接电压表或其他仪表（如功率表、电能表）的电压线圈，如图 1-7-7（a）所示。电压互感器运行时相当于一台降压变压器的空载运行。其一次、二次绕组的电压关系为

$$k_u = N_1 / N_2 = U_1 / U_2 \qquad (1\text{-}7\text{-}15)$$

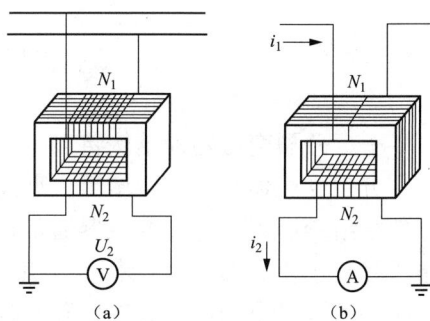

图 1-7-7　仪用变压器

（a）电压互感器；（b）电流互感器

式中：U_2 为二次侧电压表上的读数，则一次侧的电压值为 $U_2 k_u$。一般电压互感器的二次绕组为额定电压 100V，例如额定电压等级有 5kV/100V、10kV/100V 等。

（2）使用注意事项。

1）电压互感器在运行时，二次侧不允许短路，否则会产生很大的电流，烧毁绕组。

2）二次绕组的一端必须可靠接地（即二次绕组和铁芯必须可靠接地）。

3）二次侧接功率表、电能表的线圈，极性不能接错。

4）电压互感器二次接入的阻抗不得小于规定值，以减小误差。

在三相电力系统中广泛应用的三绕组电压互感器有 2 个二次绕组，一个称为基本绕组，接各种测量仪表和电压继电器；另一个称为辅助绕组，接成开口三角形，引出 2 个端头接电压继电器，组成零序电压保护电路。

二、电流互感器

（1）工作原理。电流互感器结构上与普通双绕组变压器相似，也有铁芯和一次、二次绕组，但它的一次绕组匝数很少，只有一匝到几匝，导线较粗，一次侧与被测电路串联，二次侧与电流表相接，如图 1-7-7（b）所示。电流互感器运行时相当于一台升压变压器的短路运行。电流互感器二次侧的额定电流一般为 1A 或 5A，例如 100A/5A，3000A/5A 等。电流互感器一次、二次侧的电流关系为

$$\begin{cases} \dot{I}_1 N_1 + \dot{I}_2 N_2 = 0 \\ \dot{I}_1 \approx -\dot{I}_2 N_2 / N_1 = -k_i \dot{I}_2 \end{cases} \qquad (1\text{-}7\text{-}16)$$

$$k_i = N_2 / N_1, \quad I_1 = k_i I_2$$

式中：k_i 为电流互感器的额定电流比；I_2 为二次侧所接电流表的读数；I_1 为一次侧的被测电流值为。

（2）使用注意事项。

1）二次绕组绝对不允许开路运行，否则将产生高压，危及仪表和人身安全。

2）二次绕组一端与铁芯必须可靠接地。

3）电流互感器一次、二次绕组有"＋""－"或"＊"标记的端头为同名端，二次侧接功率表或电能表的电流线圈时，极性不能接错。

4）电流互感器二次侧负载阻抗的大小会影响测量的准确度，负载阻抗值应小于互感器要求的阻抗值，所用互感器的准确度等级应比所接的仪表准确度高两级，以保证测量的准确度。

🌱 *知 识 点 四　分 裂 变 压 器

一、分裂变压器的结构特点

分裂变压器是目前应用于大型发电厂中的一种特殊形式的电力变压器。分裂变压器又称分裂绕组变压器，分裂变压器通常把低压绕组分裂成额定容量相等的几个部分，形成几个支路（每一部分形成一个支路），这几个支路间没有电的联系。分裂出来的各支路，额定电压可以相同也可以不相同，可以单独运行也可以同时运行，可以同容量下运行也可以在不同容量下运行。

图 1-7-8 为三相双绕组分裂变压器示意图。在图 1-7-8（b）中，高压绕组 AX 为不分裂绕组，由两部分组成；低压绕组 a1x1 和 a2x2 为分裂出来的两个支路。

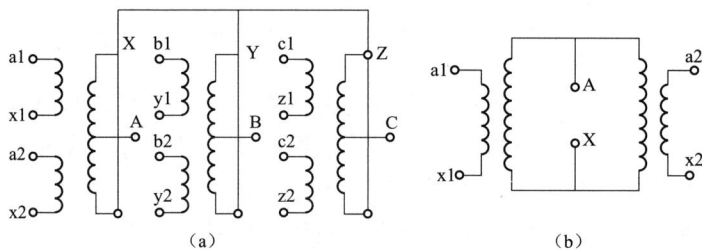

图 1-7-8　三相双绕组分裂变压器

（a）原理接线图；（b）单相接线图

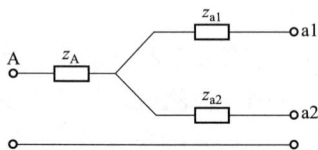

图 1-7-9　分裂变压器简化等效电路图

二、等效电路和特殊参数

（1）等效电路。以图 1-7-8 所示的双分裂变压器为例，分析其一相的简化等效电路。该分裂变压器每相有三个绕组：一个不分裂的高压绕组，两个相同的低压分裂绕组，对照三绕组变压器可得到其等效电路如图 1-7-9 所示。

（2）特殊参数。

1）分裂阻抗 z_f。分裂变压器的一个低压绕组对另一个低压绕组的运行，称为分裂运行。此时两个低压绕组之间存在着功率传递，而高压、低压绕组之间无功率传递。两个低压绕组之间的短路阻抗称为分裂阻抗，用 z_f 表示，计算公式为

$$z_f = z_{a1} + z_{a2} = 2z_{a2} \tag{1-7-17}$$

2）穿越阻抗 z_c。当分裂变压器的低压分裂绕组并联组成一个绕组对高压绕组运行时，称为穿越运行。此时变压器呈现的短路阻抗称为穿越阻抗，即

$$z_c = z_A + z_{a1} /\!/ z_{a2} = z_A + z_{a2} / 2 = z_A + z_f / 4 \tag{1-7-18}$$

穿越阻抗 z_c 相当于普通双绕组变压器的短路阻抗。

3）分裂系数。分裂阻抗与穿越阻抗之比称为分裂系数 k_f，即

$$k_f = \frac{z_f}{z_c} \tag{1-7-19}$$

我国生产的三相分裂变压器的分裂系数一般取 3～4。即分裂阻抗是穿越阻抗的 3～4 倍。

（3）优点。分裂变压器多用作 200MW 及以上大机组发电厂中的厂用变压器，它比普通双绕组变压器具有如下优点：

1）限制短路电流作用显著。当分裂绕组一条支路短路时，由电网供给的短路电流经过的阻抗较大，如图 1-7-9 所示等效电路，设 al 端短路，则短路电流经过的阻抗为

$$z_A + z_{a2} = (1 - k_f/4)z_c + \frac{k_f z_c}{2} = \frac{1 + k_f/4}{z_c} \tag{1-7-20}$$

它比穿越阻抗大 $\frac{1}{4}k_f z_c$，即比普通变压器的短路阻抗大，能有效限制短路电流，可以采用轻型断路器来切除故障，节省了投资。

2）发生短路故障时能保持较高的母线电压。当分裂绕组的一条支路短路时，另一支路的母线电压降低很小，即残压较高，从而提高了供电的可靠性。

3）可以改善电动机的起动条件。由于分裂变压器的穿越阻抗比同容量的双绕组变压器的短路阻抗小，所以，起动电流引起的电压降也小，有利于厂用大型电动机的起动。

（4）缺点。制造工艺复杂，价格较贵。

🌱 *知识点五 电焊变压器

一、电焊变压器的结构特点

电焊变压器的工作原理与普通变压器相同，但它们的性能却有很大差别。电焊变压器一次、二次绕组分别装在 2 个铁芯柱上，2 个绕组漏抗都很大。电焊变压器与可变电抗器组成交流电焊机，如图 1-7-10（a）所示。电焊机具有图 1-7-10（b）所示的陡降外特性。

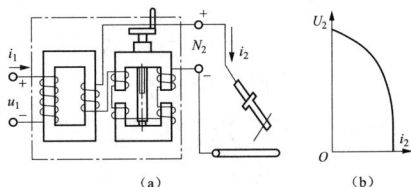

图 1-7-10 电焊变压器
（a）原理接线图；（b）外特性

二、电焊变压器的工作原理

电焊变压器是一种特殊性能的变压器，它利用二次短路瞬间产生的电弧进行高温焊接。

三、电焊变压器的起弧条件

（1）二次侧空载电压约为 60～75V；以保证容易起弧，但电压最高不超 85V。

（2）额定输出电压 $U_{2N} = 30V$。

（3）短路电流不能太大并可调。

（4）外特性要陡降（增大漏抗）。

🌱 单 元 小 结

（1）自耦变压器的结构特点是一次、二次绕组不仅有磁的耦合而且还有电的直接联系。因此，负载得到的功率有一部分是通过电路直接传递的，这使得自耦变压器与同容量的双绕组变压器相比，绕组容量减小了，从而节省材料，降低损耗，提高效率和缩小尺寸。

（2）三绕组变压器的工作原理与双绕组变压器相同。适用于电网需要三个电压等级的场合，三绕组变压器同样可以利用基本方程式、等效电路和相量图分析其内部的电磁过程，三

绕组变压器内部的磁场分布比双绕组变压器复杂,其等效电路中的等效电抗与自漏磁通和互漏磁通相对应,为一常数。

(3)电压互感器与电流互感器是测量高电压、大电流用的仪用变压器。电压互感器运行时近似于变压器的空载运行,因此二次侧绝对不能短路,否则会因电流过大烧毁绕组。电流互感器运行时近似于变压器的短路运行,二次侧绝对不能开路,否则会烧坏绕组和铁芯,并在二次侧产生高电压,危及现场工作人员的生命安全。此外,应将互感器二次侧进行可靠接地。

(4)分裂变压器由于结构的特殊性,造成分裂绕组的两条支路之间具有较大的分裂阻抗,用它作为厂用变压器时,可减小厂用系统短路故障时的短路电流,提高残压,从而降低对母线、开关设备的要求,提高厂用电的可靠性。

(5)电焊变压器是一种特殊用途的降压变压器。为使其具有陡降的外特性,采用人为增大漏抗的方法,即串联可调电抗器或在磁路中装设可移动铁芯磁分路。

思考与练习

一、单选题

1. 三绕组降压变压器高压、中压、低压绕组由铁芯向外的排列次序为(　　)。
  A. 低、中、高   B. 中、低、高   C. 高、中、低

2. 三绕组升压变压器高压、中压、低压绕组由铁芯向外排列的次序为(　　)。
  A. 低、中、高   B. 中、低、高   C. 高、中、低

3. 自耦变压器带负载运行,负载得到的容量由(　　)容量和传导容量组成。
  A. 电磁   B. 额定   C. 负载

4. 三绕组变压器的额定容量为(　　)。
  A. 高压侧的绕组容量
  B. 任意一侧的绕组容量
  C. 其中最大一侧的绕组容量

5. 电压互感器工作时相当于一台(　　)的降压变压器。
  A. 空载运行   B. 负载运行   C. 短路运行

6. 电流互感器工作时,一次绕组与被测电路(　　)。
  A. 混联   B. 串联   C. 并联

7. 电压互感器工作时,一次绕组与被测电路(　　)。
  A. 混联   B. 串联   C. 并联

8. 电流互感器是将高压系统中的电流或低压系统中的大电流改变为(　　)标准的小电流。
  A. 低压系统   B. 中压系统   C. 高压系统

9. 电压互感器工作时,其二次侧不允许(　　)。
  A. 短路   B. 开路   C. 接地

10. 电流互感器工作时,其二次侧不允许(　　)。
  A. 短路   B. 开路   C. 接地

二、判断题（对的打√，错的打×）

1．自耦变压器的变比越大，节省材料越多。 （ ）

2．三绕组变压器的额定容量是指其中最大一侧绕组的容量。 （ ）

3．三绕组变压器简化等值电路中的等值电抗除自漏抗外，还包括互漏抗。 （ ）

4．电流互感器的容量是指允许接入的二次负载容量。 （ ）

5．电压互感器是将系统的高电压改变为标准的低电压。 （ ）

三、计算题

一台双绕组单相变压器 $S_N = 3\text{kVA}$ ，220/110V，今改接为降压自耦变压器使用，接成330/110V 时，试求一次、二次侧的额定电流 I_{1N}、I_{2N}，公共绕组的额定电流 I_N，自耦变压器的额定容量、电磁容量及传导容量各为多少？

第八单元　变压器的异常运行与维护

知识要求

（1）了解变压器的大修周期及检修项目。

（2）了解变压器的暂态过程及不对称运行时的分析方法。

（3）掌握变压器的常见故障类型及处理方法。

能力要求

（1）能正确掌握变压器的大、小修周期和检修项目。

（2）能根据变压器的常见故障现象、故障原因提出处理意见。

导学

变压器是供用电部门变换交流电压的重要设备，变压器发生故障或事故时，将会造成用户停电，为此，当变压器发生故障时应及时进行检修。变压器的检修一般分为大修和小修两类，大修是将变压器的器身从油箱中吊出而进行的各项检修；小修是将变压器停运，但不吊出器身而进行的检修。

知识点一　变压器的检修项目

一、变压器的大修周期及检修项目

（1）变压器的大修周期。

1）一般在投入运行后的 5 年内大修一次，以后每隔 10 年大修一次。运行中的变压器，故障后应及时进行检修。

2）电力系统运行的主变压器当承受出口短路故障后，经综合诊断分析，应考虑提前大修。

3）全密封的变压器，经过试验检查并结合运行情况，当判定内部存在故障或本体漏油严重时应提前进行大修。

4）运行中的变压器，经试验判断有内部故障或发现异常时，应提前进行大修。

（2）变压器的大修项目。大修一般包括以下内容。

1）吊芯、吊罩及器身检修。绕组（线圈）、引出线及磁（电）屏蔽装置的检修。

2）有载、无载分接开关的检修。

3）铁芯、穿心螺栓钉、轭架、压钉、压板及接地片的检修。

4）油箱及附件的检修，包括高低压套管、安全气道、吸湿器等。

5）冷却装置（包括冷却器、油泵、水泵、风扇等附属设备）及气体继电器的检修。

6）变压器油的处理和换油。

7）变压器操作控制箱的检修及试验。

8）清扫变压器油箱及进行除锈喷涂油漆。

9）变压器全密封胶垫的更换和组件试漏。

10）对变压器器身的绝缘干燥及处理。

11）大修后的试验和试运行。

（3）变压器大修常用工具及耗材。

1）常用工具。起重工具、滤油机、耐压机、过滤纸、烘箱、焊头机、电动扳手，常用测试变压器的仪表仪器，真空处理用的真空泵，检查密封性能的气泵油等。

2）耗材。绝缘材料、密封材料、漆类及化工材料、各种预制零部件等。

（4）变压器大修的工作流程。

1）办理工作票，对变压器进行停电。

2）进行检修前的检查和试验，包括测量绝缘电阻、直流电阻、油样试验，记录油位指示。

3）拆除变压器的外部引接线，拆除变压器的保护、测量、信号等二次接线和接地线。

4）部分抽油后拆卸储油柜、安全气道、气体继电器及其连通管，拆除温度计及附属装置，并分别进行校验和检修。

5）排油，进行滤油，准备合格的新变压器油。

6）拆除变压器的套管及其连接导线，拆除分接开关的操动机构。

7）拆除油箱的箱沿全部连接螺栓，将器身一起起吊（即吊芯）。

8）检查器身状况，测试绝缘，进行各部件的紧固。

9）更换密封胶垫，检修清洗全部阀门，检修铁芯、绕组及油箱等部件。

10）回装器身，紧固螺栓后按规定注入变压器油。

11）适量排油后安装绝缘套管，并安装内部引接线，进行二次注油。

12）安装附属装置，进行整体密封试验。

13）注油至规定的油位线，进行大修后的油试验及电气试验。

14）检修结束。

二、变压器的小修周期及检修项目

（1）变压器的小修周期。

1）发电厂的主变压器、高/低压厂用变压器、配电变压器等一般每年小修一次。

2）污秽严重地区的变压器，其小修周期可适当缩短。

（2）变压器的小修项目。

1）清扫油箱，检查储油柜的油位，清除储油柜中的污泥，必要时加油。

2）检查并消除已发现的缺陷。

3）检修冷却装置：包括油泵、风扇等。

4）检修调压装置、测量装置及控制箱，并进行调试。

5）检修安全保护装置：包括防爆管、储油柜、速动油压继电器、气体继电器等。

6）检修接地系统，检查高压套管的屏蔽线。

7）检修全部阀门及密封衬垫，处理渗漏油。清扫外部绝缘件和检查导电接头。

8）按有关规程规定进行测量和试验。

（3）配电变压器小修常用工具及耗材。

1）常用工具。高压验电器、低压验电器、绝缘操作杆、低压接地线、安全帽、绝缘手套、绝缘鞋、脚扣、安全带、绝缘梯、电工工具、绝缘电阻表等。

2）耗材。负荷熔断器、导电杆、连接导线、变压器油、橡皮垫圈、熔丝、固定螺栓、硅胶、变压器绝缘罩等。

🌱 知识点二　变压器的常见故障类型及处理方法

变压器发生的主要故障是绕组故障，其次是铁芯。故障的类型有绕组故障、铁芯故障及套管和分接开关等部件的故障。当事故发生时，要善于捕捉故障现象，准确判断故障产生的原因，迅速而准确处理故障。表1-8-1列出了变压器常见故障的种类、现象、产生原因及处理方法。

表 1-8-1　　　　　　　　变压器常见故障的种类、现象、产生原因及处理方法

故障种类	故障现象	故障原因	处理方法
绕组匝间或层间短路	(1) 油温升高。 (2) 变压器异常发热。 (3) 油发出特殊的"噬噬"声。 (4) 电源侧电流增大。 (5) 三相绕组的直流电阻不平衡。 (6) 高压熔断器熔断。 (7) 气体继电器动作。 (8) 储油柜盖冒黑烟	(1) 绕组绝缘受潮。 (2) 变压器运行年久，绕组绝缘老化。 (3) 绕组绕制不当，使绝缘局部受损。 (4)油道内落入杂物，使油道堵塞，局部过热。 (5) 绕组可能存在局部匝间短路	(1) 进行浸漆和干燥处理。 (2) 更换或修复所损坏的绕组、衬垫和绝缘筒。 (3) 更换或修复绕组。 (4) 清除油中的杂物
绕组接地或相间短路	(1) 高压熔断器熔断。 (2) 安全气道薄膜破裂、喷油。 (3) 气体继电器动作。 (4) 变压器油燃烧。 (5) 变压器振动	(1)绕组主绝缘老化或有破损等重大缺陷。 (2)变压器进水，绝缘油严重受潮。 (3) 油面过低，露出油面的引线绝缘距离不足而击穿。 (4) 绕组内落入杂物。 (5) 过电压击穿绕组绝缘	(1) 更换或修复绕组。 (2) 更换或处理变压器油。 (3) 检修渗漏油部位，注油至正常油位。 (4) 清除杂物。 (5) 更换或修复绕组绝缘，并限制过电压的幅值
绕组变形与断线	(1) 变压器发出异常响声。 (2) 断线相无电流指示	(1) 制造装配不良，绕组未压紧。 (2) 短路电流的电磁力作用。 (3) 导线焊接不良。 (4) 雷击造成断线。 (5) 制造上缺陷，强度不够	(1) 修复变形部位，必要时更换绕组。 (2) 拧紧压圈螺钉，紧固松脱的衬垫、撑条。 (3) 割除熔蚀或截面缩小的导线或补换新导线。 (4) 修补绝缘，并作浸漆和干燥处理。 (5) 修复改善结构，提高机械强度
铁芯片间绝缘损坏	(1) 空载损耗变大。 (2) 铁芯发热，油温升高，油色变深。 (3)吊器身检查可见硅钢片漆膜脱落或发热。 (4) 变压器内发出异常响声	(1) 硅钢片间绝缘老化。 (2)受剧烈振动，片间发生位移或摩擦。 (3) 铁芯紧固件松动。 (4)铁芯接地后发热烧坏片间绝缘	(1) 对绝缘损坏的硅钢片重新涂刷绝缘漆。 (2) 紧固铁芯夹件。 (3) 按铁芯接地故障处理方法
铁芯多点接地不良	(1) 高压熔断器熔断。 (2)铁芯发热，油温升高油色变黑。 (3) 气体继电器动作。 (4)吊器身检查可见硅钢片局部烧熔	(1) 铁芯与穿心螺杆间的绝缘老化，引起铁芯多点接地。 (2) 铁芯接地片断开。 (3) 铁芯接地片松动	(1) 更换穿心螺杆与铁芯间的绝缘套管和绝缘衬。 (2) 将接地片压紧或更换新接地片

续表

故障种类	故　障　现　象	故　障　原　因	处　理　方　法
变压器油变劣	油色变暗	（1）变压器油长期受热氧化使油质变劣。 （2）变压器故障引起放电造成变压器油分解	更换新油或对变压器油过滤
套管闪络	（1）套管表面有放电痕迹。 （2）高压熔断器熔断	（1）套管有裂纹或破损。 （2）套管表面积灰脏污；套管密封不严，绝缘受损；套管间掉入杂物	（1）更换套管。 （2）清除套管表面的积灰和脏污；更换封垫；清除杂物
分接开关烧损	（1）高压熔断器熔断。 （2）油温升高。 （3）触点表面产生放电声。 （4）变压器油发出"咕嘟"声	（1）动触头弹簧压力不够或过渡电阻损坏。 （2）开关配备不良，造成接触不良。 （3）联结螺栓松动。 （4）绝缘板绝缘变劣；变压器油位下降，分接开关暴露在空气中；分接开关位置错位	（1）更换或修复触头接触面，更换弹簧或过渡电阻。 （2）按要求重新装配并进行调整。 （3）紧固松动的螺栓。 （4）更换绝缘板，补注变压器油至正常油位；纠正错位

🌱 *知识点三　变压器的暂态过程分析

一、变压器空载合闸时的暂态过程

变压器二次侧开路，将一次绕组接入电源的方式称为空载合闸。变压器空载稳态运行时，空载电流只占额定电流的 1%～10%。但空载合闸时，可能出现较大的冲击电流，其值可达稳态空载电流的几十倍甚至上百倍，相当于几倍的额定电流。如不采取措施，则可能使开关跳闸，变压器不能顺利投入电网。

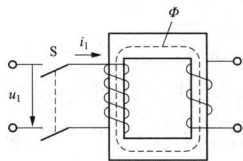

图 1-8-1　变压器的空载合闸

（1）空载合闸时的磁通。变压器空载合闸电流又称为励磁涌流，它与铁芯中磁场的建立过程密切相关。以单相变压器为例，其空载合闸电路如图 1-8-1 所示，设电源电压按正弦规律变化，合闸时一次侧电路的电压方程式为

$$u_1 = \sqrt{2}U_1 \sin(\omega t + \alpha) = i_0 r_1 + N_1 \frac{\mathrm{d}\Phi}{\mathrm{d}t} \tag{1-8-1}$$

式中：U_1 为电源电压有效值；Φ 为交链一次绕组的总磁通；i_0 为空载投入电流；α 为电源电压初相角；r_1 为一次绕组电阻；N_1 为一次绕组匝数。

由于铁芯具有饱和特性，i_0 与 Φ 的关系为非线性关系，式（1-8-1）是一个非线性微分方程式。由于电压降 $i_0 r_1$ 较小，在分析暂态过程时可忽略不计，且不考虑铁芯的剩磁，则式（1-8-1）可简化为

$$N_1 \frac{\mathrm{d}\Phi}{\mathrm{d}t} = \sqrt{2}U_1 \sin(\omega t + \alpha)$$

即

$$\mathrm{d}\Phi = \frac{1}{N_1}\sqrt{2}U_1 \sin(\omega t + \alpha)\mathrm{d}t$$

当 $t = 0$ 时 $\Phi = 0$，在初始条件下，可求得

$$\Phi = -\Phi_\mathrm{m} \cos(\omega t + \alpha) + \Phi_\mathrm{m} \cos\alpha = \Phi_\mathrm{t}' + \Phi_\mathrm{t}'' \tag{1-8-2}$$

式中：$\Phi_\mathrm{t}' = -\Phi_\mathrm{m} \cos(\omega t + \alpha)$ 为磁通的稳态分量；$\Phi_\mathrm{t}'' = \Phi_\mathrm{m} \cos\alpha$ 为磁通的暂态分量。

式（1-8-2）表明，磁通Φ的大小与合闸瞬间电源电压初相角α有关。下面分析两种极端情况。

1）合闸时$\alpha = 90°$，磁通为

$$\Phi = \Phi_m \sin \omega t \tag{1-8-3}$$

此时磁通暂态分量$\Phi_t'' = 0$，合闸后磁通立即进入稳定状态，避免了冲击电流的产生。

2）合闸时$\alpha = 0°$，磁通为

$$\Phi = -\Phi_m \cos \omega t + \Phi_m \tag{1-8-4}$$

此时磁通有稳态分量$-\Phi_m \cos \omega t$和暂态分量Φ_m；式（1-8-4）对应的磁通变化曲线如图1-8-2所示。在空载合闸后的半个周期瞬间$\omega t = \pi$，即$t = \dfrac{\pi}{\omega}$时（在工频电网中$t = 0.01\text{s}$），磁通达到最大值$\Phi_{max} = 2\Phi_m$。由于铁芯具有磁饱和特性，此时铁芯深度饱和，由图1-8-3可见，励磁通流i_{0m}急剧增大，可达额定电流的5～8倍。

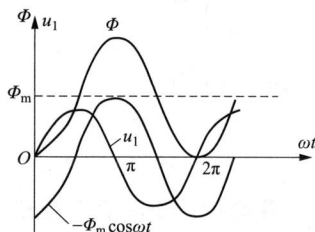

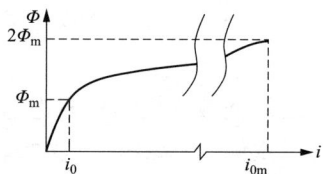

图1-8-2　$\alpha = 0°$时合闸磁通的波形　　　　图1-8-3　变压器铁芯磁化曲线

（2）励磁涌流的影响。对于三相变压器，各相电压互差120°，所以总有一相空载电流达到最大值或接近最大励磁涌流的情况。由于一次绕组具有电阻，$r_1 \neq 0$，因此励磁涌流会逐渐衰减到正常值。一般小型变压器只需几个周期就可达到稳态空载电流值，大型变压器的励磁涌流衰减较慢，但一般不超过20s。

励磁涌流维持的时间较短，对变压器本身没有直接的危害，但它可能引起变压器一次侧保护误动作，使开关跳闸。因此，应采用能识别并躲开合闸励磁涌流影响的保护装置。

二、变压器突然短路时的暂态过程

变压器一次侧接到额定电压的电网上，二次侧不经任何阻抗突然短接，称为突然短路。变压器运行中的突然短路是一种严重故障，突然短路会出现很大的短路电流，损坏变压器。

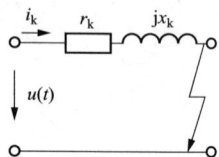

（1）突然短路的短路电流。变压器发生突然短路，在忽略空载电流时，可利用简化等值电路进行分析，它与RL串联电路突然接到交流正弦电压上的过渡过程相似，如图1-8-4所示，r_k为短路电阻，$L_k = x_k / \omega$为短路电感，根据图1-8-4可写出电路方程式为

$$u_1 = \sqrt{2} U_1 \sin(\omega t + \alpha) = i_k r_k + L_k \frac{\mathrm{d}i_k}{\mathrm{d}t} \tag{1-8-5}$$

图1-8-4　变压器二次短路简化电路

式中：U_1为电源电压的有效值；α为电源电压u_1的初相角。

解此常系数一阶微分方程式，可得短路电流

$$i_k = -\sqrt{2} I_k \cos(\omega t + \alpha) + \sqrt{2} I_k \cos \alpha \mathrm{e}^{-\frac{t}{T_k}} = i_k' + i_k'' \tag{1-8-6}$$

$$I_k = \frac{U_1}{\sqrt{r_k^2 + x_k^2}}$$

式中：$T_k = L_k / r_k$ 为暂态分量衰减的时间常数，I_k 为稳态分量电流有效值。

式（1-8-6）表明，突然短路电流的大小与电压 U_1 的初相值 α 有关，下面分析两种特殊情况：

1）α=90°时发生突然短路，则

$$i_k = \sqrt{2}I_k \sin \omega t$$

此时暂态分量 $i_k'' = 0$，表示突然短路一发生就直接进入稳态短路，短路电流的数值最小。

2）α=0°时发生突然短路，则

$$i_k = \sqrt{2}I_k \sin \omega t + \sqrt{2}I_k e^{-\frac{t}{T_k}} \tag{1-8-7}$$

其变化曲线如图 1-8-5 所示。短路电流的最大值 $i_{k\,max}$ 发生在短路后半个周期时 $(\omega t = \pi)$，短路电流的最大值为

$$i_{k\,max} = \sqrt{2}I_k + \sqrt{2}I_k e^{-\frac{1}{T_k} \times \frac{\pi}{\omega}} \tag{1-8-8}$$
$$= (1 + e^{-\frac{1}{\omega T_k}})\sqrt{2}I_k = k_y \sqrt{2}I_k$$

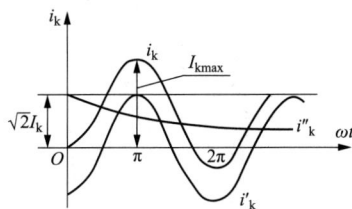

图 1-8-5　α=0°时突然短路电路变化曲线

式中：$k_y = (1 + e^{-\frac{1}{\omega T_k}})$，是突然短路电流的最大值与稳态短路电流最大值之比。中、小容量的变压器 k_y=1.2～1.5；大容量的变压器 k_y=1.7～1.8。

用标幺值表示式（1-8-8）时

$$i_{k\,max*} = \frac{I_{k\,max}}{\sqrt{2}I_N} = k_y \frac{I_k}{I_{1N}} = k_y \frac{U_{1N}}{I_{1N}z_k} = k_y \frac{1}{z_{k*}} \tag{1-8-9}$$

式（1-8-9）表明，$i_{k\,max*}$ 与 z_{k*} 成反比，即短路阻抗越小，突然短路电流越大。如 z_{k*}=0.06，取 k_y=1.7～1.8，则 $i_{k\,max*}$=(1.7～1.8)/0.06=28～30。

这是一个很大的冲击电流，它会在变压器绕组上产生极大的电磁力，严重时可能使变压器绕组变形而损坏。

（2）突然短路电流的危害。突然短路电流的危害主要有两个方面：一是使绕组受到强大的电磁力作用；二是使绕组过热而损坏。

由于变压器安装有可靠的继电保护装置，一般在绕组温度上升到危险温度之前，切断变压器的电源，保护绕组不会烧毁。

*知识点四　三相变压器的不对称运行分析

实际工作中，三相变压器的外加电源电压一般总是对称的。所谓不对称运行，指负载不对称时的运行状态，如变压器二次侧三相照明负载不均衡以及带有较大的单相负载等。这时变压器三相电流不对称，内部阻抗压降也不对称，导致二次侧三相电压也不对称。

电气工程中分析变压器的不对称运行常采用"对称分量法"。

一、对称分量法的定义

所谓对称分量法就是将一组不对称的三相电流或电压分解成三组对称的电流或电压，然后对三组对称的电流和电压进行分析计算。分解出的对称分量称为正序、负序和零序分量。

下面以电流为例说明对称分量法的基本原理。

正序电流指大小相等、相位互差 120°、相序为 A-B-C 的三相电流；负序电流大小相等、相位互差 120°、相序为 A–C–B 的三相电流；零序电流指大小相等、相位相同的三相电流。正、负、零序分量的表示，分别在各电流符号右下方加注 "+" "–" "0" 来表示。如果将这三组互不相干的对称电流各相分别叠加，便构成一组不对称电流 $\dot{I}_A$、$\dot{I}_B$、$\dot{I}_C$，如图 1-8-6 所示。

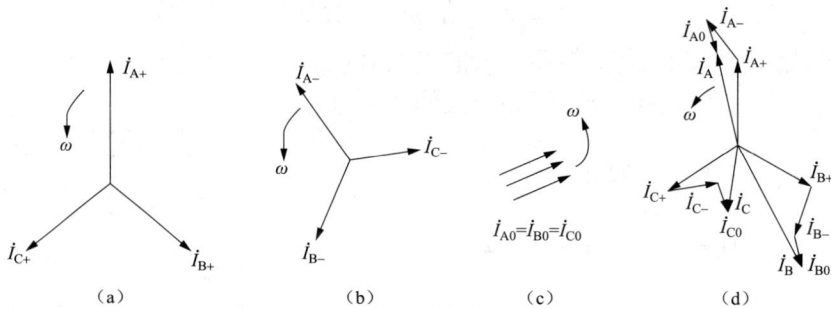

图 1-8-6 对称分量及合成的不对称分量

（a）正序电流分量；（b）负序电流分量；（c）零序电流分量；（d）合成的不对称电流

根据上述分析，三相不对称电流为

$$\begin{cases} \dot{I}_A = \dot{I}_{A+} + \dot{I}_{A-} + \dot{I}_{A0} \\ \dot{I}_B = \dot{I}_{B+} + \dot{I}_{B-} + \dot{I}_{B0} \\ \dot{I}_C = \dot{I}_{C+} + \dot{I}_{C-} + \dot{I}_{C0} \end{cases} \tag{1-8-10}$$

其中：$\dot{I}_{A+}$、$\dot{I}_{B+}$、$\dot{I}_{C+}$ 为正序分量系统，且有 $\dot{I}_{B+} = a^2 \dot{I}_{A+}$，$\dot{I}_{C+} = a \dot{I}_{A+}$

$\dot{I}_{A-}$、$\dot{I}_{B-}$、$\dot{I}_{C-}$ 为负序分量系统，且有 $\dot{I}_{B-} = a \dot{I}_{A-}$，$\dot{I}_{C-} = a^2 \dot{I}_{A-}$

$\dot{I}_{A0}$、$\dot{I}_{B0}$、$\dot{I}_{C0}$ 为零序分量系统，且有 $\dot{I}_{A0} = \dot{I}_{B0} = \dot{I}_{C0}$

式中：a、a^2 是复数运算符号，$a = e^{j120°}$，$a^2 = e^{-j120°}$；$1 + a + a^2 = 0$。

将正序系统中的 $\dot{I}_{B+} = a^2 \dot{I}_{A+}$，$\dot{I}_{C+} = a \dot{I}_{A+}$、负序系统 $\dot{I}_{B-} = a \dot{I}_{A-}$，$\dot{I}_{C-} = a^2 \dot{I}_{A-}$ 及零序分量中的 $\dot{I}_{A0} = \dot{I}_{B0} = \dot{I}_{C0}$ 代入式（1-8-10）可求得

$$\begin{cases} \dot{I}_{A+} = \dfrac{1}{3}(\dot{I}_A + a \dot{I}_B + a^2 \dot{I}_C) \\ \dot{I}_{A-} = \dfrac{1}{3}(\dot{I}_A + a^2 \dot{I}_B + a \dot{I}_C) \\ \dot{I}_{A0} = \dfrac{1}{3}(\dot{I}_A + \dot{I}_B + \dot{I}_C) \end{cases} \tag{1-8-11}$$

求出 $\dot{I}_{A+}$、$\dot{I}_{A-}$、$\dot{I}_{A0}$ 后便可求得 $\dot{I}_{B+}$、$\dot{I}_{B-}$、$\dot{I}_{B0}$、$\dot{I}_{C+}$、$\dot{I}_{C-}$、$\dot{I}_{C0}$ 各个分量。再把各对称

分量系统的分析结果叠加起来即为不对称运行下的总结果。

二、对称分量法分析不对称电路的步骤

对称分量法分析不对称电路的步骤如下：

（1）确定不对称系统的已知条件。

（2）将一组三相不对称正弦量分解为正序、负序、零序三组互相独立的三相对称分量。

（3）对各对称分量分别求解。

（4）将上述求解结果叠加得出结论。

由式（1-8-10）、式（1-8-11）可知，用对称分量法解析不对称系统的实质就是把一组不对称问题的运算转化为三组对称量的运算。

结论：对称分量的实质就是变量代换，用新的变量代替旧的变量。在三相系统中就是用三个对称分量系统（正序、负序、零序系统）代替原有的三相不对称系统。

采用对称分量法把不对称的三相系统转化为三个对称的分量系统后，对不对称运行分析也就转化为对三个对称系统的运行分析。其分析方法同变压器正常运行时的分析，只要取出其中的一相，即把三相电路简化为单相电路，就可以很方便地得到分析结果，再把各对称分量系统的分析结果叠加起来即为不对称运行下的总结果。

单 元 小 结

（1）变压器的检修主要分为小修和大修。小修一般每年一次；变压器运行后的 5 年内大修一次，以后每隔 10 年大修一次。

（2）在检修变压器时，应根据变压器的故障现象，判断变压器的故障部位，分析变压器故障产生的原因后，方可拆卸变压器。

（3）变压器的故障多产生在器身上，且多数故障是由于绝缘损坏引起。

（4）变压器的小修称为不掉芯检修。小修时除对变压器外部各附件进行检查和清扫外，还应通过试验的方法检查变压器器身和油的故障情况。

（5）变压器在空载合闸和突然短路的暂态过程中都会产生较大的冲击电流和短路电流，其大小取决于瞬间电源电压的初相角 α，$\alpha=0°$ 时电流最大，空载合闸时产生的励磁涌流不会产生危害，主要在保护设计中要避免误动作。突然短路产生的危害是严重的，此时最大短路电流可达额定电流的 20～30 倍，突然短路电流将产生巨大的电磁力使绕组等构件损坏。

（6）分析三相变压器的不对称运行常采用对称分量法。采用对称分量法把不对称的三相系统转化为三个对称的分量系统后，对不对称运行分析也就转化为对三个对称系统的运行分析。

思 考 与 练 习

一、单选题

1. 变压器的大修周期。一般在投入运行后的（　　）内大修一次，以后每隔 10 年大修一次。运行中的变压器，故障后应及时进行检修。

　　　A．3 年　　　　　　　　　　B．1 年　　　　　　　　　　C．5 年

2. 变压器在空载合闸和突然短路的暂态过程中都会产生较大的冲击电流和短路电流，其大小取决于瞬间电源电压的初相角 α，（　　）时电流最大，空载合闸时产生的励磁涌流不会产生危害，主要在保护设计中要避免误动作。

　　A. $\alpha=180°$ 　　　　　　　　　B. $\alpha=0°$ 　　　　　　　　　C. $\alpha=90°$

3. 对称分量法是将一组三相不对称正弦量分解为正序、负序、（　　）三组互相独立的三相对称分量。

　　A. 逆序 　　　　　　　　　　B. 零序 　　　　　　　　　　C. 顺序

4. 对称分量法分析不对称电路的步骤有：①确定不对称系统的已知条件；②将一组三相不对称正弦量分解为正序、负序、零序三组互相独立的三相对称分量；③（　　）；④将上述求解结果叠加得出结论。

　　A. 对各对称分量分别求解

　　B. 对不对称分量列方程

　　C. 对不对称量求解

5. 突然短路产生的危害是严重的，此时最大短路电流可达额定电流的（　　）倍。

　　A. 1～3 　　　　　　　　　　B. 5～10 　　　　　　　　　　C. 20～30

6. 变压器大修常用工具包括起重工具、滤油机、耐压机、过滤纸、烘箱、焊头机、电动扳手、常用测试变压器的（　　）、真空处理用的真空泵、检查密封性能的汽油泵等。

　　A. 起重工具 　　　　　　　　B. 仪表仪器 　　　　　　　　C. 电动工具

7. 突然短路电流的危害主要是：①使绕组受到强大的电磁力作用；②使（　　）。

　　A. 绕组烧毁 　　　　　　　　B. 绕组过热而损坏 　　　　　　　C. 绕组发热

8. 变压器的小修称为（　　）。

　　A. 吊芯检修 　　　　　　　　B. 不吊芯检修 　　　　　　　　C. 正常检修

9. 变压器套管闪络的故障原因是：①套管有（　　）；②套管表面积灰脏污；③套管密封不严；④绝缘受损；⑤套管间掉入杂物。

　　A. 损坏 　　　　　　　　　　B. 套管开裂 　　　　　　　　　C. 裂纹或破损

10. 绕组接地或相间短路故障现象是：①高压（　　）熔断；②安全气道薄膜破裂、喷油；③气体继电器动作；④变压器油燃烧；⑤变压器振动。

　　A. 熔断器 　　　　　　　　　B. 继电器 　　　　　　　　　　C. 开关

二、判断题（对的打√，错的打×）

1. 变压器是供用电部门变换交流电压的重要设备，变压器发生故障或事故时，将会造成用户停电。　　　　　　　　　　　　　　　　　　　　　　　　　　　　　（　　）

2. 小修是将变压器停运，但不吊出器身而进行的检修。　　　　　　　　　　（　　）

3. 变压器空载稳态运行时，空载电流只占额定电流的 10%～30%。　　　　（　　）

4. 所谓不对称运行，指负载不对称时的运行状态，如变压器二次三相照明负载不均衡以及带有较大的单相负载等。　　　　　　　　　　　　　　　　　　　　　　　（　　）

5. 变压器三相不对称电路的分析常采用对称分量法进行分析。　　　　　　（　　）

第二部分

异步电动机

　　交流旋转电机分为同步电机和异步电机两大类，转子转速与旋转磁场转速相同的称为同步电机，不同的称为异步电机。异步电机主要作为电动机运行。异步电动机又称为感应电动机，是目前使用最广泛的一种交流电动机。三相异步电动机是现代工农业生产中应用最广泛的一种动力设备。在日常生活中，单相电动机广泛应用在电风扇、洗衣机、电冰箱、空调机及各种自动装置中。在电网的总负荷中，异步电动机占总动力负载的 80% 以上。

　　本部分主要介绍异步电动机的基本结构、工作原理、机械特性、启动和运行特点等知识。

第一单元　三相异步电动机基本结构、工作原理及拆装

知识要求

（1）了解笼型、绕线型异步电动机的转子构造、铭牌参数的含义。
（2）掌握三相异步电动机的同步旋转磁场。
（3）掌握异步电机的三种运行状态。
（4）掌握异步电动机的工作原理及拆装方法。

能力要求

（1）能看懂异步电动机铭牌参数的含义。
（2）能分析异步电动机的工作原理，能熟练地对异步电动机进行拆装操作。
（3）能识别三相异步电动机的"Y/△"接线方式，能正确进行端子接线。
（4）能计算异步电动机的转差率、功率及电流值。

导　学

异步电动机有笼型和绕线型两类，结构主要由固定不动的定子、旋转的转子组成。

异步电动机的工作原理可简述为：在电动机定子三相绕组中通入一组三相对称电流，电动机的气隙中便产生一个旋转磁场，转子闭合绕组切割旋转磁场产生感应电动势和感应电流，转子感应电流与旋转磁场相互作用产生电磁转矩，驱使转子沿着旋转磁场的方向转动。

异步电动机的铭牌参数主要标明异步电动机的型号、额定值和主要技术参数。

知识点一　三相异步电动机的基本结构

异步电动机有笼型和绕线型两类，结构如图 2-1-1 和图 2-1-2 所示。它们的区别在于转子结构不同。异步电动机的结构主要由固定不动的定子、旋转的转子组成，定子和转子之间存在有气隙。如图 2-1-1 为典型的笼型异步电动机结构图，图中示出了各零部件及其安装位置。

一、定子的结构及作用

定子由定子铁芯、定子绕组和外壳等构成。定子用来产生旋转磁场。

（1）定子铁芯。用于构成电动机磁路和安放定子绕组，它由 0.35～0.5mm 厚的硅钢片［形状如图 2-1-3（a）所示］叠压成整体后装入机座。为了减小涡流损耗，叠片间需经绝缘处理。

一般小容量电动机由硅钢片表面的氧化膜绝缘，大容量电动机硅钢片间涂有绝缘漆。当铁芯直径小于 1m 时，用整圆冲片；直径大于 1m 时，用扇形冲片。冲片内圆上冲有许多形状相同的槽（分为开口槽、半开口槽和半闭口槽），用来嵌放定子绕组，如图 2-1-3（b）～（d）所示。100kW 以下的异步电动机采用半闭口槽，电压 500V 以下的中型异步电动机采用开口槽。

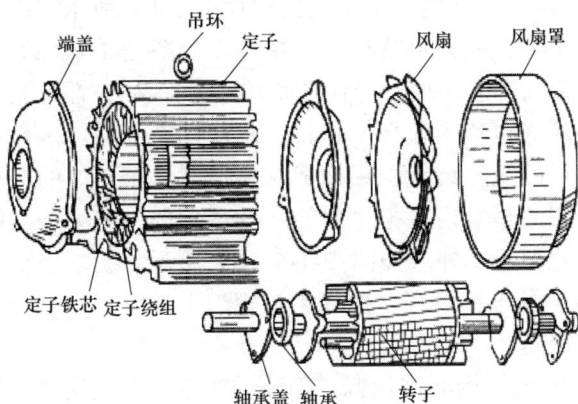

图 2-1-1　笼型异步电动机结构

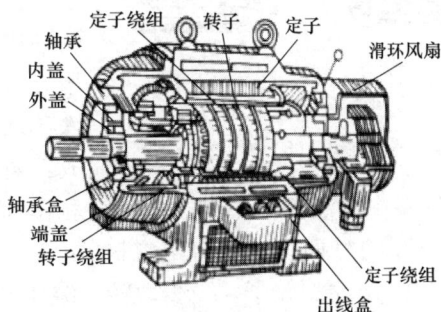

图 2-1-2　绕线型异步电动机的结构

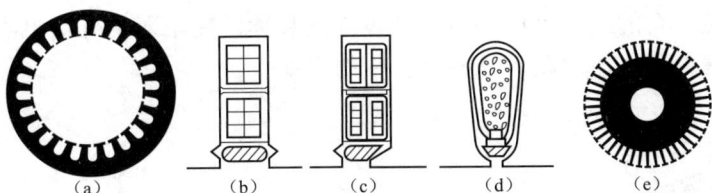

图 2-1-3　定转子铁芯的硅钢片及定子铁芯槽

（a）定子硅钢片；（b）开口槽；（c）半开口槽；（d）半闭口槽；（e）转子硅钢片

（2）定子绕组。定子绕组的作用是产生主磁场，它是电动机的电路部分。小型异步电动机的定子绕组用高强度漆包圆铜线绕制而成；大型异步电动机的导线截面积较大，采用矩形截面的铜线制成线圈再放置在定子槽内。

（3）外壳（端盖、轴承）。三相异步电动机的外壳包括机座、端盖、轴承和接线盒等。

1）机座。用来固定和支撑定子铁芯并固定电动机。中、小型异步电动机一般用铸铁机座，而大型异步电动机机座多采用钢板焊成。

2）端盖。用铸铁或铸钢浇铸而成，其作用是把转子固定在定子腔内，保证转子的均匀旋转。

3）轴承。其作用是减小摩擦，保证转子的正常旋转。

4）接线盒。用来固定和保护定子绕组的引出端子，并便于改、接线。

5）吊环。处于电动机最上端，用于搬运、安装异步电动机。

二、转子的结构及作用

异步电动机的转子由转轴、转子铁芯和转子绕组等构成。

（1）转轴。转轴一般用中碳钢作材料，它起支撑、固定转子铁芯和传递转矩的作用。

（2）转子铁芯。转子铁芯是电动机磁路的一部分，用来固定转子绕组。转子硅钢片形状如图 2-1-3（e）所示。为减少铁损耗和增强导磁能力，转子铁芯采用厚 0.5mm 的硅钢片冲制叠压而成，转子铁芯固定在转轴上，转子铁芯的外圆上开有槽，槽内放置转子绕组。

（3）转子绕组。转子绕组的主要作用是感生电动势和电流并产生电磁转矩。根据转子结构的不同，分为笼型和绕线型两种。

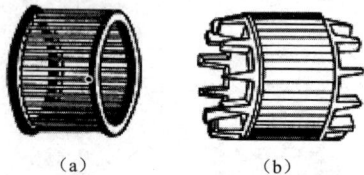

图 2-1-4　笼型转子

（a）笼型绕组；（b）铸铝笼型转子

1）笼型转子。笼型转子绕组结构如图 2-1-4 所示。没有铁芯时，整个绕组的外形就像一个鼠笼，如图 2-1-4（a）所示。它用铜条或铝条作转子导体（通常称为导条），在导条的两端用短路环（也称为端环）短接，形成闭合回路。多数小型异步电动机的笼型绕组由铝铸成。制造时，把叠好的转子铁芯放在铸铝的模具内，把"鼠笼"的端部的内风扇一次铸成。铸好的笼型转子外形如图 2-1-4（b）所示。由于绕组内各导条中电流相位不同，故为对称多相绕组。且每相只有一根导条，相当于半匝，所以每相匝数 $N_2=1/2$ 匝。笼型绕组磁极数 2P 与定子相同。

2）绕线型转子。绕线型转子绕组与定子绕组结构非常相似。在转子铁芯槽中嵌放着三相对称绕组（多为双层短距波绕组），三相绕组尾端在内部接成星形，三相首端由转子轴中心引出接到集电环上，其接线如图 2-1-5（b）所示。集电环经电刷再串入外接电阻可改善电动机的启动和调速性能。有的绕线型电动机还装设提刷装置，在串入的外接电阻启动完毕后，把电刷提起，三相集电环直接短路，减小运行中的损耗。

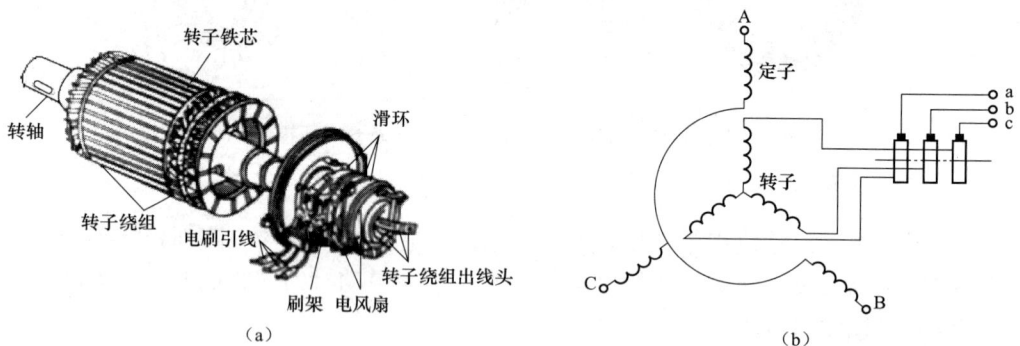

图 2-1-5　绕线式转子

（a）绕线转子；（b）绕线转子回路接线示意图

（4）气隙。为保证转子的正常旋转，异步电动机的定子、转子之间存在着气隙，气隙的距离一般在 0.2～2mm 之间。气隙过大磁路的磁阻增大，产生相同磁通所需的励磁电流增大，使电动机的功率因数降低。受机械加工精度的限制，气隙也不能太小，气隙太小使电动机装配困难或造成定子与转子之间产生摩擦和碰撞。

🌱 知识点二　三相异步电动机的工作原理

一、旋转磁场的产生

三相异步电动机的定子绕组嵌放在定子铁芯槽内，按一定规律连接成三相对称结构。三相绕组在空间上彼此相差 120°电角度，它可以连接成星形，也可以连接成三角形，如图 2-1-6 所示。

若在异步电动机的三相对称绕组中接入三相对称电源，则三相对称绕组中便流过三相对称电流 i_A、i_B、i_C 分别为

$$i_A = I_m \cos \omega t$$

$$i_B = I_m \cos(\omega t - 120°)$$

$$i_C = I_m \cos(\omega t + 120°)$$

设电流瞬时值为正时，电流从绕组的尾端流入，首端流出；瞬时值为负时，电流从绕组的首端流入，尾端流出。电流流入端用符号 $\otimes$ 表示，流出端用符号 $\odot$ 表示。根据一相绕组通入单相电源只产生脉动磁动势，且磁动势的大小与电流成正比，其方向可用右手螺旋定则确定，幅值位置均处在该相绕组的轴线上的规律，选取几个特别的瞬间观察，分析出三相绕组流过三相对称电流所产生的磁动势的特点，如图 2-1-7 所示。

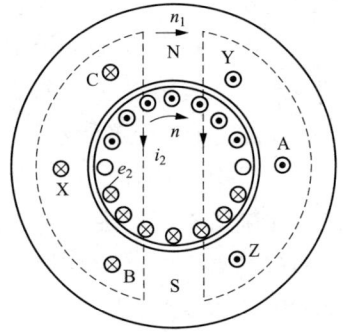

图 2-1-6 异步电动机工作原理图

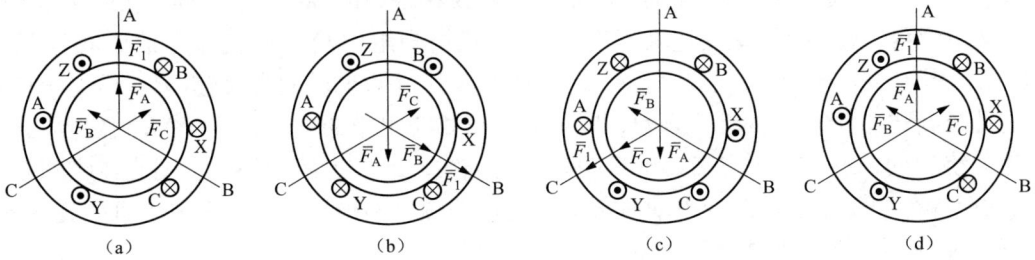

图 2-1-7 三相电流产生的旋转磁场（$p=1$）

（a）$\omega t=0°$；（b）$\omega t=120°$；（c）$\omega t=240°$；（d）$\omega t=360°$

当 $\omega t=0°$ 时，$i_A=I_m$，$i_B = i_C = -\dfrac{1}{2}I_m$，A 相电流幅值达正最大值。A 相电流从尾端 X 流入，首端 A 流出。A 相脉动磁动势 $\bar{F}_A$ 幅值为正最大等于 $F_{\phi 1}$，其位置位于 A 相绕组轴线正方向上。B 相和 C 相电流均从首端流入、尾端流出，脉动磁动势 $\bar{F}_B$、$\bar{F}_C$ 的幅值均为 $-\dfrac{1}{2}F_{\phi 1}$，其位置分别位于 B、C 相绕组轴线的反方向上。由磁动势向量图可判断出三相绕组合成磁动势向量 $\bar{F}_1$ 正好位于 A 相绕组的轴线上，其幅值为 $F_1 = \dfrac{3}{2}F_{\phi 1}$，如图 2-1-7（a）所示。

当 $\omega t=120°$ 时，$i_B=I_m$，$i_A = i_C = -\dfrac{1}{2}I_m$，同理，B 相磁动势 $\bar{F}_B$ 幅值为正最大等于 $F_{\phi 1}$，其位置位于 B 相绕组轴线正方向上。磁动势 $\bar{F}_A$、$\bar{F}_C$ 的幅值均为 $-\dfrac{1}{2}F_{\phi 1}$，其位置分别位于 A、C 相绕组轴线的反方向上。由磁动势向量图可判断出三相绕组合成磁动势向量 $\bar{F}_1$ 正好位于 B 相绕组的轴线上，其幅值为 $F_1 = \dfrac{3}{2}F_{\phi 1}$，合成磁动势沿顺时针方向旋转了 120°，如图 2-1-7（b）所示。

当 $\omega t=240°$ 时，$i_C=I_m$，$i_A = i_B = -\dfrac{1}{2}I_m$，同理，可判断出此时三相绕组合成磁动势向量 $\bar{F}_1$ 正好位于 C 相绕组的轴线上，其幅值为 $F_1 = \dfrac{3}{2}F_{\phi 1}$，合成磁动势沿顺时针方向旋转了 240°，如图

2-1-7（c）所示。

当 $\omega t=360°$ 时，A 相电流又达到正最大值。合成磁动势向量 $\overline{F}_1$ 正好转回到了 A 相绕组的轴线上，从起始位置沿顺时针方向旋转了 360°。即电流变化一个周期，$\overline{F}_1$ 在空间上旋转了一周，如图 2-1-7（d）所示。合成磁动势向量 $\overline{F}_1$ 的幅值大小不变，其端点的运动轨迹是一个圆。

由以上分析可知，当定子三相对称绕组中流过三相对称交流电流时，其基波合成磁动势是一个幅值不变的旋转磁动势（称为圆形旋转磁动势）。这个结论可推广为，当定子 m（$m \geqslant 2$）相对称绕组中流过 m 相对称交流电流时，其基波合成磁动势（磁场）是一个幅值不变的旋转磁动势（磁场）。

二、旋转磁动势的转向

由图 2-1-7 可知，三相绕组中流过三相电流的相序为 A→B→C 时，旋转磁动势（磁场）的转向也是 A→B→C，即从 A 相绕组的轴线转向 B 相绕组的轴线，再转向 C 相绕组的轴线。若任意对调两相绕组所接交流电源的相序，则三相绕组中流过的交流电流的相序是负序 A→C→B，用上面同样的分析方法可知，旋转磁动势（磁场）的转向会反转，转向为 A→C→B。

由此可得出结论，旋转磁动势的转向与通入三相绕组中的电流相序有关，总是从载有超前电流相绕组的轴线转向载有滞后电流相绕组的轴线。改变电流的相序，则旋转磁动势改变方向。实际操作中常常通过改变电动机与电源连接的任意两根接线来改变电动机的旋转方向。

三、旋转磁动势的转速

旋转磁动势的转速 n_1 与电源频率 f 和定子绕组的极对数 p 有关。由前面的分析可知，当电动机为一对磁极时（即 $p=1$），电流变化一个周期，旋转磁动势转过 360°空间电角度，对应的机械角度也是一周为 360°。用上面同样的分析方法可知，当电机为 p 对极时，电流变化一个周期，旋转磁动势仍是转过 360°空间电角度，而相应的机械角度则是 $360°/p$，即旋转了 $1/p$ 周，若交流电的频率为 f，则每分钟电流变化 $60f$ 次，旋转磁动势每分钟就会旋转（$60f \times 1/p$），即其转速为

$$n_1 = \frac{60f}{p} \tag{2-1-1}$$

式（2-1-1）说明，旋转磁动势的转速与电动机的磁极对数成正比，与电源的频率成反比。n_1 又称为同步转速。

四、异步电动机的转动原理

（1）转动原理。由以上分析可知，若在异步电动机的定子三相对称绕组中通入三相对称电流，如图 2-1-5 所示。电动机的气隙中将建立一旋转磁场（电生磁），转子闭合导体将切割磁场感应出电动势和电流（磁生电），转子载流导体在旋转磁场的作用下产生电磁力并形成电磁转矩，驱动转子沿着旋转磁场的方向转动。这就是异步电动机的工作原理。

（2）异步的含义。由于异步电动机的旋转是靠转子绕组切割气隙旋转磁场而旋转并感生电动势和电流，因此，转子的转速总是小于同步旋转磁场的转速 n_1。若 $n=n_1$，则转子与定子旋转磁场之间就没有了相对运动，转子绕组将不再感生电动势和电流，从而不能产生推动转子转动的电磁转矩，所以说，异步电动机运行的必要条件是转子转速和旋转磁场转速之间存在差别，即 $n \neq n_1$，"异步"之名由此而来。

（3）转差率。转差率指同步转速 n_1 与转子转速 n 之差对同步转速 n_1 的比值，用字母 s 表

示。即

$$s = \frac{n_1 - n}{n_1} \tag{2-1-2}$$

$$s = \Delta n / n_1; \quad \Delta n = s n_1 = n_1 - n$$

当异步电动机在额定状态下运行时，其额定转差率 s_N 很小，一般在 0.01～0.06 之间。因此可根据转差率 s 的大小及正负判断异步电动机的运行状态。

由式（2-1-2）可知，当转子静止（$n=0$）时，转差率 $s=1$；当转速 $n=n_1$ 时，转差率 $s=0$，所以，异步电动机运行时转差率 $0<s<1$。

五、异步电机的三种运行状态

根据异步电机转差率、转速 n 和同步转速 n_1 三者的大小关系及能量转换关系，异步电机可有三种运行状态，如图 2-1-8 所示。

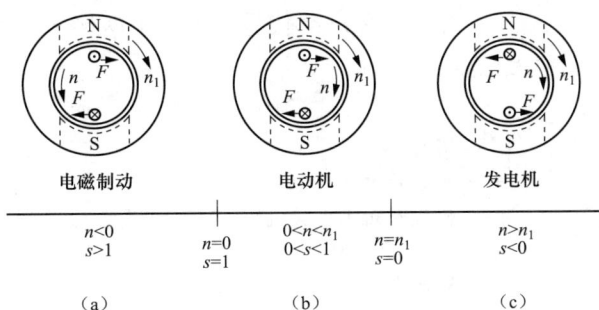

图 2-1-8　异步电动三种运行状态

（a）电磁制动状态；（b）电动机状态；（c）发电机状态

（1）电磁制动状态。如图 2-1-8（a）所示，当外力使转子逆着旋转磁场的方向转动时，这时定子旋转磁场将以 $\Delta n = n_1 - (-n) = n_1 + n$ 的速度切割转子导条，$1<s<\infty$，$-\infty<n<0$。这时定子旋转磁场切割转子导体的方向与电动机状态相同，产生的电磁力 F 和电磁转矩与电动机状态相同，外加转矩使转子以逆时针方向旋转，电磁转矩与电机旋转方向相反，且为制动性质。这说明，电动机一方面从电网吸收电功率，另一方面驱动转子反转的外加转矩克服电磁转矩做功，向异步电机输入机械功率。这时异步电机运行在电磁制动状态。

（2）电动机状态。如图 2-1-8（b）所示，虚线表示定子旋转磁场的等效磁极，它以转速 n_1 旋转。在电动机状态下，n 与 n_1 方向相同且 $n<n_1$，$0<s<1$。根据电磁感应和电磁力定律可知，定子旋转磁场与转子电流相互作用将产生驱动性质的电磁力 F 和电磁转矩。这说明，电机从电网吸收电功率转换为机械功率输送给转轴上的负载。此时感应电机为异步电动机运行。

（3）发电机状态。当异步电动机由原动机驱动，使转子转速 n 与 n_1 不但同方向且超过 n_1 时，转差率 s 变为负值，此时 $-\infty<s<0$，$n_1<n<\infty$，定子旋转磁场切割转子导体的方向与电机相反，如图 2-1-8（c）所示。此时，根据电磁感应和电磁力定律，转子电流反向，定子旋转磁场与转子电流相互作用，将产生制动性质的电磁力 F 和电磁转矩。若要维持转子转速 n 大于 n_1，原动机必须向异步电动机输入机械功率，从而克服电磁转矩做功。这说明，输入的机械功率转换为电功率输送给电力系统，此时，异步电动机处于发电机状态。

知识点三 三相异步电动机的铭牌及拆装

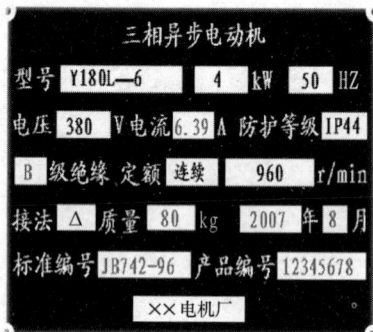

图 2-1-9 三相异步电动机的铭牌

一、异步电动机的铭牌

每台三相异步电动机的机座上都贴有铭牌，上面标明了电动机的型号、额定值及其他有关技术参数，如图 2-1-9 所示。正确理解异步电动机上铭牌上各项内容的含义，对正确选用、安装、运行维护及修理电动机是十分必要的。

（1）铭牌的含义。异步电动机的铭牌标明异步电动机的型号、额定值和主要技术参数。

（2）异步电动机的额定值。

1）型号。型号是表示电动机主要技术条件、名称、规格的一种产品代号。由以下两例分析说明：

中小型异步电动机型号及含义：

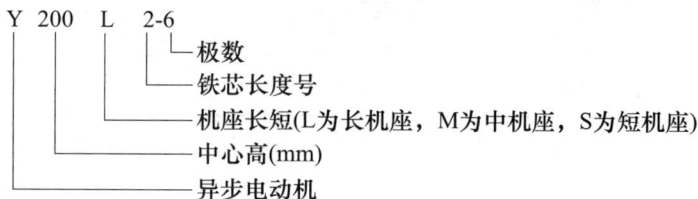

Y 200 L 2-6
- 极数
- 铁芯长度号
- 机座长短(L为长机座，M为中机座，S为短机座)
- 中心高(mm)
- 异步电动机

大型异步电动机型号及含义：

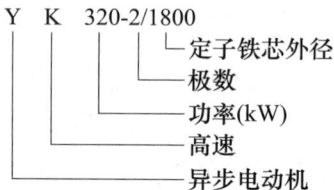

Y K 320-2/1800
- 定子铁芯外径
- 极数
- 功率(kW)
- 高速
- 异步电动机

2）额定电压 U_N。指电动机额定运行时，加在定子绕组的线电压，单位为 kV 或 V。

3）额定电流 I_N。指电动机额定运行时定子绕组流过的线电流，单位为 A。

4）额定功率因数 $\cos\varphi_N$。中小型异步电动机 $\cos\varphi_N$ 一般为 0.8 左右。

5）额定效率 η_N。中小型异步电动机 η_N 一般为 0.9 左右。

6）额定功率 P_N。指额定运行状态下由转轴端输出的机械功率，单位为 kW 或 W。其计算公式为

$$P_N = \sqrt{3}\eta_N U_N I_N \cos\varphi_N \tag{2-1-3}$$

7）接法。接法指三相异步电动机定子绕组的连接方式，有 Y（星形）接线和△（三角形）接线两种。接法是电动机出厂时已确定的，使用时应按铭牌规定连接。国产 Y 系列异步电动机，额定功率为 4kW 及以上的均采用三角形接线，以便于采用 Y-△换接法启动。异步电动机三相绕组共有 6 个端头都引入到电动机机座的接线盒中，首端用 U1、V1、W1 标志，尾端用 U2、V2、W2 标志。星形、三角形接线如图 2-1-10 所示。括弧内为旧系列采用的端头符号。

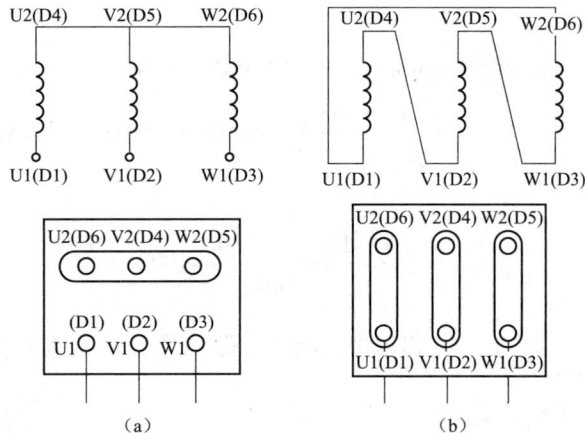

图 2-1-10 异步电动机引出线的接法

（a）Y 接法；（b）△接法

8）额定转速 n_N。指异步电动机额定运行状态下的转速，单位为 r/min。

9）运行方式。电动机运行允许的持续时间，分"连续""短时""断续"三种。后两种运行方式电动机只能短时、间歇地使用。

10）防护等级。是指电动机外壳防止异物和水进入电机内部的等级，在 GB/T 4942.1—2006《旋转电机整体结构的防护（IP 代码）分级》中，规定外壳防护等级以字母"IP"和其后的两位数字表示。"IP"为国际防护的缩写字母，IP 后面第一位数字表示产品外壳防止人体接触电机内部带电或转动部分和防止固体异物进入电机内部的防护等级，共分为五级；IP 后面第二位数字表示电机防止水进入电机内的防护等级，共分八级。数字越大，防护能力越强。电机中使用最多的防护等级为 IP44，可防止直径或厚度大于 1mm 的固体进入电机内、任何方向的溅水对电机无有害影响。

此外，铭牌上还标明了电动机质量、出厂编号、生产厂家、绝缘等级、温升等。绕线式电动机还标明了转子电压（定子施加额定电压时的转子开路电压）和转子电流等数据。

（3）案例分析。

[例 2-1-1] 一台六极三相异步电动机，额定频率 50Hz，额定转速 970r/min，求额定转差率。

解：（1）已知 $2p=6$，则 $p=3$。

根据极数计算出电动机旋转磁场的转速为

$$n_1 = 60f / p = 60 \times 50 / 3 = 1000(\text{r} / \text{min})$$

（2）根据转差率公式计算出额定转差率为

$$s_N = (n_1 - n) / n_1 = (1000 - 970) / 1000 = 0.03$$

[例 2-1-2] 一台异步电动机，铭牌已丢失，已知其容量为 11kW，380V，$f=50$Hz，测得带负载时转速为 1470r/min，试判断它的极数，求转差率 s，并估算其工作电流 I_N。

分析：由式 $n_1 = \dfrac{60f}{p}$ 可得异步电动机极数 $2p$ 与定子旋转磁场同步转速 n_1 的关系。异步电动机正常运行时转差率很小且为正值，故转子转速 n 接近并小于 n_1。由此可判断出电动机

的转速 n 和极数 $2p$。

解： 已知 $n=1470\text{r/min}$，故 $p≈60f/n=60×50/1470≈2$，则极数 $2p=4$。

$$n_1 = \frac{60f}{p} = \frac{60×50}{2} = 1500(\text{r/min})$$

转差率

$$s = \frac{n_1-n}{n_1} = \frac{1500-1460}{1500} = 0.0267$$

因 $I_\text{N} = \dfrac{P_\text{N}}{\sqrt{3}\eta_\text{N}U_\text{N}\cos\varphi_\text{N}}$ 中 $\cos\varphi_\text{N}$ 和 η_N 均为未知，但估算工作电流时可按 $\cos\varphi_\text{N}=0.8$ 和 $\eta=0.9$ 代入公式，则电动机工作电流为

$$I_\text{N} = \frac{11×1000}{\sqrt{3}×380×0.8×0.9} ≈ 22(\text{A})$$

二、异步电动机的拆装

三相异步电动机是发电厂及工矿企事业广泛使用的拖动设备。电动机在运行过程中可能产生各种各样的故障，造成电动机运行失常或烧毁。为了保证电动机稳定、可靠地运行，除了进行正常的维护外，还必须对电动机进行定期检修，熟悉异步电动机的拆装。

异步电动机常用拆装工具主要有钢丝钳、尖嘴钳、扳手、铜棒、套管、铁锤、锤子、木槌、电工刀、电烙铁、万用表、绝缘电阻表（摇表）、划线板、压线板、划针、槽楔、加热器、拉轴器等。

（一）三相异步电动机拆卸前的准备

三相异步电动机拆卸前的准备工作有：

（1）准备好检修电动机的拆卸工具。

（2）用压缩空气将检修的电动机表面灰尘吹净，擦拭干净电动机的表面污垢。

（3）拆除电动机的地脚螺母（包括弹簧垫圈和平垫圈）及外部连接线，做好拆卸前的原始数据记录，记录卡的样式见表 2-1-1。

表 2-1-1   异步电动机修理记录卡

1. 送修单位：＿＿＿＿＿＿＿＿＿＿＿＿＿＿＿＿＿＿＿＿
2. 铭牌数据：型号＿＿＿＿，功率＿＿＿＿，转速＿＿＿＿，接法＿＿＿＿，电压＿＿＿＿，电流＿＿＿＿，频率＿＿＿＿，功率因数＿＿＿＿，绝缘等级＿＿＿＿。编号＿＿＿＿，日期＿＿＿＿。
3. 铁芯数据：定子外径＿＿＿＿，定子内径＿＿＿＿，定子铁芯长度＿＿＿＿，转子外径＿＿＿＿，定子、转子槽数＿＿＿＿。
4. 绕组数据：绕组形式＿＿＿＿，线圈节距＿＿＿＿，并联支路数＿＿＿＿，导线直径＿＿＿＿，并绕根数＿＿＿＿，每槽导线数＿＿＿＿，线圈匝数＿＿＿＿，线圈端部引出长度＿＿＿＿。
5. 故障原因及改进措施：＿＿。
6. 维修人员和日期：维修人员＿＿＿＿，维修日期＿＿＿＿。

（二）三相异步电动机的拆卸

三相异步电动机的拆卸步骤如下：

（1）拆下电动机的电源引接线。

（2）卸下传送带或负载端联轴器。

1）测量皮带轮或联轴器与电动机前端盖或转轴根部间的距离。

2）在带轮或联轴器的前端冲一点或两点标志，以防安装时装反。

3）取下皮带轮（或联轴器）上的固定螺栓或销钉，然后用拉具将带轮拉出（若带轮锈住，可注入松动剂或煤油再慢慢拉出）。

4）拆除电动机接线盒内的电源线及接地线并贴上标签，记下每个零件的数目和尺寸。

（3）卸下前轴承外盖和电动机的前端盖，做好标记，拆卸风罩和外风扇。

（4）拆卸轴承盖和端盖，拆卸前后轴承及轴承内盖。

（5）从定子腔内抽出转子。中型异步电动机转子较重，需二人一起往外抬出转子，一人抬住转轴的一端，另一人抬转子的另一端，轻轻抬出，不要碰伤定子铁芯。对于大型电动机，则需用专用吊装工具吊出转子。异步电动机的拆分如图 2-1-1 所示。

（三）三相异步电动机的装配

三相异步电动机的装配步骤如下：

（1）检查定子腔内有无杂物，清扫定子、转子，配全零部件。

（2）将轴承内盖及轴承装于轴上，装上滑环并加以紧固。把滚动轴承压入或配合上轴承衬，装上风扇。

（3）装入转子。将装配好的转子装入定子内膛，转子穿入定子内膛时，要注意勿使转子擦伤，装入转子后再将端盖装上。

（4）端盖固定后，手动盘车时，转子在定子内部应转动自如，无摩擦、碰撞现象。之后，将滚动轴承内加上适量的润滑油，再装上并紧固轴承的凸缘和侧盖。

（5）装配时可用榔头轻敲端盖四周，并按对角线均匀对称逐步旋紧螺栓。端盖固定好以后，用手转动转子，转子应转动灵活，无摩擦、碰撞现象。再手动盘车，若转动部分没有摩擦并且轴向游隙值正常，可把皮带轮或联轴器装上。

（6）紧固地脚螺栓，接好电源引接线和接地线。

（7）与负载连接前找气隙和定中心。

（8）测绝缘电阻。用绝缘电阻表检查绕组对地冷态（即常温下）绝缘电阻值不应低于 0.5MΩ。

单 元 小 结

（1）异步电动机的基本结构包括定子和转子两部分。转子分为笼型和绕线型两类，笼型转子绕组是多相对称绕组，绕线型转子绕组为三相对称绕组。

（2）异步电动机的转动原理可简述为：在电动机定子三相绕组中通入一组三相对称电流，电动机的气隙中便产生一个旋转磁场，转子闭合绕组切割旋转磁场产生感应电动势和感应电流，转子感应电流与旋转磁场相互作用产生电磁转矩，驱使转子沿着旋转磁场的方向转动。

（3）转差率 $s=(n_1-n)/n_1$ 是异步电动机的一个重要物理量。按转差率不同，异步电机可分为三种运行状态：①电动机状态 $0<s<1$；②发电机状态 $-\infty<s<1$；③电磁制动状态 $1<s<+\infty$。

（4）异步电动机的拆卸顺序是：拆下皮带轮或联轴器→拆下风罩和风扇（对绕线型电动机应包括电刷装置和集电环的拆卸）→拆卸轴承和端盖→抽出转子→拆卸轴承和内轴承盖。组装时按与拆卸时的相反步骤进行。

思考与练习

一、单选题

1．绕线式三相异步电动机将转子绕组断开，定子绕组通入三相对称交流电流，电机会（　　）。

    A．正转　　　　　　　　B．反转　　　　　　　　C．不转

2．一台六极 50Hz 三相异步电动机，运行时的转速为 970r/min，转差率为（　　）。

    A．0.03　　　　　　　　B．0.02　　　　　　　　C．0.01

3．转差率 $s=0.01$ 时，异步电机处于（　　）。

    A．电动机运行状态　　　B．发电机运行状态　　　C．电磁制动状态

4．转差率 $s=-0.05$ 时，异步电机处于（　　）。

    A．电动机运行状态　　　B．发电机运行状态　　　C．电磁制动状态

5．转差率 $s=1.1$ 时，异步电机处于（　　）。

    A．电动机运行状态　　　B．发电机运行状态　　　C．电磁制动状态

6．一台三相异步电动机，其额定数据为 $P_N=630kW$，$n_N=747r/min$，$U_N=3kV$，工频，$\cos\varphi_N=0.85$，额定运行时的效率 $\eta_N=92\%$，此电动机的同步转速为（　　）。

    A．747r/min　　　　　　B．750r/min　　　　　　C．800r/min

7．一台三相异步电动机，其额定数据为 $P_N=630kW$，$n_N=747r/min$，$U_N=3kV$，工频，$\cos\varphi_N=0.85$，额定运行时的效率 $\eta_N=92\%$，此电动机的极数 $2p$ 为（　　）。

    A．8　　　　　　　　　　B．4　　　　　　　　　　C．10

8．一台三相异步电动机，其额定数据为 $P_N=630kW$，$n_N=747r/min$，$U_N=3kV$，工频，$\cos\varphi_N=0.85$，额定运行时的效率 $\eta_N=92\%$，额定负载时的转差率 s_N 为（　　）。

    A．0.06　　　　　　　　B．0.04　　　　　　　　C．0.004

9．一台三相异步电动机，其额定数据为 $P_N=630kW$，$n_N=747r/min$，$U_N=3kV$，工频，$\cos\varphi_N=0.85$，额定运行时的效率 $\eta_N=92\%$，额定电流 I_{1N} 为（　　）。

    A．155.05A　　　　　　B．210A　　　　　　　　C．142.64A

10．三相异步电机的反转操作方法是（　　）。

    A．交换电动机与电源连接的三根相线

    B．交换电动机与电源连接的两根相线

    C．交换三相绕组的首末端

二、判断题（对的打√，错的打×）

1．按照转子结构形式的不同，三相异步电动机分为笼型和绕线型两大类。　　　　（　　）

2．笼型异步电动机定子铁芯由 0.5mm 厚的铜片叠压而成。　　　　　　　　　　（　　）

3．三相异步电动机定子的主要作用是产生旋转磁场，转子的主要作用是产生电磁转矩。

（　　）

4．三相异步电动机的额定电压就是线电压；额定电流是线电流。　　　　（　　）

5．电动机铭牌标明：星形/三角形接线，380/220V。如果将此电动机接成三角形，用于 380V 的电源上，此电动机能正常工作。

（　　）

三、计算题

1．一台三相感应电动机，其额定数据为：$P_N=75\text{kW}$，$n_N=975\text{r/min}$，$U_N=3000\text{V}$，$I_N=18.5\text{A}$，$f_N=50\text{Hz}$，$\cos\varphi_N=0.87$。试求：

（1）电动机的极数。

（2）额定负载时的转差率。

（3）额定运行时的效率。

2．有一台异步电动机，磁极对数 $p=2$，$s_N=0.04$，$f_N=50\text{Hz}$。试求：

（1）电动机的同步转速 n_1。

（2）异步电动机的额定转速 n_N。

第二单元 交流绕组的基本知识

知识要求

（1）掌握三相单层、双层绕组的概念、基本要求和分相方法。
（2）掌握单层、双层绕组的组成规律和绕组展开图的绘制方法。

能力要求

（1）能绘制三相单层绕组同心式、链式、交叉式、双层叠绕组的展开图。
（2）能计算相绕组中的节距 y、每极每相槽数 q、槽距电角度 α、极距 τ。

导 学

交流绕组指同步电机、异步电机的定子绕组及绕线型电动机的转子绕组。交流绕组的任务是感应电动势、产生磁动势。交流绕组有单层和双层结构；单层绕组多应用于异步电动机，双层绕组一般应用于大型电动机和同步发电机。

知识点一 交流绕组的构成原则及分类

一、交流绕组的分类

（1）按相数分。有单相、三相及多相绕组。

（2）按槽内线圈的层数分。有单层绕组、双层绕组和单双层绕组。

1）单层绕组一般用作小型异步电动机的定子绕组。单层绕组每槽只放置 1 个线圈边。有链式、同心式、交叉式三种结构。

2）双层绕组用作大型发电机及大中型异步电动机的定子绕组，双层绕组每槽内放置 2 个线圈边；有叠绕组和波绕组两种形式。

3）单双层绕组多用于单相异步电动机，如洗衣机的定子绕组等。

（3）按每极每相槽数分。有整数槽和分数槽绕组。

二、交流绕组的构成原则

交流绕组的构成原则是：

（1）三相绕组在空间互差 $120°$ 电角度，每相绕组串联总匝数相等。

（2）绕组合成的磁动势和电动势波形接近正弦波。

（3）在线圈和材料一定时获得尽可能大的基波电动势和磁动势，同时考虑节省材料和工艺方便。

三、交流绕组的基本概念

（1）线圈。线圈是组成绕组的基本单元，分单匝和多匝两种。每个线圈有首端和尾端两根引线，如图 2-2-1 所示。线圈置于槽内的部分称为有效边，线圈置于槽外的部分称为端部。

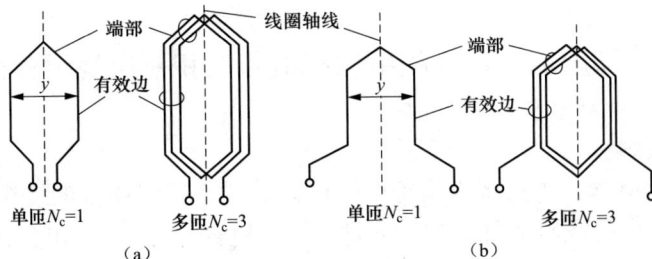

图 2-2-1　线圈形状图

（a）叠绕组线圈；（b）波绕组线圈

（2）节距 y。y 指线圈的两个有效边在定子圆周上的距离（即线圈的宽度），$y=\tau$ 的绕组称为整距绕组，$y<\tau$ 的绕组称为短距绕组，$y>\tau$ 的绕组称为长距绕组。

（3）极距 τ。τ 指每个磁极占有的圆周长度（或每极占有的槽数）。

$$\tau = Z/2p$$
$$\tau = \pi D/2p$$

式中：D 为定子内圆直径；Z 为定子铁芯槽数；p 为极对数。

（4）槽距电角度 α。α 指相邻两槽间的空间电角度，$\alpha=p\times360°/Z$。定子内圆一周的机械角总是 360°，称为空间机械角度。当定子上的导体经过 N、S 一对磁极时，导体中所感应的基波电动势就变化一个周期，即经过 360° 电角度。也就是说一对磁极占有的空间为 360° 的空间电角度。若电机的极对数为 p，则整个电机的内圆为 $p\times360°$ 空间电角度，所以空间电角度与机械角度的关系为 $p\times360°$，即

电角度=p×机械角度

（5）每极每相槽数 q。q 指每相绕组在每一个磁极下占有的槽数，即

$$q=Z/2pm \tag{2-2-1}$$

式中：m 为相数。

（6）相带及极相组。在每一磁极下，每相绕组占有的电角度 $q\alpha$ 称为绕组的相带。如图 2-2-2 所示。

$$q\alpha = \frac{Z}{2pm}\frac{p\times360°}{Z} = \frac{180°}{m}$$

极相组即线圈组，指将每个极下属于同一相的 q 个线圈串联后组成的线圈组。

（7）槽电动势星形图。指表示铁芯槽中每一根导体电动势的一组相量图，如图 2-2-3 所示。

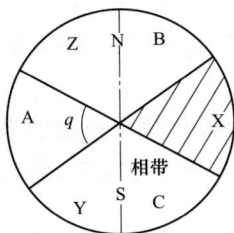

图 2-2-2　相带及分相示意图

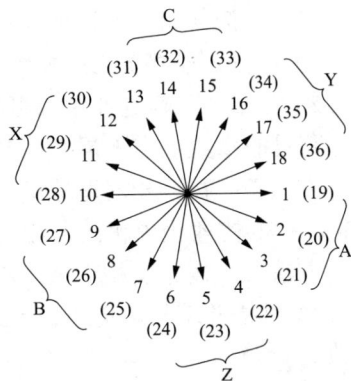

图 2-2-3　槽电动势星形图及相带划分

知识点二 三相单层绕组和三相双层绕组分析

一、三相单层绕组

（1）单层绕组的概念。单层绕组指每个槽内只放置一个线圈边的绕组，单层绕组的线圈数等于槽数的一半，单层绕组的种类有等元件式（含链式）、同心式和交叉式等多种形式。单层等元件式和链式绕组由形状、几何尺寸和节距相同的线圈组成；单层同心式绕组由几何尺寸和节距不相等的绕制成同心状的线圈组成；单层交叉式绕组由线圈个数和节距都不相同的两种线圈组成，常用于 q 为奇数的电机中。绕组的结构通常用绕组展开图来表示，如图 2-2-4 所示。

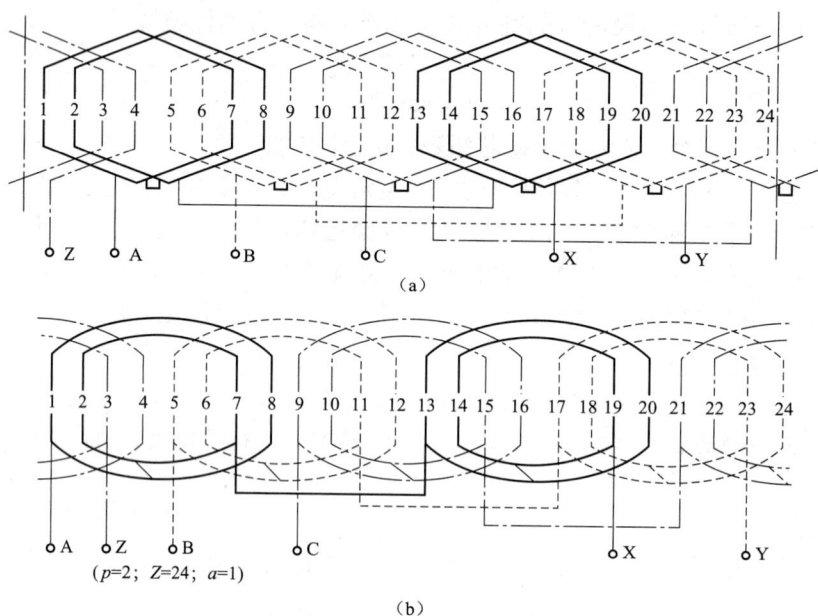

（a）

$(p=2; \ Z=24; \ a=1)$

（b）

图 2-2-4 三相单层绕组展开图

（a）等元件式；（b）同心式

（2）交流绕组展开图的作图方法。

1）根据定子槽数 Z，极数 $2p$，计算出 q、α、τ 及确定线圈节距 y 的值。

2）分相，即确定各相绕组所属的槽号［上层边、线圈号和槽号一致（双层绕组分相按节距 y 跨过的槽数决定下层边所在的槽数）］。

方法一：按三相对称原则或 q 值在槽电动势星形图上划分出各相绕组所属的槽号（如图 2-2-3 中 36 槽 4 极电机的分相）。

方法二：按 q 及相带 A、Z、B、X、C、Y 划分出各相绕组所属的槽号。

3）画槽并编号。实线表示线圈上层边，虚线表示线圈下层边，槽号、上层边号和线圈号一致。

4）连接成极相组并根据支路数 a 的要求连接成相绕组。

5）按三相对称原则（各相互差120°）连接成三相绕组。

（3）案例分析——交流绕组展开图的作法

[**例 2-2-1**]　一台三相电机，槽数 $Z=24$，极对数 $p=2$，每相并联支路数 $a=1$，试作出三相单层链式绕组展开图。

解：（1）根据定子槽数 Z，极数 $2p$，计算出 q、α、τ 及确定线圈节距 y。

槽距角为

$$\alpha = p \times 360° / Z = 2 \times 360° / 24 = 30°$$

极距为

$$\tau = Z / 2p = 24 / 4 = 6 \text{（槽）}$$

每极每相槽数

$$q = Z / 2pm = 24 / (2 \times 2 \times 3) = 2 \text{（槽/极相）}$$

取

$$y = 5 \text{（槽）}$$

（2）分相：按相带 q 分相，各相槽号分配见表 2-2-1。

表 2-2-1　　　　　　　　　各 相 带 槽 号 分 配

极　　距	$N(\tau)$			$S(\tau)$		
相带	A	Z	B	X	C	Y
第一对极	1、2	3、4	5、6	7、8	9、10	11、12
第二对极	13、14	15、16	17、18	19、20	21、22	23、24

（3）画槽并编号。双层绕组上层边用实线表示、下层边用虚线表示。

（4）连成极相组和相绕组（并联支路数 $a=1$）。

（5）按三相对称原则（各相互差120°）连接成三相绕组，24 槽 4 极单层链式绕组展开图如图 2-2-5 所示。

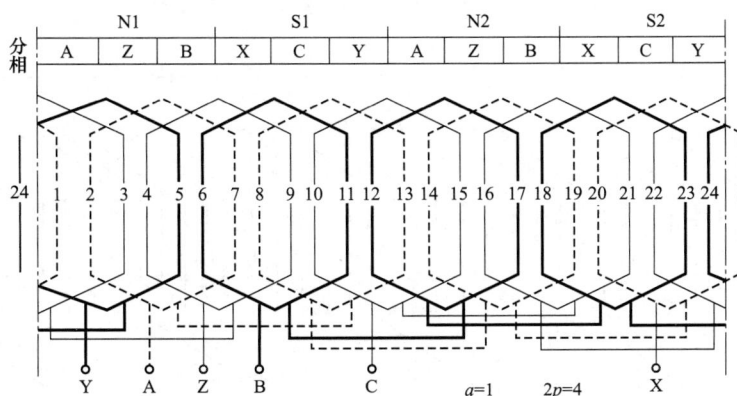

图 2-2-5　24 槽 4 极单层链式绕组展开图

二、三相双层绕组

（1）三相双层绕组的构成。双层绕组的每个槽内放置 2 个线圈边，分上、下两层，每个线圈的一个有效边放置在某槽的上层，另一个有效边则放置在相隔节距 y 的另一个槽的下层。

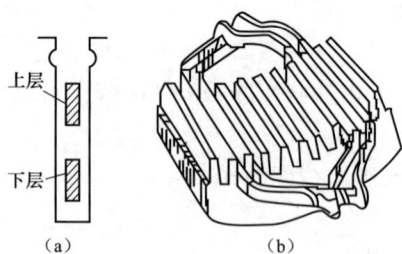

图 2-2-6　双层绕组

（a）双层绕组槽内布置；（b）有效部分和端部

双层绕组的线圈数等于定子槽数，如图 2-2-6 所示。其构成原则和步骤与单层绕组基本相同，根据双层绕组线圈的形状和端部连接方式的不同，可分为双层叠绕组和双层波绕组两种，如图 2-2-7 为 36 槽 4 极三相双层叠绕组的 A 相绕组展开图。图 2-2-8 为 36 槽 4 极三相双层波绕组的 A 相绕组展开图。

（2）三相双层绕组的优缺点。

1）主要优点：可选择节距，从而使电动势和磁动势波形更接近正弦波，所有线圈具有同样的尺寸，生产上便于实现机械化，端部排列整齐，机械强度高，可组成多个并联支路。

2）主要缺点：制造时嵌线困难，双层叠绕组线圈组之间连接线较多，在多极电机中连接线用铜量大。而双层波绕组可减少极间连接线。因此，双层叠绕组主要用于极数少的大中型异步电动机及大型汽轮发电机的定子绕组。双层波绕组一般用于多极的水轮发电机定子绕组及绕线型异步电动机的转子绕组。

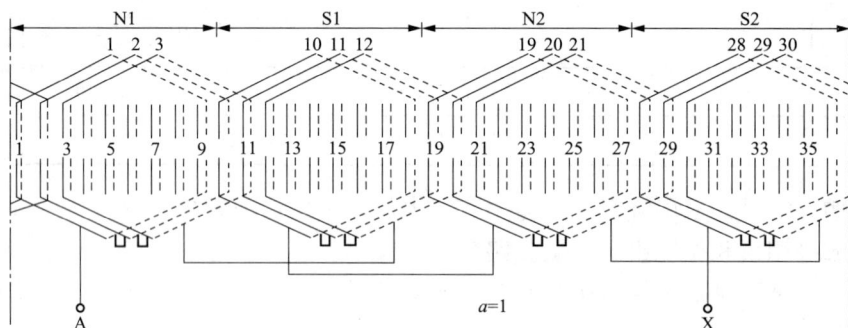

图 2-2-7　三相双层叠绕组 A 相绕组展开图

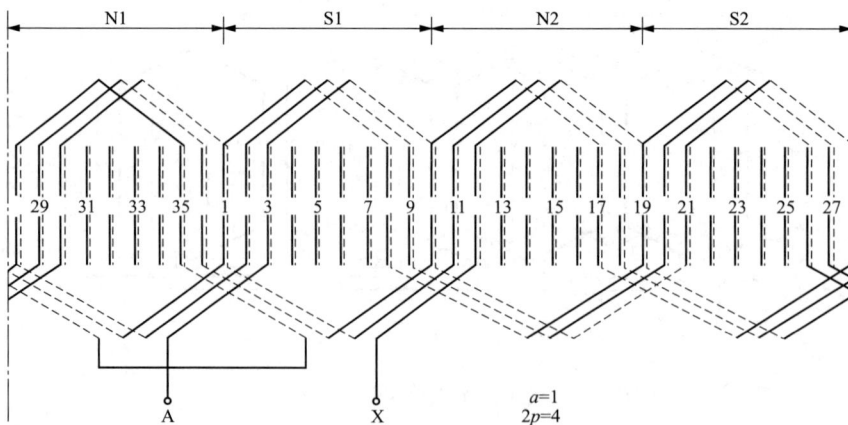

图 2-2-8　36 槽 4 极三相双层波绕组 A 相绕组展开图

单 元 小 结

（1）三相交流绕组的作用之一是感应出一组三相对称电动势。为满足上述要求，三相绕组的构成必须满足下述原则：

1）三相对称，各相互差 120°电角度，每相绕组匝数相同，线圈数相同。并保证三相电动势对称。

2）力求获得最大的基波电动势，尽可能地削弱高次谐波电动势，为消除或削弱电动势中的谐波分量，常采用改善主磁极极靴的外形和励磁安匝的分布、短距和分布绕组等措施。

3）线圈节距尽量接近于极距，相带排列正确，电动势和磁动势的波形接近正弦波。

（2）交流绕组展开图的作图方法分为五步，作展开图的关键点在于分相。即：确定各相绕组所属的槽号或线圈号。一般情况下按每极每相 q 进行分相，双层绕组利用绕圈宽度 y 分出下层边。

思考与练习

一、单选题

1. 交流绕组按相数可分为（　　）。

　　A. 单相、两相、多相绕组

　　B. 单相、两相、三相绕组

　　C. 单相、三相、多相绕组

2. 交流绕组按槽内线圈的层数来分可分为（　　）。

　　A. 单层绕组、双层绕组、单双层绕组

　　B. 单层绕组、双层绕组、三层绕组

　　C. 单层绕组、双层绕组、多层绕组

3. 节距 y 是线圈两个有效边的距离，极距是每个磁极占有的槽数，整距绕组是指（　　）的绕组。

　　A. $y>\tau$ 　　　　　　　　B. $y<\tau$ 　　　　　　　　C. $y=\tau$

4. 节距 y 是线圈两个有效边的距离，极距是每个磁极占有的槽数，短距绕组是指（　　）的绕组。

　　A. $y>\tau$ 　　　　　　　　B. $y<\tau$ 　　　　　　　　C. $y=\tau$

5. 由槽距角公式 $\alpha=p\times360°/Z$ 可知，当磁极对数 p 为 2 时、电机定子总槽数为 36 时的槽距角为（　　）。

　　A. 20° 　　　　　　　　　　B. 30° 　　　　　　　　　　C. 40°

6. 小型异步电动机的定子绕组一般为单层绕组。单层绕组每槽只放置（　　）个线圈边。

　　A. 1 　　　　　　　　　　　B. 2 　　　　　　　　　　　C. 3

7. 由极距计算公式 $\tau=Z/2p$ 可知，电机极对数 p 为 2、定子总槽数为 36 时的极距为（　　）。

　　A. 3 　　　　　　　　　　　B. 6 　　　　　　　　　　　C. 9

8. 一台三相交流电机，定子槽数 54，每极每相槽数 q 为 3，则这台电机的极数 $2p$ 为（　　）。

    A．3   B．6   C．9

9．一台三相交流电机的电枢绕组共有 24 个线圈，每极每相槽数 q 为 2，单层时电机的磁极对数 p 为（　　）。

    A．2   B．4   C．6

10．单层绕组的种类有等元件式（含链式）、同心式和（　　）等多种形式。

    A．单层式   B．交叉式   C．双层式

二、判断题（对的打√，错的打×）

1．交流绕组的组成原则之一是：三相绕组在空间互差 120°电角度，每相绕组串联总匝数相等。（　　）

2．线圈置于槽内的部分称为端部，线圈置于槽外的部分称为有效边。（　　）

3．三相电机定子绕组每极每相占有的电角度（相带）为 40°。（　　）

4．60°相带的对称三相绕组，每对磁极下安排的相带顺序为 AZBXCY。（　　）

5．在三相双层绕组的构成中。双层绕组每个槽内放置 2 个线圈边，分上、下两层。（　　）

三、作图题

一台三相单层绕组，磁极数 2p=4，定子槽数 Z=24，每相并联支路数 a=1，试作出三相单层链式绕组展开图，并标出 60°相带的分相情况。

第三单元 交流绕组的电动势和磁动势分析

知识要求

（1）了解消除三相绕组高次谐波电动势的方法。

（2）掌握绕组系数 k_{w1} 的物理意义及计算；掌握相绕组电动势的计算方法。

（3）掌握单相绕组产生的磁动势、三相绕组合成磁动势的性质和特点。

能力要求

（1）能计算相绕组中 q、τ、α、k_{w1} 等参数，能计算相电动势 E_{ph1} 的大小。

（2）能计算单相交流绕组相磁动势 F_{ph1} 的幅值。

（3）能识别三相绕组合成磁动势的性质和特点。

（4）能计算三相绕组磁动势的幅值 F_1。

导学

交流绕组的作用之一是感生电动势。相绕组电动势由各线圈感生的电动势所组成。其规律为：导体电动势→线匝电动势→线圈电动势→线圈组电动势→相电动势。

交流绕组的作用之二是产生磁动势。单相绕组通入电流后产生的磁动势为一脉振磁动势；多相绕组产生的磁动势为一旋转磁动势。旋转磁动势的旋转速度由电机的极对数 p 和通入电机的交流电频率 f 决定，旋转方向则与通入电机的电流相序有关。磁动势的性质取决于电流的类型及电流的分布，而磁场的分布除与磁动势的分布有关外还与磁路的磁阻有关。因此，交流绕组的磁动势及相应的磁场是一时空函数，情况比较复杂。

知识点一 交流绕组的电动势分析

交流绕组的电动势是由导体切割交替排列的 N、S 极磁场而感生，电动势的大小及其波形与气隙磁场的大小和分布、绕组的排列和连接方法有关，相绕组基波电动势的有效值可表示为

$$E_{ph1} = 4.44 f N k_{w1} \Phi_1 \tag{2-3-1}$$

式（2-3-1）与变压器相绕组感生电动势的计算公式仅差一个基波绕组系数 k_{w1}。相绕组电动势由各个线圈感生的电动势按支路数 α 的要求串联或并联组成。其规律为：导体电动势→线匝电动势→线圈电动势→线圈组电动势→相电动势，分述如下。

一、线圈电动势及短距系数

交流绕组的构成顺序是：导体→线圈→线圈组→相绕组（三相绕组）。因此，先从导体电动势开始分析，再讨论线圈的电动势。

（1）导体中的基波电动势。由电磁感应定律可知

$$e = Blv = B_{\mathrm{m}}lv\sin\omega t = E_{\mathrm{c1m}}\sin\omega t$$

对制造好的电动机，导体有效长度 l 及切割磁场的速度 v 均为定值：E_{c1m} 为基波电动势的最大值，$E_{\mathrm{c1m}}=B_{\mathrm{m}}lv$。

而导体与磁场的相对速度为

$$v = \pi Dn/60 = 2p\tau n/60 = 2f\tau \quad （其中 \tau = \pi D/2p）$$

则导体电动势的有效值为

$$E_{\mathrm{c1}} = \frac{E_{\mathrm{c1m}}}{\sqrt{2}} = \frac{B_{\mathrm{m}}lv}{\sqrt{2}} = \frac{\pi}{2}B_{\mathrm{av}}\frac{2f\tau l}{\sqrt{2}} = \frac{\pi}{\sqrt{2}}B_{\mathrm{av}}f\tau l = \frac{\pi}{\sqrt{2}}\Phi_1 f = 2.22 f\Phi_1 \tag{2-3-2}$$

式中：B_{av} 为正弦分布磁通密度的平均值，$B_{\mathrm{av}} = \dfrac{2}{\pi}B_{\mathrm{m}}$；$\Phi_1$ 为每极基波磁通量，$\Phi_1=B_{\mathrm{av}}l\tau$。

由式（2-3-2）可知，一根导体感生电动势的有效值与电动势的频率和每极磁通量成正比。当频率一定时，电动势仅与每极磁通量的大小成正比。

（2）整距线圈的感生电动势。将嵌放在槽内的两根导体的一端相连接，就构成了一个单匝线圈，单匝线圈的电动势称为匝电动势，它是不同槽内两根导体感生电动势的合成，其大小与线圈的节距有关。

对整距线匝而言，$y=\tau$。两根导体的感生电动势相量大小相等，相位差 180°，故整距线匝的电动势为

$$\dot{E}_{\mathrm{t1}} = \dot{E}_{\mathrm{c11}} - \dot{E}_{\mathrm{c12}} = 2\dot{E}_{\mathrm{c1}} \tag{2-3-3}$$

其有效值为

$$E_{\mathrm{t1}} = 4.44 f\Phi_1$$

若线圈有 N_{c} 匝，则线圈电动势为

$$E_{\mathrm{t1}} = 4.44 fN_{\mathrm{c}}\Phi_1 \tag{2-3-4}$$

其计算电路如图 2-3-1 所示。

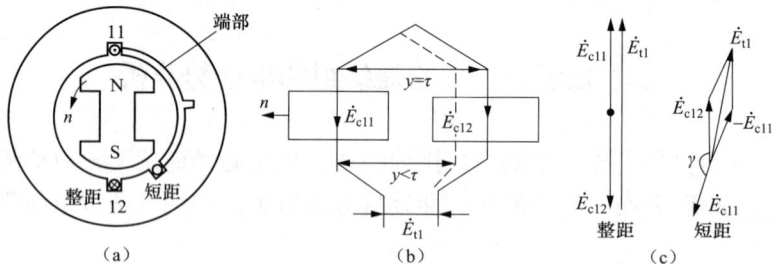

图 2-3-1　匝电动势计算

（a）线圈在槽内；（b）展开图；（c）整距、短距线圈电动势相量

（3）短距系数 k_{y1}。k_{y1} 指短距线匝电动势和整距线匝电动势之比。当 $y<\tau$ 时，短距线匝如图 2-3-1（b）中虚线所示。设短距线匝两根导体相距的空间电角度为 γ。由图 2-3-1（c）可知，短距线匝电动势为两根导体电动势之相量和，据相量图中的几何关系得到线圈电动势的有效值为

$$E_{t1} = 4.44 f k_{y1} N_c \Phi_1 \tag{2-3-5}$$

式中：k_{y1} 为基波短距系数，它等于短距线匝电动势和整距线匝电动势之比，同时表示线圈短距时感应电动势比整距时应打的折扣。

$$k_{y1} = \sin\frac{\gamma}{2} = \sin\left(\frac{y}{\tau} \times 90°\right) \tag{2-3-6}$$

二、线圈组感生的电动势和分布系数

（1）线圈组的电动势 E_{q1}。无论单层或双层绕组，每个线圈组都有 q 个线圈串联组成，其合成电动势 E_{q1} 为

$$\because \sin\frac{q\alpha}{2} = \frac{E_{q1}}{2R}, \quad \sin\frac{\alpha}{2} = \frac{E_{t1}}{2R}$$

$$\therefore E_{q1} = A\overline{D} = 2R\sin\frac{q\alpha}{2}; \quad R = \frac{E_{t1}}{2\sin\frac{\alpha}{2}}$$

$$E_{q1} = E_{t1}\frac{\sin\frac{q\alpha}{2}}{\sin\frac{\alpha}{2}} = qE_{t1}\frac{\sin\frac{q\alpha}{2}}{q\sin\frac{\alpha}{2}} = qE_{t1}k_{q1}$$

若把每个磁极下的 q 个线圈都集中起来放置在一个槽中（即 $q=1$），则称为集中绕组。集中绕组的各线圈感生的电动势同相位、同大小，其电动势为

$$E_{q1} = qE_{t1} = 4.44 f q N_c k_{y1} \Phi_1 \tag{2-3-7}$$

设 $q=3$，则

$$\dot{E}_{q1} = \dot{E}_{t1} + \dot{E}_{t2} + \dot{E}_{t3}$$

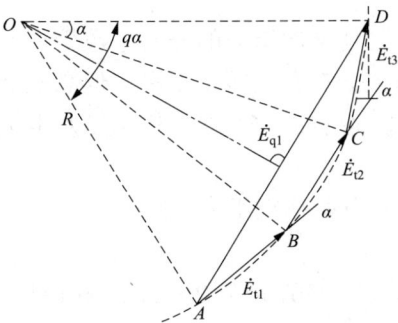

图 2-3-2　线圈组电动势的计算

设线圈组电动势的相量图如图 2-3-2 所示。显然，分布放置的线圈组电动势小于集中布置的线圈组电动势，分布布置的线圈组电动势有效值为

$$E_{q1} = qE_{t1}k_{q1} = 4.44 f q N_c k_{y1}k_{q1}\Phi_1 = 4.44 f q N_c k_{w1}\Phi_1 \tag{2-3-8}$$

（2）分布系数 k_{q1}。k_{q1} 指分布布置的线圈组电动势与集中布置的线圈组电动势之比。其大小为

$$k_{q1} = \frac{q\text{个分布线圈的合成电动势}}{q\text{个集中线圈的合成电动势}} = \frac{E_{q1}}{qE_{t1}} = \frac{\sin\frac{q\alpha}{2}}{q\sin\frac{\alpha}{2}} \tag{2-3-9}$$

当 $q>1$ 时，$k_{q1}<1$。k_{q1} 表示分布布置的线圈组电动势对应于集中布置的线圈组电动势应打的折扣。k_{q1} 称为绕组的分布系数。

（3）绕组系数 k_{w1}。短距系数和分布系数的乘积称为绕组系数 k_{w1}。

$$k_{w1} = k_{y1}k_{q1} = \sin\frac{y}{\tau} \times 90° \times \frac{\sin\frac{q\alpha}{2}}{q\sin\frac{\alpha}{2}}$$

k_{w1} 表示交流绕组既计及短距又计及分布影响时，线圈组电动势应打的折扣。

三、相绕组基波电动势 E_{ph1}

设一相绕组的串联总匝数为 N，对于双层绕组，每相有 $2pq$ 个线圈，每相串联的总匝数为 $N = \dfrac{2pqN_C}{a}$；对于单层绕组，每相有 pq 个线圈，每相串联的总匝数为 $N = \dfrac{pqN_C}{a}$；a 为并联支路数。则一相绕组基波电动势的有效值为

$$E_{ph1} = 4.44 f N k_{w1} \Phi_1 \qquad\qquad (2\text{-}3\text{-}10)$$

若三相绕组作星形连接，则线电动势为 $E_L = \sqrt{3} E_{ph1}$。

四、改善电动势波形的方法

在实际电机中，无论是隐极机（汽轮发电机）或是凸极机（水轮发电机），其磁场分布通常不可能为正弦波。发电机电动势中除基波电动势外，还存在一系列高次谐波电动势。高次谐波电动势的存在，会使合成电动势波形发生畸变，造成发电机附加损耗增加，效率下降，温度升高，严重时会造成输电线路谐振而产生过电压；同时使异步电动机的运行性能变坏等。因此，必须尽可能削弱电动势中的高次谐波分量。特别是影响较大的 3、5、7 次谐波电动势。

为了改善电动势的波形，常用的方法有以下几种。

（1）改善主磁极磁场的分布。对于凸极发电机，通过改善磁极的极靴外形，对于隐极机通过改善励磁绕组的分布范围，使磁极磁场沿定子表面的分布接近于正弦波。

（2）三相绕组采用星形连接。可消除线电动势中 3 次及其倍数的奇次谐波分量，这是由于各相的 3 次谐波分量三相大小相等，相位相同，采用星形接法时，线电动势中的 3 次及其倍数的奇次谐波电动势互相抵消。

（3）采用短距绕组。只要合理地选择线圈节距，使某次谐波的短距系数等于或接近于零，就可消除或削弱该次谐波电动势。如选择 $y = \dfrac{4}{5}\tau$，可消除 5 次谐波分量电动势。

（4）采用分布绕组。通过适当地选择每极每相槽数 q，可使某次谐波的分布系数等于或接近于零，从而削弱该次谐波电动势。随着 q 的增大，基波的分布系数减小不多，但高次谐波系数却显著减小，从而改善了电动势的波形。一般交流电机选 $q=2\sim6$，在多极水轮发电机中，常用分数槽绕组来消除高次谐波电动势。

另外，对于高次齿谐波电动势，可采用半闭口槽、斜槽和分数槽绕组来消除。

五、案例分析

[例 2-3-1] 一台三相同步发电机，采用双层绕组，定子槽数 $Z=30$，极数 $2p=2$，节距 $y=12$，每个线圈匝数 $N_c=2$，并联支路数 $a=1$，频率 $f=50$Hz，每极磁通量 $\Phi_1=1.56$Wb。试求：①匝电动势；②线圈电动势；③线圈组电动势；④相电动势。

解： 极距为

$$\tau = Z/2p = 30/2 = 15 \text{（槽）}$$

槽距电角为

$$\alpha = \frac{p \times 360°}{Z} = \frac{1 \times 360°}{30} = 12°$$

每极每相槽数为

$$q = \frac{Z}{2pm} = \frac{30}{2 \times 3} = 5 , \quad k_{y1} = \sin\frac{y}{\tau} \times 90° = \sin\frac{12}{15} \times 90° = 0.951$$

（1）匝电动势为

$$E_{t1} = 4.44 f k_{y1} \Phi_1 = 4.44 \times 50 \times 0.951 \times 1.56 = 329.4 \,(\text{V})$$

（2）线圈电动势（多匝线圈电动势）为

$$E_{t1} = 4.44 f k_{y1} N_c \Phi_1 = 4.44 \times 50 \times 0.951 \times 2 \times 1.56 = 658.8 \,(\text{V})$$

（3）线圈组电动势 E_{q1}：

分布系数为

$$k_{q1} = \frac{\sin\dfrac{q\alpha}{2}}{q\sin\dfrac{\alpha}{2}} = \frac{\sin 30°}{5\sin 6°} = 0.957$$

绕组系数为

$$k_{w1} = k_{y1} k_{q1} = 0.951 \times 0.957 = 0.91$$

$$E_{q1} = 4.44 f q N_c k_{w1} \Phi_1 = 4.44 \times 50 \times 5 \times 2 \times 0.91 \times 1.56 = 3151.5 \,(\text{V})$$

（4）相电动势为

$$N = \frac{2pqN_c}{a} = \frac{2 \times 5 \times 2}{1} = 20$$

$$E_{ph1} = 4.44 f N k_{w1} \Phi_1 = 4.44 \times 50 \times 20 \times 0.91 \times 1.56 = 6303 \,(\text{V})$$

知识点二　交流绕组的磁动势分析

交流绕组通过交流电时将产生磁动势。单相绕组通过交流电产生的磁动势为一脉振磁动势；三相绕组通过交流电时产生的磁动势为一合成旋转磁动势。旋转磁动势的旋转速度由电机的极对数 p 和通入电动机的交流电频率 f 所决定，旋转方向则与通入交流电的电流相序有关。下面先分析单相绕组形成的脉振磁动势，再研究三相绕组的旋转磁动势。

一、单相绕组的脉振磁动势

（1）单相脉振磁动势。图 2-3-3（a）表示一台气隙均匀的两极电动机上安放一单相集中整距绕组 AX，匝数为 N，当在绕组中通入电流后，在电动机内将产生一两极磁场。电流的方向由 X 流入，A 流出时，按"右手螺旋定则"可决定该磁动势的方向，并用虚线表示磁力线的分布情况。对于定子而言，下端为 N 极，上端为 S 极。假设将此电动机在 A 线圈处切开后展平，如图 2-3-3（b）所示。根据全电流定律 $\oint_L H dl = \sum I$，若线圈总匝数为 N，导体中流过的电流为 i，则包围的电流为 iN。若忽略铁芯中的磁压降，则总磁动势 iN 降落在两段气隙上，每段气隙的磁动势为 $\frac{1}{2}iN$，其空间分布波形如图 2-3-3（b）所示的矩形波。

如果绕组中的电流为直流电，则矩形波的幅值不随时间而变化。如果绕组中流过的交流电随时间按余弦规律变化，即 $i = \sqrt{2}I\cos\omega t$，则气隙的磁动势为

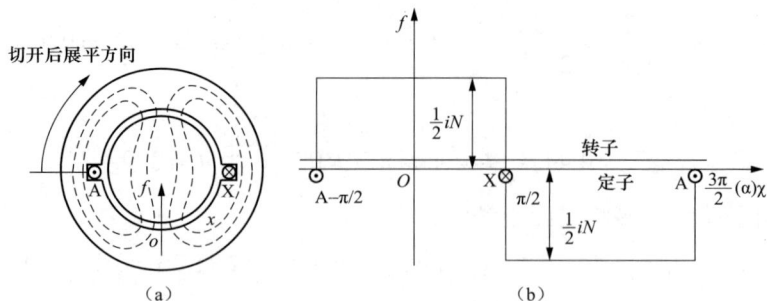

图 2-3-3 单相集中整距绕组的磁动势

（a）磁场分布；（b）磁动势波形

$$f = \frac{1}{2}iN = \frac{\sqrt{2}}{2}NI\cos\omega t \qquad (2\text{-}3\text{-}11)$$

式（2-3-11）说明，当电流随时间按正弦规律变化时，矩形波的高度也随时间按正弦规律变化，变化的频率等于电流交变的频率。即电流为零，波的高度为零；电流最大，波的高度最大；电流改变方向，波的高度也改变方向。这种空间位置固定不动，波幅的大小和正负随时间变化的磁动势，称为脉振磁动势。

对于空间按矩形波分布的脉振磁动势可用傅里叶级数分解为基波和一系列奇次谐波，如

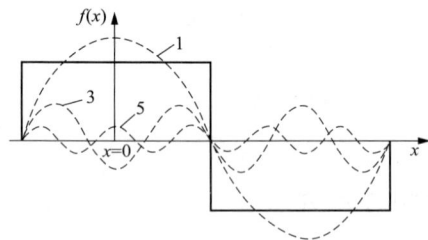

图 2-3-4 矩形磁动势波形的分解

图 2-3-4 所示。对于 p 对磁极的电机，可推导出基波磁动势的表达式为

$$
\begin{aligned}
f_{\text{ph1}} &= \frac{2\sqrt{2}}{\pi}k_{\text{w1}}\frac{NI}{p}\cos\omega t\cos\alpha \\
&= 0.9k_{\text{w1}}\frac{NI}{p}\cos\omega t\cos\frac{\pi}{\tau}x \qquad (2\text{-}3\text{-}12) \\
&= F_{\text{ph1}}\cos\omega t\cos\frac{\pi}{\tau}x
\end{aligned}
$$

式中：k_{w1} 为基波绕组系数；N 为每相绕组串联匝数；I 为相电流；α 为空间电角度，$\alpha=\pi x/\tau$。

单相绕组基波磁动势最大幅值 F_{ph1}（安匝/极）为

$$F_{\text{ph1}} = 0.9k_{\text{w1}}\frac{NI}{p}$$

（2）脉振磁动势的性质。

1）单相绕组通入单相交流电产生的磁动势是一脉振磁动势。它既是时间的函数，又是空间的函数，其基波磁动势在空间按余弦规律分布，各点磁动势的大小又随时间按余弦规律变化。

2）单相脉振磁动势的脉动频率为绕组中电流的频率，其最大幅值为 $0.9k_{\text{w1}}\dfrac{NI}{p}$。

3）脉振磁动势的幅值位置固定于绕组的轴线处。

4）脉振磁动势可分解为旋转方向相反、转速相同、大小相等的两个旋转磁动势，其幅值恒为脉振磁动势最大幅值的一半，即

$$f_{ph1} = F_{ph1} \cos \omega t \cos \frac{\pi}{\tau} x = \frac{1}{2} F_{ph1} \cos \left(\omega t - \frac{\pi}{\tau} x \right) + \frac{1}{2} F_{ph1} \cos \left(\omega t + \frac{\pi}{\tau} x \right) = f_{ph1}{}^{(+)} + f_{ph1}{}^{(-)}$$

$$F_{ph1} = 0.9 k_{w1} \frac{NI}{p} = F_{ph1}{}^{(+)} + F_{ph1}{}^{(-)}, \quad F_{ph1}{}^{(+)} = F_{ph1}{}^{(-)} = \frac{1}{2} F_{ph1}$$

二、三相绕组的合成旋转磁动势

（1）三相旋转磁动势的产生。在三相交流电动机中，当三相对称绕组通入三相对称电流时，三相绕组各自将产生一脉振磁动势，由于三相绕组的轴线在空间彼此相差 120° 电角度；当三相电流对称时，每相绕组各自产生的脉振磁动势在空间上也相差 120° 电角度，根据每一脉振磁动势可以分解为大小相等、转速相同、旋转方向相反的 2 个旋转磁动势；三相共有 6 个旋转磁动势，其中 3 个正转，3 个反转。将 6 个旋转磁动势叠加发现，3 个反转磁动势在空间互差 120° 电角度，其相量和为零，故只剩余 3 个正转的磁动势，用数学分析法和图解法均可证明：三相对称绕组通入三相对称电流在电机内部可自动产生一圆形旋转磁动势（证明过程略），旋转磁动势幅值的大小为每相脉振磁动势波最大幅值的 $m_1/2$ 倍（m_1 相数），且幅值恒定。

（2）三相磁动势的特点。

1）三相合成旋转磁动势的幅值表达式为 $F_1 = \dfrac{m_1}{2} \times 0.9 k_{w1} \dfrac{N_1 I_1}{p}$，且为一恒定值。即

$$F_1 = \frac{m_1}{2} F_{ph1}$$

2）旋转磁动势瞬时值的表达式为

$$f_1 = \frac{m_1}{2} \times 0.9 k_{w1} \frac{NI}{p} \cos \left(\omega t - \frac{\pi}{\tau} x \right)$$

3）旋转磁动势的转速为同步转速。即

$$n_1 = \frac{60 f}{p}$$

4）旋转磁动势的转向：总是从超前电流的相转到落后电流的相。若要改变三相电动机的转向，只需要调换接电动机三相电源中的任意两根引接线。

5）当某相电流达到正最大值时，合成旋转磁动势波的幅值正好处于该相绕组的轴线上。

🌱 知识点三 三相绕组首尾端判断

三相异步电机及同步电机均由三相绕组所组成，通过判断三相绕组的首尾端，可实现三相绕组的星形或三角形连接。三相绕组共有 6 个引出端，其中 3 个首端 3 个尾端，三相绕组的 3 个首端和 3 个尾端可通过直流法或剩磁法进行判断。

一、直流法判断三相绕组的首尾端

第一步：用万用表欧姆挡（R×1Ω）分别测量三相绕组的 6 个引出线端，找出同一相绕组的 2 个端头，得到 3 个绕组，分别做好标记。若为三相双绕组变压器，则电阻大的为高压三相绕组，电阻小的为低压三相绕组。

第二步：万用表选用较小的直流电压挡（或电流挡），将其接在任一相绕组的两端，如图 2-3-5（a）所示。

第三步：将第二（或第三）相绕组接上 1.5～3V 干电池，在电池引接线端点接（或开关接通）瞬间，观察万用表的指针偏转方向。如果万用表的表针"反向偏转"，则接电池"+"的端子与接万用表红笔的端子为首端（或尾端）。如万用表的表针"正偏转"，则接电池"+"的端子与接万用表黑笔的端子为首端（或尾端）。用步骤（第二步）和（第三步）继续判断第三相绕组，得到三相绕组的首尾端。如图 2-3-5（b）所示。

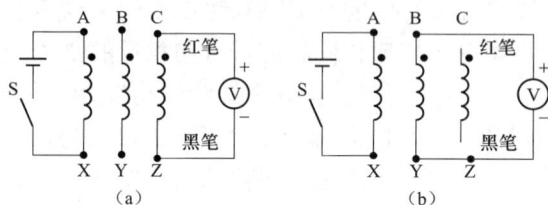

图 2-3-5　三相绕组首尾端判断电路

（a）判断任意两相绕组首尾端接线；（b）判断第三相绕组首尾端接线

二、剩磁法判断定子绕组的首尾端

剩磁法判断电机三相定子绕组首尾端的接线如图 2-3-6 所示。判断方法为：

第一步：按图 2-3-6 接线。将三相绕组分开，万用表调到低电阻挡，测量并判断出三相绕组做标记。

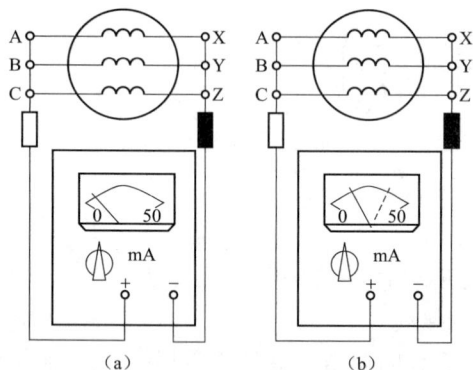

图 2-3-6　用剩磁法判断定子绕组首尾端接线示意图

（a）首尾端并在一起；（b）首尾端混合并在一起

第二步：将万用表转换开关扳到直流毫安挡，并将电动机的三相绕组（任一组三个端头）并联在一起，另一组三个端头也并联在一起接到万用表的表笔两端，然后用手来回转动转子，若万用表的表针不动，则说明三相绕组的三个首端 A、B、C 并接在一起。三个尾端 X、Y、Z 也并接在一起，如图 2-3-6（a）所示。如果用手来回转动转子时，万用表表针摆动，则说明不是三相首端相并在一起或三相尾端相并在一起，如图 2-3-6（b）所示。这时，应逐相分别对调后重新试验，直到万用表指针不动为止，才能确定三相绕组的首尾端。

🌱 单 元 小 结

（1）交流绕组相电动势的计算公式为 $E_{ph1}=4.44fNk_{w1}\Phi_1$。此式说明，相电动势的大小取决于磁场的强弱、转速的高低、相绕组的匝数和绕组结构。

（2）交流绕组感生的电动势与变压器比较只差一个绕组系数 k_{w1}，要熟悉 k_{w1} 的计算必须牢固掌握极距 τ、q、α、k_{y1}、k_{q1} 的含义及计算。另外还应注意线圈匝数 N 的含义。

（3）当多相对称绕组流过多相对称电流时，其合成磁动势的基波是一个幅值恒定的旋转磁动势。该旋转磁动势具有如下特点：

1）合成磁动势基波幅值等于单相脉振磁动势基波最大幅值的 $m_1/2$ 倍，即

$$F_1 = \frac{m_1}{2} F_{ph1} = \frac{m_1}{2} \times 0.9 k_{w1} \frac{NI}{p}$$

2）当某相电流达到最大时，合成磁动势的幅值正好处在该相绕组的轴线上；合成磁动势的转速为同步转速 $n_1 = 60f/p$。

3）合成磁动势的转向与电流相序有关：即从通入超前相电流的绕组轴线转向通入滞后相电流的绕组轴线。

（4）单相绕组产生的脉振磁动势波，基波的最大幅值为 $0.9 k_{w1} NI/p$，其幅值位置处在相绕组的轴线上，磁动势的脉振频率为电流的频率。基波脉振磁动势波可以分解为两个转速相同、转向相反的旋转磁动势波，每一旋转磁动势波幅值为脉振磁动势波最大幅值的一半。

（5）异步电机定子三相绕组首尾端的判断可用直流法和剩磁法判断。

思考与练习

一、单选题

1．相绕组的基波电动势 E_{ph1} 的表达式为（　　）。

　　A．$E_{ph1} = 2.22 f N k_{w1} \Phi_1$　　　　B．$E_{ph1} = 1.11 f N k_{w1} \Phi_1$　　　　C．$E_{ph1} = 4.44 f N k_{w1} \Phi_1$

2．交流绕组的作用是感生电动势和产生（　　）。

　　A．磁动势　　　　　　　　　B．脉动电动势　　　　　　　　　C．基波电动势

3．合成磁动势的转向与电流相序有关：即从通入（　　）的绕组轴线转向通入滞后相电流的绕组轴线。

　　A．超前相电流　　　　　　　B．滞后相电流　　　　　　　　　C．电流相序

4．单相绕组基波磁动势最大幅值的表达式为（　　）。

　　A．$f_{ph1} = \frac{\sqrt{2}}{2} NI \cos \omega t$　　　　B．$F_{ph1} = \frac{m_1}{2} \times 0.9 k_{w1} \frac{N_1 I_1}{p}$　　C．$F_{ph1} = 0.9 k_{w1} \frac{NI}{p}$

5．交流绕组短距系数 k_{y1} 的表达式为（　　）。

　　A．$k_{y1} = \sin\left(\frac{y}{\tau} \times 90°\right)$　　　　B．$k_{y1} = \sin\left(\frac{y}{\tau} \times 60°\right)$　　　　C．$k_{y1} = \sin\left(\frac{y}{\tau} \times 180°\right)$

6．交流绕组的短距系数 k_{y1}，是指它的短距线匝电动势和（　　）之比。

　　A．长距线匝电动势　　　　　B．整距线匝电动势　　　　　　　C．线匝电动势

7．三相合成磁动势的转速为同步转速，其表达式为（　　）。

　　A．$n_1 = 50f/p$　　　　　　B．$n_1 = 60f/p$　　　　　　　　C．$n_1 = 30f/p$

8．绕组系数 k_{w1} 的物理意义是指考虑到绕组（　　）和分布时，整个绕组电动势应打的折扣。

　　A．短距　　　　　　　　　　B．长距　　　　　　　　　　　　C．整距

9. 交流电机的电角度与机械角度的关系式是（　　）。

　　A. $\alpha = \dfrac{p \times 360°}{Z}$　　　　　　B. $\alpha = \dfrac{p \times 180°}{Z}$　　　　　　C. $\alpha = \dfrac{2p \times 360°}{Z}$

10. 一台三相 8 极交流电机，定子 72 槽，极距 τ 为 9 槽。则每极每相槽数为（　　）。

　　A. 6　　　　　　　　　　　B. 4　　　　　　　　　　C. 3

二、判断题（对的打√，错的打×）

1. 单相绕组中通入的电流为直流电时，产生的矩形波幅值不随时间而变化。（　　）

2. 绕组感生电动势的大小及波形与气隙磁场的大小和分布、绕组的排列和连接方法有关。

（　　）

3. 单相脉振磁动势是指幅值大小可变，而位置可以改变的磁动势（或磁场）。（　　）

4. 单相绕组通入单相交流电产生的磁动势是一旋转磁动势。（　　）

5. 三相绕组通入三相交流电产生的磁动势是一旋转磁动势。（　　）

三、计算题

1. 一台三相同步发电机，极数 $2p=2$，定子槽数 $Z=54$，$a=1$，$y=22\tau/27$，$N_C=2$，星形接线，频率为 50Hz，空载线电压 $U_0=6.3$kV，求每极磁通量 Φ_0。

2. 一台汽轮发电机，极数 $2p=2$，定子槽数 $Z=36$，$y=14$，线圈匝数 $N_C=1$，每相并联支路数 $a=1$，频率为 50Hz，每极磁通 $\Phi_0=2.63$Wb，试求极相组电动势 E_{q1} 和相电动势 E_{ph1}。

第四单元　异步电动机的空载、负载运行分析

知 识 要 求

（1）了解三相异步电动机运行时的电磁过程。
（2）熟悉转子静止和转子旋转时感生电动势的关系式。
（3）掌握异步电动机的频率折算、绕组折算方法。
（4）掌握异步电动机 T 形等效电路中各物理量的含义。

能 力 要 求

（1）会分析转子静止时定子、转子回路的各物理量及其关系。
（2）能计算转子旋转后的转子电动势、电流、频率及电抗。
（3）能作出异步电动机的 T 形等效电路。

导 学

异步电动机从工作原理上讲与变压器十分相似，若把异步电动机的定子绕组看成变压器的一次绕组，把转子绕组看成变压器的二次绕组，则三相异步电动机与变压器内部的电磁关系基本上一致。因此，可借用分析变压器的分析方法来分析异步电动机。

知识点一　异步电动机的空载运行分析

三相异步电动机空载运行是指电动机定子三相绕组接到额定电压、额定频率的三相交流电源上，转轴上不带机械负载而空转的运行方式。异步电动机的空载运行状态与变压器空载运行状态很相似，定子侧相当于变压器的一次侧，转子侧相当于变压器的二次侧。因此可将变压器的基本分析方法用于异步电动机。

三相异步电动机的定子和转子之间只有磁的耦合，没有电的直接联系，它靠电磁感应作用，将能量从定子传递给转子。异步电动机空载运行时，转子转速接近于同步转速，$n \approx n_1$，此时转子绕组切割气隙旋转磁场的速度为 $\Delta n = n_1 - n \approx 0$，$s \approx 0$，$f_2 = sf_1 \approx 0$，$E_2 \approx 0$，$I_2 \approx 0$（转子感生电动势和电流为零），这时的异步电动机相当于变压器二次侧开路。此时异步电动机定子绕组上的电流称为空载电流，用 I_0 表示，I_0 又称为空载励磁电流，它约占额定电流的 20%～50%，其性质基本上为无功性质。与变压器相似，空载电流 I_0 的作用主要是产生磁场，因此，功率因数很低。

转子静止时的电动势方程式。异步电动机通常在两种状态下，会发生转子不转的情况。一是刚接通电源瞬间，电动机尚未转动；二是运行过程中负载过重、电压过低或被异物卡住等原因，造成电动机停止转动，习惯上称为堵转。

（1）转子不动的情况。转子静止时，$n=0$，转差率 $s=(n_1-n)/n_1=1$，转子绕组感应电动势的频率为 $f_2=sf_1=f_1$，此时，主磁通 $\dot{\Phi}_1$ 以同步转速切割定子、转子绕组，感应出电动势 $\dot{E}_1$ 和 $\dot{E}_{20}$，其有效值为

$$E_1=4.44f_1N_1k_{w1}\Phi_1 \tag{2-4-1}$$

$$E_{20}=4.44f_1N_2k_{w2}\Phi_1 \tag{2-4-2}$$

式中：Φ_1 为气隙旋转磁场的每极磁通量；f_1 为定子感应电动势的频率，转子感应电动势的频率在转子不动时与定子感应电动势的频率相同；N_1、N_2 为定子、转子绕组每相串联匝数；k_{w1}、k_{w2} 为定子、转子绕组的基波绕组系数。

用式（2-4-1）除以式（2-4-2）可求得异步电动机的电动势比 k_e，即

$$k_e=\frac{E_1}{E_{20}}=\frac{4.44f_1N_1k_{w1}\Phi_1}{4.44f_1N_2k_{w2}\Phi_1}=\frac{N_1k_{w1}}{N_2k_{w2}} \tag{2-4-3}$$

漏磁通 $\dot{\Phi}_{1\sigma}$、$\dot{\Phi}_{2\sigma}$ 分别在定子、转子绕组中感应漏电动势 $\dot{E}_{1\sigma}$、$\dot{E}_{2\sigma}$，用漏抗压降可表示为

$$\dot{E}_{1\sigma}=-j\dot{I}_1x_1，\quad \dot{E}_{2\sigma}=-j\dot{I}_2x_{20} \tag{2-4-4}$$

式中：x_1 为定子每相绕组漏电抗，$x_1=2\pi f_1L_1$；x_{20} 为转子不动时每相绕组漏电抗，$x_{20}=2\pi f_2L_2=2\pi f_1L_2$；$L_1$、$L_2$ 为定子、转子每相绕组漏电感。

（2）定子、转子电动势方程式。

定子电动势方程式为

$$\dot{U}_1=-\dot{E}_1+\dot{I}_1r_1+j\dot{I}_1x_1=-\dot{E}_1+\dot{I}_1z_1 \tag{2-4-5}$$

转子电动势方程式为

$$\dot{E}_{20}=\dot{I}_2(r_2+jx_{20})，\quad \dot{I}_2=\frac{\dot{E}_{20}}{r_2+jx_{20}} \tag{2-4-6}$$

在正常运行时，绝不允许转子被长时间堵转，否则会因为电流过大而烧坏定子绕组和绕线型异步电动机的转子绕组。

🌱 知识点二　异步电动机的负载运行分析

三相异步电动机的定子绕组接上三相对称电压，转子带上机械负载的运行方式，称为负载运行。

异步电动机拖动机械负载时，由于负载转矩的存在，电动机的转速将比空载时下降，此时，定子旋转磁场与转子的相对切割速度 $\Delta n=n_1-n$ 增大，转差率 s 增大，使转子电动势、电流增大，转子感应电动势的频率、大小及漏抗都会发生相应的变化。

一、负载运行时的电磁关系

空载运行时，可认为异步电动机中只有空载电流 $\dot{I}_0$，$\dot{I}_0$ 建立空载磁动势 $\bar{F}_0$。

负载运行时，异步电动机存在两个电流，即定子电流和转子电流，它们分别在电机中产生定子磁动势 $\bar{F}_1$（即 $\dot{F}_a$）和转子磁动势 $\bar{F}_2$。这两个磁动势都是旋转磁动势，且方向和速度相同，即在空间上相对静止，他们共同建立电机中气隙的主磁通 $\dot{\Phi}_1$。于是有

$$\bar{F}_1 + \bar{F}_2 = \bar{F}_0 \tag{2-4-7}$$

$$\frac{m_1}{2} \times 0.9 \frac{k_{w1} N_1}{p} \dot{I}_1 + \frac{m_2}{2} \times 0.9 \frac{k_{w2} N_2}{p} \dot{I}_2 = \frac{m_1}{2} \times 0.9 \frac{k_{w1} N_1}{p} \dot{I}_0$$

从而可推导出

$$m_1 k_{w1} N_1 \dot{I}_1 + m_2 k_{w2} N_2 \dot{I}_2 = m_1 k_{w1} N_1 \dot{I}_0$$

$$\dot{I}_1 + \dot{I}_2 / k_i = \dot{I}_0 \tag{2-4-8}$$

式中：k_i 称为电流比，$k_i = \dfrac{m_1 k_{w1} N_1}{m_2 k_{w2} N_2}$。

二、负载运行时的电动势平衡关系

运用与变压器相似的分析方法，可导出三相异步电动机定子、转子的电动势平衡方程式。

（1）定子电动势平衡方程式

$$\dot{U}_1 = -\dot{E}_1 + \dot{I}_1 r_1 + j \dot{I}_1 x_1 = -\dot{E}_1 + \dot{I}_1 z_1 \tag{2-4-9}$$

在定性分析时，可忽略定子绕组电阻，此时有

$$U_1 \approx E_1 = 4.44 f_1 N_1 k_{w1} \Phi_1 \tag{2-4-10}$$

当 k_{w1} 和 N_1 为定值时，如果 f_1 不变，则主磁通与电源电压成正比。当电源电压不变时，主磁通 Φ_1 也基本不变。

（2）转子绕组感应电动势的频率

$$f_2 = \frac{p \Delta n}{60} = \frac{p(n_1 - n)}{60} = \frac{p s n_1}{60} = s f_1 \tag{2-4-11}$$

当电动机在额定转速下运行时，f_2 为

$$f_2 = s f_1 = (0.01 \sim 0.06) \times 50\text{Hz} = (0.5 \sim 3)\text{Hz}$$

（3）转子电动势平衡方程式

$$\dot{E}_2 = \dot{I}_2 (r_2 + j x_2) \tag{2-4-12}$$

式中：$\dot{E}_2$ 为转子旋转时，主磁通在转子绕组中产生的感应电动势。

$\dot{E}_2$ 的有效值为

$$E_2 = 4.44 f_2 N_2 k_{w2} \Phi_1$$

转子旋转时，转子绕组漏阻抗为，$x_2 = 2\pi f_2 L_2 = s x_{20}$，转子电流为

$$\dot{I}_2 = \frac{\dot{E}_2}{r_2 + j x_2} = \frac{\dot{E}_{20}}{r_2 + j x_{20} + (1-s) r_2 / s} \tag{2-4-13}$$

$$\cos \varphi_2 = \frac{r_2}{\sqrt{r_2^2 + x_2^2}} \tag{2-4-14}$$

由以上分析可见，异步电动机运行时，转子回路电动势的频率、电动势、电流、电抗和功率因数等各量均与转差率有关。

三、折算

异步电动机在电路和磁路方面与变压器非常相似，可以应用分析变压器的方法来作出异步电动机的等效电路，但由于异步电动机的转子是转动的，定子和转子的频率、相数、匝数

和绕组系数都与变压器不同，因此，需要进行频率和绕组两种折算。

（1）频率折算。频率折算就是将旋转的转子绕组用静止的转子绕组代替并使其与定子绕组具有相同的频率。

方法。在静止的转子回路中串入附加电阻 $(1-s)r_2'/s$。

比较不动的转子电路和转动的转子电路〔即式（2-4-6）和式（2-4-13）可知，旋转的转子回路与不动的转子回路方程式只相差一个附加电阻 $(1-s)r_2'/s$。此电阻上消耗的电功率等效于电动机所产生的总机械功率 P_Ω。

（2）绕组的折算。绕组折算就是用一个与定子绕组具有相同的相数 m_1、匝数 N_1 和绕组系数 k_{w1} 的等效绕组去代替实际的转子绕组。一般情况下是将转子绕组折算到定子绕组，方法如下：

1）电流的折算值等于原值除以电流比 k_i，即

$$\dot{I}_2' = \dot{I}_2 \frac{m_2 N_2 k_{w2}}{m_1 N_1 k_{w1}} = \dot{I}_2 / k_i$$

2）电动势的折算值等于原值乘以电动势比 k_e，即

$$\dot{E}_2' = \frac{N_1 k_{w1}}{N_2 k_{w2}} \dot{E}_{20} = k_e \dot{E}_{20}$$

3）阻抗的折算值等于原值乘以电动势比 k_e 和电流比 k_i，即

$$r_2' = k_i k_e r_2, \quad x_{20}' = k_i k_e x_{20}, \quad (1-s)r_2'/s = k_i k_e (1-s)r_2/s$$

（3）折算后的基本方程式

$$\dot{U}_1 = -\dot{E}_1 + \dot{I}_1(r_1 + jx_1) \tag{2-4-15}$$

$$\dot{E}_2' = \dot{I}_1(r_2'/s + jx_2') = \dot{I}_2[r_2' + jx_2' + (1-s)r_2'/s] \tag{2-4-16}$$

$$\dot{E}_2' = \dot{E}_1' = -\dot{I}_0 z_m \tag{2-4-17}$$

$$\dot{I}_0 = \dot{I}_1 + (-\dot{I}_2') \tag{2-4-18}$$

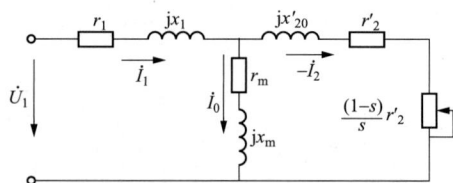

四、负载运行时的等效电路

1. T 形等效电路

（1）T 形等效电路。由上述基本方程式，利用与变压器类似的分析方法，可作出三相异步电动机一相的 T 形等效电路，如图 2-4-1 所示。

图 2-4-1　异步电动机的 T 形等效电路

（2）等效电路分析。

1）当异步电动机空载运行时，$n \to n_1$，$s \to 0$ 则有 $\dfrac{1-s}{s} r_2' \to \infty$，相当于变压器开路时的情况，$I_2' \approx 0$，$I_1 = I_0$ 时，电动机功率因数很低，产生的总机械功率也很小。

2）当异步电动机带额定负载运行时，转差率 $s_N \approx 0.01 \sim 0.06$，此时转子电路的电阻 r_2'/s 远大于 x_{20}'，转子功率因数较高，定子功率因数 $\cos\varphi_N$ 也较高，一般在 $0.80 \sim 0.85$。

3）当转子不动（或堵转）时，$n=0$，$s=1$，对应的附加电阻 $(1-s)r_2'/s = 0$，相应的总机械功率也为零，此时异步电动机相当于变压器二次侧短路时的情况，定子、转子回路的电流均

很大。

2. 简化等效电路（Γ形等效电路）

为了简化计算，与变压器一样，可将 T 形等效电路中的励磁支路从中间移到电源端，将混联电路简化为并联电路，这个并联电路我们称之为简化等效电路，也叫Γ形等效电路，如图 2-4-2 所示。

但在异步电动机中，为了减小误差，在励磁支路中引入定子漏阻抗 z_1，以校正电源电压增大对励磁电路的影响。简化等效电路基本上能够满足工程上对准确度的要求。从等效电路上看，异步电动机对电网来说相当于一个阻感性负载，需从电网吸收感性无功。

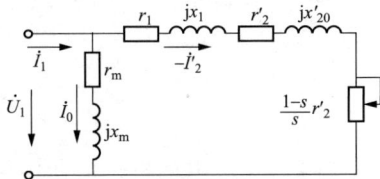

图 2-4-2　异步电动机的Γ形等效电路

五、案例分析

［例 2-4-1］　一台在频率 50Hz 下运行的 4 极异步电动机，额定转速 n_N=1425r/min，转子电路参数 r_2=0.02Ω，x_{20}=0.08Ω，电动势变比 k_e=10，当 E_1=200V 时，求：

（1）启动瞬时（s=1）转子绕组每相的 E_{20}、I_{20}、$\cos\varphi_{20}$ 及转子频率 f_{20}。

（2）额定转速时转子绕组每相的 E_2、I_2、$\cos\varphi_2$ 及转子频率 f_2。

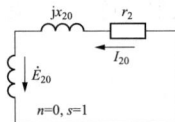

图 2-4-3　转子静止电路图

解：（1）启动瞬时 $f_{20}=f_1$=50Hz（计算电路如图 2-4-3 所示）。

转子电动势

$$E_{20} = \frac{E_1}{k_e} = \frac{200}{10} = 20(\text{V})$$

转子电流

$$I_{20} = \frac{E_{20}}{\sqrt{r_2^2 + x_{20}^2}} = \frac{20}{\sqrt{0.02^2 + 0.08^2}} = 242.5(\text{A})$$

转子功率因数

$$\cos\varphi_{20} = \cos\left(\arctan\frac{x_{20}}{r_2}\right) = \cos 75.96° = 0.243$$

（2）4 极电机同步转速为

$$n_1 = 1500\text{r/min}$$

额定转差率

$$s_N = \frac{n_1 - n}{n_1} = \frac{1500 - 1425}{1500} = 0.05$$

转子电动势

$$E_2 = sE_{20} = 0.05 \times 20 = 1(\text{V})$$

转子电流

$$I_2 = \frac{sE_{20}}{\sqrt{r_2^2 + (sx_{20})^2}} = \frac{1}{\sqrt{0.02^2 + (0.05 \times 0.08)^2}} = 49(\text{A})$$

转子功率因数

$$\cos\varphi_2 = \cos\left(\arctan\frac{sx_{20}}{r_2}\right) = \cos 11.3° = 0.98$$

转子频率

$$f_2 = sf_{20} = 0.05 \times 50 = 2.5 \text{(Hz)}$$

上述计算结果表明，额定状态下运行的异步电动机，转差率 s 较小、转子频率 f_2 较低、转子电流 I_2 较小、功率因数 $\cos\varphi_2$ 较高，具有较好的运行性能。

单 元 小 结

（1）异步电动机是借助电磁感应作用传递能量的，异步电动机与变压器相似，因此可以采用分析变压器的方法来分析异步电动机，建立电机电动势、磁动势方程式，通过折算导出等效电路和相量图。

（2）异步电动机与变压器两者之间的区别：变压器是静止电器，主磁场为脉振磁场，一、二次侧绕组具有同一频率，变压器只传递能量，不进行机电能量转换。而异步电动机是旋转电机，主磁场为旋转磁场，正常工作时，定子、转子具有不同的频率，异步电动机运行时只有机电能量转换，且转子绕组是闭路的，只输出机械能。

（3）正常运转的异步电动机，可用等效静止转子代替实际旋转着的转子，仅需经过频率折算。频率折算就是用一个堵转的转子来代替一个实际的以 s 为转差率旋转的转子，这时只需要将转子电阻 r_2 增加到 r_2/s 即可。

（4）绕组折算就是用一个与定子绕组具有相同相数 m_1、匝数 N_1 和绕组系数 k_{w1} 的等效转子绕组来代替一个实际的转子绕组；折算值与实际值的关系为

$$E'_{20} = k_e E_{20}, \quad I'_2 = I_2 / k_i, \quad Z'_2 = k_e k_i Z_2$$

其中：电动势比 $\qquad\qquad k_e = N_1 k_{w1} / N_2 k_{w2}$

电流比 $\qquad\qquad k_i = m_1 N_1 k_{w1} / m_2 N_2 k_{w2}$

（5）异步电动机的简化等效电路与变压器接纯电阻时的等效电路相似，该电路中的电阻 $(1-s)r'_2/s$ 是一个等效电阻，在 $(1-s)r'_2/s$ 上消耗的电功率等效于异步电动机所产生的总机械功率。

思考与练习

一、单选题

1. 三相异步电动机空载运行是指电动机定子三相绕组接到额定电压、额定频率的三相交流电源上，转轴上（　　）而空转的运行方式。

　　A．不带机械负载　　　　　　　　B．带机械负载　　　　　　　　C．轻载

2. 三相异步电动机负载运行是指电动机定子三相绕组接到额定电压、额定频率的三相交流电源上，转轴上（　　）而转动的运行方式。

　　A．不带机械负载　　　　　　　　B．带机械负载　　　　　　　　C．轻载

3. 异步电动机空载运行时：$n \approx 0$，$s \approx 0$，$(1-s)r'_2/s \approx \infty$ 相当于变压器二次侧开路，而且（　　）。

　　A．定子电流较小，功率因数很低

　　B．定子电流较大，功率因数很低

　　C．定子电流较小，功率因数很高

4．当异步电动机在额定电压下运行时，如果转子被长时间卡住，将会烧坏（　　）。

　　A．定子绕组

　　B．转子绕组

　　C．定子绕组和绕线型异步电动机的转子绕组

5．异步电动机转子静止时，转子绕组感应电动势的频率为 $f_2=sf_1=f_1$，此时，定子、转子绕组，感应电动势有效值的表达式为（　　）。

　　A．$E_1 = 4.44 f_1 N_1 k_{w1} \Phi_1$，$E_{20} = 4.44 f_1 N_2 k_{w2} \Phi_1$

　　B．$E_1 = 4.44 f_1 N_1 k_{w1} \Phi_1$，$E_2 = 4.44 f_2 N_2 k_{w2} \Phi_1$

　　C．$E_1 = 4.44 f_1 N_1 k_{w1} \Phi_1$，$E_{20} = 4.44 f_2 N_2 k_{w2} \Phi_1$

6．异步电动机转子静止时，转子回路电流的表达式为（　　）。

　　A．$\dot{I}_2 = \dfrac{\dot{E}_2}{r_2 + \mathrm{j} x_2}$　　　　B．$\dot{I}_2 = \dfrac{\dot{E}_{20}}{r_2 + \mathrm{j} x_{20}}$　　　　C．$\dot{I}_1 = \dfrac{\dot{E}_1}{r_2 + \mathrm{j} x_2}$

7．异步电动机转子转动时，转子绕组感应电动势的频率为 f_2，此时，定子、转子绕组，感应出电动势有效值的表达式为（　　）。

　　A．$E_1 = 4.44 f_1 N_1 k_{w1} \Phi_1$，$E_{20} = 4.44 f_1 N_2 k_{w2} \Phi_1$

　　B．$E_1 = 4.44 f_1 N_1 k_{w1} \Phi_1$，$E_2 = 4.44 f_2 N_2 k_{w2} \Phi_1$

　　C．$E_1 = 4.44 f_1 N_1 k_{w1} \Phi_1$，$E_{20} = 4.44 f_2 N_2 k_{w2} \Phi_1$

8．异步电动机转子转动时，转子回路电流的表达式为（　　）。

　　A．$\dot{I}_2 = \dfrac{\dot{E}_2}{r_2 + \mathrm{j} x_2}$　　　　B．$\dot{I}_2 = \dfrac{\dot{E}_{20}}{r_2 + \mathrm{j} x_{20}}$　　　　C．$\dot{I}_1 = \dfrac{\dot{E}_1}{r_2 + \mathrm{j} x_2}$

9．笼型异步电动机的功率因数是（　　）。

　　A．超前的　　　　　　　B．滞后的　　　　　　　C．与负载性质有关

10．一台三相四极 50Hz 异步电动机，转子转速为 1440r/min，则转子感生电动势的频率为（　　）。

　　A．1Hz　　　　　　　　B．2Hz　　　　　　　　C．3Hz

二、判断题（对的打√，错的打×）

1．异步电动机空载运行时，转子电路功率因数高，定子电路功率因数也高。　（　　）

2．频率折算就是将旋转的转子绕组用静止的转子绕组代替并使其与定子绕组具有相同的频率。　（　　）

3．绕组折算就是用一个与定子绕组具有相同的相数 m_1、匝数 N_1 和绕组系数 k_{w1} 的等效绕组去代替实际的转子绕组。　（　　）

4．异步电动机转子回路中串入附加电阻 $(1-s)r_2'/s$ 时，它消耗的电功率等效于电动机所产生的电磁功率。　（　　）

5．异步电动机是借助电磁感应作用传递能量的，异步电动机与变压器相似，因此可以采用分析变压器的方法来分析异步电动机。　（　　）

三、计算题

一台在频率 50Hz 下运行的 6 极异步电动机，额定转速 n_N=950r/min，转子电路参数 r_2=0.02Ω，x_{20}=0.08Ω，电动势变比 k_e=10，当 E_1=220V 时，求：

（1）启动瞬时（s=1）转子绕组每相的 E_{20}、I_{20}、$\cos\varphi_{20}$ 及转子频率 f_{20}；

（2）额定转速时转子绕组每相的 E_2、I_2、$\cos\varphi_2$ 及转子频率 f_2。

第五单元　异步电动机的功率和电磁转矩分析

知 识 要 求

（1）了解三相异步电动机运行时的功率和转矩关系方程式。
（2）熟悉异步电动机的功率和转矩平衡方程式。
（3）掌握异步电动机的电磁功率、电磁转矩的计算方法。

能 力 要 求

（1）会计算异步电动机的电磁功率、电磁转矩。
（2）会计算电动机的定子铜损耗、转子铜损耗、总机械功率的大小。

导 学

异步电动机的主要功能是将电能转变成机械能，异步电动机在能量转换过程中，必然会产生各种损耗。根据能量守恒定律可得到相应的功率表达式和转矩方程式。

异步电动机的运行分析计算一般依据电磁转矩公式、T 形等效电路和功率流程图进行。"功率流程图"形象、直观地表示了异步电动机各项功率与损耗的关系。理解了"功率流程图"各符号的含义，就掌握了异步电动机的相关计算方法。

知识点一　异步电动机的功率分析

异步电动机的主要功能是将电能转变成机械能，在能量的转换过程中，必然会产生各种损耗。根据能量守恒定律可得到相应的功率平衡表达式和转矩方程式。

一、功率平衡方程式

由异步电动机的 T 形等效电路可得出其功率传递图，结合 T 形等效电路，可得到各功率之间的平衡关系，如图 2-5-1 所示。

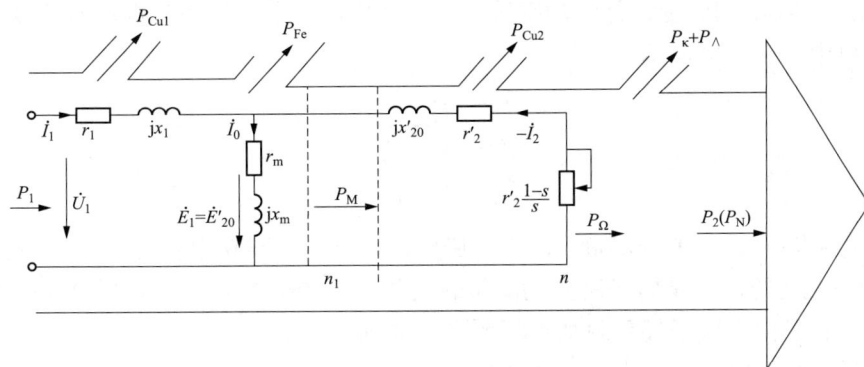

图 2-5-1　异步电动机 T 形等效电路及功率流程图

（1）电网输入电动机的有功功率为

$$P_1 = m_1 U_1 I_1 \cos\varphi_1 \tag{2-5-1}$$

（2）定子铜损耗为

$$P_{Cu1} = m_1 I_1^2 r_1 \tag{2-5-2}$$

（3）定子铁损耗为

$$P_{Fe} = m_1 I_0^2 r_m \tag{2-5-3}$$

（4）电磁功率 P_M。P_M 是异步电动机定子、转子之间进行电磁转换的有功功率，即

$$P_M = m_1 I_2'^2 r_2'/s = P_1 - (P_{Cu1} + P_{Fe}) = m_1 E_{20}' I_2' \cos\varphi_2$$
$$= m_1 I_2'^2 r_2' + m_1 I_2'^2 r_2'(1-s)/s = P_{Cu2} + P_\Omega \tag{2-5-4}$$

（5）转子铜损耗为

$$P_{Cu2} = m_1 I_2'^2 r_2' = sP_M \tag{2-5-5}$$

由式（2-5-5）可知，改变转子电阻值，就能改变转子铜损耗，也就改变了转差率 s，也就是说，改变转子回路的电阻值可以调节异步电动机的转速。

（6）总机械功率 P_Ω。P_Ω 是附加电阻 $(1-s)r_2'/s$ 上消耗的功率，即

$$P_\Omega = m_1 I_2'^2 r_2'(1-s)/s = (1-s)P_M \tag{2-5-6}$$

（7）输出功率 P_2。P_2 是异步电动机转轴上输出的机械功率。电动机额定运行时，该功率就是电动机铭牌上的额定功率。即

$$P_2 = P_M - (P_{Cu2} + P_\kappa + P_\Lambda) \tag{2-5-7}$$

式中：P_κ 为机械摩擦损耗；P_Λ 为附加损耗，它是由于电动机铁芯中有齿和槽的存在，定子、转子磁动势中含有高次谐波磁动势等原因所产生的损耗。

（8）异步电动机的总损耗。即

$$P_\Sigma = P_{Cu1} + P_{Fe} + P_{Cu2} + P_\kappa + P_\Lambda \tag{2-5-8}$$

二、转矩平衡方程式

异步电动机运行时，转轴上存在有三种转矩，它们是电磁转矩 T、空载转矩 T_0 和负载制动转矩 T_2。在旋转运动中，旋转体的功率等于作用在旋转体上的转矩与机械角速度 Ω 的乘积。在异步电动机中，它们可表示为

$$\frac{P_\Omega}{\Omega} = \frac{P_2}{\Omega} + \frac{P_0}{\Omega} \tag{2-5-9}$$

即

$$T = T_2 + T_0 \tag{2-5-10}$$

式中：Ω 为机械角速度，$\Omega = 2\pi n/60$；T 为电磁转矩，它由电磁功率转化而来，为驱动性质的转矩；T_2 为负载转矩，它是转子所拖动的负载反作用于转子的转矩，为制动性质的转矩；T_0 为空载转矩，它是由机械损耗和附加损耗所产生的制动转矩。

只有当转矩平衡时，异步电动机才能匀速运行。

知识点二　异步电动机的电磁转矩分析

一、异步电动机的电磁转矩

电磁转矩 T 是由转子载流导条与主磁场相互作用而产生。它有物理和参数两个表达式。

（1）物理表达式。经推导可得

$$T = \frac{P_\Omega}{\Omega} = \frac{m_1 I_2'^2 r_2'(1-s)/s}{2\pi n/60} = \frac{P_M}{\Omega_1} = C_T \Phi_m I_2' \cos\varphi_2 \qquad (2\text{-}5\text{-}11)$$

式中：C_T 为电磁转矩常数，与电动机结构参数有关；Ω_1 为同步机械角速度，$\Omega_1 = \dfrac{2\pi n_1}{60} = \Omega(1-s)$。

物理表达式（2-5-11）反映了转子电流和气隙磁场相互作用产生电磁转矩的原理。

（2）参数表达式。为了便于计算及反映在不同转差时电磁转矩的变化规律，需要导出电磁转矩与转差率（或转速）之间的关系式。

由式（2-5-4）或式（2-5-6），可推导出电磁转矩的参数表达式

$$T = \frac{P_M}{\Omega_1} = \frac{P_\Omega}{\Omega} = \frac{m_1 p U_1^2 \dfrac{r_2'}{s}}{2\pi f_1 \left[\left(r_1 + \dfrac{r_2'}{s}\right)^2 + (x_1 + x_{20}')^2\right]} \qquad (2\text{-}5\text{-}12)$$

式中：m_1 为定子绕组相数；p 为电机极对数；f_1 为电源频率；U_1 为加在定子绕组上的相电压。

参数表达式（2-5-12）反映了外施电源电压 U_1、频率 f_1、转差率 s 与电动机参数对电磁转矩的影响。当电源及电动机参数不变时，电磁转矩 T 仅与转差率 s［或转速 $n=(1-s)n_1$］有关。转矩与转差率的关系称为转矩特性，即 $T=f(s)$。

二、案例分析

[例 2-5-1]　一台三相异步电动机，额定状态下输入定子功率 $P_{1N}=8.6\text{kW}$ 定子铜损耗 $P_{Cu1}=425\text{W}$，铁损耗 $P_{Fe}=210\text{W}$，转差率 $s=0.034$，试求：电磁功率、转子铜损耗、总输出机械功率。

解：（1）电磁功率

$$P_M = P_{1N} - (P_{Cu1} + P_{Fe}) = 8600 - (425 + 210) = 7965(\text{W})$$

（2）转子铜损耗

$$P_{Cu2} = s P_M = 0.034 \times 7965 \approx 271(\text{W})$$

（3）总输出机械功率

$$P_\Omega = P_M - P_{Cu2} = 7965 - 271 = 7694(\text{W})$$

单 元 小 结

（1）异步电动机的运行分析计算主要依据电磁转矩公式、T 形等效电路和功率流程图。"功率流程图"形象、直观地表示了异步电动机各项功率与损耗的关系。理解了上述各图

各符号的含义，就掌握了异步电动机的相关计算方法。

（2）应用功率流程图可以方便地将异步电动机各项功率的计算转换为加减乘除计算。若已知异步电动机的输入功率及定子铜损耗和铁损耗，则从图 2-5-1 的左边往右边计算其他各项功率；若已知异步电动机的输出功率及机械损耗、附加损耗，则从图 2-5-1 的右边往左边计算其他各项功率。转矩等于功率除以机械角速度。

（3）电磁转矩有两种表达形式：

1）物理表达式 $T = C_T \Phi_m I_2' \cos\varphi_2$，它反映电动机转子电流和磁场相互作用产生电磁转矩的原理，它是异步电动机工作原理的体现。

2）参数表达式 $T = \dfrac{m_1 p U_1^2 \dfrac{r_2'}{s}}{2\pi f_1 \left[\left(r_1 + \dfrac{r_2'}{s} \right)^2 + (x_1 + x_{20}')^2 \right]}$ 反映外施电压、频率与电机参数对电磁转

矩的影响，p 为极对数。

思考与练习

一、单选题

1. 异步电动机定子绕组输入的功率是由电网输入的（　　）。

　　A．有功功率　　　　　　　　　　B．无功功率　　　　　　　　C．机械功率

2. 异步电动机的输出功率是异步电动机转轴上输出的（　　）。

　　A．有功功率　　　　　　　　　　B．无功功率　　　　　　　　C．机械功率

3. 电磁功率是（　　）。

　　A．异步电动机从定子通过空气间隙传递给转子的功率

　　B．无功功率

　　C．机械功率

4. 已知转差率 s、电磁功率 P_M，计算转子铜损耗 P_{Cu2} 的公式是（　　）。

　　A．$P_M = P_1 - P_{Cu1} - P_{Fe}$　　　　B．$P_{Cu2} = sP_M$　　　　　　C．$P_\Omega = (1-s)P_M$

5. 已知转差率 s、电磁功率 P_M，计算总机械功率 P_Ω 的公式是（　　）。

　　A．$P_M = P_1 - P_{Cu1} - P_{Fe}$　　　　B．$P_{Cu2} = sP_M$　　　　　　C．$P_\Omega = (1-s)P_M$

6. 已知转子铜损耗、附加损耗、机械摩擦损耗、电磁功率，计算输出功率的公式是（　　）。

　　A．$P_M = P_1 - P_{Cu1} - P_{Fe}$

　　B．$P_{Cu2} = sP_M$

　　C．$P_2 = P_M - P_{Cu2} - P_\Lambda - P_\kappa = P_M - P_0$

7. 已知输入功率 P_1、定子损耗 P_{Cu1}、P_{Fe}，计算电磁功率 P_M 的公式是（　　）。

　　A．$P_M = P_1 - P_{Cu1} - P_{Fe}$　　　　B．$P_{Cu2} = sP_M$　　　　　　C．$P_\Omega = (1-s)P_M$

8. 一台三相异步电动机的输入功率 P_1=100kW，定子总损耗 P_Σ=4kW，转差率 s=0.03，则电磁功率为（　　）。

　　A．96kW　　　　　　　　　　　B．93.12kW　　　　　　　　　C．2.88kW

9. 一台三相异步电动机的输入功率 P_1=100kW，定子总损耗 P_Σ=4kW，转差率 s=0.03，

则转子铜损耗 P_{Cu2} 为（　　）。

  A．96kW   B．93.12kW   C．2.88kW

  10．一台三相异步电动机的输入功率 P_1=100kW，定子总损耗 P_Σ=4kW，转差率 s=0.03；则总机械功率 P_Ω 为（　　）。

  A．96kW   B．93.12kW   C．2.88kW

二、判断题（对的打√，错的打×）

  1．功率流程图是异步电动机的功率传递图，它表明输入功率、输出功率及其他功率之间的关系。   （　　）

  2．由电磁转矩的参数表达式可知，电磁转矩与电源电压 U_1、频率 f 有关。   （　　）

  3．由电磁转矩的参数表达式可知，电磁转矩与电动机结构参数 r、x、m、p 有关。（　　）

  4．由电磁转矩的参数表达式可知，电磁转矩与运行参数转差率 s 无关。   （　　）

  5．异步电动机机械角速度的表达式为 $\Omega_1=2\pi n_1/60$。   （　　）

三、计算题

  1．一台三相异步电动机的输入功率 P_1=12kW，定子铜损耗 P_{Cu1}=450W，铁损耗 P_{Fe}=200W，转差率 s=0.05，试求：电磁功率 P_M、转子铜损耗 P_{Cu2}、总机械功率 P_Ω。

  2．一台三相四极异步电动机，P_N=15kW，U=380V，f=50Hz，转子铜损耗 P_{Cu2}=350W，附加损耗 P_Λ=150W，机械损耗 P_κ=200W，试求：总机械功率 P_Ω 和电磁功率 P_M。

第六单元 异步电动机的工作特性分析

知识要求

（1）了解三相异步电动机的工作特性及机械特性。
（2）掌握三相异步电动机的空载、堵转（短路）试验方法。
（3）掌握异步电动机最大转矩、启动转矩的计算。

能力要求

（1）能计算异步电动机的最大转矩、启动转矩。
（2）能计算异步电动机的额定转矩、临界转差率。
（3）能熟练地进行三相异步电动机的空载试验、堵转（短路）试验。

导学

异步电动机的工作特性是指异步电动机的机械特性、转速特性和转矩特性、定子功率因数特性和效率特性、定子电流特性。其中机械特性是分析异步电动机最大转矩、启动转矩的关键。通过异步电动机空载试验、堵转（短路）试验测量结果，可粗略地判定电动机质量的好坏。绘出电动机的机械特性曲线，从而进行电动机运转状态分析。

知识点一 异步电动机的工作特性分析

一、异步电动机的机械特性

（1）定义。异步电动机的机械特性是指 $U=U_N$，$f=f_N$，电动机参数不变的情况下，转差率（或转速 n）和电磁转矩的关系曲线，即 $T=f(s)$。根据电动机参数表达式

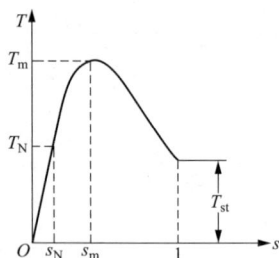

图 2-6-1 异步电动机的机械特性

$$T = \frac{m_1 p U_1^2 \dfrac{r_2'}{s}}{2\pi f_1\left[\left(r_1 + \dfrac{r_2'}{s}\right)^2 + (x_1 + x_{20}')^2\right]}$$

可作出如图 2-6-1 所示的异步电动机机械特性曲线，即 $T=f(s)$ 曲线。机械特性的形状，可解释如下：

1）当异步电动机转子转速 $n=n_1$ 时，转差率 $s=0$，$r_2'/s \to \infty$，$I_2'=0$，$T=0$。

2）当转速 n 逐渐下降时，s 开始从零增大，由于刚开始转差率 s 很小，所以 r_2'/s 很大，此时 r_2'/s 远大于 r_1 和 (x_1+x_{20}')。于是 r_1 和 (x_1+x_{20}') 可忽略不计，此时电磁转矩 T 随 n 的减小而增加。

3）当 n 减少时，由于转差率 s 较大，r_2'/s 相对变小，(x_1+x_{20}') 开始成为主要部分，此时随着 n 的进一步减小，电磁转矩 T 的增大不明显。

4）最大转矩 T_m。当 n 降低到临界 $n_m(s_m)$ 时，T 达到最大值 T_m。此时的转矩为最大转矩，如果 n 继续降低，转差率 s 将进一步增大，r_2'/s 将更小，使得 r_2'/s 远小于 (x_1+x_2')，此时 r_2'/s 可略去不计，则电磁转矩 T 随 n 的降低而减小。

5）启动转矩 T_{st}。当 $n=0$，$s=1$ 时，所对应的转矩称为启动转矩 T_{st}。当 $T_{st}>T_2$ 时，电动机开始转动。

（2）额定转矩 T_N。异步电动机带额定负载时的输出转矩称为额定转矩，其计算式为

$$T_N = \frac{P_N}{\Omega_N} = \frac{P_N \times 10^3}{\Omega_N} = \frac{P_N \times 10^3}{2\pi n_N/60} = 9550\frac{P_N}{n_N} \qquad (2\text{-}6\text{-}1)$$

式中：T_N 为异步电动机额定转矩，N·m；P_N 为异步电动机的额定功率，kW；n_N 为异步电动机的额定转速，r/min。

（3）最大转矩 T_m 和过载能力 k_m。

1）最大转矩 T_m。当 $s=s_m$ 时，对应的电磁转矩称为最大转矩 T_m，为了求得最大转矩，将异步电动机参数表达式（2-5-12）对 s 求导 $\dfrac{dT}{ds}$，并令 $\dfrac{dT}{ds}=0$，便可求出最大转矩时的转差率 s_m，其值为

$$s_m = \frac{r_2'}{\sqrt{r_1^2+(x_1+x_{20}')^2}} \approx \frac{r_2'}{x_1+x_{20}'} \qquad (2\text{-}6\text{-}2)$$

s_m 称为临界转差率，一般为 0.2 左右，将 s_m 代入异步电动机参数表达式（2-5-12）中，便可求得最大转矩

$$T_m = \frac{m_1 p U_1^2}{4\pi f_1\left[r_1+\sqrt{r_1^2+(x_1+x_{20}')^2}\right]} \approx \frac{m_1 p U_1^2}{4\pi f_1(x_1+x_{20}')} \qquad (2\text{-}6\text{-}3)$$

最大转矩具有以下特点：

a. 最大转矩 T_m 与外施电源电压 U_1 的平方成正比，即 $T_m \propto U_1^2$；而与转子回路电阻 r_2' 的大小无关。

b. 临界转差率 s_m 与电源电压无关，s_m 与 r_2' 成正比。因此，在转子回路中串入电阻后可以改变转矩特性曲线。绕线式异步电动机正是利用这一特点来达到改善电动机的启动、调速和制动性能。

c. 若忽略定子绕组电阻 r_1，当电源电压 U_1 和频率 f_1 为常数时，T_m 与电机参数 (x_1+x_{20}') 成反比。

d. 当电源电压和电机参数一定时，最大转矩 T_m 随频率 f_1 的增大而减小。

2）过载能力 k_m。电动机的最大转矩 T_m 与额定转矩 T_N 之比称为过载系数，用 k_m 表示，即

$$k_m = \frac{T_m}{T_N} \qquad (2\text{-}6\text{-}4)$$

k_m 反映了异步电动机短时过负荷的能力，$k_m=1.6\sim3.7$。

（4）启动转矩 T_{st}。当电动机刚接通电源瞬间 $n=0$，$s=1$ 时对应的电磁转矩，称为启动转

矩。将 $s=s_{st}=1$ 代入异步电动机参数表达式（2-5-12）可得启动转矩的表达式

$$T_{st} = \frac{m_1 p U_1^2 r_2'}{2\pi f_1 \left[(r_1 + r_2')^2 + (x_1 + x_{20}')^2\right]} \tag{2-6-5}$$

由式（2-6-5）可知，启动转矩与电源电压的平方成正比，即 $T_{st} \propto U_1^2$。当 U 和 f 一定时，漏抗（$x_1 + x_{20}'$）越大，启动转矩越小。增大转子回路电阻值，启动转矩会相应增大。

1）转子回路串入电阻值 r_{st} 的计算。当 $s_{st} = s_m'$ 时，启动转矩将等于最大转矩。即

$$s_{st} = s_m' = \frac{r_2' + r_{st}'}{x_1 + x_{20}'} = 1$$

$$r_2' + r_{st}' = x_1 + x_{20}' \rightarrow r_{st}' = x_1 + x_{20}' - r_2'$$

转子回路实际串入电阻值为

$$r_{st} = r_{st}' / (k_e k_i)$$

2）启动转矩倍数 k_{st}。启动转矩 T_{st} 和额定转矩 T_N 之比称为启动转矩倍数，即

$$k_{st} = \frac{T_{st}}{T_N} \tag{2-6-6}$$

启动转矩倍数 $k_{st} = 0.95 \sim 2.0$，T_{st} 用来反映异步电动机启动能力的大小。

二、转速特性和转矩特性

（1）转速特性 $n=f(P_2)$。在 $U=U_N$，$f=f_N$ 下，电机转速 n 与 P_2 之间的关系 $n=f(P_2)$ 称为转速特性。异步电动机空载运行时，$P_2=0$，转子转速 $n \approx n_1$。通过实验，可作出异步电动机的转速特性如图 2-6-2 所示。转速特性是一条稍向下倾斜的曲线。

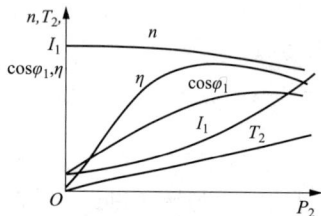

图 2-6-2 异步电动机的工作特性曲线

（2）转矩特性 $T_2=f(P_2)$。在 $U=U_N$，$f=f_N$ 下，电动机输出转矩 T_2 与输出功率 P_2 之间的关系 $T_2=f(P_2)$ 称为转矩特性。由异步电动机的输出转矩 $T_2 = P_2 / \Omega = \dfrac{P_2}{2\pi n / 60}$ 可知转矩特性 $T_2=f(P_2)$ 是一条略为上翘的直线，如图 2-6-2 所示。

三、定子功率因数特性和效率特性

（1）定子功率因数特性 $\cos\varphi_1 = f(P_2)$。在 $U=U_N$，$f=f_N$ 下，异步电动机的定子功率因数 $\cos\varphi_1$ 与输出功率 P_2 之间的关系，称为定子功率因数特性。

异步电动机一般呈感性负载，需要从电网吸收感性无功电流来建立磁场，所以异步电动机的功率因数总是滞后的。

空载时，定子电流基本为无功励磁电流，功率因数很低，一般 $\cos\varphi_0 < 0.2$；随着输出有功功率的增加，输入的有功功率也增大，功率因数相应增大。在额定负载附近，功率因数达到最高。但若继续增大输出功率，转差率将增大，造成转子功率因数减小，从而使定子侧的功率因数 $\cos\varphi_1$ 下降。$\cos\varphi_1 = f(P_2)$ 曲线如图 2-6-2 所示。

（2）效率特性 $\eta=f(P_2)$。在 $U=U_N$，$f=f_N$ 下，异步电动机的效率 η 与输出功率 P_2 之间的关系称为效率特性。

根据效率计算公式有

$$\eta = \frac{P_2}{P_1} = 1 - \frac{P_\Sigma}{P_1} \qquad (2\text{-}6\text{-}7)$$

式中：P_Σ 为异步电动机的总损耗，$P_\Sigma = P_{Cu1} + P_{Fe} + P_{Cu2} + P_\kappa + P_\Lambda$。

由于异步电动机在额定工作范围内的主磁通变化很小。因此，铁损耗 P_{Fe} 和机械损耗 P_κ 基本不变，称为不变损耗；而定子、转子铜损耗及附加损耗会随负载的变化而变化，故称为可变损耗。

当异步电动机空载时，$P_2=0$，$\eta=0$，随着负载的增加，效率逐渐增加，当不变损耗等于可变损耗时，效率达到最大，特性曲线如图 2-6-2 所示。

四、定子电流特性 $I_1=f(P_2)$

在 $U=U_N$，$f_1=f_N$ 下，异步电动机的定子电流 I_1 与输出功率 P_2 之间的关系曲线称为定子电流特性 $I_1=f(P_2)$，如图 2-6-2 所示。

异步电动机空载时，定子电流基本上是励磁电流，$I_2' \approx 0$，$I_1 = I_0$。由电流平衡方程式 $\dot{I}_0 = \dot{I}_1 + (-\dot{I}_2')$ 可知，当负载增加时，转子转速下降，转子电流增大，为了补偿转子电流的去磁作用，定子电流要相应增大。

五、案例分析

[例 2-6-1]　一台异步电动机，$2p=4$，$f_N=50\text{Hz}$，$P_N=5.5\text{kW}$，$k_m=2.2$，$k_{st}=2$，额定状态下输入定子功率 $P_{1N}=6.43\text{kW}$，定子、转子铜损耗 $P_{Cu1}=341\text{W}$，$P_{Cu2}=237.5\text{W}$，铁损耗 $P_{Fe}=167.5\text{W}$，试求：①电磁功率；②总机械功率；③效率；④转差率，转子转速；⑤额定转矩；⑥最大转矩；⑦启动转矩。

解：根据电动机功率流程图 2-5-1，可求得各功率、转矩为

（1）电磁功率为

$$P_M = P_{1N} - (P_{Cu1} + P_{Fe}) = 6430 - (341 + 167.5) = 5921.5(\text{W})$$

（2）总机械功率为

$$P_\Omega = P_M - P_{Cu2} = 5921.5 - 237.5 = 5684(\text{W})$$

（3）效率为

$$\eta_N = P_2 / P_1 = 5500 / 6430 = 0.855 = 85.5\%$$

（4）转差率为

$$s_N = P_{Cu2} / P_M = 237.5 / 5921.5 \approx 0.04$$

同步转速为

$$n_1 = 60 f_N / p = 60 \times 50 / 2 = 1500(\text{r}/\text{min})$$

转子转速为

$$n_N = n_1 (1 - s) = 1500(1 - 0.04) = 1440(\text{r}/\text{min})$$

（5）额定转矩为

$$T_N = P_N / \Omega = \frac{5.5 \times 10^3 \times 60}{2\pi \times 1440} = 36.47(\text{N} \cdot \text{m})$$

（6）最大转矩为

$$T_m = k_m T_N = 2.2 \times 36.47 = 80.24(\text{N} \cdot \text{m})$$

（7）启动转矩为

$$T_{st} = k_{st}T_N = 2 \times 36.47 = 72.94(N \cdot m)$$

知识点二　异步电动机的参数测定

异步电动机和变压器一样，T 形等效电路上的参数 r_1、r_2'、x_1、x_{20}' 和 r_m、x_m 可通过空载和堵转（短路）试验求得。

一、异步电动机的空载试验

（1）试验目的。通过测定空载时异步电动机的空载电压 U_1、空载损耗 P_0、空载电流 I_0。计算出励磁参数 z_m、r_m 及 x_m。同时求取额定电压下运行时电动机的铁损耗 P_{Fe} 和机械损耗 P_κ。

（2）试验原理及电路。空载试验是在电机轴上不带负载的情况下，定子接到额定频率的对称三相电源上，调节电压到（1.1～1.3）U_N，然后逐步降低电压，测出空载电流 I_0 和空载损耗 P_0 随电压 U_1 变化的曲线，直到电流开始回升为止。由试验数据作出异步电动机的空载特性曲线 $I_0=f(U_1)$ 和 $P_1=f(U_1)$，如图 2-6-3（b）所示。

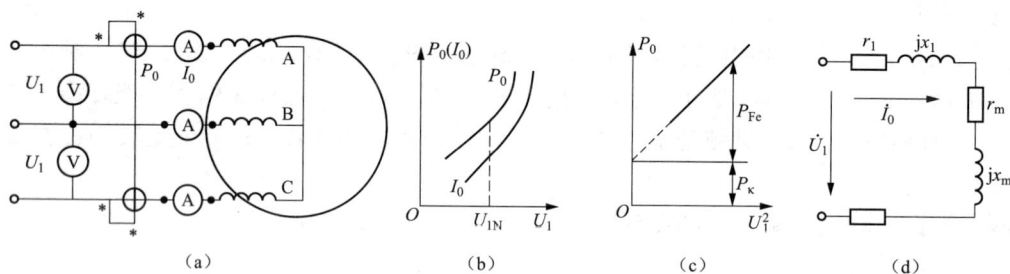

图 2-6-3　异步电动机的空载试验电路

（a）空载试验原理图；（b）空载特性曲线；（c）平方法分离机械损耗；（d）等效电路

异步电动机空载时 s 很小，转子电流很小，转子铜损耗 P_{Cu2} 可忽略，输入损耗主要为定子铜损耗 $m_1 I_0^2 r_1$、铁损耗 P_{Fe} 和机械损耗 P_κ，即

$$P_0 = m_1 I_0^2 r_1 + P_{Fe} + P_\kappa$$

从 P_0 中扣除定子铜损耗 $m_1 I_0^2 r_1$ 后得到

$$P_0' = P_0 - m_1 I_0^2 r_1 = P_{Fe} + P_\kappa$$

采用电压平方法，可以从 P' 中将 P_{Fe} 和 P_κ 分离，因为 P_{Fe} 的大小近似地与外施电压的平方成正比，$P_{Fe} \propto U_1^2$，而 P_κ 的大小与外施电压无关，仅与转速有关，由于在空载试验过程中，空载转速基本不变，因此可认为 P_κ 为一常数，故 $P_0=f(U_1^2)$ 的关系曲线基本上为一条直线，如图 2-6-3（c）所示。延长此直线与纵轴相交，则交点的纵坐标即代表机械损耗 P_κ。

空载试验时，由于 $s \approx 0$，$I_2 \approx 0$，可认为转子开路，其等效电路如图 2-6-3（d）所示。由空载等效电路，根据测得的数据，求出空载总阻抗 z_0 为

$$z_0 = \frac{U_1}{I_0} = z_1 + z_m$$

空载总电阻 r_0 为

$$r_0 = \frac{P_0 - P_\kappa}{m_1 I_0^2} = r_m + r_1$$

空载等效总电抗为

$$x_0 = \sqrt{z_0^2 - r_0^2}$$

利用已求得的铁损耗求出励磁电阻 $r_m = \dfrac{P_{Fe}}{m_1 I_0^2}$，若从堵转试验求出定子漏电抗 x_1，则励磁电抗为

$$x_m = x_0 - x_1$$

励磁阻抗为

$$z_m = \sqrt{r_m^2 + x_m^2}$$

（3）试验方法。按图 2-6-3（a）接线，经检查无误后，电动机接通 380V 电源，用调压器缓慢地将电压调至电动机额定电压 $U_0 = (1.1 \sim 1.3)U_N$ 值，然后逐渐降低电压，直到电动机转速发生明显变化为止，此时电压约为 $0.3U_N$，逐次读取 U_0、I_0、P_0 和转速 n 的值。

二、异步电动机堵转（短路）试验

（1）试验目的。堵转试验是通过测量堵转电流 I_k 和堵转损耗 P_k、堵转时的电压 U_k，计算出 z_k、r_k 和 x_k 的值。

（2）试验原理及电路。通过测定异步电动机的漏阻抗 $z_k = r_k + jx_k$ 来检查异步电动机的启动性能和电动机绕组故障、铁芯故障以及电动机的安装故障等。

由于异步电动机转子绕组已经自成闭路，堵转试验是在转子堵转（即转差率 $s = 1$）的情况下进行。调节外施电压，使短路电流由 $1.2I_N$ 逐渐减小到 $0.3I_N$，测出相电压 U_k、相电流 I_k 和输入总功率 P_k，从而作出异步电动机的短路特性曲线 $I_k = f(U_k)$ 和 $P_k = f(U_k)$，如图 2-6-4（b）所示。

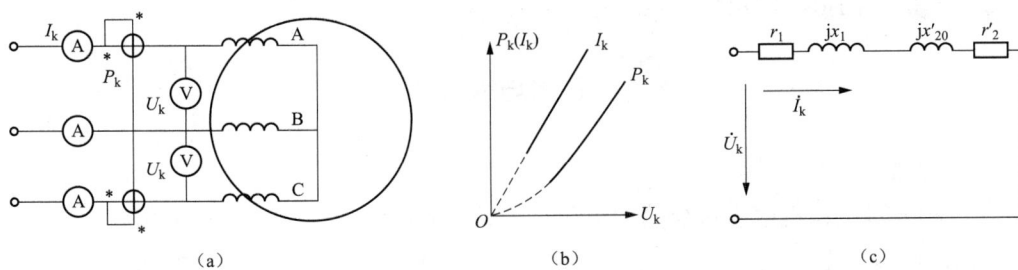

图 2-6-4　异步电动机的堵转试验电路图

（a）堵转试验原理图；（b）短路特性；（c）等效电路

堵转试验时电动机的等效电路如图 2-6-4（c）所示。由于堵转时 $s = 1$，$\dfrac{1-s}{s} r_2' = 0$，因堵转试验时电压很低，铁损耗可忽略不计，它相当于励磁支路断开，故等效电路可简化为 z_1 和 z_2' 串联的电路，励磁电流 I_0 忽略不计，所以有

$$r_k = r_1 + r_2', \quad x_k = x_1 + x_{20}'$$

根据堵转试验测得的数据，可求出 z_k、r_k 和 x_k 的值。

$$z_k = \frac{U_{kph}}{I_{kph}}, \quad r_k = \frac{P_{kph}}{I_{kph}^2}, \quad x_k = \sqrt{z_k^2 - r_k^2}$$

（3）试验方法。用工具使电动机堵住不转，按图 2-6-4（a）接线，合电源开关，用调压器缓慢地调节外施电压，使短路电流由 $1.2I_N$ 逐渐减小到 $0.3I_N$，测出线电压 U_k 线电流 I_k 及三相输入功率 P_k。

🌱 单 元 小 结

（1）当电源电压和电机参数一定时，最大转矩 T_m 随频率 f_1 的增大而减小。

1）当 $s=1$ 时对应的转矩为启动转矩 T_{st}；当 $s=s_m$ 时，对应的转矩为最大转矩 T_m；当 $s=s_N$ 时，对应的转矩为额定转矩 T_N。

2）最大转矩和启动转矩均与电源相电压的平方成正比。最大转矩与转子回路电阻无关，启动转矩与转子回路电阻近似成正比，所以在一定范围内，增大转子回路电阻可以增加启动转矩，当 $s=s_m=1$ 时，启动转矩将等于最大转矩。

（2）异步电动机的工作特性是指在 $U=U_N$ 的条件下，电动机的转速 n、输出转矩 T_2、功率因数 $\cos\varphi_1$、定子电流 I_1、效率 η 与输出功率 P_2 的关系曲线。$\cos\varphi_1$ 的大小取决于额定励磁电流及定转子漏抗的大小。空载电流和漏抗越小，则 $\cos\varphi_1$ 就越大。额定效率的大小取决于电动机的损耗。

（3）异步电动机的空载试验是通过测定空载时异步电动机的空载电压 U_1、空载时铁损耗 P_0、空载电流 I_0，从而计算出励磁参数 z_m、r_m 及 x_m。同时求取额定电压下运行时电动机的铁损耗 P_{Fe} 和机械损耗 P_K。

（4）异步电动机的堵转试验主要是通过测量堵转电流 I_k 和堵转损耗 P_k、堵转时的电压 U_k，确定 r_k 和 x_k 的值，以及转子电阻 r_2'。

📚 思考与练习

一、单选题

1. 三相异步电动机电磁转矩的大小和（　　　）成正比。

　　A．电磁功率　　　　　　　　　B．输出功率　　　　　　　　C．输入功率

2. 异步电动机的机械特性是指 $U=U_N$，$f=f_N$，电动机参数不变的情况下，转差率 s（或转速 n）和（　　　）的关系曲线，即 $T=f(s)$ 曲线。

　　A．启动转矩　　　　　　　　　B．电磁转矩　　　　　　　　C．额定转矩

3. 异步电动机电磁转矩的表达式为（　　　）。

　　A．$T_N = 9550\dfrac{P_N}{n_N}$

　　B．$T_{st} = \dfrac{m_1 p U_1^2 r_2'}{2\pi f_1[(r_1 + r_2')^2 + (x_1 + x_{20}')^2]}$

$$\text{C.}\quad T = \frac{m_1 p U_1^2 \frac{r_2'}{s}}{2\pi f_1\left[\left(r_1 + \frac{r_2'}{s}\right)^2 + (x_1 + x_{20}')^2\right]}$$

4．异步电动机的最大转矩表达式为（   ）。

A．$T_m \approx \dfrac{m_1 p U_1^2}{4\pi f_1(x_1 + x_{20}')}$ B．$T_N = 9550\dfrac{P_N}{n_N}$ C．$T_m \approx \dfrac{m_1 p U_1^2}{2\pi f_1(x_1 + x_{20}')}$

5．已知最大转矩和额定转矩，计算过载能力的公式是（   ）。

A．$k_m = \dfrac{T_m}{T_N}$ B．$k_{st} = \dfrac{T_{st}}{T_N}$ C．$k = \dfrac{T}{T_N}$

6．已知额定转矩和启动转矩倍数，计算启动转矩的公式是（   ）。

A．$T_{st} = k_m T_N$ B．$T_{st} = k_{st} T_N$ C．$T_{st} = k_m T_N$

7．一台异步电动机，额定功率 P_N=10kW，转子转速 n_N=1440r/min，其额定转矩 T_N 为
（   ）N·m。

A．60.32   B．66.32   C．33.32

8．一台异步电动机，额定功率 P_N=15kW，转子转速 n_N=1440r/min，过载能力 k_m=2.2，其最大转矩 T_m 为（   ）N·m。

A．33   B．44   C．220

9．通过测定空载时异步电动机的空载电压 U_1、空载铁损耗 P_0、空载电流 I_0。计算出励磁参数（   ）的值。

A．z_m、r_m 及 x_m B．z_m、r_m 及 x_k C．z_m、z_k 及 x_m

10．堵转试验是通过测量堵转电流 I_k 和堵转损耗 P_k、堵转时的电压 U_k，计算出（   ）的值。

A．z_m、r_m 及 x_m B．z_k、r_k 和 x_k C．z_k、z_m 和 x_k

二、判断题（对的打√，错的打×）

1．最大转矩和启动转矩均与电源相电压的平方成正比。   （   ）

2．当 s=1 时对应的转矩称为启动转矩 T_{st}。   （   ）

3．当 s=s_m 时对应的转矩称为最大转矩 T_m。   （   ）

4．由电磁转矩的参数表达式可知电磁转矩与转差率 s 无关。   （   ）

5．异步电动机的堵转试验主要是为了测定异步电动机的励磁参数 z_m、r_m 及 x_m。（   ）

三、计算题

1．一台额定功率为 7.5kW 的异步电动机，其额定转速 n_N=945r/min，△连接，额定电压为 380V，额定电流为 20.9A，s_m=0.2，k_m=2.5，求 T_N、s_N、T_m。

2．一台六极三相异步电动机，已知 P_N=28kW，n_N=950r/min，U_N=380V，Y 接，k_m=2.8，k_{st}=2.0，试求 T_N、T_{st}、s_N、T_m。

第七单元 异步电动机的启动、调速和制动

知识要求

（1）了解三相异步电动机的调速方法和调速原理。
（2）掌握深槽型、双笼型异步电动机改善启动性能的原理。
（3）掌握笼型、绕线型异步电动机的启动方法。
（4）掌握三相异步电动机的反转及调速方法、制动类型。

能 力 要 求

（1）能进行笼型、绕线型三相异步电动机的启动操作。
（2）能进行笼型、绕线型三相异步电动机的正转、反转及调速操作。

导 学

异步电动机由于具有运行可靠、结构简单、价格低廉等特点，在工农业生产及电力拖动系统中得到了广泛的应用。三相异步电动机在应用中常遇到的技术性问题就是启动和调速问题。

异步电动机的启动是指从定子接通电源开始，转速从零上升到稳定转速的过程。

在生产过程中为满足生产机械的调速要求，需要人为地改变电动机的参数，以改变转速的方法，称为调速。异步电动机的调速方法主要有变频、变极、变转差率三种。

异步电动机的制动就是在电动机的转轴上施加一个与旋转方向相反的力矩，以加快电动机停车的速度。制动方法通常有机械制动和电气制动两大类。

知识点一 三相异步电动机的启动

异步电动机从定子接通电源开始，转速从零上升到稳定转速的过程，称为启动过程，简称启动。反映异步电动机启动性能的两个指标主要有启动电流和启动转矩。

一、异步电动机的启动性能指标

异步电动机的启动性能指标有启动电流和启动转矩。

（1）启动电流倍数

$$k = \frac{I_{st}}{I_N}$$

（2）启动转矩倍数

$$k_{st} = \frac{T_{st}}{T_N}$$

异步电动机启动时，要求具有足够大的启动转矩，较小的启动电流，启动设备简单、可靠、操作方便，启动时间短。如要求启动电流小，则启动转矩也会减少，二者是电动机启动时需要解决的一对矛盾。实际应用中应综合考虑工作要求、电网容量及电动机本身的承受能力，选择合适的启动方法。

二、直接启动电流和启动转矩

直接启动（又称全压启动）是指把电动机的定子绕组经刀闸开关或交流接触器直接接到额定电压的电源上进行启动。若电网容量足够，这是一种最经济、最简便的方法。通常异步电动机启动电流使电网电压降低在 10%～15% 以内，就可以选用直接启动法。

（1）启动电流 I_{st}。电动机直接启动的瞬间，由于 $n=0$，$s=1$，异步电动机的启动电流达到额定电流的 4～7 倍。即 $I_{st}=(4\sim7)I_N$。

（2）启动转矩 T_{st}。异步电动机直接启动时，由电磁转矩的物理表达式 $T=C_T\Phi_m I_2'\cos\varphi_2$ 可知，尽管异步电动机启动电流很大，当 $n=0$，$s=1$ 时，由于启动时转子的漏抗达最大值，致使转子回路功率因数很低，所以其启动转矩并不大。

三、笼型异步电动机的启动

笼型异步电动机的启动方法有两种，即全压启动和降压启动。

（一）全压启动

全压启动（又称直接启动）是用普通开关把电动机直接接入电网的启动方式。全压启动的优点是操作方便，不需要专门的启动设备，具有较大的启动转矩，能带一定的负载启动。缺点是启动电流大，对电网会产生相应的冲击，引起电网电压波动。

电动机允许全压启动的容量一般不应超过变压器容量的 15%。由于电动机全压启动时电流较大，特别是在频繁启动时，可能会引起电动机绕组过热，从而影响电机的绝缘和使用寿命。其次，全压启动会在变压器和线路上产生较大的电压降，导致电源电压波动，进而影响到自身的启动和接在同一母线上的其他设备的启动及正常工作。若变压器的容量不够大则应采用降压启动。

（二）降压启动

降压启动（又称减压启动）就是降低电动机电源电压进行启动，从而减少启动电流，启动结束后将其恢复到额定电压运行。常用的降压启动方法有以下几类。

1. 定子回路串电抗器启动

（1）启动原理。如图 2-7-1 所示。启动时，定子回路中串入电抗器，该电抗器使定子绕组上所加电压低于电源电压，减少了启动电流 I_{st}。启动结束后切除电抗器，电动机投入正常运行。

（2）操作方法。启动时合上 S1，断开 S2，电抗器串入回路中起分压、限流作用，当启动结束时，合上 S2，电动机在额定电压下运行。定子回路串电抗器降压启动时，启动电流与启动电压成比例减少，若加在电动机上的电压减少到原来的 $1/k$，则启动电流也减少到原来的 $1/k$，而启动转矩与电源电压 U_1 的平方成正比，因而启动转矩减少到原来的 $1/k^2$。即

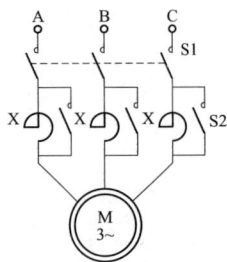

图 2-7-1　定子回路串电抗器启动原理接线图

$$I_{st}' = \frac{I_{st}}{k}$$

$$(2\text{-}7\text{-}1)$$

$$T'_{st} = \frac{T_{st}}{k^2} \qquad (2\text{-}7\text{-}2)$$

（3）适用范围。定子回路串电抗器降压启动，启动电流虽然减小了，但启动转矩下降更多。

（4）优缺点。这种启动方法只适用于轻载或空载启动及高压电动机。其缺点是启动设备费用高。

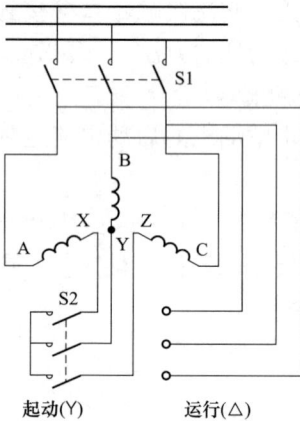

图 2-7-2　Y/△换接启动接线图

2. 星形—三角形换接降压启动

（1）启动原理。这种启动方法只适用于正常运行时定子绕组为三角形接法的电动机。启动时定子三相绕组经切换开关使绕组在启动时接成星形，待升速后再换成三角形接法投入正常运行。其原理接线如图 2-7-2 所示。

（2）操作方法。启动前，先将开关 S2 投向"启动"侧位置，然后合上 S1，这时定子绕组 Y 接降压启动，待转速上升到一定值时，将 S2 迅速倒向"运行"侧位置，电动机定子绕组△接全压下运行。

设电动机电源电压为 U_N，每一相阻抗为 Z，△接法直接启动时，每一相绕组所施加的电压为 U_N，启动线电流为 $I_{st\triangle}$，电网供给的启动电流为

$$I_{st\triangle} = \frac{\sqrt{3}U_N}{Z} \qquad (2\text{-}7\text{-}3)$$

当定子绕组采用 Y 接启动时，每相绕组所施加的电压只有 $\frac{U_N}{\sqrt{3}}$，此时的启动线电流记为 I_{stY}，即

$$I_{stY} = \frac{U_N}{\sqrt{3}Z} \qquad (2\text{-}7\text{-}4)$$

若电动机在三角形接线时直接启动，则绕组相电压为电源线电压 U_N，定子每相启动电流为 $\frac{U_N}{Z}$，所以电网供给电动机的启动电流为

$$I_{st\triangle} = \sqrt{3}\frac{U_N}{Z} \qquad (2\text{-}7\text{-}5)$$

Y/△换接启动时的启动电流比值为

$$I_{stY}/I_{st\triangle} = (\frac{U_N}{\sqrt{3}Z})/(\sqrt{3}\frac{U_N}{Z}) = \frac{1}{3}$$

$$T_{stY} = \frac{1}{3}T_{st\triangle} \qquad (2\text{-}7\text{-}6)$$

即采用 Y/△换接启动时，启动电流和启动转矩都降为三角形直接启动时的 $\frac{1}{3}$ 倍。

（3）优缺点。Y/△换接启动的最大优点是启动设备简单，操作方便，成本低。目前国产 Y 系列三相异步电动机容量在 4kW 以上时，均为△接法。此法的缺点是启动转矩只有直接启动时的 1/3，因此只能用于空载或轻载启动。

3. 自耦变压器降压启动

（1）启动原理。自耦变压器降压启动就是利用自耦变压器（又称启动补偿器）来降低加到异步电动机定子绕组上的端电压，以达到减小启动电流的目的，其接线原理如图 2-7-3（a）所示。

（2）操作方法。启动时先将开关 S2、S3 合上，降压启动。待转速上升到一定值时，S2、S3 断开，S1 合上，切除自耦变压器，电动机全压运行。

自耦变压器二次侧通常有几组抽头，可获

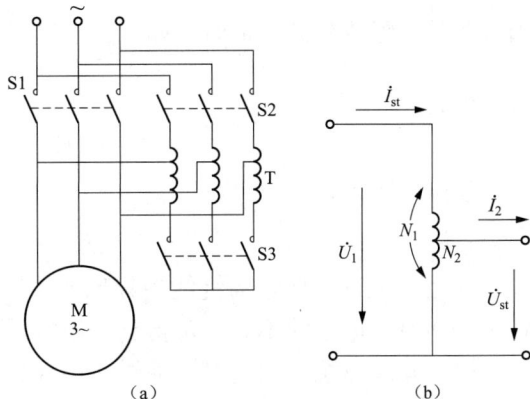

图 2-7-3 自耦变压器启动原理接线图
（a）三相接线图；（b）一相原理图

得不同的变比 k_z，如 QJ3 型启动补偿器备有 40%、60% 和 80% 三组抽头供选用。如图 2-7-3（b）为其中一相原理图，设电源电压为 U_N，自耦变压器的变比为 k_z（$k_z>1$，如 $k_z=1/40\%$），此时加在电动机上的电压为

$$U_{st} = U_N / k_z$$

因启动转矩与电压平方成正比，电动机的启动电流为自耦变压器的二次侧电流。降压后电动机的启动电流和启动转矩分别为

$$I_{st} = \frac{I_{stN}}{k_z} \tag{2-7-7}$$

$$T_{st} = \frac{T_{stN}}{k_z^2} \tag{2-7-8}$$

将式（2-7-7）电流折算到自耦变压器的一次侧（即变压器的 I_1），此时启动电流为

$$I_{1st} = \frac{I_{st}}{k_z} = \frac{I_{stN}}{k_z^2} \tag{2-7-9}$$

由此可见，采用自耦变压器降压启动时，电网供给的启动电流和启动转矩都降为直接启动时的 $\dfrac{1}{k_z^2}$ 倍。

（3）适用范围。电动机空载或轻载启动，以及不需要频繁启动的大容量电动机。

（4）优缺点。自耦变压器降压启动的优点是不受电动机绕组连接方式的影响，可以根据需要选择自耦变压器抽头。缺点是体积大、投资高。

四、绕线型异步电动机的启动

绕线型异步电动机转子上的三相绕组一般接成星形。正常运行时，三相绕组通过集电环彼此短接。如果在转子绕组短接的情况下启动电动机，则与笼型异步电动机直接启动一样。为了改善启动性能，一般采用在转子回路中串入分级启动电阻或频敏变阻器启动。转子回路串入电阻，既可以降低启动电流，又可以提高转子回路的功率因数、增大转子电流的有功分量、增大启动转矩。

1. 转子回路串电阻器启动

（1）特点。转子回路串入电阻后，一方面可限制启动电流，另一方面可增大启动转矩。

当串入的电阻达到某一值时，如使 $s_m = 1$，则 $T_{st} = T_{max}$，此时有 $\dfrac{r_2' + r_{st}'}{x_1 + x_{20}'} = 1$，转子串入电阻的折算值为

$$r_{st}' = (x_1 + x_{20}') - r_2'$$

实际串入电阻为

$$r_{st} = r_{st}' / (k_i k_e) = r_{st}' / k_e^2 \qquad (2\text{-}7\text{-}10)$$

图 2-7-4（a）所示为绕线型异步电动机转子回路串电阻分级启动时的接线原理图。根据转子回路串入电阻的不同，可得到一组机械特性，如图 2-7-4（b）所示。

（2）操作方法。启动时，通过集电环、电刷串入分级启动电阻器，随着转速的升高，逐级切除电阻，直到所有电阻被切除，启动结束。

如果电动机上有举刷装置，为防止电刷磨损和减小摩擦损耗，此时应将三相集电环短接，然后举起电刷。

绕线型异步电动机转子回路串电阻分级启动时，需切换开关等设备，投资大，维修不便。切换时转矩的突变会产生机械上的冲击。为克服此缺点，对较大容量的电动机可采用转子回路串频敏变阻器启动。

2. 转子回路串频敏变阻器启动

（1）结构特点。频敏变阻器的结构如图 2-7-5 所示，它实际上是一个三绕组心式变压器，它的铁芯由几片或十几片 $30 \sim 50\text{mm}$ 厚的钢板或铁板组成，铁芯间有可以调节的气隙。当有交变电流通过时，铁芯中产生的涡流损耗和磁滞损耗都很大。

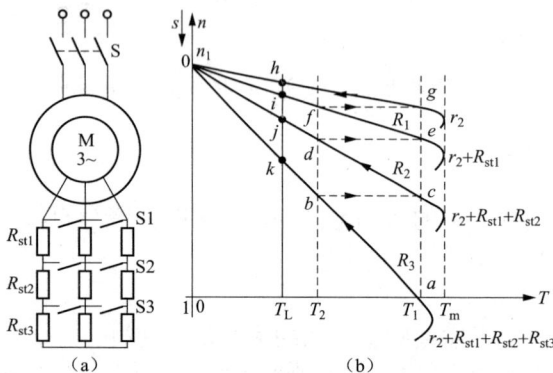

图 2-7-4　转子回路串电阻分级启动

（a）接线图；（b）机械特性

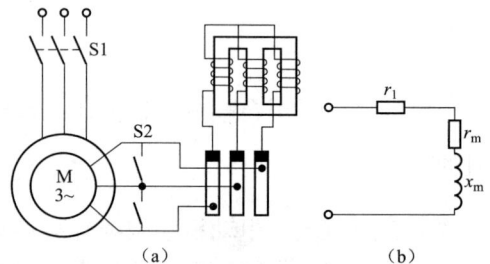

图 2-7-5　转子回路串入频敏变阻器启动

（a）线路图；（b）频敏变阻器一相等效电路

（2）工作原理。频敏变阻器由于铁芯涡流损耗与转子电流频率的平方成正比，电动机在启动开始时，转子频率较高（$f_2 = f_1 = 50\text{Hz}$），相当于转子回路串联了一个较大的启动电阻，可限制启动电流，提高启动转矩；启动后，随着异步电动机转速的上升，转子电流的频率逐渐减小，频敏变阻器的铁损耗逐渐减小，反映铁损耗的等效电阻 r_m 也随之减小，相当于在逐步切除电阻。当频率变化时，铁损耗会发生变化，相应地，x_m 也将随之发生变化，故称为频敏变阻器。

（3）优缺点。优点：频敏变阻器是一种无触点的变阻器，其结构简单、运行可靠、使用

维护方便，能实现无级平滑启动，无机械冲击。缺点：体积大，设备重，功率因数低，启动转矩并不大。

五、案例分析

[**例 2-7-1**]　一台笼型异步电动机，$P_N=10$kW，$n_N=1460$r/min，星形接法。$U_N=380$V，$\eta_N=0.868$，$\cos\varphi_N=0.88$，$T_{st}/T_N=1.5$，$I_{st}/I_N=6.5$，求：

（1）电动机的额定电流 I_N。

（2）若采用自耦变压器降压启动，使 $T_{st}=0.8T_N$，试确定所选的抽头（设自耦变压器的三个抽头为：$100\%U_N$，$80\%U_N$，$60\%U_N$）。

（3）电网供给的启动电流。

解：（1）额定电流为

$$I_N=\frac{P_N}{\sqrt{3}U_N\cos\varphi_N\eta_N}=\frac{10\times10^3}{\sqrt{3}\times380\times0.88\times0.868}=19.9(\text{A})$$

（2）直接启动时的启动转矩为

$$T_{st}=1.5T_N$$

降压启动时的启动转矩为

$$T'_{st}=0.8T_N$$

启动转矩与电压的平方成正比，故

$$T'_{st}/T_N=\left(\frac{U'_1}{U_N}\right)^2=k'^2$$

电压降低倍数为

$$k'=\sqrt{\frac{T'_{st}}{T_{st}}}=\sqrt{\frac{0.8T_N}{1.5T_N}}=0.73$$

如要求启动转矩不小于 $0.8T_N$，则选用 80% 的抽头。

（3）按 80% 的抽头计算，则

$$k=\frac{1}{0.8}=1.25$$

电动机的启动电流为

$$I'_{st}=\frac{1}{k^2}I_{st}=\frac{1}{1.25^2}\times6.5\times19.9=82.8(\text{A})$$

🌱 知识点二　深槽型和双笼型异步电动机

普通笼型异步电动机具有结构简单、造价低、运行稳定、效率高等优点，但其启动性能较差，而绕线型电动机能通过转子回路串电阻改善启动性能，但其结构复杂、维护不便、成本高。为了使异步电动机既具有结构简单又有良好的启动性能，只能通过改进异步电动机的转子结构，采用特殊槽形的转子，制成深槽型和双笼型异步电动机。

深槽型和双笼型异步电动机是通过改变转子槽形结构，利用集肤效应原理，来改善异步电动机的启动性能。

一、深槽型异步电动机

（1）结构特点。深槽型异步电动机仍属笼型电动机的一种，只是它的转子槽形窄而深，槽深与槽宽之比为 10～12，如图 2-7-6（a）所示。

（2）工作原理。深槽型异步电动机是利用电流的集肤效应来改善电机的启动性能的。启动时，$n=0$，$s=1$，$f_2=f_1$，转子电流频率较高，转子漏抗 $x_2=2\pi f_2 L_2=2\pi f_1 L_2$ 较大，远大于转子电阻，故转子电流分布主要取决于漏电抗。转子电流按电抗成反比分布，如图 2-7-6（b）所示，从上到下，电流逐渐减小，从导体截面上看，电流主要集中在外表面，这种现象称为集肤效应，如图 2-7-6（c）所示，其效果相当于减小了导条的高度和截面，增大了启动时转子回路的电阻，其作用如同启动时转子回路串入了一个启动变阻器。从而减小了启动电流，增大了启动转矩，改善了启动性能。

启动后，随着转速的升高，转差率的减小，转子频率逐渐降低，转子漏抗逐渐减小，转子电流减小。启动完毕，f_2 只有 1～3Hz，"集肤效应"基本消失，转子电阻、电抗均恢复为正常值，从而保证在正常运行时损耗小，效率高的要求。

二、双笼型异步电动机

双笼型异步电动机转子上有两层笼型绕组，如图 2-7-7 所示，外层笼（上笼）导体截面小，用黄铜或铝青铜等电阻率较高的材料制成，故电阻较大；内层笼（下笼）导体截面大，采用电阻率较小的紫铜材料制成，故电阻较小，两层笼条有各自的端环。另外，双笼型导条也可采用铸铝。

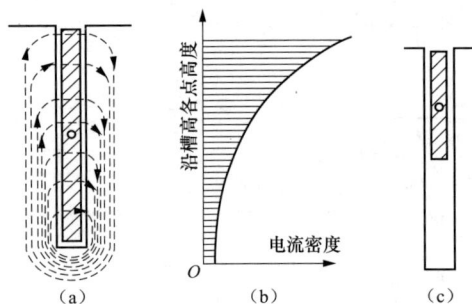

图 2-7-6　深槽转子导条的电流分布	图 2-7-7　双笼型转子槽形
（a）槽漏磁分布；（b）电流密度分布；（c）导条的有效截面	（a）铜条；（b）铸铝

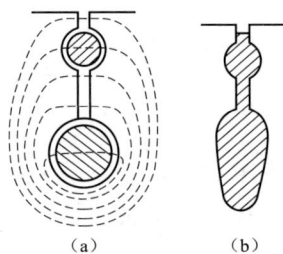

启动时，$n=0$，$s=1$，$f_2=f_1$，转子频率很大，转子电流的大小由电抗决定，由于集肤效应的存在，这时外层笼的电流较大；同时，由于外层笼的电阻较大，而电抗相对较小，故功率因数 $\cos\varphi_2$ 大，从而产生较大的启动转矩，这时电动机的启动主要依靠外层笼，故外层笼又称启动笼。

启动后，随着转速的升高，转差率的减小，转子频率逐渐降低，转子漏抗逐渐减小，转子电流减小。当启动结束时，频率 f_2 很小，外层和内层笼的电抗远小于相应的电阻，这时转子电流的大小主要由其电阻决定，此时内笼的电流将远大于外笼，即正常运行时，电动机的推动主要依靠内层笼，故内层笼又叫运行笼（或工作笼）。

综上所述，深槽型和双笼型异步电动机都是利用集肤效应原理来工作的。这两种电动机既有普通笼型异步电动机的优点，又具有启动时转子电阻较大，正常运行时转子电阻自动减小的特点，从而减少了启动电流，增大了启动转矩，达到了改善异步电动机启动性能的目的。

知识点三　三相异步电动机的调速

为满足生产机械的调速要求，在生产过程中需要人为地改变电动机的参数，以改变转速的方法，称为调速。电动机的调速，不论是调速范围或平滑性，都不如直流电动机。但近年来，随着电子技术与微电子技术的发展，以及计算机技术与现代控制理论的应用，交流异步电动机的调速性能及控制可靠性正得到广泛的应用。

一、调速原理及方法

（1）调速原理。异步电动机的调速原理，可根据转速公式 $n=(1-s)n_1$ 导出

$$n = (1-s)n_1 = (1-s)\frac{60f_1}{p} \tag{2-7-11}$$

（2）调速方法。根据式（2-7-11）可得到异步电动机的调速方法有下述三种。

1）改变异步电动机定子绕组的极对数 p 调速，即变极调速。

2）改变异步电动机所接电源的频率 f_1 调速，即变频调速。

3）改变电动机的转差率 s 调速。

二、变极调速

变极调速是通过改变电动机定子绕组的极对数 p 实现的。

（1）变极原理。正常运行时，$n \approx n_1 = 60f_1/p$，当频率不变时，改变电动机的极对数，电动机的同步转速随之成反比变化，若磁极对数增加一倍，同步转速将下降一半，电动机的转速也几乎下降近一半，即改变磁极对数可以实现电动机的变极调速。

在异步电动机中，定子铁芯中只装一套绕组，利用改变绕组接法得到不同的极对数，而实现电动机的磁极对数和转速的改变，称为单绕组变极调速。其原理如图 2-7-8 所示。设异步电动机每相有两个相同的线圈组，当这两个线圈组"首与尾"正向串联后（X1A2 相接），则此时气隙中形成四个磁极（$2p=4$），如图 2-7-8（a）所示。当采用如图 2-7-8（b）所示的反向串联（X1X2 相接）或图 2-7-8（c）所示的反向并联（A1X2 相接）时，此时气隙中形成两个磁极，即磁极对数减少了一半（$2p=2$）。由此可见，只要将定子中每相一半绕组的电流方向改变，就可以改变磁极对数。

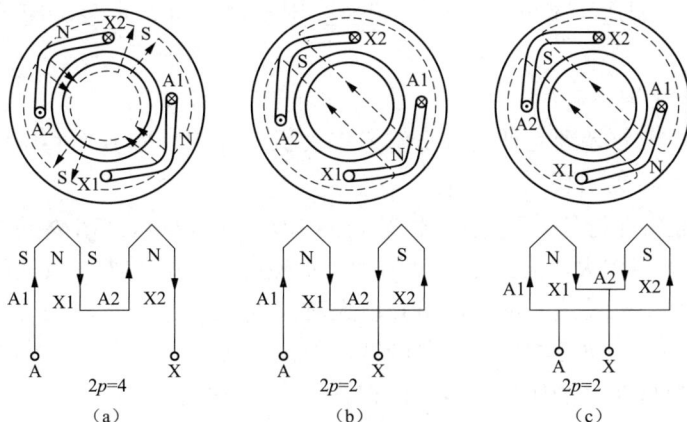

图 2-7-8　变极原理
（a）正向串联；（b）反向串联；（c）反向并联

当电动机定子绕组的线圈组作不同的组合连接，就可得到不同的极数。在一套定子绕组中得到两种转速的电动机称为单绕组双速电动机。双速电动机中又有倍极比（如 4/2 极、8/4 极等）双速电机，也有非倍极比（如 4/6 极、6/8 极等）双速电动机。近年来甚至出现三速（如 4/6/8 极）电动机。

在倍极比（即极对数变更时成整数倍关系）双速电动机中，为保证变极前后电机的转向不变，应改变施加在电机上的电源相序。原因是极数不同，空间电角度的大小也不一样。

少极数时，A、B、C（或 U、V、W）三相绕组在空间分布的电角度依次为 0°、120°、240°电角度。倍极数时，A、B、C（或 U、V、W）三相绕组在空间分布电角度依次为 0°、120°×2、240°×2（相当于 120°）电角度。从而改变了原来的相序，电动机将反转。

在异步电动机中，三相绕组的变极接线主要有 Y→YY 和 △→YY 两种，如图 2-7-9 所示。一般情况下，Y→YY 接法适用于恒转矩调速，而 △→YY 接法适用于恒功率调速。

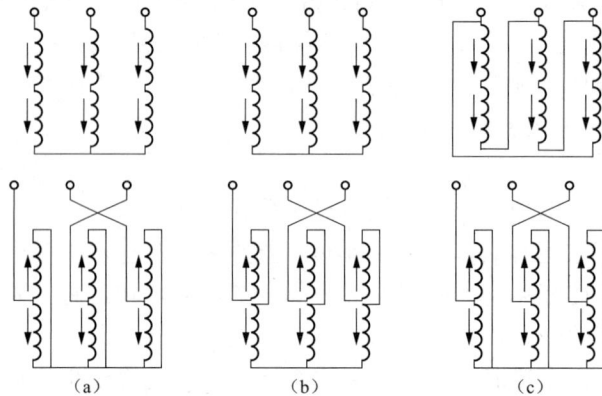

图 2-7-9 典型的变极接线原理图

（a）Y-YY（$2p$–p）；（b）顺串 Y-反串 Y（$2p$–p）；（c）△—YY（$2p$–p）

变极调速电动机定子绕组的出线头较多，通常采用转换开关来改变接线，由于要同时兼顾两种极数时的性能，所以使得任一极数下的性能均不是最佳。

（2）优缺点。优点：变极调速设备简单、运行可靠、机械特性硬，损耗小，效率高。缺点：绕组出线头多，调速平滑性差。变极调速多用于通风机、水泵、起重机和金属切削机床中。

三、变频调速

（1）变频原理。变频调速是通过改变输入电动机电源的频率 f_1 而实现调速的方法。变频调速性能好，但需一套变频装置。

变频调速时，通常保持气隙磁通 Φ_1 不变。由式 $U_1=E_1=4.44k_{w1}N_1f_1\Phi_1$ 可知，若电源电压不变，当 f_1 降低时，Φ_1 将增大，磁路饱和度增加，励磁电流明显增大，致使电动机功率因数下降，铁损耗增加，电动机过热。反之，当 f_1 增大时，Φ_1 将减小，导致电动机允许输出转矩下降（$T=C_T\Phi_1I_2'^2\cos\varphi_2$），使电动机利用率降低。为保持磁通 Φ_1 不变，在调速过程中，调压调频应同时进行，且保持两者的比值不变，即保持 U_1/f_1=定值。

（2）优缺点。优点：无级调速，调速范围宽，机械特性硬，效率高，是现代电动机调速发展的主要方向。缺点：需要一套专门的变频电源，调速系统较复杂，设备投资大。

四、改变转差率调速

改变转差率 s 的调速包括改变外加电源电压调速、绕线型电动机转子串接电阻调速及串级调速。

（1）绕线型异步电动机转子串接电阻调速。

1）调速原理。绕线型异步电动机带恒转矩负载时，改变转子回路串入电阻的大小，就可以改变电动机的机械特性，如图 2-7-4 所示。转子回路串入的电阻越大，产生的临界转差率越大，曲线越向下倾斜，转速越低。在负载转矩不变的情况下，增大转子电阻，电动机运行点将沿着 h、i、j、k 四点向下移动，转速随之下降。

2）优缺点。优点：改变转差率调速设备简单，操作方便，投资小，可在一定范围内平滑调速，调速过程中最大转矩不变。缺点：低速运行时的机械特性软，转速稳定性差，损耗大，效率低。改变转差率调速多用于中、小容量电动机的调速。

（2）改变外加电源电压调速。改变外加电源电压调速的方法需用一台大功率变压器降压调速。特点是方法简单，只能在 $0 \sim s_m$ 段内进行调速，调速范围窄，仅适用于普通笼型电动机。

知识点四　三相异步电动机的制动

电动机产生的电磁转矩与转子旋转方向相反的一种运行状态称为制动，转矩对转子运动起制动作用（即在电动机的轴上施加一个与旋转方向相反的力矩）。电动机的制动方法通常有机械制动和电气制动两大类。

机械制动是指利用机械装置使电动机断开电源后迅速停止的方法（如电磁抱闸制动器和电磁离合器制动）。电气制动是指在电动机的轴上施加一个与旋转方向相反的电磁转矩进行的制动。由于电气制动容易实现自动控制，所以在电力拖动系统中广泛采用电气制动。

（1）制动原理。由异步电动机的工作原理可知，异步电动机的转向取决于旋转磁场的方向，而定子旋转磁场的方向取决于电流的相序，通过对调连接电动机的任意两根电源线，即可改变定子电流的相序，使电动机反转。

（2）电气制动的种类。异步电动机常用的电气制动有反接制动、能耗制动和反馈制动三种。分述如下。

一、反接制动

（1）反接制动。就是利用电动机转子的转向与定子旋转磁场的转向相反的原理进行的制动，如图 2-7-10 所示。

（2）制动过程。制动前，KM1 闭合，KM2 断开，电机正常运行；当需要制动时，KM1 断开，KM2 闭合，此时，定子电流的相序与正向相反，定子产生的气隙磁场反向旋转，电磁转矩方向与电动机的旋转方向相反，从而起制动作用。

在反接制动中，当转速接近 0 时，要立即切断电源，否则，电动机会继续反向旋转。由于在反接制动时，旋转磁场与转子的相对速度很大（$\Delta n = n_1 + n$），因而转子感应电动势很大，故转子回路中应串入限流电阻 R 限流。

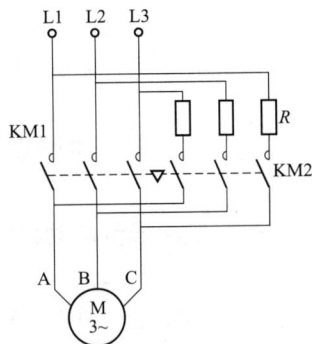

图 2-7-10　反接制动原理接线图

（3）优缺点。优点：反接制动方法简单，制动迅速，效果较好。缺点：制动过程中冲击强烈，能量消耗较大。反接制动适用于要求制动迅速，不需经常启动和停止的场合，如铣床、镗床、中型车床等主轴的制动。

二、能耗制动

（1）制动原理。将正在运行中的异步电动机定子绕组从电网中断开，而改接到一个直流电源上，由于直流励磁在气隙中建立一个静止磁场，对于正在旋转的转子来说，相当于磁场向后旋转，因此由它感应的转子电流所产生的转矩对转子起制动作用，这时转子上的动能全部消耗在转子回路电阻中，故称为能耗制动，其接线如图 2-7-11 所示。

在能耗制动中，制动转矩的大小与直流电流的大小有关，在笼型异步电动机中，可通过调节直流电源的大小来控制制动转矩的大小；而在绕线型异步电动机中，则可通过调节转子电阻来控制制动转矩的大小。

（2）优缺点。优点：制动平稳，便于实现准确停车。缺点：制动较慢，需增设一套直流电源。

三、反馈制动

（1）制动原理。由于外来因素的影响，转子转速超过同步转速，电动机进入发电状态，电磁转矩变为制动转矩，将电能反馈到电网。如起重机通过改变电源相序使电机反转下放重物，由于电磁转矩与重力产生的转矩方向相同，下降速度将超过同步转速，当 $n>n_1$ 后，电磁转矩变为制动转矩，它与重力矩相平衡时，电动机以高于同步转速的速度匀速下放重物，此时，重物下降失去的位能转换为电能反送给电动机所接电网，如图 2-7-12 所示。

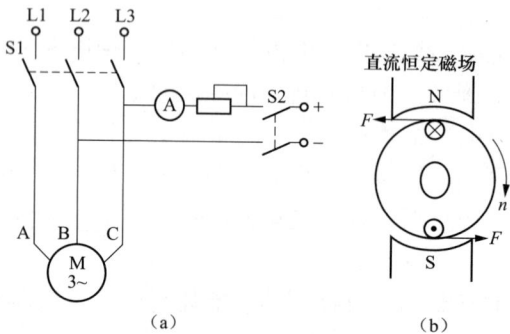

图 2-7-11　能耗制动原理接线图

（a）接线图；（b）制动原理

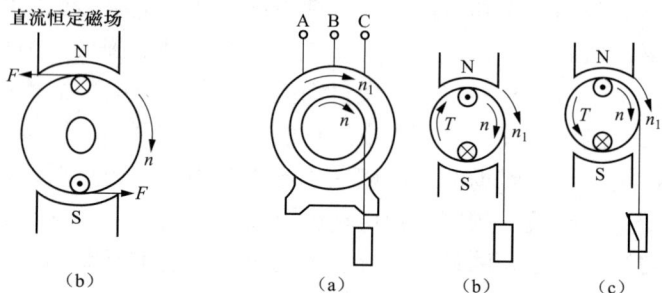

图 2-7-12　反馈制动原理图

（a）示意图；（b）电动机运行状态；（c）反馈制动状态

（2）优缺点。优点：能向电网回馈电能。缺点：转子转速小于同步转速时不能实现制动。

🌱 知识点五　三相异步电动机的启动、反转和制动试验

一、三相异步电动机的启动试验

（一）试验目的

通过异步电动机的启动试验，掌握三相笼型异步电动机常用的几种启动方法；粗略测量电动机各种启动电流的大小；学习三相绕线型异步电动机的启动方法。

（二）试验内容及原理

（1）直接启动。只适用于小型异步电动机。

（2）Y/△启动。适用于正常运行时△接的异步电动机。Y/△启动时，定子绕组上的电压降到额定电压的 $1/\sqrt{3}$ 倍；启动电流降到直接△启动的 1/3 倍。试验中可使用额定电压 380V、Y 接法的异步电动机进行模拟操作测试，应用调压器将电压降至 220V 后，再进行 Y/△启动试验。

（3）自耦变压器启动。可对三相异步电动机进行降压启动试验，一般启动用的自耦变压器均有两种抽头，其电压分别为额定电压的 60% 和 80%，可视具体情况选用。

（4）转子回路串电阻启动。三相绕线型电动机常用的启动方法，它的主要优点是既可降低启动电流，又可增大启动转矩。

（三）试验线路及操作步骤

1. 直接启动

步骤一：按图 2-7-13 所示线路图接好试验线路，经老师检查确认接线无误。

步骤二：合上开关 S，电动机通电直接启动，观察并记录启动瞬间电流的大小（因电流指针偏转时有惯性，故所测启动电流只是近似值）。

步骤三：拉下开关 S，然后重复步骤二、步骤三操作两次（注意，两次启动前必须让电动机完全停止转动，然后再次进行启动，否则测量值会偏小），记录启动电流的大小于表 2-7-1 中，取三次直接启动电流的平均值作为直接启动的电流值。

2. Y/△启动

步骤一：按图 2-7-14 接好试验线路，检查确认无误。

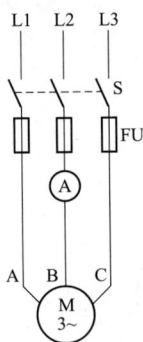

图 2-7-13　直接启动线路图　　　　　图 2-7-14　Y/△启动线路图

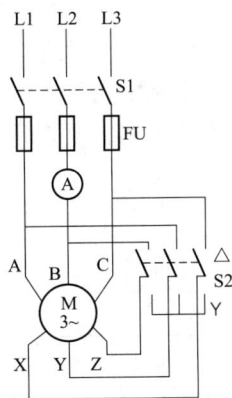

步骤二：先合上开关 S1，再将开关 S2 合至"Y"位（电动机接成 Y 启动），同时观察启动瞬间启动电流的大小并记录于表 2-7-1 中。待电动机转速升至将近额定值时，将开关 S2 迅速由"Y"合向"△"位，使电动机正常运行。

步骤三：断开开关 S2，然后重复启动 2 次，分别将启动电流记录于表 2-7-1 中。取 3 次启动电流的平均值为 Y/△启动时的启动电流。

步骤四：先将 S2 合至"△"位，然后合上 S1（则电动机在△接法下直接启动），同时观察瞬间电流的大小，并记录于表 2-7-1 中。

表 2-7-1　　　　　　　　三相笼型异步电动机启动试验数据记录及计算

序号	名称		最大瞬时电流（A）I_{ST}				稳定电流值（A）			
1	直接启动 U_N（△接）		1	2	3	平均值	1	2	3	平均值
2	Y-△启动（△接电机）		电动机 Y 接降压启动电流 I_{STmax}				电动机△接启动电流 I_{STmax}			
			1	2	3	平均值	1	2	3	平均值
3	自耦变降压启动	40%U_N								
		60%U_N								
		80%U_N								

3. 自耦变压器降压启动

步骤一：按图 2-7-15 所示试验线路接线，经检查确认无误。

步骤二：合上开关 S2 至 1 位，再合上开关 S1，则电动机降压启动。自耦变压器降压启动时分别降压到 40%U_N、60%U_N、80%U_N，测量启动电流及稳态电流各三次，记录于表达式（2-7-1）中。

步骤三：迅速将 S2 由 1 位合至 2 位，则电动机全压正常运行。

4. 绕线式异步电动机转子串电阻启动

步骤一：按图 2-7-16 所示试验线路接线，检查确认无误。

步骤二：将 R_{st} 置于电阻值最大位置，然后合上开关 S，同时观察启动电流大小。

步骤三：逐步调节 R_{st} 直至 $R_{st}=0$，则电动机进入稳态运行。

步骤四：将 R_{st} 置于最大值的一半位置，重复启动操作，并注意观察启动瞬间电流大小（此时启动电流应比步骤二时为大）。

步骤五：拆除线路，整理现场。

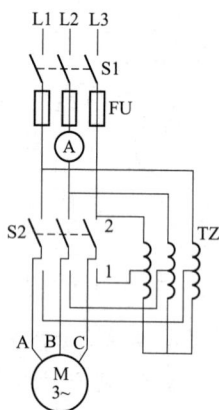

图 2-7-15　自耦变压器降压启动线路图

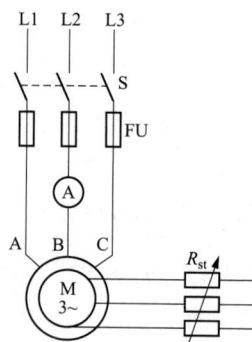

图 2-7-16　绕线型异步电动机转子串电阻启动

（四）试验结果及数据处理

（1）直接启动电流。平均值为 $I_{st} = \dfrac{I_{st1} + I_{st2} + I_{st3}}{3} = $ ＿＿＿A（测量 3 次取平均值）。

（2）Y/△启动试验数据及平均值（测量三次取平均值）。

（3）自耦变压器降压启动的启动电流为 $I_{st}=$＿＿＿A。

（4）绕线式异步电动机转子串电阻启动记录（测量 3 次取平均值）。

当电阻 R_{st} 为最大值时，启动电流为 $I_{st1}=$＿＿＿A；$I_{st2}=$＿＿＿A；$I_{st3}=$＿＿＿A；平均值为

$$I_{st}=\frac{I_{st1}+I_{st2}+I_{st3}}{3}=\underline{\quad}A。$$

当电阻 R_{st} 为最大值的一半时，启动电流为 $I_{st1}=$＿＿＿A；$I_{st2}=$＿＿＿A；$I_{st3}=$＿＿＿A；平均值为 $I_{st}=\dfrac{I_{st1}+I_{st2}+I_{st3}}{3}=\underline{\quad}A。$

（五）注意事项

（1）启动电流的测量时间很短，读数时应迅速、准确。

（2）试验时启动次数不宜过多。

（六）讨论与思考题

（1）试验中测出的直接启动电流，电流值大小是否与理论计算相符，若差别较大，其原因是什么？

（2）比较△接法时全压启动电流和 Y/△启动电流的大小关系，两者相差的倍数。

（3）380V、Y 接法的异步电动机进行模拟 Y/△启动时，为何要将电源电压降至 220V？

二、三相异步电动机的反转和制动试验

（一）试验目的

（1）掌握三相异步电动机反转的操作方法。

（2）掌握三相异步电动机能耗制动的方法，观察其制动效果。

（3）比较三相异步电动机的自然停车与能耗制动停车的快慢。

（二）试验内容及原理

（1）三相异步电动机的反转。反转是通过改变接电动机的三相电源相序实现的，实际操作中是将电动机三相绕组中的任意两个出线端与电源接线对换。

（2）三相异步电动机能耗制动。当电动机脱离交流电源后，在任意两相定子绕组中通入直流电源，在气隙中形成一个恒定磁场，惯性运行的转子在这个恒定磁场作用下产生感应电流，并产生一个制动性质的电磁力矩，使电动机迅速制动。注意观察直流电流改变时，对电动机制动效果的影响。

（三）试验线路和操作步骤

按图 2-7-17 接好试验线路，经老师检查允许后，依下列步骤操作。

1. 三相异步电动机的反转

步骤一：将开关 S1 断开，然后将 S2 合至 1 位，再合上 S1，则电动机通电启动。观察并记录电动机旋转方向于表 2-7-2 中，然后断开 S1 使电动机停转。

步骤二：在 S1、S2 均断开时，将电动机三相绕组出线端的 A、B 两端对调接线。然后将 S2 合至 1 位，合上 S1 则电动机再次通电旋转，观察并记录此时电动机的转向于表 2-7-2

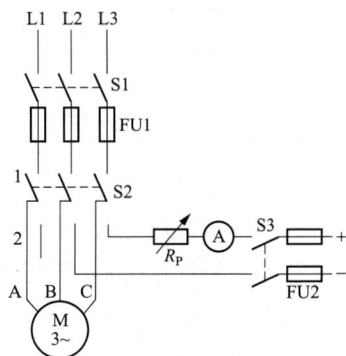

图 2-7-17　三相异步电动机的
反转与制动线路图

中，随后断开 S1 使电动机停转。

步骤三：将电动机出线端的 B、C 两端对调接线，然后再次合上 S2 至 1 位，合上 S1 则电动机又通电旋转，观察此时电动机的旋转方向，随后再次断开 QS1 使电动机停转。把试验结果记录于表 2-7-2 中。

2. 三相异步电动机的能耗制动

步骤一：将制动电阻 R_P 调至最大值，将开关 S2 合至 2 位，观察并记录此时定子绕组中直流电流 I_p 的数值，记录于表 2-7-3 中。然后将开关 S2 由 2 位合至 1 位，合上 S1，则电动机通电旋转。待电动机转速稳定后，迅速将开关 S2 由 1 位合至 2 位（这时电机开始能耗制动）。记录此制动过程的制动时间于表 2-7-3 中。电动机停转后拉下开关 S1 和 S2。

步骤二：将 S2 合至 2 位，调节 R_P 使直流电流等于电动机额定电流的 0.7 倍，即 $I_p=0.7I_N$。然后，将开关 S2 由 2 位合至 1 位，电动机通电启动。待电机转速稳定后，将开关 S2 迅速由 1 位合至 2 位，则电机再次进行能耗制动。记录此制动过程的时间于表 2-7-3 中。

步骤三：再次调节电阻 R_P，使电流表中读数为电机的额定电流，即 $I_p=I_N$。然后如上所述，再重复一次能耗制动操作，并记下制动时间。

3. 比较自然停车与能耗制动停车的快慢

将开关 S2 合至 1 位，合上 S1 则电动机通电启动，待电机转速稳定后，再断开开关 S2，使电动机自然停车。在表 2-7-3 中记下自然停车时间，并将它与能耗制动停车时间比较。

（四）试验结果记录及处理

（1）三相异步电动机反转试验时电机的转向（顺时针或逆时针）记录。

表 2-7-2　　　　　　　　　　三相异步电动机的反转试验

1	未改变接线时的转向	作＿＿＿＿＿时针转动
2	对调 A、B 两端连线后的转向	作＿＿＿＿＿时针转动
3	对调 B、C 两端连线后的转向	作＿＿＿＿＿时针转动

（2）三相异步电动机的能耗制动试验记录于表 2-7-3 中。

表 2-7-3　　　　　　　　　　三相异步电动机的能耗制动试验

1	R_p 为最大值	$I_p=$＿＿＿A	$t_1=$＿＿＿s
2	调节 R_p，$I_p=0.7I_N$	$I_p=0.7I_N=$＿＿＿A	$t_2=$＿＿＿s
3	调节 R_p，$I_p=I_N$	$I_p=I_N=$＿＿＿A	$t_3=$＿＿＿s
4	自然停车		$t_4=$＿＿＿s

（五）注意事项

（1）试验过程中，线路的连接应做到仔细、准确，不得将交流电源与直流电源直接相连。

（2）能耗制动时绕组中的直流电流不可过大，电动机停车后，应立即切断直流电源。

（3）如发生异常，应立即断开电源开关，排除故障后，再继续试验。

（六）思考题

（1）在反转试验过程中，步骤二时电动机的旋转方向应与步骤一相反；而步骤三时电动机的转向应与步骤二相反，与步骤一相同。这一现象说明了什么问题？

（2）在能耗制动试验中，制动电阻 R_p 的大小，在制动中起到了什么作用？

单 元 小 结

（1）三相异步电动机在应用中，常遇到的技术性问题是启动和调速问题。对启动的主要要求是 T_{st}/T_N 要大，I_{st}/I_N 要小。三相笼型异步电动机除小型电动机可直接启动外，一般采用降压启动，常用的降压启动方法有：①定子回路串电抗器启动；②定子回路串自耦变压器启动；③Y/△转换降压启动。降压启动时，虽然减小了启动电流，但同时也减小了启动转矩，故只适用于空载或轻载的场合。绕线型异步电动机可在转子回路串接电阻或串接频敏变阻器启动。为改善笼型转子电动机的启动性能，可采用深槽型和双笼型等特殊槽型的转子。

（2）对异步电动机调速的基本要求是调速范围大，调速平滑，设备简单、耗能低。由转速公式 $n=(1-s)60f/p$ 可知，调速的主要方法有变极调速、变频调速及改变转差率调速等。

（3）制动是使电机产生的电磁转矩与转子旋转方向相反。方法有反接制动、能耗制动和反馈制动（再生发电制动）。

思考与练习

一、单选题

1．反映异步电动机启动性能的指标有（　　）。

    A．启动电流

    B．启动电流倍数，启动转矩倍数

    C．启动转矩

2．异步电动机启动时，要求（　　）。

    A．启动转矩足够大，启动电流较小

    B．启动转矩足够小

    C．启动电流较大

3．普通笼型异步电动机常用的启动方法有（　　）。

    A．全压启动和降压启动

    B．全压启动和转子串电阻启动

    C．降压启动和转子串电阻启动

4．通常异步电动机启动电流使电网电压降低（　　）以内时可以选用直接启动。

    A．30%　　　　　　　　　　　　B．20%　　　　　　　　　　　　C．10%～15%

5．三相异步电动机直接启动，启动时定子电流一般为额定电流的（　　）。

    A．10 倍以上　　　　　　　　　B．4～7 倍　　　　　　　　　　C．20%左右

6．三相异步电动机的负载越重，其启动电流（　　）。

    A．越大　　　　　　　　　　　　B．越小　　　　　　　　　　　　C．与负载轻重无关

7．三相异步电动机的负载越重，其启动时间（　　）。

    A．越长　　　　　　　　　　　　B．越短　　　　　　　　　　　　C．与负载轻重无关

8．三相异步电动机负载启动和空载启动时的启动电流关系是（　　）。

A．负载时启动电流大

B．空载时启动电流小

C．两种情况下启动电流相同

9．三相笼型异步电动机铭牌标明额定电压为 380V/220V，Y/△接线，今接到 380V 电源电压上（　　）。

A．能用△接启动　　　　　　B．能用转子串电阻启动　　C．能用补偿器启动

10．采用 Y/△换接启动，启动电流和启动转矩都降为△接直接启动时的（　　）。

A．1/2　　　　　　　　　B．1/3　　　　　　　　　C．1/4

二、判断题（对的打√，错的打×）

1．异步电动机的负载越重，其启动电流越大。　　　　　　　　　　　　（　　）

2．异步电动机的负载越重，其启动时间越长。　　　　　　　　　　　　（　　）

3．绕线式电动机在额定转矩下调速，转子串入电阻增大，稳态时的转子电流减小。（　　）

4．绕线式电动机转子串入电阻启动，其电阻值越大，启动力矩越大。　　（　　）

5．三相异步电动机的调速方法有三种：变极调速、变频调速、变转差率调速。（　　）

三、计算题

*1．一台三相异步电动机，其额定数据为 $P_N=100\text{kW}$，$n_N=1450\text{r/min}$，$\eta_N=0.85$，$\cos\varphi_N=0.88$，$\dfrac{T_{st}}{T_N}=1.35$，$\dfrac{I_{st}}{I_N}=6$，定子绕组采用△连接，额定电压为 380V，试求：

（1）异步电动机的额定电流 I_N。

（2）采用 Y/△降压启动时的启动电流和启动转矩。

（3）若负载转矩为额定转矩的 50%和 25%时，能否采用 Y/△降压启动？（忽略空载转矩）

2．一台绕线型异步电动机，$P_N=155\text{kW}$，$I_N=294\text{A}$，$2p=4$，$f_N=50\text{Hz}$，Y 接法。$r=r_2'=0.012\Omega$，$x_1=x_{20}'=0.06\Omega$，$U_N=380\text{V}$，$k_e=k_i=1.1$，该电动机启动时，要求启动电流限制为 $I_{st}=3.5I_N$，求：

（1）转子回路中每相应串入多大的电阻？

（2）启动转矩有多大？

（提示：应用 $I_{st}=\dfrac{U_N/\sqrt{3}}{\sqrt{(r_1+r_2'+r_{st}')^2+(x_1+x_{20}')^2}}=3.5I_N$ 计算，再通过电动势比 k_e 及电流比 k_i 计算出实际串入的电阻值及启动转矩。

第八单元　单相异步电动机的应用分析

知 识 要 求

（1）了解单相异步电动机的脉动磁场及铭牌参数的含义。了解单相异步电动机的常见故障及处理方法。

（2）掌握单相异步电动机的结构、工作原理及分类。

（3）掌握单相异步电动机的启动方法及转向控制方法。

能 力 要 求

（1）能进行单相异步电动机的拆装操作。

（2）能区分单相异步电动机的启动绕组和工作绕组。

（3）能进行单相异步电动机的调速及转向控制。

（4）能处理单相异步电动机的常见故障。

导 学

单相异步电动机是指由单相电源供电的异步电动机。

单相电动机存在的最大问题是启动问题。要实现单相电动机的启动运转，必须在定子上设置两个绕组（一个工作绕组，一个启动绕组），并使工作绕组和启动绕组存在有 90°的相位差。或者定子采用罩极结构，形成移动的磁场，使定子得到启动转矩。

知识点一　单相异步电动机的结构与原理

单相异步电动机是指由单相电源供电的异步电动机，它适用于只有单相交流电源供电的小型工业设备和家用电器。单相异步电动机具有结构简单、成本低廉、噪声小、运行可靠、维修方便等优点。单相电动机使用方便，可以直接在 220V 单相电源上使用，所以它在工业、农业和家庭电器（如电风扇、电冰箱、空调器、吸尘器）等方面得到了广泛应用。

一、单相异步电动机的结构

单相异步电动机的结构和三相笼型异步电动机相似，其转子也为笼型，定子绕组嵌放在定子铁芯槽内，除罩极式单相异步电动机的定子具有凸出的磁极外，其余各类单相异步电动机定子与普通三相笼型异步电动机相似，一般定子上有两套绕组，一套是工作绕组，用来建立工作磁场。另一套是启动绕组，串联电容器，用来帮助电动机启动。两绕组之间的轴线在空间错开一定的角度。其结构如图 2-8-1 所示。

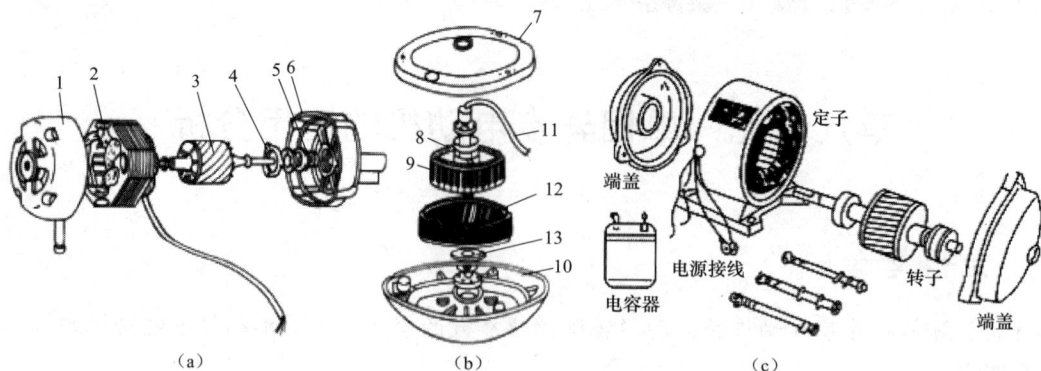

图 2-8-1　单相异步电动机结构图

（a）台扇；（b）吊扇；（c）普通单相异步电动机结构

1—前端盖；2—定子；3—转子；4—轴承盖；5—油毡圈；6—后端盖；7—上端盖；

8、13—挡油罩；9—定子；10—下端盖；11—引出线；12—外转子

二、工作原理及启动问题

（1）启动问题。单相异步电动机只有一个工作绕组时，单相绕组通入单相交变电流，只能产生一个脉振磁动势。单相脉振磁动势可以分解成两个幅值相同、转速大小相等、方向相反的旋转磁动势 $\bar{F}_+$ 和 $\bar{F}_-$，从而在气隙中建立正转和反转磁场，它们分别在转子绕组上产生两个大小相等、方向相反的感应电动势和电流，这两个电流与定子磁场相互作用，产生两个大小相等，方向相反的电磁转矩，其转矩特性如图 2-8-2 所示。图中曲线 1 表示 $T_+ = f(s)$ 的关系，曲线 2 表示 $T_- = f(s)$ 的关系。曲线 3 由 $T_+ = f(s)$ 和 $T_- = f(s)$ 两根特性曲线叠加而成。从图 2-8-2 中，可以看出单相异步电动机的几个主要特点：

1）当 $n=0$，$s=1$ 时，单相异步电动机无启动转矩，$T = T_+ + T_- = 0$，不能自行启动。

2）合成转矩曲线对称于 $s^+ = s^- = 1$ 点。故单相异步电动机没有固定的旋转方向。其旋转方向取决于电动机启动时的方向。若外力使电动机正向旋转，则合成转矩为正，电动机正向旋转。反之，若外力使电动机反向旋转，合成转矩为负，电动机反向旋转。即电动机的旋转方向取决于启动瞬间外力矩作用于转子的方向。

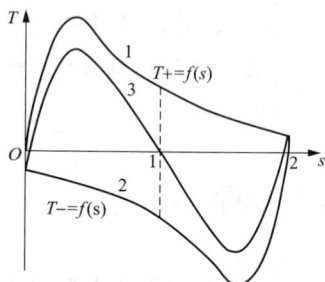

图 2-8-2　单相异步电动机 $T=f(s)$ 曲线

3）由于反方向转矩的制动作用，使合成转矩减小，最大转矩也随之减小，致使电动机过载能力较低。

4）反方向旋转磁场在转子中产生的感应电流，增加了转子铜损耗，降低了电动机的效率。因此，单相异步电动机的效率约为同容量三相异步电动机效率的 75%～90%。

（2）工作原理。为了使单相异步电动机获得启动转矩，必须设法将脉振磁场变为旋转磁场。解决的办法：

1）在其定子铁芯内放置 2 个有空间角度差的绕组（启动绕组和工作绕组）。

2）使这 2 个绕组中流过的电流相位不同（称为分相）。这样，就可以在电机气隙内产生一个旋转磁场，有了旋转磁场就能产生启动转矩，电动机即可自行启动。

三、启动方法

单相异步电动机的启动方法，主要是在启动时设法建立一个旋转磁场。根据获得旋转磁场方式的不同，单相异步电动机可分为分相式和罩极式等类型。

（一）分相启动电动机

分相启动电动机分为电阻分相和电容分相两种。其转子仍采用笼型结构，在定子铁芯中嵌入两个在空间上相差 90°电角度的工作绕组 1 和启动绕组 2。在启动绕组中串入电容器或电阻器来提高其功率因数，并通过离心式开关 S 与工作绕组一起并联到同一电源上，实用中多采用串电容器 C 的分相方式，如图 2-8-3（a）所示。当电容器 C 的电容量选择得恰当时，就可以使 $\dot{I}_1$ 与 $\dot{I}_2$ 之间的相位相差接近 90°，如图 2-8-3（b）所示，从而建立起一个椭圆度较小的旋转磁场而获得较大的启动转矩。

（1）电容运转单相异步电动机。在电容启动电动机的基础上去掉离心开关 S，把启动绕组按连续方式设计长期运行，不切除串有电容器 C 的启动绕组，就构成了电容运转电动机。

（2）电阻启动电动机。若启动绕组回路中不是串入电容器，而是串入电阻器来分相，则此单相电动机就是电阻启动电动机。由于启动绕组与工作绕组中电流的相位差较小。因此，电阻启动电动机的启动转矩较小，只适应于比较容易启动的场合。

（二）罩极式电动机

（1）罩极式电动机的结构。罩极式电动机的转子仍为笼型。定子结构有隐极式和凸极式两种，凸极式结构简单，所以，罩极式电动机的定子铁芯一般为凸极式，用硅钢片叠压而成，如图 2-8-4（a）所示。定子磁极上有 2 个绕组，其中一个套在凸出的磁极上，称为工作绕组。在极面上约 1/3～1/4 的地方开有小槽，套上一短路铜环作启动绕组，故称之为罩极式异步电动机。

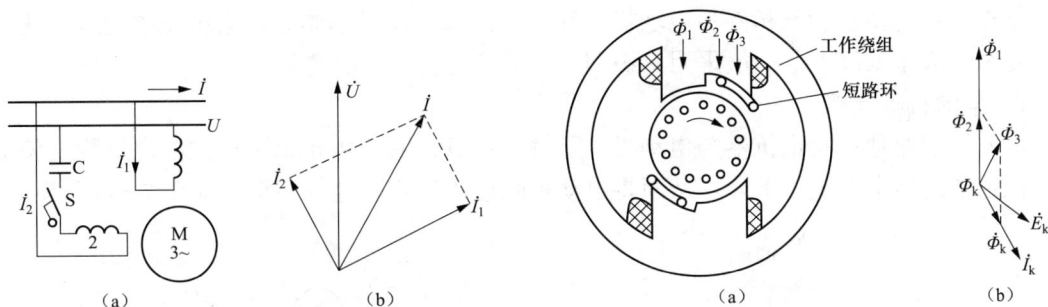

图 2-8-3　电容启动单相异步电动机

（a）电路图；（b）相量图

图 2-8-4　罩极式异步电动机

（a）结构图；（b）磁通相量图

（2）罩极式电动机的工作原理。当工作绕组通入单相交流电流后，将产生脉振磁通，并有交变磁通穿过磁极，其中大部分为穿过未罩极部分的磁通 $\dot{\Phi}_1$，另一小部分磁通 $\dot{\Phi}_2$ 将穿过短路铜环，由于 $\dot{\Phi}_1$ 和 $\dot{\Phi}_2$ 都是由工作绕组中的电流所产生的，所以同相位，且 $\dot{\Phi}_1 > \dot{\Phi}_2$。由于 $\dot{\Phi}_2$ 脉振的结果，在铜环中将产生感应电动势 $\dot{E}_k$ 和感应电流 $\dot{I}_k$，并产生磁通 $\dot{\Phi}_k$。$\dot{\Phi}_2$ 与 $\dot{\Phi}_k$ 叠加后形成通过短路铜环的合成磁通 $\dot{\Phi}_3$，即 $\dot{\Phi}_3 = \dot{\Phi}_2 + \dot{\Phi}_k$。最后短路铜环内的感应电动势应为 $\dot{\Phi}_3$ 所产生，所以 $\dot{E}_k$ 应滞后 $\dot{\Phi}_3$ 90°。而 $\dot{I}_k$ 滞后 $\dot{E}_k$ 一个相位角，$\dot{\Phi}_k$ 与 $\dot{I}_k$ 同相位，如图 2-8-4（b）所示。由

此可见，由于短路环的作用，未罩极部分的磁通 $\dot{\Phi}_1$ 与被罩极部分磁通 $\dot{\Phi}_3$ 之间不仅在空间上，而且在时间上均存在有一定的相位差，因此，它们的合成磁场将是一个由超前相转向滞后相的旋转磁场，即由未罩极部分转向罩极部分。由此产生的电磁转矩，其方向也是由未罩极部分转向罩极部分。

四、单相异步电动机的反转及调速

（一）单相异步电动机的反转

（1）工作原理。单相异步电动机的反转，就是改变其旋转磁场的方向。因为异步电动机的转向是从电流相位超前的绕组向电流相位落后的绕组旋转的，如果把其中的一个绕组反接，等于把这个绕组的电流相应改变了 180°，假若原来这个绕组是超前 90°，则改接后就变成了滞后 90°，结果旋转磁场的方向随之改变。

（2）反转方法。对于分相异步电动机，把工作绕组和启动绕组中任意一个绕组的首端和尾端对调，单相电动机将反向旋转。对于罩极式单相异步电动机不能通过改变绕组接线来改变转向，只能将转子反向安装，达到使负载反转的目的。

部分电容运行单相电动机是通过改变电容器的接法来改变电动机转向的，如洗衣机需经常正、反转。当定时器开关处于图 2-8-5 中所示位置时，电容器串联在 AX 绕组上，电流 $\dot{I}_{AX}$ 超前 $\dot{I}_{BY}$ 相位约 90°。经过一定时间后，定时器开关将电容器从 AX 绕组切断，串接到 BY 绕组，则电流 $\dot{I}_{BY}$ 超前于 $\dot{I}_{AX}$ 相位约 90°，从而实现了电动机的反转。这种单相电动机的工作绕组与启动绕组可以互换，其工作绕组、启动绕组的线圈匝数、截面积、占槽数都应相同。

另外，对于罩极式电动机其外部接线无法改变，因为它的转向是由内部结构决定的，所以它一般用于不需要改变转向的场合。

（二）单相异步电动机的调速

单相异步电动机和三相异步电动机一样，平滑调速比较困难。若采用变频无级调速，则设备复杂、成本太高，故一般采用有级调速，通常有以下几种方法。

1. 串电抗器调速

（1）调速原理。将电抗器与电动机定子绕组串联，利用电抗器上产生的电压降，使加到电动机定子绕组上的电压下降，从而将电动机转速由额定转速往下调，如图 2-8-6 所示。

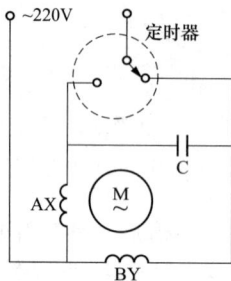

图 2-8-5 洗衣机电动机的正、反向控制　　图 2-8-6 单相异步电动机串电抗器调速电路

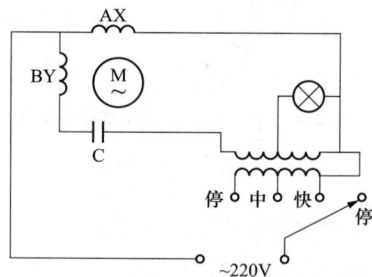

（2）优缺点。优点：调速方法简单、操作方便。缺点：只能有级调速，且电抗器消耗电能。

2. 电动机绕组内部抽头调速

（1）调速原理。电动机定子铁芯嵌放有工作绕组 AX、启动绕组 BY 和中间绕组 LL，通过开关改变中间绕组与工作绕组及启动绕组的接法，从而改变电动机内部气隙磁场的大小，使电动机的输出转矩也随之改变，在一定的负载转矩下，电动机的转速发生变化。常有 L 形和 T 形两种接法，如图 2-8-7 所示。

（2）优缺点。优点：调速不需电抗器，省料、省电。缺点：绕组嵌线和接线复杂，电动机和调速开关接线较多，且是有级调速。

3. 晶闸管调速

利用改变晶闸管的导通角，改变施加在单相异步电动机交流电压的大小，从而达到调节电动机的转速，原理如图 2-8-8 所示。这种调速方法可以做到无级调速，节能效果好。但会产生一些电磁干扰，多用于电风扇调速。

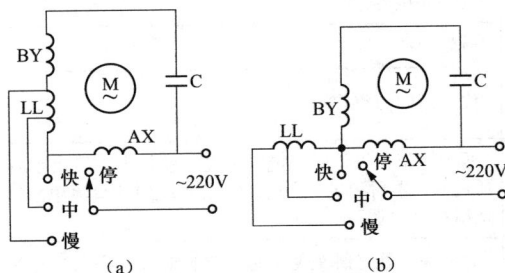

图 2-8-7　单相异步电动机绕组抽头调速接线图
（a）L 形接法；（b）T 形接法

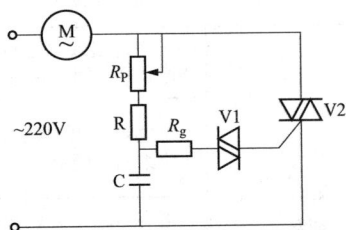

图 2-8-8　双向晶闸管调速原理图

4. 变频调速

变频调速适合各种类型的负载，随着交流变频调速技术的发展，单相变频调速已在家用电器（如变频空调器等）上广泛应用，它是交流调速控制的发展方向。

知识点二　单相异步电动机的常见故障及处理

一、单相电动机常见故障原因及排除

单相异步电动机的维护与三相电动机相类似，即通过看、听、闻、摸等手段观测电动机的运行状态。单相电动机常见故障原因及排除方法见表 2-8-1。

表 2-8-1　　　　　　　　　　单相电动机常见故障原因及排除方法

故障类型	常见故障	故障原因及排除方法
通电无法启动	通电即断熔丝，电动机可能存在短路故障	检测电动机绕组直流电阻及绝缘电阻值，依据测量结果进行判断，排除故障
	电源电压过低	因电动机的转矩与电压的平方成正比，造成启动转矩太小而无法启动，测量施加给电机的电压进行判断，排除故障
	电动机定子绕组断路	绕组正常直流电阻一般为几欧或几十欧，太大则疑为断路，找出断路点进行修复
	电容器损坏或断开	用替代法判断电容器的好坏
	离心开关触头闭合不上	转状态下用万用表测量出启动绕组的直流电阻。找出造成触头闭合不上的原因，进行排除
	转子卡住或过载	正常时转子负载应能用手平滑转动。查明转子被卡及过载的原因，进行排除

续表

故障类型	常 见 故 障	故障原因及排除方法
启动转矩过小或启动迟缓且转向不定	离心开关触头接触不良	用砂纸打磨离心开关触头，用尖嘴钳调整接触点
	电容器容量减小	用容量大的电容替代判断或更换新电容
电动机转速低于正常转速	电源电压偏低	升高电压
	绕组个别匝间短路	会造成电动机气隙磁场不强，电动机转差率增大。修复匝间短路的绕组
	离心开关触头无法断开，启动绕组未切断	正常运行时，启动绕组磁场干预工作绕组磁场。此故障一般是触头使用时间过长造成，将离心开关拆下修复开关触头
	运行电容器容量变化	更换新电容
	电动机负载过重	减轻负载
电动机过热	工作绕组或电容运行电机的启动绕组个别匝间短路或接地	修复匝间短路绕组
	电容启动电动机的工作绕组与启动绕组相互接错	两个绕组在设计时，电流密度相差很大。接错则启动绕组易过热。重新测量工作绕组与启动绕组的直流电阻值，将两绕组相互对调
	电容启动电动机离心开关触头无法断开，使启动绕组长期运行而发热	此故障一般是触头使用时间过长造成，将离心开关拆下修复开关触头
	轴承发热	润滑油中的油脂挥发，润滑油干涸，降低润滑性能。给轴承加润滑油
电动机转动时噪声大或振动大	绕组短路或接地	用绝缘电阻表测量绕组绝缘电阻判断故障产生的原因。修复短路绕组，排除产生接地故障的原因
	轴承损坏或缺少润滑油	给轴承加润滑油
	定子与转子空隙中有杂物	清除杂物
	电动机的风扇风叶变形、不平衡	拆下风叶进行调整或更换扇叶
	电动机固定不良或负载不平衡	重新加固

二、家用电器中单相异步电动机的故障检修

（一）电风扇电动机的检修

（1）电风扇电动机的故障判断。

1）检查电动机是否漏电。用验电笔测试电动机外壳，根据验电笔氖泡的亮度来判断是否漏电。然后用万用表测量具体电压值，按带电电压值的不同，采取不同的排除措施。

2）观察电风扇的转速。检查时，可在风扇未接通电源之前，把变速装置放在最慢挡，摆动旋钮放在摆角最大位置。通电后，看电动机能否启动运转，如不能，则说明电动机启动转矩小。为此，需打开电动机后盖，脱开蜗轮等转动机构，单独检查风扇电动机，看能否达到额定转速。

3）检查电风扇的温升。若电动机绕组及轴承故障，在传动机构脱开后，通电 1h 左右，温度会升到烫手的程度，如运转 1h 后，手在电动机外壳上停住，仅有热感，则电动机正常。

4）检查噪声情况。电风扇在各挡转速下运转时，一般能听能到正常"沙沙"声，而没有机械声及电磁噪声。

（2）电风扇电动机的修理。

1) 通电后电动机不转无"哼声"。这种现象故障在线路及电动机和电器元件方面。用万用表采用静态测量方法可测量出是否是电源无电、电动机引线及插头损坏或接线断开、脱落、按键开关或定时器接触不良，电抗器内部断路或外部接线点虚焊、脱焊以及其他各连接线断路、脱焊等。查出故障后，再逐一修复。

2) 通电后电动机不转，且转动转子手感沉重，细听有较大的电磁声。这种故障多是电压过低或机械传动部分的问题所致。解决的方法：先在转动部分和电动机前后加油孔注入适量的缝纫机油，然后试转，若是轴承问题，应进行更换。

3) 通电后电动机不转，但有"哼声"，断电后用手转动转子灵活。此种故障多产生在电动机内部一次、二次绕组及其外部电路上。检查的方法：首先确定故障在一次或二次绕组。接通电源，用力旋动转子轴，如能转动，则故障在二次绕组。其次，用万用表细查，先查外部器件，如电容器是否良好，再拆卸电动机，检查内部绕组接线是否断开、脱焊。

（3）电动机启动困难。

1) 启动困难，但一经启动却正常运转。这一故障应先找出启动困难点，根据启动困难点来确定故障范围。方法是：在电风扇最大仰角低速挡下"点动"电动机，风扇叶自由停止的位置，即为启动困难点。用手转动如果有"较紧"感觉，可能是电动机前后端盖或轴承不同心。

2) 电风扇电动机低速转动困难。原因是电抗器的压降太大。加在电风扇电动机的电压过低。

（4）不通电时转子转动灵活，通电后启动困难。故障原因是电动机转子被定子"吸住"。转子被定子"吸住"的原因较多，如定转子的气隙偏差，椭圆形磁场产生的单边磁拉力，机械故障、轴承严重磨损等。

（5）转速不正常。

1) 时转时停。原因是绕组内部及连接电路存在接触不良和脱焊。

2) 转速太慢。原因是轴承损坏、缺油、电压过低等。

3) 转速过高。原因可能是电压过高。

4) 调速失灵。原因是调速开关、调速绕组及调速电抗器本身或连接线路出现故障造成。

（6）电动机外壳带电。

1) 漏电。电动机长期过热或受潮使绝缘下降而漏电。作浸漆处理，以提高绝缘性能。

2) 绕组碰壳。这种情况非常危险，在无法找到故障时，应更换绕组。

3) 插座（或插头）接线错误。最危险的是因插头接线错误所引起的风扇带电。电风扇电源线一般为三芯，分别是相线（即火线），中性线和接地线，若中性线代替接地线，会将220V交流电加到电风扇的外壳，引起触电事故。处理方法：用电笔检查后按正确接法更正接线。

（7）机内冒烟。

机内冒烟将会导致电动机烧毁，当发现机内冒烟时，应立即切断电源，查明导致冒烟的原因。可能产生冒烟的原因。

1) 定子绕组匝间、层间绝缘击穿、短路。

2) 一次绕组、二次绕组短路。

3) 绕组接地。

4) 绕组严重受潮或浸水等。

（二）洗衣机电动机的检修

（1）洗涤电动机不启动，指示灯不亮。

1）检查电源插头接触是否良好，熔断器是否熔断，并用验电笔或万用表检查电源是否正常。

2）检查电压是否过低。洗涤方式选择按钮是否按下或接触不良，如接触不良，应适当调节簧片位置。检查定时器内部触点是否接触不良或断路。

3）带进水阀的洗衣机设有固有水位开关，当进水量未达到限定水位高度时，洗涤电动机不启动，应使水量达到限定高度，电动机方能正常运转。

4）电动机引线断路，电容器损坏应进行更换。

（2）洗涤电动机不转，且有"嗡嗡"声。

1）波轮被异物卡死，应清除波轮上的异物。

2）电源电压过低。

3）电容器引出线脱开或虚焊，应将开焊处重新焊接好。

4）电动机转子被卡住，拆开电动机，清除异物或换轴承。

5）电动机两组绕组中有一组断线，拆开电动机检查，仔细查出断点，重新焊好。如断在槽内，更换绕组。

（3）波轮不能自动正反转或转动不停。

这类故障是定时器失灵、接触不良或触点烧结黏合无法断开电路所致。应检修定时器内部的弹簧片和触点，损坏严重时应更换新定时器。

（4）电动机转速变慢。

1）电动机重修后绕组接线有错误，检查接错处，重新焊接。

2）电容器容量变小，应更换一只新电容器。

3）电动机转子导条断裂，将电动机解体修复或更换。

4）电动机绕组短路，在有负载时转速变低，重绕线圈。

（5）电动机运转时噪声过大。

1）整机安放不平或支架未固定，应进行调整和固定。

2）波轮安装不正，转动时碰擦洗衣桶桶壁，应松开主轴套的螺母，将波轮校正到适宜位置固定紧。

3）洗衣机经长期使用后，轴和轴瓦磨损过大，应更换波轮轴或轴瓦（含油轴承）。

4）带自动排水阀结构的洗衣机，其牵引电磁铁的间隙过大，修复牵引电磁铁，以减少噪声。

5）电动机底座或后盖板等多处螺钉松动，应将松动螺钉紧固。

6）电动机本身噪声。拆下电动机的传动带，空载试运转，判断噪声来源予以解决。噪声一般多为轴瓦或轴承磨损，电动机壳固定螺钉以及电动机端盖紧固螺钉松动所致。严重损坏的电动机应更新，以免造成整机带电，发生触电事故。

7）传动带装配太紧，应调整到使带松紧适宜为止。

（6）电动机每次启动均烧断熔断器的原因及修复。

1）电动机绕组烧毁或损坏，应更换绕组，若是局部故障，则做局部修复。

2）电动机定子绕组部分短路，需找出短路点，若在端部，可做绝缘处理。如在槽内，需更换线圈。

3）电动机定子绕组对地绝缘损坏，应查出碰壳短路处，做绝缘处理，严重时应更换绕组。

（7）电动机过热的原因及修理。

1）洗衣量过多应拿出部分衣物，以减轻负载。

2）电动机转子与定子相摩擦，拆修电动机。

3）电动机定子线圈局部短路，排除短路故障。

4）转子导条断裂，应予以修补或更新。

（8）电动机漏电。用万用表检查电动机接线端头、电容器、调速开关及定时开关等，查出故障后进行干燥处理，以后每次使用后应用干布擦干。如属电动机绕组对地，应修理电动机。若漏电属接地保护问题，应加接接地线，如原有接地螺钉松动。应除锈后固紧。

（三）空调压缩机的检修

单相电动机常见故障原因及检修措施见表 2-8-2。

表 2-8-2　　　　　　　　　　　单相电动机常见故障原因及检修措施

故障类型	常 见 故 障	检 修 措 施
空调器压缩 电动机不启动	无电	检查熔断器、插头、插座
	主控开关失灵	用万用表检查开关开合是否正常
	温度控制器失灵	用导线将温控器的相应两触点短接，若电动机运转，则故障在温控器本身。应查看温控器触点、弹簧、感温包、波纹管是否损坏，如损坏应更换或修复
	启动继电器故障	检查继电器线圈、触点，如损坏应更换或修复
	过载保护失灵	检查过载保护器有无电阻值，如损坏应更换
	压缩机电动机电容损坏	检查电容是否损坏，如损坏应更换
	压缩机电动机损坏	按检修电动机方法修理
压缩机有异 响但不运转	启动电容击穿	拆下电容器，换上同容量电容器即可
	电源电压过低	升压
	启动继电器出现故障	修复或更换
	压缩机电动机"抱轴"	"抱轴"会导致电动机绕组烧坏，更换电动机绕组或更换新压缩机
	压缩机电动机绕组断路或短路	更换电动机绕组或更换新压缩机
压缩机运转 不停	温控器触点粘连	修理或更新
	温控器中感温管的感温剂泄漏	重新注入感温剂或更换新感温器
	制冷剂泄漏	检漏后补漏，换干燥过滤器，二次抽真空后重注制冷剂

三、单相异步电动机修复后的检验

单相异步电动机的检验主要包括：

（1）直流电阻的测量。测量一次、二次绕组的电阻值与原有数据比较并记录存档备查。正反转的洗衣机一次、二次绕组参数相同。

（2）绝缘电阻的测量。在一次、二次绕组未被连接之前，用 500V 绝缘电阻表检查绕组对地绝缘电阻应不小于 $30M\Omega$，一次、二次绕组之间的绝缘电阻应为 ∞。

（3）电容器端电压的测量。对于单相电容运转、双电容电动机，额定状态下运行时电容器两端的电压值不应超过电容器额定电压的一半。

（4）空载电流测量。电动机外加额定电压，正常运转后，测量一次侧空载电流。空转 15～20min 后，再次测量一次空载电流，两次测量值应基本相同。

（5）交流耐压试验。单相异步电动机如有离心开关、电容器与绕组的连接应处于正常工作状态。对一次绕组回路试验时，二次绕组回路应和铁芯及机壳相连接。对二次绕组试验时，高电压只能加在二次绕组回路的绕组端，主回路应和铁芯及机壳相连接。

单 元 小 结

（1）单相异步电动机广泛应用于家用电器或电动工具。单相异步电动机的类型即为单相异步电动机的启动方法。

（2）单相绕组电动机的特点是没有启动转矩、没有固定的转向，其性能较三相异步电动机差。单相异步电动机为产生启动转矩，启动时需增加一启动绕组，且启动绕组和工作绕组之间有一定的相位差，才能产生旋转磁场和启动转矩。单相异步电动机的启动类型有电阻启动、电容启动、电容运转、电容启动及运行、罩极式等形式。

（3）单相电动机的调速方法主要有：定子绕组串联电抗器调速、绕组内部抽头调速、晶闸管调速、变频调速等。

（4）单相电动机的反转方法：一是改变任意一相绕组的首尾端（把工作绕组和启动绕组中任意一个绕组的首端和尾端对调），二是改变电容回路绕组的接线。

（5）单相异步电动机的检修主要通过看、听、闻、摸及仪器仪表检测等手段进行。

思考与练习

一、单选题

1. 单相异步电动机的调速方法有（　　　）调速、绕组内部抽头调速、晶闸管调速、变频调速等。

　　A. 定子绕组串电容

　　B. 定子绕组串联电抗器

　　C. 定子绕组串自耦变压器

2. 单相异步电动机的定子结构与普通三相笼型异步电动机相似，一般定子上有两套绕组，一套是（　　　），用来建立工作磁场；另一套是启动绕组，串联电容器，用来帮助电动机启动。两绕组之间的轴线在空间错开一定的角度。

　　A. 并联绕组　　　　　　　　B. 工作绕组　　　　　　　　C. 串联绕组

3. 单相异步电动机的主要特点是启动转矩为（　　　），故无法启动，若要自行启动，必须增加一个启动绕组。

　　A. 0　　　　　　　　　　　B. T_L　　　　　　　　　　　C. T_2

4. 单相异步电动机修复后的检验，主要包括直流电阻的测量、绝缘电阻的测量、电容器端电压的测量、空载电流测量和（　　　）。

A．直流耐压试验　　　　　　　B．交流耐压试验　　　　　　C．介损角试验

5．罩极式单相电动机的定子铁芯一般为凸极式，用硅钢片叠压而成，定子磁极上有 2个绕组，其中一个套在凸出的磁极上，称为工作绕组。在极面上 1/4～1/3 的地方开有小槽，套上一（　　）作启动绕组。

A．直流绕组　　　　　　　　　B．交流绕组　　　　　　　　C．短路铜环

6．电容运转电动机，是在电容启动电动机的基础上去掉离心开关 S，把启动绕组按连续方式设计长期运行，不切除串有（　　）的启动绕组。

A．电抗器　　　　　　　　　　B．电阻器　　　　　　　　　C．电容器

7．分相启动电动机分为电阻分相和（　　）分相两种。

A．电阻器　　　　　　　　　　B．电容　　　　　　　　　　C．电抗器

8．晶闸管调速是利用改变晶闸管的（　　），改变施加在单相异步电动机的交流电压大小，从而达到调节电动机的转速。

A．导通角　　　　　　　　　　B．阻抗角　　　　　　　　　C．电阻角

9．单相电动机的反转方法：一是（　　），即把工作绕组和启动绕组中任意一个绕组的首端和尾端对调，二是改变电容回路绕组的接线。

A．改变电源极性

B．改变启动绕组两端

C．改变任意一相绕组首尾端

10．单相异步电动机的维护与三相电动机相类似，即通过看、听、闻和（　　）等手段观测电动机的运行状态。

A．摸　　　　　　　　　　　　B．测电容　　　　　　　　　C．测电压

二、判断题（对的打√，错的打×）

1．单相异步电动机是指由单相电源供电的异步电动机，它适用于只有单相交流电源供电的小型工业设备和家用电器。　　　　　　　　　　　　　　　　　　　　　　（　　）

2．单相异步电动机只有一个工作绕组时，单相绕组中通入单相交变电流，只能产生一个旋转磁动势。　　　　　　　　　　　　　　　　　　　　　　　　　　　　　　（　　）

3．为了使单相异步电动机获得启动转矩，必须设法将脉振磁场变为旋转磁场。（　　）

4．单相异步电动机的反转，就是改变其旋转磁场的方向。　　　　　　　　（　　）

5．单相绕组电动机的特点是没有启动转矩、没有固定的转向、其性能较三相异步电动机好。　　　　　　　　　　　　　　　　　　　　　　　　　　　　　　　　　　（　　）

第九单元　三相异步电动机的应用分析

知识要求

（1）了解三相异步电动机非额定电压、非额定频率、断相、不对称运行带来的危害。
（2）掌握三相异步电动机常见故障产生的原因。
（3）掌握三相异步电动机检修的常用方法。

能力要求

（1）能识别和判断三相异步电动机的异常运行。
（2）能运用异步电动机常用的检修方法。

导学

三相异步电动机的异常运行和故障是电动机运行中经常出现的状况，为保持电动机良好的工作状态，对异步电动机的异常运行状态及故障现象等要进行及时处理，以保障电动机的安全可靠运行。

知识点一　三相异步电动机的异常运行

三相异步电动机在外加三相对称额定电压、额定频率的条件下运行，称为正常运行。而在实际运行中，会出现三相电源电压不对称、频率偏离额定值等异常情况。出现异常运行时，在一定范围内让电动机仍保持运行，称为异常运行。

一、非额定电压下的运行

异步电动机在实际运行过程中允许电压有一定的波动，但一般不超过额定电压的±5%，否则，会引起电动机过热而损坏。

（1）电网电压高于电动机额定电压（$U_1 > U_N$）时的运行。当 $U_1 > U_N$ 时，则电动机的气隙主磁通会增大，磁路饱和程度增加，励磁电流将增大，从而导致电动机的功率因数减小，定子电流增大，铁损耗和铜损耗增加，效率下降，温度升高。为保证电动机的安全可靠运行，此时应适当减小负载。如果电压过高，会击穿电动机的绝缘。

（2）电网电压低于电动机额定电压（$U_1 < U_N$）时的运行。当 $U_1 < U_N$ 时，电动机的气隙主磁通将减小。电动机稳定运行时，电磁转矩等于负载转矩，当负载转矩不变时，转子电流会增大，定子电流也相应增大，此时电动机的铜损耗增大，会引起电动机过热，效率下降，电动机转速下降。当电压下降过多时，甚至出现 $T_m < T_2 + T_0$，引起电动机停转而带来严重后果。

当电动机轻载运行，U_1 下降的幅度不是很大时，反而会有利于电动机的运行。这时因为主磁通减小，励磁电流分量会相应减小，即定子电流会减小，铁损耗和铜损耗减小，效率相对提高，功率因数也会提高。

二、三相电压不对称时的运行

异步电动机在三相电压不对称下运行时一般采用对称分量法进行分析。因定子绕组只有 Y 接无中性线或△接（三角形接法），异步电动机在电压不对称下运行，线电压、相电流中均无零序分量，只有正序电压、电流分量和负序电压、电流分量。负序电流产生与转子旋转方向相反的负序旋转磁场，负序旋转磁场对转子产生一制动性质的电磁转矩，并在电动机中引起额外铁损耗和铜损耗，使电动机转速降低、噪声增大、效率降低、温升升高。

由于异步电动机负序阻抗较小，即使在较小的负序电压下，也可能引起较大的负序电流，因此要限制电源电压不对称的程度。规程规定：三相异步电动机在额定负载下长期运行时，相间电压的不对称度不允许超过 5%。

三、异步电动机非额定频率下运行

电动机在实际运行过程中的频率和电网的频率是相同的，频率一般不能超过（50±0.2）Hz，否则会引起电动机过热。

（1）电网频率小于电动机额定频率（$f_1<f_N$）时的运行。在电网负载过大或发生故障时，会出现 $f_1<f_N$ 的情况。此时主磁通会相应增大，磁路饱和程度增加，励磁电流相应增大，从而使定子电流增大，功率因数 $\cos\varphi$ 降低，由于主磁通和定子电流增大，电动机的铁损耗和铜损耗也相应增大，电动机温度升高。同时定子旋转磁场的转速 $n_1=60f_1/p$ 也会随 f_1 的下降而减小，从而导致电动机的转速下降，电动机通风冷却条件变坏而加速电动机绝缘材料的老化，甚至烧坏绕组。

（2）电网频率大于电动机额定频率（$f_1>f_N$）时的运行。当 $f_1>f_N$ 时，电动机主磁通会减小，励磁电流相应减小，定子电流也相应减小，转子转速 n 会随定子旋转磁场转速 n_1 的升高而升高，对电动机功率因数、效率和通风条件均有改善。实际应用中，电网的频率基本稳定在一定的范围内，因此频率变化对电动机的影响不大。

四、三相异步电动机的断相运行

异步电动机在运行中缺一相电压的情况，称为缺相运行。产生的原因主要有电源断了一相或电动机绕组断相。

异步电动机断相运行属于不对称运行，正常运行中的电动机断相后，施加在绕组上的电压出现不对称，定子产生的旋转磁场变为椭圆形，导致电动机的过载能力下降，如果异步电动机的最大转矩大于负载转矩，则电动机仍可继续运行，但转速下降，且振动及噪声增大。同时，由于转子转速过慢引起转子和定子电流增大，电动机温度升高。因此，长时间断相运行会烧毁电动机。

如果电动机在断相下启动，则由于定子绕组产生的磁场变小，启动转矩小而发出"嗡嗡"声而不能启动，即出现堵转现象，若不及时断开电源会导致电动机过热而烧毁。

🖱️ 知识点二 三相异步电动机的日常维护

为保证异步电动机的正常运行，延长使用寿命，除了按操作规程正常使用、运行过程中注意监视和巡视外，还应对电动机进行定期检查，做好电动机的日常维护保养。运行中的电动机应注意监视电流、电压、温升、振动和噪声等。

一、电动机启动前的准备和检查

（1）检查电动机的铭牌数据与实际是否配套。

（2）检查电动机接线是否正确，接线柱是否有松动现象，有无接触不良。

（3）检查接地是否正确，机壳是否接地良好。

（4）检查电源开关、熔断器的容量、规格与继电器是否配套。

（5）测试绝缘电阻和直流电阻。

（6）用手转动电动机的转轴，转动是否灵活。

（7）检查集电环和电刷表面是否脏污，检查电刷压力是否正常。

（8）检查电动机的启动方法，确定电动机的旋转方向。

二、日常使用中应注意的事项

（1）听声音。通过电动机发出的声音来判断电动机可能产生的故障。

1）电动机正常运行，发出的声音较均匀、无杂音。

2）发出嗡嗡声，转速明显下降。故障原因可能是电源缺相、三相电压不平衡或转子有断条。

3）声音时高时低。其原因是负载波动或电源电压波动。

4）有杂音。杂音的来源有轴承损坏、风扇及风罩或端盖相擦、定转子相擦、电动机内有异物等。可借助螺栓刀等杆状物测听分辨。

（2）测温度。常用的方法是用温度计测量，或凭经验用手触摸感觉温度的高低。

1）测量铁芯温度。将电动机上盖吊环拧下，温度计塞入吊环孔中，用海绵等将其塞紧固定。温度计指示的温度即铁芯的温度。B 级绝缘电动机，温度最好不要超过 70°；F 级绝缘电动机，温度最好不要超过 90°。

2）测量轴承温度。一般用测量最接近轴承外圈处的温度代替。

3）手感法。用手触及外壳看电动机是不是烫手。在用手触摸前，用验电笔确认外壳不带电，确认电动机外壳已可靠接地。

（3）测电流。可用电流表或钳形电流表定期进行监测电动机电流的大小。

1）三相电流基本平衡，但大于铭牌值的 1.15 倍，说明负载过重。

2）三相电流不平衡度小于 3%，若测量三相电压基本平衡，则电动机绕组可能存在匝间局部短路，三相电流不平衡度大于 3%，则电动机绕组可能存在较严重的匝间短路。

3）若三相电流按一定的周期大小摆动，且转速下降，则转子有可能出现了断笼条故障。

4）若三相电流严重不平衡，两相基本上相同，第三相较小，可能是第三相电路接触不良造成的故障。

三、日常维护

电动机及所用的各种电气设备，必须时刻处于正常运行状态，以保证生产顺利进行。因此，平时应对它们加强维护，发现问题和故障及时处理。

（1）保持清洁。对电动机外壳、风扇罩处的灰尘、油污及其他杂物等要经常进行清扫，以保证良好的通风散热，避免对电动机部件的腐蚀。

（2）定期更换轴承润滑脂。一般 1～2 年更换一次轴承润滑脂。

（3）检查电动机各处紧固螺栓和皮带轮顶丝。

（4）经常检查电动机的基础架构及配套设备之间的连接是否良好。

（5）定期检修。对于工作环境恶劣、灰尘多及较潮湿场所的电动机，一年至少小修 1～2 次。

知识点三 三相异步电动机发生故障的原因及检修方法

三相异步电动机是发电厂及工矿企事业广泛使用的拖动设备。电动机在运行过程中可能产生各种各样的故障，造成电动机运行失常或烧毁。为了保证电动机稳定、可靠地运行，除了进行正常的维护外，还必须对电动机进行定期检修，通过检查试验，找出故障隐患并消除缺陷。

一、异步电动机故障产生的原因

电动机产生故障的原因主要有外部原因、内部原因和人为原因三种。

（1）外部原因。是由电动机外部条件造成的故障。如电动机长期工作、负载过重造成对电动机线圈的损害、电网电压不正常、灰尘等造成绕组老化、匝间短路等。

（2）内部原因。主要是指电动机开关及触点氧化，机内绕组断路、烧毁，连接部件脱焊、腐蚀等造成的故障。

（3）人为原因。大多数是用户私自乱拆、乱改造成的故障。

检修电动机人员在检修机器前，首先要弄清故障属于哪种原因造成，然后根据不同故障原因和表现的症状进行检查、分析和修理。检修时，一般从外部原因着手，询问用户使用情况，做好记录，以便于对故障进行分析和判断，然后再着手查找内部原因。

二、三相异步电动机的检修原则

三相异步电动机故障繁多，现象变化多样。故障诊断的原则是快速、准确检修电动机的关键。大量的电动机检修实例证明，电动机的故障检修原则可用"三先三后"进行概括。

（1）先清洁后检查。电动机的不少故障，都是由于工作环境差而引起的，在检查寻找故障时，应首先把机内清洁干净，排除因污染引起的故障后，再动手进行检测。例如输入电压接线柱接触不良引起打火，线圈脏污易引起匝间绝缘下降等。

（2）先机外后机内。诊断和检查故障时，要从机外开始，逐步向内部深入检查。例如，遇到待修三相异步电动机时，应首先检查输入电压是否正常，连接线、插头、插座有无问题。在确认一切正常无误之后，再检查电动机本身，这样既能避免盲目性，减少不必要的损失，又可大大提高检修的效率。

（3）先静态后动态。静态是指在切断电动机电源的情况下先进行检查。如插头是否接触良好，电动机绕组接头有无断线及焊接不良，线圈有无烧黑及变色等。动态是指电动机处于通电的工作状态。动态检查必须经过静态检查及测量后方可进行，绝对不能盲目通电，以免扩大故障。

三、电动机故障的检修程序

要快速修好一台电动机，除掌握电动机的基本原理和检修方法外，还应注意电动机的检修步骤是否合理。单相电动机和三相异步电动机的检修程序大体相同。检修时，可按以下步骤进行。

（1）询问用户。通过询问用户，了解待修电动机的故障现象，经过分析，便能大体确定故障范围。为寻找故障点，询问用户的内容大致分为以下几种情况。

1）电动机的使用情况。如供电电压是否与电动机电压相符，三相电源是否平衡，电动机所使用的场所是在室内还是室外，是否受到酸、碱、盐等气体侵蚀，电动机风路是否堵塞、受潮、淋过雨，积灰是否过多等。

2）电动机的运行情况。如有无异响，转速、温度有无变化，电动机绕组内有无串火冒烟及焦味等。

3）电动机维修情况。电动机修理时更换的导线线径过细或线圈匝数不足都有可能引起电动机过热。如不按时更换润滑脂，会造成轴承磨损等。

（2）外部检查。

1）电气方面。用绝缘电阻表检查绕组的绝缘是否良好，用万用表测量绕组的直流电阻，三相电阻值是否对称，检查绕组首尾端是否正确。绕组中有无短路、断路及接地等故障。

2）机械方面。检查机座、端盖有无裂纹，转轴有无弯曲变形，转轴转动是否灵活，有无异响。风道是否堵塞，风叶及散热片等是否完好。

（3）内部检查。

1）定子绕组的检查。定子绕组端部有无损伤，查看绕组端部有无油污或积垢，绝缘是否良好，接线及引出线是否断线、脱焊，检查绕组有无烧伤或烧焦，有无焦臭味。

2）定子铁芯的检查。

a．检查铁芯表面有无擦伤，查看定子、转子表面是否有擦伤痕迹。若转子表面只有一处擦伤，而定子表面全部擦伤，可能是转轴弯曲或转子不平衡引起的。若观察到转子表面一周全有擦伤痕迹，定子表面只有一处擦伤痕迹，这是由于定子、转子不同心所造成的，如机座和端盖止口变形或因轴承严重磨损使转子下落所致。若定子、转子表面均有局部擦伤痕迹，这是由于上述两种原因共同引起的。

b．检查铁芯位置是否对正，查看定子、转子铁芯是否对齐，若不对齐就相当于铁芯缩短，因磁通密度增高引起铁芯过热，这多数是由转子铁芯轴向串位或新换转子不适合所造成的。

3）检查转子。查看风叶有无损坏或变形，端环有无裂痕或断裂，检查笼条有无断裂。

4）检查轴承。查看轴承的内外套与轴承室的配合是否合适，同时检查轴承的磨损情况。

（4）通电检查。通过对电动机外部及内部检查，大部分故障均可查出原因，对于一些隐蔽性故障，可通电作进一步检查，若通电后发现声音异常、有焦味或不能转动，应马上断电进行细查，以免扩大故障范围。当电动机启动未发现问题时，此时可测量三相电压是否平衡，让电动机连续运行一段时间，随时用手触摸电动机机座的铁芯部分及轴承端盖，若发现有过热现象，应停电检查，拆开电动机，用手去摸绕组端部及铁芯部分，如线圈过热，可能有短路。如铁芯过热，说明绕组匝数不足或铁芯硅钢片间的绝缘损坏。

（5）故障排除。故障原因找出后，就可以针对不同的故障部位加以更换和调整，更换器件时，所更换的器件应和原来的器件型号和规格保持一致。

四、电机检修常用的方法

电机检修常用的方法有：直观检查法、电压法、电阻法、电流表法和替换法。

1．直观检查法

直观检查法是最简单的电动机检查方法，也是检修中必须采用的方法，该法是通过维修人员眼、耳、手、鼻等的直观感觉，用看、听、摸、闻等最基本的手段，对电动机的故障现象进行检查，以便发现和排除故障。

（1）看。看就是观察电动机的故障现象，观察时应注意观察以下几个方面：

1）观察电容器（单相电动机）有无漏液、鼓起或炸裂现象。

2）机械部件有无断裂、磨损、脱落、错位或太松等。

3）各接线头是否良好。有无灰尘。连接是否正确。接头有无断线。

4）通电时电动机有无打火、冒烟等现象。

（2）听。听就是凭耳朵听电动机在工作时有无异常声音。电动机正常运转时，滚动轴承仅有均匀连续的"嗡嗡"声，滑动轴承的声音更小，不应有杂声。滚动轴承缺油时，会发出异常的声音，则可能是轴承钢圈破裂或滚珠有疤痕，轴承内混有沙、土等杂物，轴承零件有轻度的磨损。严重的杂声可通过耳朵听出来，轻微的声音可以借助一把大螺栓刀抵在轴承外盖上，耳朵贴近螺栓刀木柄来细听，通过听可以快速地判断出故障部位，提高检修效率。

（3）闻。闻就是通电时用鼻子闻电动机有无焦煳味，若有不正常的气味发出时，应及时关断电源，以免故障扩大。

（4）摸。摸就是用手触摸电动机的螺栓有无松动现象，外壳有无过热。当发现外壳过热时，应切断电源，以免扩大故障。

2．电压法

电压法主要用来测量电动机的输入电压，对于三相异步电动机，任意两相之间的电压一般为 380V 左右，对于单相电动机，输入电压为 220V 左右，若测量时无电压或相差较多，应对输入电路进行检查。

3．电阻法

电阻法是检修电动机最重要的方法之一。利用万用表的欧姆挡，通过测量电动机绕组的电阻值，可以迅速判断出绕组是否开路、短路等情况。

对于三相异步电动机，三相绕组的电阻值应基本相等，对于单相电动机，一次绕组和二次绕组的电阻值根据启动原理的不同有较大差异（一次绕组电阻较大）。

4．电流表法

用万用表测量电动机的电流（也可用钳形电流表测量绕组的电流）。根据所测量电流的大小分析电动机内部绕组的故障情况。一般常用的万用表只有"直流电流"挡，而无"交流电流"挡，测量时，如在风扇电动机的电源线上串入几欧至几十欧的电阻（阻值不宜太大，以免影响测量精度），然后测量电阻两端的电压降，根据欧姆定律便可求出风扇电动机的工作电流。将此电流与电动机额定电流相比较，便能发现问题之所在。

5．替换法

替换法是指用良好的器件替换所怀疑的器件，若故障消除，说明怀疑正确。否则，应进一步检查、判断。用替换法可以检查电动机中所有器件的好坏，而且结果一般都是准确无误的，很少出现难以判断的情况。

单 元 小 结

（1）电动机的异常运行将影响异步电动机的工作效率及使用寿命。电源电压升高会导致电动机电流增大、出现过热，而电压降低在负载不变的前提下电动机同样会出现过热现象直至停转。频率降低会导致电动机电流增大，出现过热，实际运行中频率变化对电动机的影响不大。断相运行对电动机的影响最大，断相会造成电动机不能启动。

（2）在电动机的使用过程中，电动机维护的要点是及早发现设备的异常状态，及时进行处理，防止事故的扩大。电动机的日常维护需按检查项目进行。

（3）三相异步电动机的故障主要分为两大类，包括电气类故障和机械类故障。故障检修的程序是：询问用户→外部检查→内部检查→通电检查→故障排除。

（4）电机检修常用的方法有：直观检查法→电压法→电流表法→电阻法和替换法等。

思考与练习

一、单选题

1. 电网电压高于电动机额定电压（$U_1 > U_N$）时运行。电动机的气隙主磁通会增大，磁路饱和程度增加，励磁电流将（   ）。

     A. 不变   B. 减小   C. 增大

2. 电网电压低于电动机额定电压（$U_1 < U_N$）时运行。电动机的气隙主磁通将减小。当负载转矩不变时，转子电流会增大，定子电流也相应（   ）。

     A. 不变   B. 增大   C. 减小

3. 异步电动机在三相电压不对称时运行，产生的负序旋转磁场对转子产生一制动性质的电磁转矩，并在电动机中引起额外铁损耗和铜损耗，使电动机转速降低、噪声增大、效率降低、温升（   ）。

     A. 不变   B. 升高   C. 降低

4. 异步电动机非额定频率下运行，当电网频率小于电动机额定频率（$f_1 < f_N$）时，此时主磁通会相应增大，磁路饱和程度增加，励磁电流相应（   ）。

     A. 增大   B. 不变   C. 降低

5. 异步电动机非额定频率下运行，当电网频率小于电动机额定频率（$f_1 < f_N$）时，由于主磁通和定子电流增大，电动机的铁损耗和铜损耗也相应（   ）。

     A. 降低   B. 不变   C. 增大

6. 如果电动机在断相下启动，则由于定子绕组产生的磁场变小，启动转矩小而发出嗡嗡声而（   ），即出现堵转现象，若不及时断开电源会导致电动机过热而烧毁。

     A. 能启动   B. 不能启动   C. 能启动正常运转

7. 电动机故障的检修程序主要有：①询问用户；②外部检查；③内部检查；④（   ）；⑤故障排除。

     A. 检查电压   B. 检查电流   C. 通电检查

8. 电动机产生故障的原因主要有外部原因、内部原因和（   ）三种。

     A. 断路   B. 短路   C. 人为原因

9. 电压法主要用来测量电动机的输入电压，对于三相异步电动机，任意两相之间的电压一般为 380V 左右，对于单相电动机，输入电压为 220V 左右，若测量时无电压或相差较多，应对（   ）进行检查。

     A. 输出电路   B. 所有电路   C. 输入电路

10. 电源电压升高会导致电动机电流增大、出现过热。而电压降低在负载不变的前提下电动机同样会出现过热现象直至（　　　）。

  A．正常旋转   B．停转   C．时快时慢

二、**判断题**（对的打√，错的打×）

1．三相异步电动机的故障主要分为两大类，即电气类故障和机械类故障。 （ ）

2．断相运行对电动机的影响最大，断相也能让电动机启动运转。 （ ）

3．三相异步电动机断相运行时，电动机温度不会升高，也不会出现过热。 （ ）

4．电机检修常用的方法有：直观检查法、电压法、电流表法、电阻法和替换法。（ ）

5．电动机检修中的替换法是指用良好的器件替换所怀疑的器件，若故障消除，说明怀疑错误。 （ ）

第三部分

同 步 发 电 机

同步电机是现代电力系统中发电厂的主体设备。同步电机根据电磁感应原理工作，异步电机定子、转子是交流励磁，而同步电机定子是交流励磁，转子是直流励磁。而且同步电机的转子转速与定子电流频率维持严格不变的关系。从运行原理上讲，同步电机既可以用作发电机运行，也可以用作电动机或调相机运行，实用中同步发电机主要用作发电机运行。

第一单元　同步发电机基本结构、工作原理分析

知识要求

（1）了解三相同步发电机的基本结构。
（2）掌握三相同步发电机的基本工作原理、额定值及电压、电流、功率的计算。
（3）掌握三相同步发电机的拆卸和组装步骤及方法。

能力要求

（1）能识别同步发电机的类型，会正确读取和理解同步发电机的铭牌参数。
（2）能掌握同步发电机的工作原理及电压、电流、功率的相关计算。
（3）能掌握拆卸和组装三相同步发电机的方法。

导 学

同步发电机按结构类型分为旋转磁极式和旋转电枢式，一般同步发电机均采用旋转磁极式。同步发电机的结构由定子和转子两部分组成。同步电机与异步电机的不同点在于同步发电机转子磁场由直流励磁建立。

同步电机的额定值是制造厂对电机正常工作所做的使用规定，也是设计和试验电机的依据。主要有额定功率、额定电压、额定电流、额定频率、额定转速、额定励磁电流、额定励磁电压和额定温升等。

知识点一　同步发电机的基本结构

同步发电机的结构包括电磁系统、绝缘结构、励磁系统和冷却系统四大部分。下面主要介绍同步发电机的电磁系统和励磁系统。

一、同步发电机的基本结构

同步发电机按结构类型分为旋转磁极式和旋转电枢式，一般同步发电机均采用旋转磁极式。

旋转磁极式同步发电机的定子有与异步电机相同的三相绕组、铁芯、机座、端盖、励磁回路、电刷等部件，转子包括直流励磁绕组、磁极铁芯、磁轭、集电环及阻尼绕组（电动机和调相机中为启动绕组），同步发电机按主磁极的形状有凸极式和隐极式两种。

大型同步发电机在火电厂或核电厂中通常采用汽轮机来拖动，称为汽轮发电机，水电厂通常采用水轮机来拖动，称为水轮发电机，水轮发电机转速低、极数多，一般做成凸极式；同步电动机、柴油发电机和调相机，一般也做成凸极式。

二、隐极式同步发电机的结构

隐极发电机多为汽轮发电机，现代汽轮发电机均为 2 极，转速为 3000r/min，采用隐极和卧式结构，由于转速高，汽轮发电机的直径较小，长度较长。汽轮发电机由定子、转子、端盖及轴承组成。卧式汽轮发电机的结构如图 3-1-1 所示。

（1）定子。隐极发电机的定子由定子铁芯、定子绕组、机座、端盖、挡风装置等部件组成，如图 3-1-2 所示。定子铁芯由 0.35mm 或 0.5mm 厚的涂漆硅钢片叠成，每叠厚 30～60mm。各叠之间留有 10mm 的通风槽，以利于铁芯散热。当定子铁芯的外径大于 1000mm 时，其每层硅钢片常由若干块扇形片拼装而成，叠装时把各层扇形片间的接缝互相错开，压紧后仍为一整体的圆筒形铁芯。整个铁芯固定于机座上，在定子铁芯内圆槽内嵌放定子线圈，按一定规律连接成三相对称绕组，一般均采用三相双层短距叠绕组。为减小由于集肤效应引起的附加损耗，绕组导线常由若干股相互绝缘的扁铜线并联，并且在槽内及端部还要按一定方式进行编织换位。定子机座除支撑定子铁芯外，还要满足通风散热的需要。机座一般都是由钢板焊接而成。

图 3-1-1　卧式汽轮发电机的结构

图 3-1-2　汽轮发电机的定子绕组

（2）转子。转子由转子铁芯、励磁绕组、护环、中心环、集电环及风扇等部件组成。如图 3-1-3 所示。

1）转子铁芯。转子铁芯既是电机磁路的主要组成部分，又承受着由于高速旋转产生的巨大离心力，因而其材料既要求有良好的导磁性能，又需要有很高的机械强度。因此，一般都由具有高强度和高导磁性的合金钢锻造而成，并与转轴锻铸成一个整体。

在转子铁芯表面沿轴向铣有槽，槽内嵌放励磁绕组。沿转子外圆在一个极距内约有 1/3 部分没有开槽，叫作大齿，即主磁极，如图 3-1-4 所示。

图 3-1-3　隐极式转子及励磁绕组

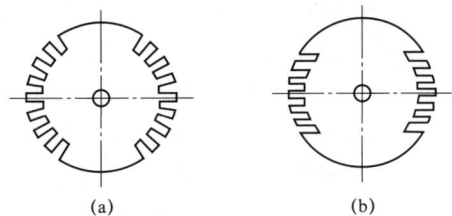

图 3-1-4　隐极式转子的两种排列
（a）辐射式；（b）平行式

2）励磁绕组。励磁绕组由扁铜线绕成的同心式线圈串联组成，利用不导磁、高强度材料做成的槽楔将励磁绕组压紧在槽内，如图 3-1-3 所示。护环用于保护励磁绕组的端部不致因离心力而甩出。中心环用于支持护环，并阻止励磁绕组的轴向移动。集电环装在转轴一端，通过引线接到励磁绕组的两端，直流励磁电流经电刷与集电环的滑动接触而引入励磁绕组。

3）阻尼绕组。某些大型汽轮发电机转子上装有阻尼绕组，它是一种短路绕组，由放在槽楔下的铜条和转子两端的铜环焊接成闭合回路。阻尼绕组的作用：一是同步发电机发生短路或不对称运行时，利用阻尼绕组感应电流削弱负序旋转磁场的作用；二是在同步发电机发生振荡时起阻尼作用，使振荡衰减。

4）紧固件。转子紧固件包括护环和中心环。由于汽轮发电机转速较高，绕组端部受到的离心力大，所以必须用护环和中心环可靠地固定。

5）风扇。由于汽轮发电机转子细长，通风冷却比较困难。所以，转子两端装有轴流式或离心式风扇，用于改善发热条件。

三、凸极式同步发电机的基本结构

大中型水轮发电机一般采用立式结构，如图 3-1-5 所示。水轮发电机的结构也包括定子和转子两大部分，由于水轮发电机转速低，只有通过增加磁极数来得到额定频率。立式水轮发电机按结构又可分为悬式和伞式两种类型。悬式水轮发电机的推力轴承装在转子的上部，适用于中高速机组，优点是径向机械稳定性好，轴承损耗较小，轴承的维修维护方便。伞式水轮发电机的推力轴承装在转子的下部，适用于低速大容量机组。下面介绍水轮发电机的定子、转子、机架、轴承等主要部件。如图 3-1-6 为悬式水轮发电机结构图。

图 3-1-5 立式水轮发电机

（1）定子。水轮发电机的定子由机座、定子铁芯、定子绕组组成。

1）机座。用来支撑定子铁芯、轴承、端盖等，构成冷却风路。对于直径较大的机座，为了运输方便，将定子铁芯和机座一起分成若干部分，运到电厂工地后再进行组装。

2）定子铁芯。定子铁芯的基本结构与汽轮发电机相同。大中型水轮发电机定子铁芯由扇形硅钢片叠成。

3）定子绕组。水轮发电机的定子绕组结构与汽轮发电机相似。区别在于水轮发电机的极数多，定子绕组多采用双层波绕组。而汽轮发电机的极数少，多采用双层叠绕组。

（2）转子。主要由转子铁芯、转轴、转子支架、磁轭和励磁绕组等组成。

1）转子铁芯和转子支架。转子铁芯由磁极铁芯和磁轭铁芯组成。磁极铁芯有叠片和实心两种。叠片磁极铁芯通常有 1～1.5mm 厚的钢板冲片叠成，在磁极的两端面上加上磁极压板，用铆钉铆成一个整体，并用 T 形尾与磁轭连接。磁轭和转轴间用转子支架支撑着。转子支架固定在转轴上，直径较大的转子支架，分为轮辐和轮臂两部分。由于转子磁极凸起，故称为凸极式转子，如图 3-1-7 所示。

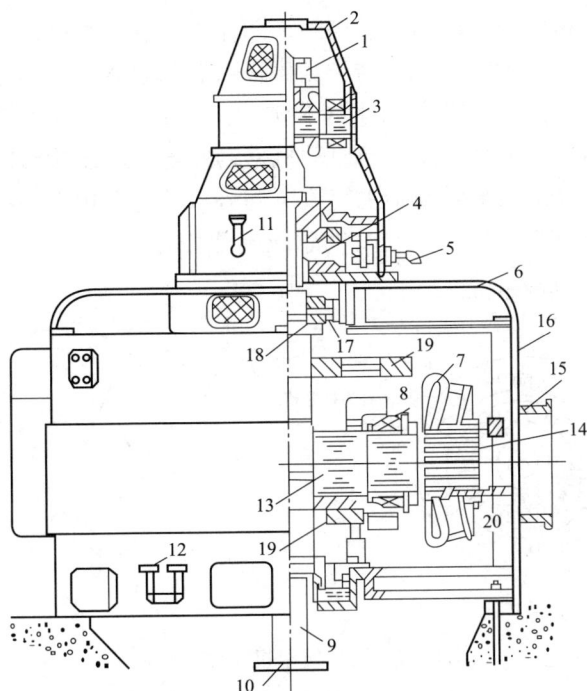

图 3-1-6　悬式水轮发电机结构图

1—励磁机换向器；2—端盖；3—励磁机主机；4—推力轴承；5—冷却水进出水管；6—上端盖；

7—定子绕组；8—磁极线圈；9—主轴；10—靠背轮；11—油面高度指示器；

12—出线盒；13—磁轭与装配支架；14—定子铁芯；15—风罩；

16—发电机机座；17—炭刷；18—滑环；

19—制动环；20—端部撑架

2）励磁绕组。水轮发电机的励磁绕组多为集中式绕组，采用绝缘扁铜线绕制而成，套装在磁极铁芯上。

3）转轴。转轴一般采用高强度钢锻造而成。大中型发电机的转轴是空心的。

4）阻尼绕组。在水轮发电机的磁极极靴上一般装有阻尼绕组。整个阻尼绕组由插入极靴阻尼孔中的铜条和端部铜环焊接而成。其作用是减少并联运行时转子振荡的振幅。

（3）机架。机架是水轮发电机安装轴承或放置制动器、励磁机等设施的支承部件，它由中心体和支臂组成。

（4）轴承。水轮发电机的轴承分为导轴承和推力轴承两种。

1）导轴承。其作用是约束轴线位移和防止轴摆动，主要承受径向力。

2）推力轴承。推力轴承承受水轮发电机组所有转动部分重量，包括水轮机的轴向水推力。推力轴承由推力头、镜板、推力瓦和轴承座等构成，是水轮发电机组中的关键部件。

知识点二　同步发电机的工作原理及励磁方式

一、同步发电机的基本工作原理

电力系统中的三相交流电压是由同步发电机产生的，同步发电机的工作原理如图 3-1-7

所示。同步电机的定子和异步电机的定子相同，即在定子铁芯内圆均匀分布的槽内嵌放三相对称绕组（电枢绕组）AX、BY、CZ，转子由磁极铁芯与励磁绕组组成，当励磁绕组经炭刷（电刷）和滑环通以直流电流后，根据右手螺旋定则，转子立即建立恒定磁场。该磁场经转子铁芯、气隙和定子铁芯构成闭合回路，当原动机拖动发电机转子旋转时，恒定磁场随转子旋转形成旋转磁场，定子绕组切割磁场感生交流电动势，其方向由右手螺旋定则判定。当定子绕组交替切割 N 极和 S 极时，将产生交变的感应电动势。

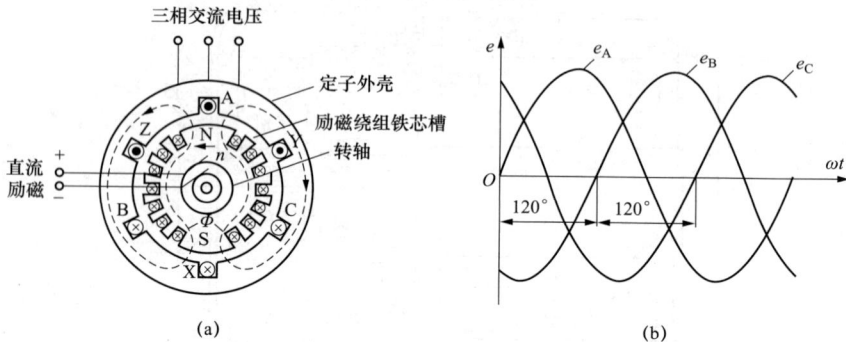

图 3-1-7　同步发电机工作原理图

（a）同步发电机内部电磁关系示意图；（b）定子感生三相电动势波形图

（1）电动势的频率为

$$f = \frac{pn}{60} \tag{3-1-1}$$

式中：p 为电机的磁极对数；n 为转子每分钟转数，r/min。

式（3-1-1）说明，发电机发出的频率与其转速之间有着严格不变的关系。例如，发电机的极对数为 1 时（即 2 极电机），若要发出工频为 50Hz 的电压，则发电机的转速为

$$n = \frac{60 \times f}{p} = \frac{60 \times 50}{1} = 3000 (\text{r/min})$$

若发电机的极对数为 2 时（即 4 极电机）则发电机的转速为

$$n = \frac{60 \times f}{p} = \frac{60 \times 50}{2} = 1500 (\text{r/min})$$

（2）感生电动势的大小。根据电磁感应原理 $e = Blv$，电机绕组感应电动势的大小正比于励磁电流的大小、定子绕组的匝数和发电机的转速。即

$$E_{\text{ph}} = 4.44 f N k_{\text{w1}} \Phi_0 \tag{3-1-2}$$

（3）感生电动势的波形。由于定子绕组交替切割旋转磁力线，磁力线大小变化的规律近似为正弦变化，故可产生正弦变化的电动势波形，如图 3-1-7（b）所示。

（4）三相电动势的相位差。由于同步发电机的定子三相绕组 A、B、C 分别以 120°电角度布置，发电机转子旋转方向为 A 相转向 B 相，再转向 C 相，三相绕组分别按 A→B→C 的顺序依次切割磁力线，故产生的正弦波在相位上相差 120°电角度。相序为 A→B→C。

当同步发电机接上负载，在感应电动势的作用下，三相绕组产生三相交流电流。向负载输出功率，同步发电机将机械能转换成电能。

同步发电机是进行机电能量转换的一种电磁旋转机械，它依赖定子、转子之间的气隙磁场将机械能转换为电能，之所以称之为同步发电机是由于其感生的电动势频率与转子转速之间存在着严格不变的关系，即 $f=pn/60$。当电网频率一定时，电机转速为恒定值，这是同步发电机和异步电机的基本差别之一。

二、同步发电机的类型

同步发电机的分类方式有多种，一般按原动机、按转子结构、按安装方式、按冷却介质不同等分类。

（1）按原动机的不同，分为汽轮发电机、水轮发电机、燃汽轮发电机、柴油发电机、风力发电机等。在电力系统中使用最广泛的是汽轮发电机、水轮发电机。

（2）按转子结构，分为隐极式和凸极式，隐极式气隙均匀，转子做成圆柱形。凸极式有明显的磁极，气隙是不均匀的，极弧底下气隙较小，极间部分气隙较大。如图 3-1-8 所示。

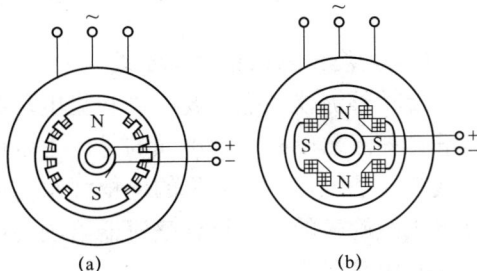

图 3-1-8　旋转磁极式同步电机的类型
（a）隐极式；（b）凸极式

（3）按安装方式，分为卧式和立式。

（4）按冷却介质，分为空气冷却式、氢气冷却式、水冷却式或多种形式的不同组合冷却方式。比如：水氢氢组合，即定子绕组为水内冷，转子绕组为氢内冷，定子铁芯为氢冷；水水氢组合，即定子、转子绕组为水内冷，定子铁芯为氢冷。

三、同步发电机的励磁方式

供给同步发电机转子励磁电流的装置称为励磁系统，励磁系统是同步发电机的重要组成部分，对发电机及电力系统的安全运行有着直接的影响。同步发电机励磁系统一般由两部分组成：

（1）用于向发电机的励磁绕组提供直流电源，以建立直流磁场。包括励磁变压器、起励单元、整流装置、开关等，通常称为励磁功率输出部分，也称功率单元。

（2）用于在正常运行或发生异常和事故时调节励磁电流以满足系统或单机运行的需要。包括励磁调节器、强励单元、强减单元、各种限制、电力系统稳定器（PSS）和自动灭磁等，一般称为励磁控制部分，也称励磁调节器。

发电机的励磁方式是指同步发电机获得直流励磁电流的方式。同步发电机运行时由励磁绕组通入直流建立主磁场。按直流电流产生及进入励磁绕组方式的不同，可分为以下几类励磁方式。

（一）静止整流器励磁方式

利用同轴交流发电机加整流装置代替直流励磁机的方式称为静止半导体励磁系统。

交流励磁机静止整流器励磁系统由交流副励磁机、交流励磁机和励磁调节电路等组成，其原理如图 3-1-9 所示。同步发电机的励磁电流由主励磁机经静止硅整流器整流后供给，主励磁机的励磁电流由副励磁机经晶闸管整流器整流后供给，副励磁机多采用永磁式同步发电机。为了加快励磁系统的响应，励磁机一般取较高的频率，以减少励磁绕组的电感及时间常数。主励磁机的频率通常选用 100Hz，副励磁机采用中频 500Hz 的同步发电机。

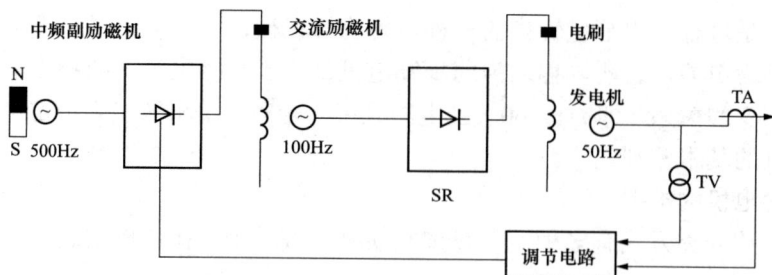

图 3-1-9　静止整流器励磁系统原理图

（二）旋转整流器励磁方式

旋转整流器励磁需要电刷和集电环装置，故此种励磁也称为无刷励磁。旋转半导体励磁与静止整流器励磁方式不同的是，主励磁机为电枢旋转式，即励磁绕组装在定子上，电枢绕组装在转子上，主励磁机的电枢绕组与硅二极管整流器和同步发电机励磁绕组同轴旋转。主励磁机经旋转的硅二极管整流器给励磁绕组供给直流电流，省去了炭刷和集电环，其原理如图 3-1-10 所示。

（三）自并励励磁方式

在发电机的各种励磁方式中，自并励方式以其接线简单、可靠性高、造价低、电压响应速度快、灭磁效果好等特点而被广泛应用。自并励励磁方式的电源取自发电机机端并联变压器。励磁电流经励磁整流变压器→晶闸管整流器→电刷→集电环供给，由于取消了主、副励磁机，整个励磁装置无转动部件。其原理接线如图 3-1-11 所示。

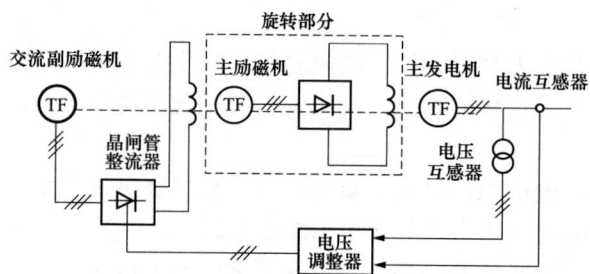

图 3-1-10　旋转整流器励磁系统

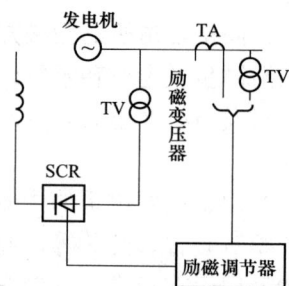

图 3-1-11　自并励励磁系统原理图

自并励励磁方式的特点是：接线比较简单，只要发电机在运行，就有励磁电源。该接线方式可靠性高，当外部故障切除后，强励能力便迅速发挥出来，缺点是励磁电源易受机端电压影响。

🌱 知识点三　同步发电机的型号和额定值

同步发电机的铭牌参数是制造厂对电机正常工作所做的使用规定，也是设计和试验电机的依据。

一、同步发电机的铭牌

同步发电机的外壳装有醒目的铭牌，铭牌是用来向用户介绍其特点和额定数据的。汽轮机和水轮发电机的铭牌参数（型号、额定值、冷却方式和绝缘等级等）分别见表 3-1-1 和表 3-1-2。

表 3-1-1　　　　　　　　　　　　　某汽轮发电机的铭牌

型　　号	QFSN-600-2	额定功率因数	0.9
视在功率	728MVA	绝缘等级	定子 F，转子 B
额定功率	655.2MW	产品标准	IEC34-3
额定电压	22000V	额定氢压	0.414MPa
额定电流	19105A	额定励磁电流	4727A
额定转速	3000r/min	定子绕组冷却水	0.2MPa，流量96t/h
额定频率	50Hz	生产厂家	

表 3-1-2　　　　　　　　　　　　　某水轮发电机的铭牌

水轮机型号	HLS152-LJ-790	转轮直径	7900mm
最大水头	179m	额定功率	714MW
额定水头	140m	额定转速	107.1r/min
最小水头	97m	飞逸转速	214r/min
额定流量	554.52m³/s	出厂编号	1-100314
发电机型号	SF700-56/16090	额定频率	50Hz，相数3
额定功率	700MW	绝缘等级	F
额定电压	18000V	推力负荷	3600t
额定电流	24948A	出厂编号	1-100314
额定功率因数	0.9	生产厂家	

（1）型号。我国生产的发电机都是由汉语拼音大写字母与阿拉伯数字组成。其中汉语拼音字母是从发电机型号全名称中选择有代表意义的汉字，取该汉字的第一个拼音字母组成。

例如型号 QFSN-600-2，其含义为 QF—汽轮发电机；SN—发电机的冷却方式为水氢氢；600—发电机的额定功率（MW），2—发电机的磁极个数。

又如型号 SF700—56/16090，其含义为：SF—水轮发电机；700—发电机的额定功率（MW）；56—磁极个数；16090—定子铁芯外径。

（2）额定值。同步发电机的额定值是制造厂对电机正常工作所做的使用规定，也是设计和试验电机的依据。主要有：

1）额定电压 U_N。指三相同步发电机额定运行时输出端口的线电压，单位为 V 或 kV。

2）额定电流 I_N。指三相同步发电机额定运行时输出的线电流，单位为 A 或 kA。

3）额定功率 P_N（或额定容量 S_N）。指三相同步发电机在额定运行时输出的有功功率（或视在功率），单位为 kW 或 MW。对于同步电动机指轴端输出的机械功率。对于同步调相机则用线端输出额定无功功率表示，单位为 kVA 或 MVA。

三相同步发电机的视在功率为

$$S_N = \sqrt{3}U_N I_N \qquad\qquad (3-1-3)$$

三相同步发电机的额定功率为

$$P_N = \sqrt{3} U_N I_N \cos\varphi_N \tag{3-1-4}$$

三相同步电动机的额定功率为

$$P_N = \sqrt{3} U_N I_N \eta_N \cos\varphi_N \tag{3-1-5}$$

4）额定功率因数 $\cos\varphi_N$。指电机在额定运行时的功率因数，一般为滞后性质。

5）额定效率 η_N。指电机额定运行时的效率。

除上述额定值外，铭牌上还列出发电机的额定频率 f_N、额定转速 n_N，额定励磁电流 I_{fN}、额定励磁电压 U_{fN} 和额定温升等参数。

（3）冷却方式。同步发电机有空气冷却式、氢气冷却式、水冷却式或多种形式的不同组合冷却方式。

水轮发电机由于直径大，轴向长度短，体积大，多采用循环空气冷却方式。中小型汽轮发电机单位体积发热量较小，多采用风冷冷却方式。

对于大型汽轮发电机，发热和冷却的问题非常突出。汽轮发电机直径小、轴向长度长，中部热量不易散去，解决冷却问题比较困难。目前主要采用下述方式。

1）水氢氢组合。即定子绕组为水内冷，转子绕组为氢内冷，定子铁芯为氢冷。

2）水水氢组合。即定子和转子绕组为水内冷（双水内冷），定子铁芯为氢冷。

（4）案例分析

［例 3-1-1］ 一台三相同步发电机的额定容量 P_N=700MW，额定电压 U_N=18000V，星形接法，$\cos\varphi_N$=0.9（滞后），求三相同步发电机的额定电流和额定视在功率。

解：（1）额定电流为

$$I_N = \frac{P_N}{\sqrt{3} U_N \cos\varphi_N} = \frac{700 \times 10^6}{\sqrt{3} \times 18000 \times 0.9} = 24.95(kA)$$

（2）额定视在功率为

$$S_N = P_N / \cos\varphi_N = 700 / 0.9 = 777.78(MVA)$$

二、同步发电机的温度监控系统

温度监控系统主要用来监视发电机的运行状态。例如，在进汽端定子槽部上下层棒线之间埋设热电阻测量定子绕组温度；在出线盒小汇流管装设热电偶测量主引线及 6 个出线瓷套端子的回水温度；在进汽端出水汇流管的水接头装热电偶测量出水温度；在定子边段铁芯、压指、磁屏蔽、定子铁芯中部热风区的齿部和轭部等处埋设热电偶测量铁芯温度。在进汽端和励磁端轴承瓦块上装设热电偶测量轴承温度；在进汽端和励磁端冷却器罩的冷风侧及热风侧装设热电阻测量风的温度。然后，将这些测温元件连接到温度巡检装置，在运行中进行监控。

🌱 知识点四　同步发电机的拆装方法

一、同步发电机的拆卸

同步发电机的拆卸是大修的一个重要环节，必须做好充分准备工作，才能使解体检修有条不紊地进行。当发电机故障性质已大体确定，明确修理工作范围之后，如有必要方可把电机拆卸。拆卸过程中还要进一步确定故障点，精确地确定电机修理的工作内容。

拆卸前，首先要做好准备工作，即各种工具的准备，以及做好拆卸前的记录和检查工作，然后再进行正确的拆卸。下面以汽轮发电机为例对发电机的拆卸作简要介绍。

（一）拆卸前的检查与记录

发电机拆卸前应先初步对绕组的状态、绝缘电阻、轴承的状态、换向器和滑环、电刷和刷握及转子和定子的配合等情况进行检查和记录，以便对被检修发电机的原有故障有所了解，确定检修方案及备料，保证检修工作正常进行。

（1）查阅发电机拆卸前运行档案。

1）查阅上次大修和历次小修的总结报告和技术档案，了解对本次大修的意见。

2）查阅运行记录，了解上次大修投入运行以来所发现的缺陷、事故原因和已采取的措施及存在的问题。

3）进行大修前的试验，确定附加检修项目。

（2）制定大修施工计划。

1）根据批准的大修项目、工期和人力配备，制定大修进度表、定期工时以及备品耗材计划表。

2）重大特殊项目的施工方案。

3）确保施工安全和现场防火。

4）备齐大修所需材料、备品及专用设备工具。

5）备齐所用的图纸、资料，记录表格、检修作业指导书及设备台账。

6）绘制必要的施工图纸。

（3）准备施工场地及施工工具。

1）清扫施工现场，做好防潮、防尘和消防措施，准备施工电源及照明。

2）检查专用起吊工具，如钢丝绳、起吊行车、电动葫芦、滑车、倒链等设备。

3）检查专用托架、搁架、弧形垫块等。

4）准备好检修工具、材料和备件。

（二）同步发电机的解体

发电机停机解列后，一般需盘车72h。待汽缸的差胀符合规程要求时才拆卸发电机。拆卸前可对发电机进行绝缘电阻、直流电流泄漏和交流耐压试验以及轴承的振动测量等工作。

（1）拆卸同步发电机。

1）拆除盘车装置，解开发电机与汽轮机的联轴器。

2）拆下励磁机和集电环的电缆接线，并将电缆引线压入孔洞内。解开发电机与励磁机的联轴器，拆下励磁机的地脚螺栓，将励磁机和刷架吊至检修场地。集电环的工作表面应用硬绝缘纸包好。

3）拆下发电机两侧的大、小端盖及刷架。拆前要做好位置标记。起吊端盖时要稳妥，由于这些部件的形状不规则，要防止起吊时突然倾倒而碰坏定子绕组端部和风挡等部件。

4）测量轴封与轴之间的间隙、励磁机磁极与电枢的间隙、风扇与端盖（或护板）之间的轴向和径向间隙及发电机定子、转子之间的间隙，做好记录，并与上次大修后所测数值进行比较，以便研究运行中的变动和磨损情况，供组装时参考。

（2）抽出转子。由于汽轮同步发电机的转子长而重，且定子、转子间的气隙很小，所以从定子膛内抽出转子的技术和安全要求特别高。

抽出转子的方法应根据发电机的构造、起重设备和现场条件等情况来选择，大型发电机抽出转子常采用接假轴法或滑车法。

1）接假轴法。这种方法是利用假轴接长发电机的转子，用双吊车或吊车（汽轮机侧）与卷扬机（励磁机侧）相配合的方法将转子重心移出定子后，再用吊车把转子吊出。

2）滑车法。此法是将转子轴颈架在专用的滑车上，由倒链把转子重心拉出定子后，再用吊车吊走转子。滑车法有双滑车抽转子和单滑车抽转子两种方法。采用双滑车时，励磁机侧转子轴颈架在外滑车上，汽轮机侧轴颈架在内滑车上。采用单滑车时，仅励磁机侧转子轴颈架在外滑车上，而汽轮机侧仍接假轴用吊车起吊。

（3）抽出转子时的注意事项。

1）在起吊和抽出转子的过程中，钢丝绳不能触及转子轴颈、风扇、集电环及引出线等处，以免损坏这些部件。

2）转子起吊时，轴颈、大小护环和励磁机联轴处，不得作为着力点，并注意钢丝绳勿与滑环、风扇等处相碰，着力点在起吊前要加石棉垫、胶皮或破布加以保护。

3）抽出转子的过程中，应始终保持转子处于水平状态，以免与定子碰撞。应设专人在一端用灯光照亮，利用透光法来监视定转子间隙，并使其保持均匀。

4）水平起吊转子时，应采用两点吊法，吊距应在 700～800mm。钢丝绳绑扎处要垫上厚 20～30mm 的硬木板条，以防钢丝绳滑动及损坏转子本体表面。

5）当需要移动钢丝绳时，不得将转子直接放在定子铁芯上，必须在铁芯上垫以与定子内圆相吻合的厚钢板，并在钢板下衬橡皮或塑料垫，以免碰伤定子铁芯。

6）为给今后的检修工作创造有利条件，应把水平起吊转子时的合适吊点位置标上可靠而醒目的标记，以便下次起吊时作为参考。

7）拆下的全部零部件和螺栓要做好位置标记，逐一进行清点，并妥善保管。对定转子的主要部位要严加防护，在不工作时，应用帆布盖好，贴上封条，以防脏污或发生意外。

二、同步发电机的组装

同步发电机检修工作完毕，经班组、车间及生产技术部验收合格后，即可进行发电机的组装工作。

（一）发电机组装前的准备

（1）在装转子前由工作负责人对定子膛内、绕组端部进行严格检查，确认无遗留工具或其他杂物。

（2）用压缩空气对定子内、外表面和转子进行吹扫，检查铁芯、绕组端部及通风道是否畅通。

（3）组装用起吊设备、专用工具、材料等应准备齐全，并完好无损。

（二）组装与调整

（1）穿入转子。转子穿入定子膛内的工具和方法以及注意事项与抽出转子时相同，只是工序相反。

（2）装复轴承、联轴器以及转子找中心。这项工作一般由汽机检修车间负责。但电气检修人员也应适当配合，一方面注意保护发电机，使有关部分不受损，同时还应配合进行间隙的测定与调整等工作。

（3）回装端盖。在装端盖之前，应用干净的压缩空气将定子和转子绕组端部吹扫一遍，并用灯光照亮的方法检查各侧的空气隙，防止有杂物遗留在其中。

回装端盖时，要仔细检查大小端盖、轴封、护板等零部件，应无油泥、脏污，结合面应平整光洁。回装端盖与解体时的顺序相反，应逐一把护板、大端盖、小端盖、轴封按原标记装好，并按工序步骤逐一测量、记录调整好各部间隙。各部间隙的调整及要求如下：

1）安装调整大端盖，使端盖与风扇之间的径向间隙四周均匀相等，一般为 1～3mm。轴向间隙应考虑到投入运行后发电机与汽轮机转子受膨胀的伸长，按制造厂规定的数值进行检查。

2）安装调整小端盖，使轴封与轴的间隙基本均匀，紧固螺栓后用塞尺测量四周间隙，一般为 0.5～1mm，且上部间隙宜略大于下部间隙。

3）调整好各部间隙以后，应拧紧所有螺栓并锁住，销钉、垫片应齐全，应特别注意端盖的所有接缝处的毛毡垫要正确接缝，使发电机保持严密，减少漏风。

（4）安装刷架、更换调整电刷。

1）清扫干净刷架及底座，用吊车起吊刷架至集电环处，按原位将刷架安装紧固牢靠。

2）粗调刷握与集电环间的距离在 2～3mm 之间，然后对粗调达不到要求的个别刷握进行单个调整，使距离达到 2～3mm。操作中不得碰伤集电环表面。

3）将电刷及恒压弹簧装入刷握，更换由于磨损过短的电刷并用砂纸研磨弧面。电刷在刷握内上下活动自如，且有 0.1～0.2mm 间隙，若达不到要求时应将电刷适当磨小。

（5）安装励磁机。用吊车起吊已检修好的主副励磁机，按原位装复，待整体找正中心后，紧固地脚螺栓。

（6）接引线。连接集电环励磁电缆线及励磁机和发电机出口引线，要求各接触面平整、光洁、接触良好，用 0.05mm 塞尺塞不进去，接头螺栓紧固、平垫、弹簧垫齐全。为了改善集电环的工作状态，每次大修接线时要调换集电环的极性。接线完毕后，将整个机组表面清扫干净，并进行检修后的试验。

单 元 小 结

（1）同步发电机的结构包括电磁系统、绝缘结构、励磁系统和冷却系统四大部分。高压大容量同步发电机为旋转磁极式结构，定子有与异步电动机相同的三相绕组、铁芯及机座、端盖等部件，转子包括直流励磁绕组、磁极铁芯、磁轭、集电环及阻尼绕组。

（2）同步发电机按主磁极的形状分为凸极式和隐极式两种，汽轮发电机（隐极机）转速高、极数小（多为两极）为卧式结构；水轮发电机（凸极机）转速低、极数多为立式结构。

（3）同步发电机的工作原理可描述为：当同步发电机被原动机（水轮机或汽轮机等）拖动后，转子中的励磁绕组加上直流励磁，在定子、转子的气隙间将产生旋转磁场，定子上的三相对称绕组依次切割磁场而感应出三相对称电动势，接上负载后，输出三相交变电流。

（4）同步发电机是进行机电能量转换的一种电磁旋转机械，它依赖定子、转子之间的气隙磁场将机械能转变为电能，之所以称之为"同步"是由于其感应的电枢电动势频率 f 和转子转速 n 之间存在着严格不变的关系，即 $f=pn/60$。

（5）同步发电机的励磁方式指供给同步发电机转子磁极励磁电流的取得方式。根据直流电流的产生和通入方式的不同，分为直流励磁机励磁和整流器励磁。整流器励磁又可分为静止整流器励磁和旋转整流器励磁。

（6）同步发电机的额定功率。对于发电机指输出的电功率，对于电动机指输出的机械功率；额定电压和额定电流指定子绕组上的线电压和线电流。

（7）同步发电机的拆卸工序是：拆前准备→停机和盘车→解开联轴器→拆卸电刷装置和励磁机→取下端盖→抽出转子。

（8）同步发电机的组装工序是：穿入转子→安装轴承、联轴器及找转子中心→测量定转子间气隙→回装端盖、轴封→测量有关间隙→安装刷架、调整电刷→安装励磁机、机组整体找中心→接引线、检修后试验。

思考与练习

一、单选题

1．同步发电机的结构包括电磁系统、绝缘结构、励磁系统和（　　）四大部分。
　　A．电磁结构　　　　　　　　B．励磁方式　　　　　　　　C．冷却系统

2．同步发电机定子铁芯由厚度为（　　）或 0.5mm 的涂漆硅钢片叠成，每叠厚 30～60mm。
　　A．0.25mm　　　　　　　　B．0.35mm　　　　　　　　C．0.32mm

3．旋转磁极式三相同步发电机，定子有与三相异步电机相同的（　　）、铁芯、机座、端盖、励磁回路、电刷等部件。
　　　　A．三相绕组　　　　　　　　B．励磁绕组　　　　　　　　C．转子绕组

4．励磁绕组由扁铜线绕成的（　　）串联组成，利用不导磁和高强度材料做成的槽楔将励磁绕组压紧在槽内。
　　　　A．三相线圈　　　　　　　　B．交叉式线圈　　　　　　　C．同心式线圈

5．同步发电机按主磁极的形状分为凸极式和（　　）两种。
　　　　A．离心式　　　　　　　　　B．隐极式　　　　　　　　　C．交叉式

6．同步发电机的冷却方式分为空气冷却式、氢气冷却式和（　　）或多种形式的不同组合冷却方式。
　　　　A．强迫油循环式　　　　　　B．水冷却式　　　　　　　　C．强迫氢气循环式

7．一台同步发电机，磁极数 $2p=6$，$f=50Hz$，它的转速是（　　）。
　　　　A．1500r/min　　　　　B．750r/min　　　　　　　C．1000r/min

8．隐极同步发电机的定子由（　　）和定子绕组、机座、端盖、挡风装置等部件组成。
　　　　A．定子铁芯　　　　　　　　B．转子铁芯　　　　　　　　C．硅钢片

9．一台同步发电机的电动势频率为 50Hz，转速为 600r/min，其极对数为（　　）。
　　　　A．2　　　　　　　　　　　B．5　　　　　　　　　　　C．10

10．同步发电机的励磁方式有静止整流器励磁方式、旋转整流器励磁方式和（　　）等。
　　　　A．直流励磁方式　　　　　　B．自并励励磁方式　　　　　C．交流励磁方式

二、判断题（对的打√，错的打×）

1．同步发电机按结构类型分为旋转磁极式和旋转电枢式，一般同步发电机均采用旋转磁极式。　　　　　　　　　　　　　　　　　　　　　　　　　　　　　　　　（　　）

2．同步发电机定子是交流励磁，转子也是交流励磁。　　　　　　　　（　　）

3．一台 48 极同步发电机，频率为 50Hz，其转速为 100r/min。　　　　（　　）

4．从运行原理上讲，同步发电机既可以用作发电机运行，也可以用作电动机或调相机运行。　　　　　　　　　　　　　　　　　　　　　　　　　　　　　　　（　　）

5．同步发电机是进行机电能量转换的一种电磁旋转机械，它依赖定子、转子之间的气隙磁场将机械能转变为电能。　　　　　　　　　　　　　　　　　　　　　（　　）

三、计算题

1．一台汽轮发电机 f=50Hz，n=3000r/min，磁极数是多少？若一台水轮发电机 f=50Hz，p=48，转速为多少？

2．一台三相同步发电机的额定容量 S_N=2000kVA，额定电压 U_N=6300V，星形接法，$\cos\varphi$=0.8（滞后），求同步发电机的额定电流和额定有功功率。

第二单元　同步发电机的电枢反应及同步电抗

知识要求

（1）掌握同步发电机电枢反应的性质及其对主磁通的影响。
（2）掌握同步发电机同步电抗、漏电抗的概念及物理意义。
（2）掌握同步发电机空载时主磁通的特点及电枢反应电抗的计算。

能力要求

（1）能分析同步发电机不同内功角时的电枢反应性质。
（2）能计算隐极及凸极同步发电机的同步电抗。

导学

同步发电机空载时，转子励磁绕组加直流电流 I_f 建立空载磁场 $\dot{\Phi}_0$（即主磁场），此时，定子三相绕组切割磁场 $\dot{\Phi}_0$ 感生出三相对称空载电动势 $\dot{E}_0$。当同步发电机向用户供电后，定子电流将建立电枢反应磁场 $\dot{\Phi}_a$。$\dot{\Phi}_a$ 将对原空载磁场 $\dot{\Phi}_0$ 产生影响，此影响称为电枢反应。

电枢反应的性质与负载的性质和大小有关（即取决于内功率因数角 ψ），根据内功率因数角 ψ 的不同，通常分四种情况进行讨论。

知识点一　同步发电机的空载运行

一、空载运行的概念

同步发电机被原动机拖动到同步转速，励磁绕组中通以直流电流，定子绕组开路的运行状态，称为空载运行。

二、同步发电机的磁路及磁场分布

同步发电机空载运行时，发电机气隙中只有直流励磁电流 I_f 产生的主磁场，此磁场称为空载励磁磁场。其中经过气隙交链定子、转子的磁通 $\dot{\Phi}_0$ 称为主磁通，另一部分不穿过气隙，仅和励磁绕组本身交链的磁通称为主磁极漏磁通 $\dot{\Phi}_\sigma$，这部分磁通不参与发电机的机电能量转

图 3-2-1　同步电机的磁路

换。主磁通的路径主要由定子、转子铁芯和两段气隙构成，而漏磁通的路径主要由空气和非磁性材料组成，因此主磁路的磁阻比漏磁路的磁阻小得多，主磁通数值远大于漏磁通。如图 3-2-1 所示，同步发电机空载运行时，$\dot{\Phi}_0$ 随转子一同旋转，在定子绕组中感应出频率为 f 的三相基波电动势，即 $I_f \rightarrow \bar{F}_f \rightarrow \dot{\Phi}_0 \rightarrow \dot{E}_0$，其有效值为

$$E_0 = 4.44 f N_1 k_{w1} \dot{\Phi}_0 \qquad (3\text{-}2\text{-}1)$$

式中：$\dot{\Phi}_0$ 为每极基波磁通，Wb；N_1 为定子绕组每相串联匝数；k_{w1}

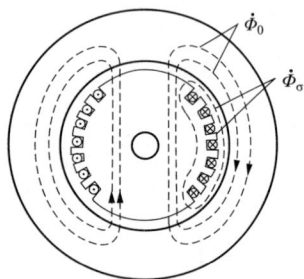

为基波电动势的绕组系数。

知识点二　对称负载时的电枢反应

一、电枢反应的概念

同步发电机对称负载运行时，电枢磁动势 $\bar{F}_a$（基波）对主极磁动势 $\bar{F}_n$（基波）的影响，称为电枢反应。

同步发电机接上三相对称负载后，定子绕组中将流过三相对称电流（即电枢电流），该电流产生一个以 n_1 旋转的电枢磁场，因此，负载时在同步发电机的气隙中同时存在主磁极磁场和电枢磁场，这两个磁场以相同的转速、相同的转向旋转着，两者之和构成了负载时气隙的合成磁场。电枢磁场在气隙中使原气隙磁场的大小和位置均发生变化，这种影响习惯上称为电枢反应。电枢反应的性质与负载的性质和大小有关，主要取决于 $\bar{F}_a$ 与 $\bar{F}_n$ 的空间相对位置，而 $\bar{F}_a$ 与 $\bar{F}_n$ 的空间相对位置与 $\dot{E}_0$ 及 $\dot{I}$ 的夹角 ψ 有关。ψ 称为内功率因数角，其大小与负载的大小、性质以及发电机的参数有关。根据内功率因数角 ψ 的不同，分四种情况进行讨论。

二、不同 ψ 时的电枢反应

（1）$\psi=0°$ 时的电枢反应。$\psi=0°$ 时 $\dot{E}_0$ 和 $\dot{I}$ 同相，电枢反应的结果使得合成磁动势 $\bar{F}_\delta$ 的轴线位置滞后于 $\bar{F}_n$，幅值略有增加，这种作用在交轴上的电枢反应称为交轴电枢反应，简称交磁作用，如图 3-2-2 所示。作用：实现机电能量的转换，发电机输出有功功率。

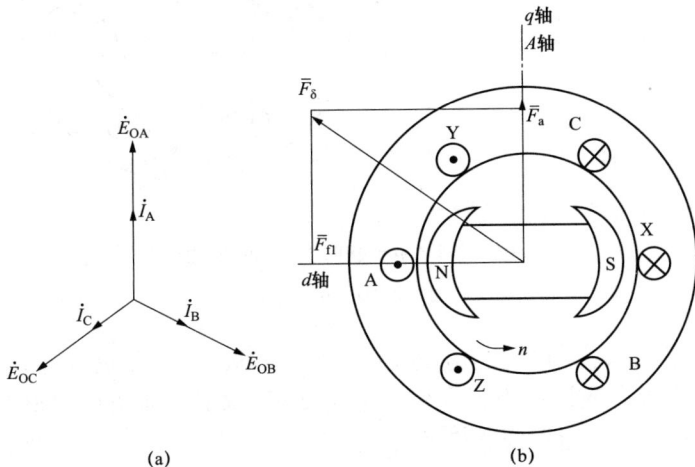

图 3-2-2　$\psi=0°$ 时的电枢反应

（a）时间相量图；（b）空间相量图

（2）$\psi=90°$ 时的电枢反应。$\psi=90°$ 时，$\dot{I}$ 滞后于 $\dot{E}_0$ $90°$；此时电枢反应为纯去磁作用，合成磁动势 $\bar{F}_\delta$ 的幅值减小，这时的电枢反应称为直轴电枢反应，起去磁作用，如图 3-2-3 所示。作用：发电机端电压下降，发电机输出感性无功功率。

（3）$\psi=-90°$ 时的电枢反应。$\psi=-90°$ 时，$\dot{I}$ 超前 $\dot{E}_0$ $90°$；此时的电枢反应为纯增磁作用，合成磁动势 $\bar{F}_\delta$ 的幅值加大，这一电枢反应称为直轴增磁电枢反应，如图 3-2-4 所示。作用：发电机端电压上升，发电机输出容性无功功率。

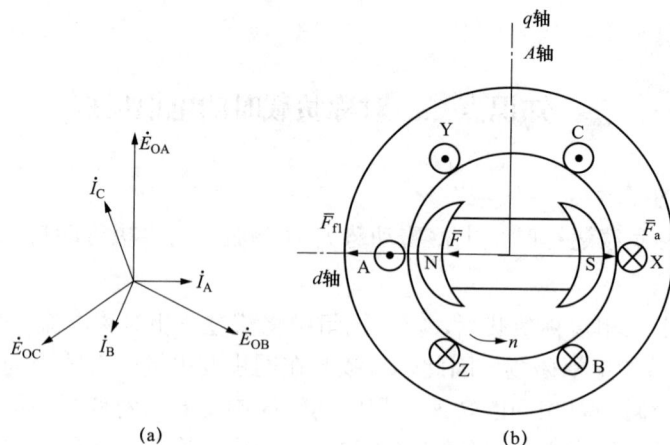

图 3-2-3 $\psi=90°$ 时的电枢反应

（a）时间相量图；（b）空间相量图

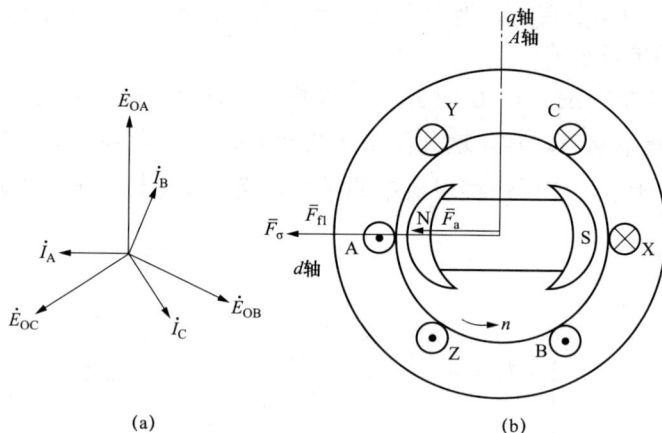

图 3-2-4 $\psi=-90°$ 时的电枢反应

（a）时间相量图；（b）空间相量图

（4）一般情况下 0°<ψ<90°时的电枢反应。0°<ψ<90°时，即负载电流 $\dot{I}$ 滞后于空载电动势 $\dot{E}_0$ ψ 角，此时的电枢反应性质为既有交轴电枢反应，又有直轴去磁电枢反应。为分析简便，可将 $\bar{F}_a$ 分解为直轴分量 $\bar{F}_{ad}$ 和交轴分量 $\bar{F}_{aq}$，即

$$\bar{F}_a = \bar{F}_{ad} + \bar{F}_{aq}$$

$$\begin{cases} \bar{F}_{ad} = \bar{F}_a \sin\psi \\ \bar{F}_{aq} = \bar{F}_a \cos\psi \end{cases} \tag{3-2-2}$$

$\bar{F}_{ad}$ 起去磁作用，$\bar{F}_{aq}$ 起交磁作用。交轴电枢反应的存在是实现机电能量转换的关键。同理，对应的每相电流分解为两个分量，一个是与空载电动势 $\dot{E}_0$ 同相位的 $\dot{I}_q$（交轴分量），一个是滞后 $\dot{E}_0$ 90°的 $\dot{I}_d$（直轴分量）。即

$$\dot{I} = \dot{I}_d + \dot{I}_q$$

$$\begin{cases} I_d = I \sin\psi \\ I_q = I \cos\psi \end{cases} \tag{3-2-3}$$

三相电流的交轴分量 $\dot{I}_q$（$\dot{I}_{Aq}$、$\dot{I}_{Bq}$、$\dot{I}_{Cq}$）共同建立电枢磁动势的交流分量 $\overline{F}_{aq}$，从而产生交轴电枢反应；三相电流的直轴分量 $\dot{I}_d$（$\dot{I}_{Ad}$、$\dot{I}_{Bd}$、$\dot{I}_{Cd}$）共同建立电枢磁动势，从而产生直轴电枢反应，使气隙磁场产生去磁作用，由此可见，当 $0° < \psi < 90°$ 时电枢反应既非纯交磁性质，也非纯直轴去磁性质，而是两者兼有，即发电机既输出有功功率，又输出感性无功功率，如图 3-2-5 所示。

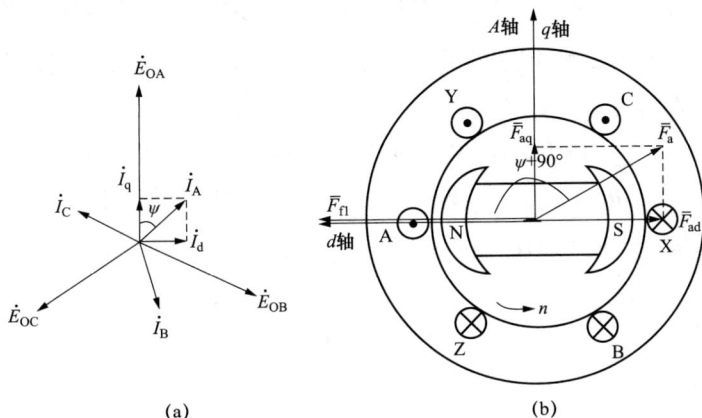

图 3-2-5　$0° \angle \psi \angle 90°$ 时的电枢反应

（a）时间相量图；（b）空间相量图

📖 知识点三　同步发电机的电抗构成

同步发电机的电抗简称同步电抗。同步电抗是同步发电机中的一个极为重要的参数，它影响着同步发电机端电压随负载波动的幅度、发电机短路电流的大小以及在电网中并列运行的稳定性。同步发电机有隐极机和凸极机两种。同步电抗分别用 x_t（隐极电机）和 x_d、x_q（凸极电机）表示。

一、同步电抗的定义

同步电抗指电枢反应电抗 x_a 和电枢漏电抗 x_σ 之和。同步电抗是表征同步发电机在三相对称稳定运行时，电枢旋转磁场和电枢漏磁场对一相电路影响的一个综合参数。

二、隐极机的同步电抗

隐极同步发电机带负载运行时，定子绕组建立电枢磁场，该磁场产生的磁通大部分经过气隙进入转子与励磁绕组相交链。这部分磁通称为电枢反应磁通 $\dot{\Phi}_a$，还有一小部分磁通仅与定子绕组本身交链，这部分磁通称为定子漏磁通 $\dot{\Phi}_\sigma$。在隐极同步发电机中，定子电流 $\dot{I} \rightarrow \overline{F}_a \rightarrow \dot{\Phi}_a$，$\dot{\Phi}_a$ 在电枢各相绕组中感应出电枢反应电动势 $\dot{E}_a$，考虑相位后

$$\dot{E}_a = -j x_a \dot{I}$$

x_a 称为电枢反应电抗，它与电枢反应磁通 $\dot{\Phi}_a$ 相对应，x_a 的大小反映了电枢反应的强弱，其物理意义与异步电机的励磁电抗 x_m 相似；另外，漏磁通 $\dot{\Phi}_\sigma$ 在电枢各相绕组中感应出漏磁

电动势 $\dot{E}_\sigma$，同理可得 $\dot{E}_\sigma = -j\dot{I}x_\sigma$，$x_\sigma$ 为电枢绕组的每相漏电抗。

$$x_a + x_\sigma = x_t \tag{3-2-4}$$

x_t 为隐极同步发电机的同步电抗，它是对称稳态运行时表征电枢反应和电枢漏磁场的一个综合参数。漏抗 x_σ 与磁路饱和程度无关，而 x_a 和 x_t 随铁芯饱和程度的增大而减小。

三、凸极机的同步电抗

凸极同步发电机中，由于气隙不均匀，极面下气隙较小，两极之间气隙较大，电枢反应磁动势 $\bar{F}_a$ 作用在不同气隙位置上产生的磁通会有所不同，此时将 $\bar{F}_a$ 分解为 $\bar{F}_{ad}$ 和 $\bar{F}_{aq}$ 两个分量，$\bar{F}_{ad}$ 固定作用在直轴磁路上，$\bar{F}_{aq}$ 固定作用在交轴磁路上，分别对应着各自的磁路，且有固定的磁阻，若不考虑铁芯磁路的饱和影响，分别研究 $\bar{F}_{ad}$ 和 $\bar{F}_{aq}$ 的作用，再进行叠加得出 $\bar{F}_a$ 的作用，这种分析称为双反应理论。

当不计饱和影响时，将 $\dot{I}$ 分解为直轴电流分量 $\dot{I}_d$ 和交轴电流分量 $\dot{I}_q$，$I_d = I\sin\psi$，$I_q = I\cos\psi$，$I_d \propto F_{ad} \propto \Phi_{ad} \propto E_{ad}$，$I_q \propto F_{aq} \propto \Phi_{aq} \propto E_{aq}$，因此可以用两个电抗来表示电枢反应电动势和电流的关系，它们分别称为直轴电枢反应电抗 x_{ad} 和交轴电枢反应电抗 x_{aq}，电枢反应电动势用电压降表示为

$$\begin{cases} \dot{E}_{ad} = -j\dot{I}_d x_{ad} \\ \dot{E}_{aq} = -j\dot{I}_q x_{aq} \end{cases} \tag{3-2-5}$$

和隐极发电机一样，直轴和交轴电枢反应电抗各自和定子漏电抗 x_σ 相加，便得到直轴和交轴同步电抗，即

$$\begin{cases} x_d = x_{ad} + x_\sigma \\ x_q = x_{aq} + x_\sigma \end{cases} \tag{3-2-6}$$

同步电抗与绕组匝数的平方成正比，与所经过磁路的磁阻成反比。凸极同步发电机直轴方向的气隙小，所以 $x_d > x_q$；隐极同步发电机的气隙是均匀的，所以 $x_d = x_q = x_t$。

单 元 小 结

（1）同步发电机空载时 $I_f \rightarrow \bar{F}_{f1} \rightarrow \dot{\Phi}_0 \rightarrow \dot{E}_0 \rightarrow$ 相电动势 $E_0 = 4.44fN_1 k_{w1}\Phi_0$；负载时 $I_f \rightarrow \bar{F}_{f1}$，$\dot{I} \rightarrow \bar{F}_a$，励磁磁动势和电枢磁动势共同作用在发电机主磁路上，建立负载时的气隙磁场。

（2）在对称负载时，电枢磁场对气隙磁场的影响称为电枢反应（即 $\bar{F}_a$ 对 $\bar{F}_f$ 的影响），电枢反应的性质取决于励磁电动势 $\dot{E}_0$ 和电枢电流 $\dot{I}$ 之间的夹角 ψ。一般情况下负载是阻感性负载（$0° < \psi < 90°$），此时的电枢磁动势 $\bar{F}_a$ 可分解为交轴电枢反应磁动势 $\bar{F}_{aq}$ 和去磁的直轴电枢反应磁动势 $\bar{F}_{ad}$。交轴电枢反应是实现机电能量转换的关键。

（3）同步电抗包括定子漏抗和电枢反应电抗，定子漏电抗表征定子漏磁场的作用；电枢反应电抗表征电枢反应磁场的作用。对于凸极同步发电机，由于直轴和交轴磁路的磁阻不同，电枢反应磁通可分为直轴和交轴电枢反应磁通，它们对应于直轴和交轴电枢反应电抗。故有直轴（x_d）和交轴（x_q）同步电抗之分。对于隐极同步发电机，直轴和交轴同步电抗相等，用同步电抗 x_t 表示。

思考与练习

一、单选题

1．同步发电机带上对称负载，电枢磁动势基波对（　　）的作用，称为电枢反应。
　　A．电枢磁动势　　　　　　B．主极磁场　　　　　　C．漏磁场

2．电枢反应的性质取决于励磁电动势（　　）和电枢电流 $\dot{I}$ 之间的夹角 ψ。

　　A．$\dot{E}_0$　　　　　　　B．$\dot{U}$　　　　　　　C．$\dot{I}$

3．同步发电机内功率因数角 $\psi=90°$ 时，电枢反应的性质称为直轴去磁电枢反应，此时随负载的增加，端电压将（　　）。
　　A．不变　　　　　　　　B．上升　　　　　　　　C．下降

4．同步发电机的内功率因数角 $\psi=-90°$ 时，电枢反应的性质称为直轴助磁电枢反应，此时随负载的增加，端电压将（　　）。
　　A．不变　　　　　　　　B．上升　　　　　　　　C．下降

5．同步发电机的内功率因数角 $0°<\psi<90°$ 时，电枢反应的性质既有交轴电枢反应，又有（　　）。
　　A．去磁电枢反应　　　　B．直轴去磁电枢反应　　C．助磁电枢反应

6．电枢反应一般情况下的负载是阻感性负载（即 $0°<\psi<90°$），此时电枢磁动势 $\bar{F}_a$ 可分解为交轴电枢反应磁动势 $\bar{F}_{aq}$ 和去磁的（　　）。
　　A．磁动势 $\bar{F}_q$　　　　B．励磁磁动势 $\bar{F}_f$　　　C．直轴电枢反应磁动势 $\bar{F}_{ad}$

7．一台三相同步发电机带对称负载稳定运行，其 $\cos\psi=0.8$（超前），此时电枢反应的性质为（　　）。
　　A．直轴助磁电枢反应
　　B．既有直轴去磁电枢反应，又有交轴电枢反应
　　C．既有直轴助磁电枢反应，又有交轴电枢反应

8．同步电抗指电枢反应电抗 x_a 和电枢漏电抗（　　）之和。
　　A．x_σ　　　　　　　B．x_d　　　　　　　C．x_q

9．一台三相同步发电机带对称负载稳定运行，其 $\cos\psi=0.8$（滞后），此时电枢反应的性质为（　　）。
　　A．直轴助磁电枢反应
　　B．既有直轴去磁电枢反应，又有交轴电枢反应
　　C．既有直轴助磁电枢反应，又有交轴电枢反应

10．同步电抗是表征同步发电机在三相对称稳定运行时，电枢旋转磁场和电枢漏磁场对（　　）电路影响的一个综合参数。
　　A．一相　　　　　　　　B．二相　　　　　　　　C．三相

二、判断题（对的打√，错的打×）

1．$\psi=0°$ 时 $\dot{E}_0$ 和 $\dot{I}$ 同相，电枢反应的结果使得合成磁动势 $\bar{F}_\delta$ 的轴线位置滞后于 $\bar{F}_n$，幅值

略有增加。   （   ）

2．三相同步发电机的电枢反应磁通，既与电枢绕组交链，又与励磁绕组交链。（   ）

3．三相同步发电机对称负载稳定运行时，电枢反应磁场将在励磁绕组中感应电动势。

（   ）

4．三相同步发电机的电枢反应磁通，只与电枢绕组交链，不与励磁绕组交链。（   ）

5．凸极式同步发电机的直轴电枢反应电抗，交轴电枢反应电抗和漏抗的大小关系是 $X_{ad} = X_{aq} \leqslant X_{\sigma}$。   （   ）

第三单元　同步发电机的电动势方程式和相量图分析

知识要求

（1）了解隐极同步发电机的等效电路。
（2）熟悉凸极同步电发机的电动势方程式和相量图。
（3）掌握隐极同步发电机的电动势方程式和相量图。

能力要求

（1）能对隐极同步发电机的电动势、内功角 ψ、功率角 δ 进行分析计算。
（2）能作同步发电机的相量图。

导　学

　　同步发电机的基本方程式和相量图是分析同步发电机各物理量之间关系及计算同步发电机各参数的基础。同步发电机有隐极机（汽轮发电机）和凸极机（水轮发电机）之分，它们之间的基本方程式由于磁路结构的不同而不相同。因此它们的等效电路与相量图也不相同。

　　同步发电机的方程式主要用于发电机感生电动势 E_0 大小的计算，根据电动势方程式计算出发电机的内功率因数角 ψ、功角 δ 及电压变化率 ΔU。

　　同步发电机的相量图主要用于分析发电机感生的空载电动势 E_0、端电压 U、内功角 ψ、功率角 δ 及功率因数角的关系。

知识点一　同步发电机的电动势方程式

一、隐极同步发电机的电动势方程式

　　同步发电机与负载的连接如图 3-3-1 所示。同步发电机在对称负载下运行时，气隙中存在着两种磁场，即定子三相对称电流 $\dot{I}$ 产生的电枢旋转磁场 $\overline{F}_a$ 和转子上直流励磁产生的励磁旋转磁场 $\overline{F}_f$。各量之间的关系如下：

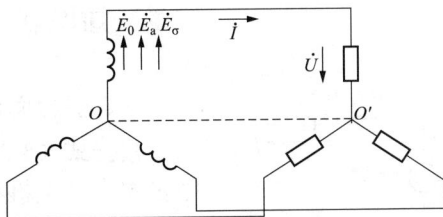

图 3-3-1　同步发电机与负载连接电路

$$I_f \rightarrow \overline{F}_f \rightarrow \dot{\Phi}_0 \rightarrow \dot{E}_0$$

$$\dot{I} \rightarrow \overline{F}_a \underset{\searrow \dot{\Phi}_\sigma \rightarrow \dot{E}_\sigma}{\overset{\dot{\Phi}_a \rightarrow \dot{E}_a}{\rightarrow}}$$

　　若不考虑饱和影响，则 $E_a \propto \Phi_a \propto F_a \propto I$，即电枢反应电动势 $\dot{E}_a$ 正比于电枢电流 $\dot{I}$，且相位上 $\dot{E}_a$ 滞后 $\dot{I}$ $90°$。根据基尔霍夫第二定律，可写出电枢任一相的电动势方程式为

$$\sum \dot{E} = \dot{E}_0 + \dot{E}_a + \dot{E}_\sigma = \dot{U} + \dot{I}R_a \tag{3-3-1}$$

在式（3-3-1）中，$\dot{E}_a = -\mathrm{j}\dot{I}x_a$，$\dot{E}_\sigma = -\mathrm{j}\dot{I}x_\sigma$，经整理得隐极同步发电机的电动势方程式为

$$\dot{E}_0 = \dot{U} + \dot{I}R_a + \mathrm{j}\dot{I}x_t \tag{3-3-2}$$

若忽略电枢电阻 R_a，则隐极同步发电机的电动势方程式为

$$\dot{E}_0 = \dot{U} + \mathrm{j}\dot{I}x_t \tag{3-3-3}$$

二、凸极式同步发电机的电动势方程式

由于凸极同步发电机与隐极同步发电机的磁路结构不同，在对称负载下运行时，凸极同步发电机，气隙不均匀，极面下气隙较小，必须将 $\bar{F}_a$ 分解为 $\bar{F}_{ad}$ 和 $\bar{F}_{aq}$ 两个分量，若不考虑铁芯磁路饱和影响，凸极同步发电机可以和隐极同步发电机一样应用叠加定理列出方程式。

当不计及饱和影响时，将 $\dot{I}$ 分解为直轴电流分量 $\dot{I}_d$ 和交轴电流分量 $\dot{I}_q$，$I_d = I\sin\psi$，$I_q = I\cos\psi$，且 $I_d \propto F_{ad} \propto \Phi_{ad} \propto E_{ad}$，$I_q \propto F_{aq} \propto \Phi_{aq} \propto E_{aq}$，因此，可写出凸极同步发电机电枢任一相的电动势方程式为

$$\sum \dot{E} = \dot{E}_0 + \dot{E}_{ad} + \dot{E}_{aq} + \dot{E}_\sigma = \dot{U} + \dot{I}R_a \tag{3-3-4}$$

将 $\dot{E}_{ad} = -\mathrm{j}\dot{I}_d x_{ad}$、$\dot{E}_{aq} = -\mathrm{j}\dot{I}_q x_{aq}$ 及 $\dot{E}_\sigma = -\mathrm{j}\dot{I}x_\sigma$，$\dot{I} = \dot{I}_d + \dot{I}_q$ 代入式（3-3-4）整理后得

$$\begin{aligned}
\dot{E}_0 &= \dot{U} + \dot{I}R_a + \mathrm{j}\dot{I}X_\sigma + \mathrm{j}\dot{I}_d X_{ad} + \mathrm{j}\dot{I}_q X_{aq} \\
&= \dot{U} + \dot{I}R_a + \mathrm{j}\dot{I}_d(X_\sigma + X_{ad}) + \mathrm{j}\dot{I}_q(X_\sigma + X_{aq}) \\
&= \dot{U} + \dot{I}R_a + \mathrm{j}\dot{I}_d X_d + \mathrm{j}\dot{I}_q X_q
\end{aligned}$$

即

$$\dot{E}_0 = \dot{U} + \dot{I}R_a + \mathrm{j}\dot{I}_d x_d + \mathrm{j}\dot{I}_q x_q \tag{3-3-5}$$

若忽略电枢电阻 R_a，则凸极同步发电机的电动势方程式为

$$\dot{E}_0 = \dot{U} + \mathrm{j}\dot{I}_d x_d + \mathrm{j}\dot{I}_q x_q \tag{3-3-6}$$

📖 知识点二　同步发电机的相量图分析

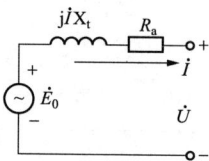

图 3-3-2　隐极同步发电机的等效电路

一、隐极同步发电机的等效电路

根据式（3-3-2）可作出隐极同步发电机的等效电路如图 3-3-2 所示，隐极同步发电机相当于具有内阻抗 $Z = R_a + \mathrm{j}x_t$，电动势 $\dot{E}_0$ 的交流电源。

二、隐极同步发电机的相量图

若已知 I、U、$\cos\varphi$、R_a 及 x_t，由式 $\dot{E}_0 = \dot{U} + \dot{I}R_a + \mathrm{j}\dot{I}x_t$，可作出隐极同步发电机的相量图如图 3-3-3 所示。简化相量图如图 3-3-4 所示。

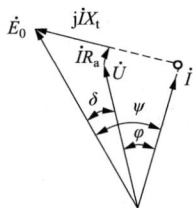

图 3-3-3 隐极同步发电机的相量图

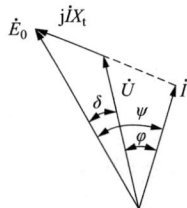

图 3-3-4 隐极同步发电机的简化相量图

（1）以 $\dot{U}$ 为参考相量，并作出 $\dot{U}$。

（2）根据负载的功率因数 $\cos\varphi$ 确定 φ 角，作出 $\dot{I}$。

（3）在 $\dot{U}$ 的末端加上电压降 $\dot{I}R_a$，它平行于 $\dot{I}$，在 $\dot{I}R_a$ 的末端加上同步电抗压降 $j\dot{I}x_t$（图 3-3-4 在 $\dot{U}$ 的末端加上同步电抗压降 $j\dot{I}x_t$）它超前于 $\dot{I}$ 90°。

（4）连接原点及 $j\dot{I}x_t$ 的末端即得到 $\dot{E}_0$。

在图 3-3-3 中，$\dot{E}_0$ 与 $\dot{I}$ 的夹角称为内功角 ψ，$\dot{U}$ 与 $\dot{I}$ 的夹角 φ 称为功率因数角，$\dot{E}_0$ 与 $\dot{U}$ 的夹角 δ 称为功率角，且 $\psi=\varphi+\delta$。

相量 $\dot{E}_0$ 除由式（3-3-2）求得外，还可用图 3-3-3 计算得到 $\dot{E}_0$ 值。

根据相量图或几何关系有

$$E_0 = \sqrt{(U\cos\varphi + R_a I)^2 + (U\sin\varphi + Ix_t)^2} \tag{3-3-7}$$

$$\psi = \arctan\frac{Ix_t + U\sin\varphi}{R_a I + U\cos\varphi} \tag{3-3-8}$$

若忽略很小的电枢绕组电阻 R_a，可根据图 3-3-4 计算得到 E_0

$$E_0 = \sqrt{(U\cos\varphi)^2 + (U\sin\varphi + Ix_t)^2} \tag{3-3-9}$$

$$\psi = \arctan\frac{Ix_t + U\sin\varphi}{U\cos\varphi} \tag{3-3-10}$$

或用相量计算出 $\dot{E}_0$

$$\dot{E}_0 = \dot{U} + j\dot{I}x_t$$

在大、中型发电机中，定子绕组电阻 R_a 很小，对端电压的影响不大，可略去不计，但小型发电机的 R_a 较大，不可忽略，否则，其计算结果误差较大。

三、凸极同步发电机的相量图

根据式（3-3-6），可以作出凸极同步发电机带感性负载时的简化相量图如图 3-3-6 所示。

作相量图时，除需给定端电压 $\dot{U}$、负载电流 $\dot{I}$、功率因数角 $\cos\varphi$ 以及发电机的参数 x_d 和 x_q 及内功率因数角 ψ 外，还必须把电枢电流分解成直轴 $\dot{I}_d$ 和交轴 $\dot{I}_q$ 两个分量，并确定内功角 ψ，为此，引入虚拟电动势 $\dot{E}_Q$。

$$\dot{E}_Q = (\dot{U} + \dot{I}R_a + j\dot{I}_d X_d + j\dot{I}_q X_q) - j\dot{I}_d(X_d - X_q) = \dot{U} + \dot{I}R_a + j\dot{I}X_q \tag{3-3-11}$$

因为相量 $\dot{I}_d$ 与 $\dot{E}_0$ 垂直，故 $j\dot{I}_d(x_d - x_q)$ 必与 $\dot{E}_0$ 同相位，因此 $\dot{E}_Q$ 与 $\dot{E}_0$ 也是同相位，如图 3-3-5 所示。将端电压 $\dot{U}$ 沿着 $\dot{I}$ 和垂直于 $\dot{I}$ 的方向分成 $U\sin\varphi$ 和 $U\cos\varphi$ 两个分量，由图 3-3-5 不难确定内功率因数角 ψ

$$\psi = \arctan \frac{Ix_q + U\sin\varphi}{R_a I + U\cos\varphi} \tag{3-3-12}$$

$$E_0 = U\cos\delta + I_d x_d = U\cos(\psi - \varphi) + I_d x_d \tag{3-3-13}$$

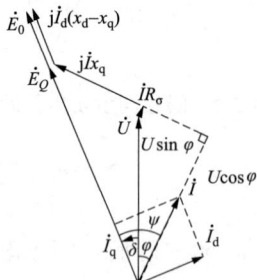

图 3-3-5 ψ 角确定相量图   图 3-3-6 凸极同步发电机相量图

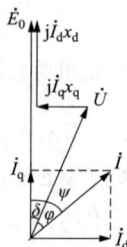

根据式（3-3-6），忽略电枢绕组电阻 R_a，则凸极同步发电机相量图 3-3-6 的作图步骤如下：

（1）选电压 $\dot{U}$ 为参考相量，并作出 $\dot{U}$。

（2）根据负载功率因数角 φ，$\dot{I}$ 滞后于 $\dot{U}$ 相量 φ 角，作出电流相量 $\dot{I}$。

（3）根据 ψ 角可确定 $\dot{E}_0$ 的位置线，并将 $\dot{I}$ 分解为 $\dot{I}_d$ 及 $\dot{I}_q$，$\dot{I}_q$ 与 $\dot{E}_0$ 同相位，$\dot{I}_d$ 滞后于 $\dot{E}_0$ 90°。

（4）在 $\dot{U}$ 的顶点作超前 $\dot{I}_q$ 90°的 $j\dot{I}_q x_q$。

（5）在 $j\dot{I}_q x_q$ 的顶点作出超前 $\dot{I}_d$ 90°的 $j\dot{I}_d x_d$。

（6）连接原点和 $j\dot{I}_d x_d$ 的顶点，得出 $\dot{E}_0$。

四、案例分析

[例 3-3-1] 一台汽轮发电机 S_N=2500kVA，U_N=6.3kV，星形接法，忽略电枢电阻 R_a，每相同步电抗 x_t=10.4Ω，求额定负载（即 β=1）且功率因数为 0.8（滞后）时的 E_0、ψ、δ 及 ΔU 的值。

解：额定相电压

$$U_{Nph} = U_N / \sqrt{3} = 6300/\sqrt{3} = 3637.4(V)$$

额定相电流

$$I_{Nph} = I_N = S_N / \sqrt{3}U_N = 2500\times 10^3 / \sqrt{3}\times 6300 = 229.1(A)$$

阻抗基准值

$$Z_N = U_{Nph} / I_{Nph} = 3637.4/229.1 = 15.877(\Omega)$$

同步电抗标幺值

$$x_{t*} = x_t / Z_N = 10.4/15.877 = 0.655$$

方法一：用标幺值计算（应用隐极同步发电机电动势方程式及相置图 3-3-4 进行计算）。

选取额定负载时 $\dot{U}_* = 1\angle 0°$，$\dot{I}_* = 1\angle -36.87°$，$\varphi = \arccos 0.8 = 36.87°$

$$\dot{E}_{0*} = \dot{U}_* + j\dot{I}_* x_{t*} = 1\angle 0° + j1\times 0.655\angle -36.87° = 1.393 + j0.524 = 1.488\angle 20.61°$$

$$E_0 = E_{0*} U_{Nph} = 1.488\times 3637.4 = 5412.5(V)$$

功角

$$\delta = 20.61°$$

内功率因数角

$$\psi = \varphi + \delta = 36.87° + 20.61° = 57.48°$$

电压变化率

$$\Delta U = \frac{E_{0*} - U_{N*}}{U_{N*}} \times 100\% = \frac{1.488 - 1.0}{1.0} \times 100\% = 48.8\%$$

方法二：利用隐极同步发电机相量图的几何关系求解（参考隐极同步发电机相量图 3-3-4）。

$$\varphi = \arccos 0.8 = 36.87°, \quad \sin 36.87° = 0.6$$

$$\begin{aligned}
E_0 &= \sqrt{(U\cos\varphi + R_a I)^2 + (U\sin\varphi + x_t I)^2} \\
&= \sqrt{(3737.4 \times 0.8)^2 + (3637.4 \times 0.6 + 229.1 \times 10.4)^2} \\
&= 5413.6 (\text{V})
\end{aligned}$$

$$\psi = \arctan\frac{x_t I + U\sin\varphi}{U\cos\varphi} = \arctan\frac{229.1 \times 10.4 + 3637.4 \times 0.6}{3637.4 \times 0.8} = 57.48°$$

$$\Delta U = \frac{E_0 - U_{Nph}}{U_{Nph}} \times 100\% = \frac{5413.6 - 3637.4}{3637.4} \times 100\% = 48.8\%$$

$$\delta = \psi - \varphi = 57.48° - 36.87° = 20.61°$$

两种计算方法结果相同。

[**例 3-3-2**]　某台凸极同步发电机，其直轴和交轴同步电抗标幺值为 $X_{d*}=1.0$，$X_{q*}=0.6$，电枢电阻略去不计，试计算该机在额定电压、额定电流、功率因数 $\cos\varphi = 0.6$（滞后）时的电动势 E_0。

解：应用凸极同步发电机相量图 3-3-5，以端电压 $\dot{U}$ 为参考相量，额定状态时，电流滞后电压 ψ 角，则

$$\dot{U}_* = 1.0\angle 0° \rightarrow \dot{I}_* = 1.0\angle -36.87°; \quad (\varphi = \arccos 0.6 = 36.87°)$$

$$\dot{E}_{Q*} = \dot{U}_* + j\dot{I}_* x_{q*} = 1 + j0.6\angle -36.87° = 1.442\angle 19.44°$$

即

$$\delta = 19.44°$$

内功率因数角

$$\psi = \varphi + \delta = 36.87° + 19.44° = 56.31°$$

$$I_{d*} = I_* \sin\psi = 1.0 \times \sin 56.31° = 0.8321$$

$$I_{q*} = I_* \cos\psi = 1.0 \times \cos 56.31° = 0.5547$$

$$E_{0*} = E_{Q*} + I_{d*}(x_{d*} - x_{q*}) = 1.442 + 0.832 \times (1 - 0.6) = 1.77$$

单 元 小 结

（1）基本方程式和相量图对分析同步发电机各物理量之间的关系非常重要。在不考虑磁路饱和时，可认为各个磁动势分别产生磁通及感应电动势，并由此做出电动势方程式及相量图。

（2）同步发电机运行时的求解对象主要有两类：①求空载电动势 E_0、内功率因数角 ψ 及功角 δ；②求电压变化率 ΔU 和 η。

（3）求解电动势的公式为相值计算公式，且电压、电流均为相电压相电流，若已知线电压、线电流，则首先求出相关的相电压和相电流，再求出相电动势。

（4）同步发电机额定负载时电压、电流的标幺值为"1.0"，若选择电压作为参考相量，则电流滞后于电压 φ 角，应用电动势方程式（相量式）求出的角度就是功角 δ。

思考与练习

一、单选题

1. 同步发电机有隐极汽轮发电机和（　　）水轮发电机之分，它们之间的基本方程式由于磁路结构的不同而不相同。

    A．隐极　　　　　　　　　　B．凸极　　　　　　　　　　C．隐极和凸极

2. 若忽略电枢电阻 R_a，则隐极同步发电机的电动势方程式为（　　）。

    A．$\dot{E}_0 = \dot{U} + \dot{I}R + \mathrm{j}\dot{I}x_t$　　　　B．$\dot{E}_0 = \dot{U} + \mathrm{j}\dot{I}x_q$　　　　C．$\dot{E}_0 = \dot{U} + \mathrm{j}\dot{I}x_t$

3. 若忽略电枢电阻 R_a，则凸极同步发电机的电动势方程式为（　　）。

    A．$\dot{E}_0 = \dot{U} + \dot{I}R_a + \mathrm{j}\dot{I}_d x_d + \mathrm{j}\dot{I}_q x_q$

    B．$\dot{E}_0 = \dot{U} + \mathrm{j}\dot{I}_d x_d + \mathrm{j}\dot{I}_q x_q$

    C．$\dot{E}_0 = \dot{U} + \mathrm{j}\dot{I}x_t + \mathrm{j}\dot{I}_q x_q$

4. 根据内功角 ψ 可确定 $\dot{E}_0$ 的位置线，并将 $\dot{I}$ 分解为（　　）及 $\dot{I}_q$。

    A．$\dot{I}_d$　　　　　　　　　　B．$\dot{I}_b$　　　　　　　　　　C．$\dot{I}_a$

5. 当不计及饱和影响时，将 $\dot{I}$ 分解为直轴电流分量（　　）和交轴电流分量 $I\cos\psi$。

    A．$\dot{I}_a \sin\psi$　　　　　　　B．$\dot{I}_b \cos\psi$　　　　　　C．$I\sin\psi$

6. 考虑同步发电机的电枢电阻 R_a 时，隐极同步发电机的电动势方程式为（　　）。

    A．$\dot{E}_0 = \dot{U} + \dot{I}R_a + \mathrm{j}\dot{I}x_t$　　B．$\dot{E}_0 = \dot{U} + \dot{I}R + \mathrm{j}\dot{I}x_q$　　C．$\dot{E}_0 = \dot{U} + \dot{I}R + \mathrm{j}\dot{I}x_t$

7. 考虑同步发电机的电枢电阻 R_a 时，凸极同步发电机的电动势方程式为（　　）。

    A．$\dot{E}_0 = \dot{U} + \dot{I}R + \mathrm{j}\dot{I}_d x_d + \mathrm{j}\dot{I}_q x_q$

    B．$\dot{E}_0 = \dot{U} + \dot{I}R_a + \mathrm{j}\dot{I}_d x_d + \mathrm{j}\dot{I}_q x_q$

    C．$\dot{E}_0 = \dot{U} + \dot{I}R_a + \mathrm{j}\dot{I}x_t + \mathrm{j}\dot{I}_q x_q$

8. 在大、中型发电机中，定子绕组电阻 R_a 很小，对端电压的影响不大（　　）。

    A．可略去不计　　　　　　B．不能略去不计　　　　　C．应该保留

9. 凸极同步发电机，由于气隙不均匀，极面下气隙较小，必须将 $\bar{F}_a$ 分解为（　　）和 $\bar{F}_{aq}$ 两个分量。

    A．$\bar{F}_d$　　　　　　　　　　B．$\bar{F}_{ad}$　　　　　　　　　C．$\bar{F}_c$

10. 同步发电机中，$\dot{E}_0$ 与 $\dot{I}$ 的夹角称为（　　）。

    A．功率角　　　　　　　　　B．内功角 ψ　　　　　　　C．功率因数角

二、**判断题**（对的打√，错的打×）

1．同步发电机的方程式主要用于发电机感生电动势 $\dot{E}_0$ 的计算。 （ ）

2．同步发电机中 $\dot{U}$ 与 $\dot{I}$ 的夹角 φ 称为功率因数角，$\dot{E}_0$ 与 $\dot{U}$ 的夹角 δ 称为功角，且 $\psi=\varphi+\delta$。 （ ）

3．基本方程式和相量图对分析同步发电机各物理量之间的关系不重要。 （ ）

4．凸极同步发电机可以与隐极同步发电机一样应用叠加定理列出方程式。 （ ）

5．同步发电机在对称负载下运行时，气隙中只存一个磁场。 （ ）

三、**计算题**

1．一台隐极汽轮发电机，$P_N=300MW$，$U_N=18kV$，$\cos\varphi_N=0.85$，$x_{t*}=2.18$，星形接法，定子绕组电阻忽略不计。试求发电机额定状态（即 $\beta=1$）运行时的空载电动势 E_0 功角 δ。

2．一台汽轮发电机 $S_N=5000kVA$，$U_N=10.5kV$，星形接法，忽略电枢电阻 R_a，每相同步电抗 $x_t=15.4\Omega$，求额定负载（即 $\beta=1$）且功率因数为 0.85（滞后）时的 E_0、ψ、δ 及 ΔU 的值。

第四单元　同步发电机的运行特性及试验

知识要求

（1）了解同步发电机空载、短路、外特性及调整特性的定义及作用。

（2）掌握同步发电机的空载、短路试验。

（3）掌握同步发电机的同步电抗、电压变化率、效率的定义及计算。

能力要求

（1）能分析同步发电机的空载特性、短路特性、外特性和调整特性曲线的走势。

（2）能计算同步发电机的同步电抗、电压变化率和效率。

（3）能进行同步发电机的空载、短路试验接线及操作。

导　学

同步发电机端电压 U、负载电流 I、励磁电流 I_f 三个物理之间的相互关系可用特性曲线表示，三量中保持一个物理量不变，另外两个物理量便组成一种特性，即空载特性、短路特性、外特性和调整特性。

应用同步发电机的运行特性曲线可以确定发电机的同步电抗、电压调整率等参数。

同步发电机的效率是衡量同步发电机运行经济性的一项指标。

知识点一　同步发电机的运行特性分析

同步发电机对称负载下稳定运行时，维持转速（频率）和负载功率因数不变，发电机的端电压 U、负载电流 I、励磁电流 I_f 三个物理量之间的相互关系可用特性曲线来表示，三量中保持一个物理量不变，另外两个物理量便组成一种特性，即空载特性、短路特性、外特性和调整特性。从这些特性中可以确定发电机的同步电抗、电压调整率、额定励磁电流等参数。

一、空载特性

（1）空载特性。指同步发电机处于额定转速（$n=n_N$），定子电枢绕组开路（$I=0$）状态时，电枢开路电压 U_0（$U_0=E_0$）随励磁电流 I_f 的变化关系，即 $U_0=f(I_f)$。

（2）空载特性曲线的确定。空载特性曲线可由空载试验确定。试验时，应在空载的情况下，用原动机将发电机拖到同步转速，并维持不变。然后增大励磁电流 I_f，直到空载电压等于 $1.3U_N$ 为止。在电压上升时读取对应的电压 U_0 和励磁电流 I_f 值，作出空载特性的上升分支，然后逐渐减小励磁电流 I_f，同样读取对应的电压 U_0 和励磁电流 I_f 值，作出下降分支，由于电机有剩磁，当 I_f 减至零时，空载电压不为零，其值为剩磁电压，发电机的空载特性曲线为上升和下降的两条分支的平均值，实用中，往往将空载特性曲线右移使之过原点，作为实用的空载特性曲线，如图 3-4-1 所示。

空载特性曲线的实质就是电机的磁化曲线 $\Phi_0=f(F_f)$，它体现了发电机中电和磁的关系。由图 3-4-1 可见，空载特性开始的一段为直线，这时因为磁路中的铁芯部分未饱和，延长后所得的直线，称为气隙线。随着磁通的增大，特性曲线开始逐渐弯曲，这样，对应于空载额定电压 U_N，磁路的饱和系数为

$$k_\mu = \frac{E_0}{U_N} \tag{3-4-1}$$

通常 $k_\mu=1.1\sim1.25$。

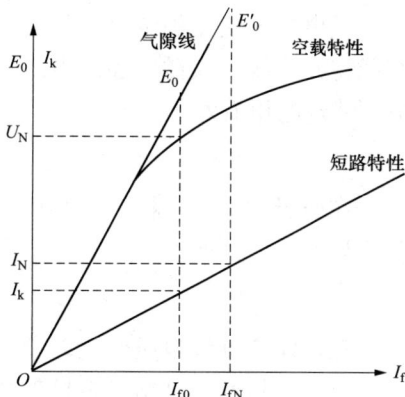

图 3-4-1 求不饱和电抗和短路比

空载特性是发电机的基本特性之一。它一方面表征了磁路的饱和情况，另一方面把它与短路特性、零功率因数特性配合，可确定发电机的基本参数、额定励磁电流和电压变化率等。

二、短路特性

（1）短路特性。是指同步发电机处于额定转速（$n=n_N$），定子电枢三相绕组短路（$U=0$）时，定子稳态短路电流 I_k 随励磁电流 I_f 的变化关系，即 $I_k=f(I_f)$。

（2）短路特性曲线的确定。短路特性可通过短路试验来获得。试验时，先将发电机定子三相绕组出线端短接，维持额定转速 $n=n_N$ 不变，调节励磁电流 I_f，使定子短路电流从零逐渐增加，直到短路电流 $I_k=1.2I_N$ 为止。读取对应的 I_k 和 I_f 值，作出短路特性曲线 $I_k=f(I_f)$，如图 3-4-1 所示。

稳态短路时，短路电流可视为纯感性电流，电枢反应呈直轴去磁作用，因此气隙磁通很弱，磁路处于不饱和状态，故短路特性为一条过原点的直线。

（3）短路比 k_c。短路比 k_c 指空载时建立额定电压所需的励磁电流 I_{f0} 与短路时产生的短路电流等于额定电流所需的励磁电流 I_{fN} 的比值。利用不饱和短路特性和空载特性曲线可求取同步电抗、短路比

$$k_c = I_{f0}/I_{fN} = I_k/I_N = \frac{E_0/x_d}{I_N} = \frac{E_0/U_N}{I_N x_d/U_N} = k_\mu/x_{d*} \tag{3-4-2}$$

短路比 k_c 等于不饱和 x_d 值的标幺值的倒数乘以饱和系数 k_μ。k_c 小，意味着同步电抗大，发电机负载运行时电枢反应作用强，电压变化大，短路运行时短路电流较小，并网运行时稳定性较差，但励磁磁动势和转子用铜量可以较小，发电机成本降低；k_c 大，情况则相反。汽轮发电机 $k_c=0.4\sim0.7$，水轮发电机 $k_c=0.8\sim1.3$。

（4）同步电抗 x_d 的求取。当电机磁路不饱和时，x_d 为常数，当磁路饱和时，x_d 随磁路的饱和而减少。可利用短路特性和空载特性曲线求取 x_d 的值，由式 $\dot{E}_0 \approx j\dot{I}_k x_d$ 得

$$x_d = E_0/I_k \tag{3-4-3}$$

求 x_d 的不饱和值时，首先给定一励磁电流 I_f，在空载特性曲线的不饱和段或气隙线上确定 I_f 对应的 E_0 值，然后在短路特性曲线上确定对应 I_f 的短路电流 I_k 值，如图 3-4-1 所示，于是 x_d 的不饱和值为

$$x_{d(不)} = E_0/I_k = E_0'/I_N \tag{3-4-4}$$

发电机一般在额定电压附近运行，磁路总是有些饱和，因此，求取 x_d 饱和值时，首先在空载特性曲线上取对应额定电压 U_N 的励磁电流 I_{f0}，再从短路特性上取出对应 I_{f0} 的短路电流 I_k，则 x_d 饱和值为

$$x_{d(饱)} = U_N / I_k \qquad\qquad (3\text{-}4\text{-}5)$$

在凸极同步发电机中，利用上述方法只能求出直轴同步电抗 x_d，交轴同步电抗可用经验公式近似求取。即

$$x_q \approx 0.6x_d \qquad\qquad (3\text{-}4\text{-}6)$$

三、外特性和电压变化率

（1）外特性。是指发电机保持额定转速不变，励磁电流 I_f 和负载功率因数 $\cos\varphi$ 不变时，发电机端电压 U 随负载电流 I 的变化关系曲线，即 $U=f(I)$。

外特性是同步发电机的主要运行特性之一，它反映了同步发电机单机运行时，带负载的性能。图 3-4-2 表示带有不同功率因数的负载时，同步发电机的外特性。从图可见，在感性负载和纯电阻负载时，外特性是下降的，这是由于电枢反应的去磁作用和漏阻抗压降所引起。在容性负载且内功率因数角为超前时，由于电枢反应的增磁作用和容性电流的漏抗电压上升，外特性也可能是上升的。

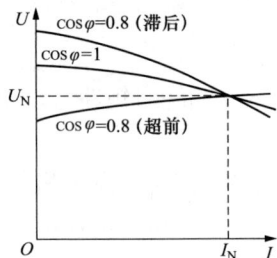
图 3-4-2　同步发电机的外特性

（2）电压变化率 ΔU。ΔU 指同步发电机在额定工作情况（$I=I_N$，$U=U_N\cos\varphi=\cos\varphi_N$）时的励磁电流和转速保持不变的条件下，发电机从额定负载变为空载时，端电压的变化量（E_0-U_N）对额定电压的百分比。即

$$\Delta U = \frac{E_0 - U_N}{U_N} \times 100\% \qquad\qquad (3\text{-}4\text{-}7)$$

ΔU 是表征同步发电机运行性能的数据之一。凸极同步发电机的 ΔU 通常在 18%～30%；隐极同步发电机由于电枢反应较强，ΔU 通常在 30%～48%。

四、调整特性

（1）调整特性。指同步发电机的转速 n、端电压 U 和负载功率因数 $\cos\varphi$ 一定时，励磁电流 I_f 随电枢电流 I 的变化关系，即 $I_f=f(I)$。

（2）调整特性曲线的确定。由图 3-4-3 可知，当同步发电机负载发生变化时，端电压也随之发生变化，为了保持同步发电机的端电压不变（恒定），必须随着负载的变化调节同步发电机的励磁电流。

图 3-4-3 表示带有不同功率因数负载时，同步发电机的调整特性。由图可见，在感性负载和纯电阻负载时，为了补偿负载电流所产生的电枢反应去磁作用和定子漏阻抗压降，保持发电机端电压 U 不变，随着电枢电流 I 的增加，必须相应地增加励磁电流 I_f，因此，图中特性曲线是上升的，如图 3-4-3 中 $\cos\varphi=0.8$（滞后）和 $\cos\varphi=1.0$ 曲线。对于容性负载，为了抵消电枢反应的助磁作用，保持发电机端电压 U 不变，随着电枢电流 I 的增加，必须相应地减少励磁电流 I_f，因此，

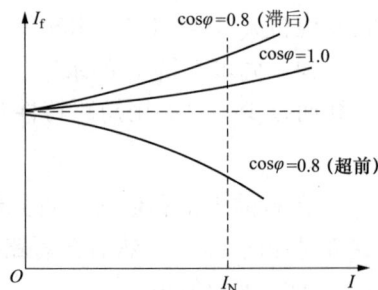
图 3-4-3　同步发电机的调整特性

调整特性曲线是下降的，如图 3-4-3 中 $\cos(\varphi)=0.8$（超前）曲线。

知识点二　同步发电机的损耗和效率

一、同步发电机的损耗

同步发电机在传输功率的过程中，其输出有功功率 P_2 总是小于输入功率 P_1，其主要原因是同步发电机将机械能转换为电能的过程中，要损耗部分功率，这部分功率简称损耗功率。损耗功率降低了发电机的效率，且转换的热能导致发电机温度升高。损耗的种类主要有：

（1）定子铜损耗 P_{Cu}。三相电流通过定子绕组时，在绕组电阻中产生的损耗。

（2）定子铁损耗 P_{Fe}。主磁通在定子铁芯中引起的损耗。

（3）励磁损耗 P_{Cuf}。励磁绕组中的电阻及电刷与集电环接触电阻流过励磁电流 I_f 时所产生的损耗。

（4）机械损耗 P_Ω。包括转动部分摩擦，如轴承、集电环和电刷摩擦、定转子表面与冷却风之间的摩擦（通风损耗）等引起的损耗。

（5）附加损耗 P_Λ。主要包括电枢漏磁通在电枢绕组和其他金属结构部件中所引起的涡流损耗，高次谐波磁场掠过主磁极表面所引起的表面损耗等。

总损耗为

$$P_\Sigma = P_{Fe} + P_{Cu} + P_{Cuf} + P_\Omega + P_\Lambda \tag{3-4-8}$$

二、同步发电机的效率

效率是指同步发电机的输出功率与输入功率之比，即 $\eta=P_2/P_1$。总损耗 P_Σ 求出后，效率即可确定，即

$$\eta = \frac{P_2}{P_1} \times 100\% = \frac{P_2}{P_2 + P_\Sigma} \times 100\% \tag{3-4-9}$$

效率也是同步发电机运行性能的重要数据之一。现代空气冷却汽轮发电机的额定效率大致在 94%～97.8%；空气冷却的大型水轮发电机，额定效率在 96%～98.5%；采用氢冷时，额定效率约可提高 0.8%。

国产大容量发电机已采用了多项措施来减少附加损耗。例如，定子绕组采用带绝缘的多股扁铜线并绕，线圈直线部分进行 360° 或 540° 换位，为了减少定子端部漏磁通引起的附加损耗，采用非磁性钢的转子护环、非磁性材料的压圈、铜屏蔽、定子铁芯端部制成阶梯状等多项措施。

三、案例分析

［例 3-4-1］ 一台三相凸极同步发电机，电枢绕组星形接法，额定相电压 $U_{Nph} = 230V$，额定电流 $I_N = 6.45A$，$\cos\varphi_N = 0.9$（滞后），不计电阻压降，已知同步电抗 $x_d = 18.6\Omega$，$x_q = 12.8\Omega$，试求：

（1）在额定状态下运行时的 I_d、I_q 和 E_0，δ。

（2）额定运行时的电压变化率 ΔU。

解： 由凸极同步发电机相量图 3-3-5 可求得

$$\varphi = \arccos 0.9 = 25.84°, \quad \sin(25.84°) = 0.436$$

内功角

$$\psi = \arctan \frac{Ix_q + U\sin\varphi}{U\cos\varphi} = \arctan \frac{6.45 \times 12.8 + 230 \times 0.436}{230 \times 0.9} = 41.45°$$

功角

$$\delta = \psi - \varphi = 41.45° - 25.84° = 15.61°$$

直轴电流分量

$$I_d = I\sin\psi = 6.45 \times \sin 41.45° = 4.27(\text{A})$$

交轴电流分量

$$I_q = I\cos\psi = 6.45 \times \cos 41.45° = 4.83(\text{A})$$

由凸极同步发电机相量图 3-3-6 可求得相电动势 E_0 为

$$E_0 = U\cos\delta + I_d x_d = 230 \times \cos 15.61° + 4.27 \times 18.6 = 300.9(\text{V})$$

$$\Delta U = \frac{E_0 - U_{Nph}}{U_{Nph}} \times 100\% = \frac{300.9 - 230}{230} \times 100\% = 30.83\%$$

🌱 知识点三　同步发电机空载、短路试验

一、三相同步发电机空载试验

（1）试验目的。通过测定三相同步发电机空载时的电压 U_0、励磁电流 I_f，作出同步发电机的空载特性曲线 $U_0 = f(I_f)$。

（2）试验电路。三相同步发电机空载试验接线如图 3-4-4 所示。

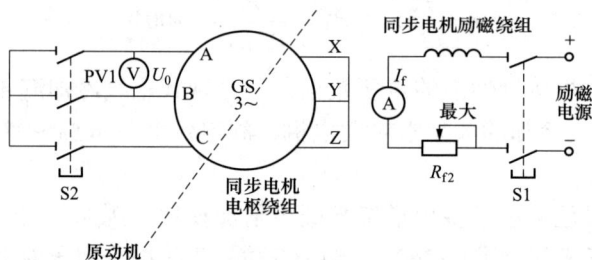

图 3-4-4　三相同步发电机空载试验接线图

（3）试验方法。

1）按图 3-4-4 接线。所有开关处在断开状态，把发电机励磁电源串接电阻 R_{f2} 调至最大值。

2）用原动机缓慢启动三相同步发电机，使电机在额定转速下运行，并保持 $n = n_N$ 不变。然后合上同步发电机励磁回路开关 S1。

3）接通同步发电机（GS）的直流励磁电源，调节发电机直流励磁电流（单方向调节），使励磁电流 I_f 单方向递增至同步发电机（GS）输出电压 $U_0 = 1.3U_N$ 为止。

4）单方向减小同步发电机（GS）励磁电流 I_f 至零值，读取励磁电流 I_f 和相应的空载电压 U_0（减少励磁电流 I_f，当 $I_f = 0$A 时对应的电压称为剩磁电压）。

5）在调节 I_f 至零值的过程中共读取 6～8 组数据记录于表 3-4-1 中。

表 3-4-1		三相同步发电机空载试验数据记录						$n=n_N$, $I=0$	
名称 ＼ 序号	1	2	3	4	5	6	7	8
$I_f(A)$								
$U_0(V)$								

（4）数据处理。用试验方法测定同步发电机的空载特性时，由于转子磁路中剩磁情况的不同，当单方向改变励磁电流 I_f 从零到某一最大值，再反过来由此最大值减小到零时将得到上升和下降的两条不同曲线，如图 3-4-5 所示。二条曲线的出现，反映铁磁材料中的磁滞现象。测定参数时使用下降曲线，其最高点取 $U_0=1.3U_N$，如剩磁电压较高，可延伸曲线的直线部分使与横轴相交，则交点的横坐标绝对值ΔI_{f0} 应作为校正量，在所有试验测得的励磁电流数据上加上此值，即得到通过原点之校正曲线，如图 3-4-6 所示。

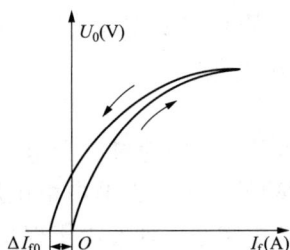

图 3-4-5 上升和下降二条空载特性   图 3-4-6 校正过的下降空载特性

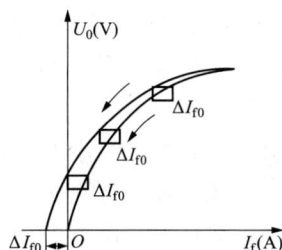

（5）试验注意事项。

1）原动机启动时，电阻 R_{f2} 应调至最大值，转速 $n=n_N$ 保持恒定。

2）读取数据时应保持 $n=n_N$，在额定电压附近测量点相应多些。

二、三相同步发电机短路试验

（1）试验目的。通过测定同步发电机短路时的短路电流 I_k 和励磁电流 I_f，绘出同步发电机的短路特性曲线 $I_k=f(I_f)$。

（2）试验电路。三相同步发电机短路试验接线如图 3-4-7 所示。

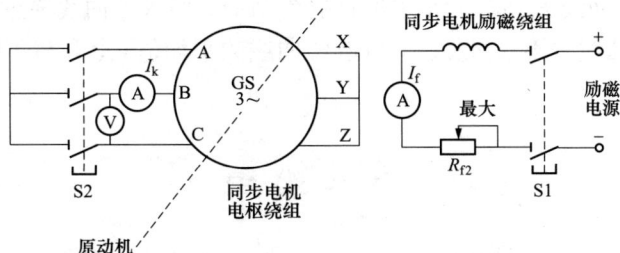

图 3-4-7 三相同步发电机短路试验接线图

（3）试验方法。

1）按图 3-4-7 接线。所有开关处在断开状态，把发电机励磁电源串接电阻 R_{f2} 调至最大值。

2）用原动机缓慢启动三相同步发电机，使发电机在额定转速下运行，并保持 $n=n_N$ 不变。

然后合上励磁回路开关 S_1,

3）接通同步发电机（GS）的直流励磁电源，调节 R_{f2} 使同步发电机（GS）输出的三相线电压（即电压表 V 的读数）最小，然后合上 S2 把同步发电机（GS）输出三个端点短接，即把电流表输出端短接，调节同步发电机至额定转速并保持 $n=n_N$ 恒定。

4）调节同步发电机（GS）直流励磁电流 I_f 使定子电流 $I_k=1.2I_N$，读取 GS 的励磁电流 I_f 值和相应的定子电流 I_k 值 5～7 组，数据记录于表 3-4-2 中。

表 3-4-2　　　　　　　　　三相同步发电机短路试验数据记录　　　　　　　$U=0V$，$n=n_N$

名称 序号	1	2	3	4	5	6	7
$I_f(A)$							
$I_k(A)$							

5）减小同步发电机（GS）励磁电流使定子电流减小，直至励磁电流为零，读取励磁电流 I_f 和相应的定子电流 I_k 值。读数时要求保持 $U=0V$，$n=n_N$ 不变。

（4）试验注意事项。

1）启动原动机（如使用直流电动机作原动机）时，为了防止转速过高和电枢电流过大，应将原动机（直流电机）励磁回路的电阻置于最小值，试验过程中如调节电枢电压（调变阻器）达不到额定转速时，可调节原动机（直流电机）串入的电阻值，使发电机保持恒定转速。

2）测量空载特性的上升和下降曲线数据时，励磁电流只能在一个方向上调节，中途不能回调，否则磁路的磁滞作用会影响试验结果，所以要求操作 R_{f2} 时要缓慢，不能过快，眼睛要看着测量表计。

3）注意正确选取各仪表的量限范围。

4）试验过程要注意观察各仪表设备的指示及运转情况，如有异常应马上断开 S1 及 S2。

（5）试验报告。

1）抄录所用设备仪器名称、规格及编号，绘出试验电路图，列出试验数据表。

2）根据试验数据，在同一坐标系中绘出空载特性和短路特性曲线，求取同步电抗 x_d 的未饱和值、饱和值及短路比。

3）利用空载特性曲线 $E_0=U_0=f(I_f)$ 求取试验参数时，要求该曲线通过坐标原点，但因剩磁的存在，试验所得的曲线并不通过原点，可取两曲线的平均值（上升与下降合成的平均曲线），使曲线通过原点。

单 元 小 结

（1）同步发电机的运行特性指转速 n 及 $\cos\varphi$ 保持常量时，U、I、I_f 三者中任一个固定后，其余两者的关系即为一种特性。空载特性反映磁路的饱和情况；短路特性反映磁路不饱和时，定子电流和转子励磁电流的关系；外特性反映负载功率因数不变、励磁电流不变时，端电压随负载电流的变化规律。调整特性则反映负载功率因数不变、保持端电压恒定时，励磁电流随负载电流的变化规律。

（2）由空载特性和短路特性可以确定直轴同步电抗 x_d 及短路比 k_c。短路比是同步发电机的一个重要参数，影响发电机的造价和运行性能，它与不饱和的 x_{d*} 成反比，与磁路饱和系数成正比。

（3）同步发电机在运行过程中，定子产生铜损耗和铁损耗及转子机械损耗，使输入功率不能全部变成输出功率，输出功率和输入功率之比称为效率。

（4）进行同步发电机空载试验的目的是测定三相同步发电机的空载电压 U_0、励磁电流 I_f，绘出空载特性曲线 $U_0=f(I_f)$，从而观察同步发电机的磁路饱和情况。

（5）进行同步发电机短路试验的目的是测定同步发电机短路时的短路电流 I_k 和励磁电流 I_f，绘出短路特性曲线 $I_k=f(I_f)$。利用空载特性曲线和短路特性曲线可以求取同步电抗 x_d 及短路比 k_c。

（6）电压变化率 ΔU 为相对值，用实际值计算时，公式中的电动势、电压均为相值，要先计算出相电压、相电动势，才能应用电压变化率公式计算。若用标幺值计算，则不存在相值、线值问题。

思考与练习

一、单选题

1．空载特性指同步发电机处于额定转速 $n=n_N$，定子电枢绕组开路 $I=0$ 状态时，空载电压 U_0（$U_0=E_0$）随（　　）的变化关系，即 $U_0=f(I_f)$。

  A．电枢电流 I B．励磁电流 I_f C．发电机端电压

2．短路特性指同步发电机处于额定转速 $n=n_N$，定子电枢三相绕组短路（$U=0$）时，定子稳态短路电流 I_k 随励磁电流 I_f 的变化关系，即（　　）。

  A．$I_k=f(I_f)$ B．$I_k=f(I)$ C．$U_k=f(I_k)$

3．外特性是指发电机保持额定转速不变，励磁电流 I_f 和负载功率因数 $\cos\varphi$ 不变时，发电机端电压 U 随负载电流 I 的变化关系曲线（　　）。

  A．$U=f(I)$ B．$U=f(I_k)$ C．$U=f(I_f)$

4．调整特性指同步发电机的转速 n、端电压 U 和负载功率因数 $\cos\varphi$ 一定时，励磁电流 I_f 随电枢电流 I 的变化关系，即（　　）。

  A．$U_0=f(I)$ B．$U=f(I_k)$ C．$I_f=f(I)$

5．同步发电机短路比大，意味着 x_{d*} 小，端电压随负载的波动幅值小，励磁电流随负载变化调节的幅度（　　）。

  A．大   B．小   C．不变

6．同步发电机短路特性是一条直线，因为此时电枢磁场呈（　　）作用，使磁路不饱和。

  A．助磁   B．去磁   C．增磁

7．同步发电机带阻感性负载 $\cos\varphi=0.8$（滞后）时，从外特性可知，若电枢电流减小，端电压会上升，原因是电枢反应的去磁作用和（　　）减小。

  A．电阻压降   B．阻抗压降   C．漏阻抗压降

8．同步发电机带阻容性负载 $\cos\varphi=0.8$（超前）时，从调整特性可知，当负载电流增加，励磁电流会（　　），其主要原因是电枢反应的助磁作用增大。

　　A．增大　　　　　　　　　　　B．减小　　　　　　　　　C．不变

　　9. 同步发电机在运行过程中，定子产生铜损耗和铁损耗及转子机械损耗，使输入的功率不能全部变成输出功率，输出功率和（　　　）之比称为效率。

　　A．额定功率　　　　　　　　　B．电磁功率　　　　　　　C．输入功率

　　10. 发电机一般在额定电压附近运行，磁路总是有些饱和，因此，求取 x_d 饱和值时，首先在空载特性曲线上取对应额定电压 U_N 的励磁电流 I_{f0}，再从短路特性上取出对应 I_{f0} 的短路电流 I_k，则 x_d 饱和值为（　　　）。

　　A．$x_{d(饱)}=U_N/I_k$　　　　　　　B．$x_{d(饱)}=U_0/I_k$　　　　　　C．$x_{d(饱)}=E_0'/I_N$

二、判断题（对的打√，错的打×）

　　1. 同步发电机试验的目的是通过测定同步发电机短路时的短路电流 I_k 和励磁电流 I_f，绘出同步发电机的短路特性曲线 $I_k=f(I_f)$。　　　　　　　　　　　　　　　（　　）

　　2. 同步发电机和变压器一样，稳态短路电流都很大。　　　　　　　　　　（　　）

　　3. 同步发电机短路比越大，稳态短路电流越大。　　　　　　　　　　　　（　　）

　　4. 电压变化率 ΔU 是指同步发电机在额定工作（$I=I_N$，$U=U_N\cos\varphi=\cos\varphi_N$）时的励磁电流和转速保持不变的条件下，发电机从额定负载变为空载时，端电压的变化量（E_0-U_N）对额定电压的百分比。　　　　　　　　　　　　　　　　　　　　　　　　　　　　　　　　（　　）

　　5. 同步发电机的短路比越小，端电压随负载的波动幅值越小。　　　　　　（　　）

三、计算题

　　1. 一台水轮发电机，$x_{q*}=0.554$，$x_{d*}=0.845$，试求该发电机在额定电压、额定电流且额定功率因数为 0.8（滞后）情况下的电压变化率。（不计定子绕组电阻）

　　2. 一台三相凸极同步发电机，额定功率 $P_N=72.5MW$，额定电压 $U_N=10.5kV$，星形接法，$\cos\varphi_N=0.8$（滞后），$x_{d*}=1.3$，$x_{q*}=0.78$，试求发电机在额定负载下的空载电动势 E_0、功角 δ 及 I_d、I_q（不计定子绕组电阻）。

第五单元 同步发电机的并列运行及试验

知识要求

（1）了解同步发电机自同步并列运行的条件和操作方法。

（2）掌握同步发电机准同步并列运行的操作方法。

（3）掌握同步发电机并列的条件及条件不满足时对电机的影响。

能力要求

（1）能判断同步发电机并列运行的条件。

（2）能判断同步发电机并列条件不满足时对发电机的影响。

（3）能进行同步发电机的并列试验接线及操作。

导学

并列运行指两台及以上的发电机三相绕组出线端，分别接到公共的母线上，共同向用户的供电方式。为避免发电机投入并列瞬间发生电流、功率以及内部机械力冲击，投入并列时，必须满足一定的条件，方可对同步发电机进行并列操作。若条件不满足时并列，轻者损坏同步发电机，重者会产生重大事故，造成不可估量的损失。

知识点一 同步发电机准同步并列法

发电厂通常采用多台发电机并列运行的方式，而通过升压变压器和高压输电线路又将多个不同类型的发电厂并列运行，它们构成一个巨大的电力系统共同向用户供电。并列运行比单机运行具有更多的优点，并列运行可提高供电的可靠性和供电质量以及发电厂的运行效率，减少发电机检修和事故的备用容量，从而保证整个电力系统在最经济的条件下运行。

一、并列的概念和方法

（1）并列运行。并列运行是指两台及以上的发电机三相绕组出线端分别接到公共的母线上，共同向用户供电的方式。

同步发电机的并列操作，是发电厂经常需要进行的一项操作，并列时进行不恰当的操作会产生巨大冲击电流，导致严重后果。为避免发电机并列时发生电磁冲击和机械冲击，将同步发电机投入电网并列合闸时，必须满足并列条件，方可对同步发电机进行并列操作。

（2）并列的方法。根据待并发电机励磁情况的不同，并列的方法和条件也不同。目前，并列的方法主要有准同步法和自同步法。

准同步法并列是发电机在并列前已进行了励磁，建立了空载电动势，进行并列时，通过调整原动机和发电机满足并列条件后将发电机并入电网同步运行。自同步法是先不给发电机励磁，将发电机转速调节到接近同步转速时并入电网，再给发电机加上励磁将发电机拉入同步运行。发电厂在电网正常运行状况时，均采用准同步法将同步发电机并入电网。

二、准同步并列的条件和操作步骤

（1）并列条件。同步发电机与电网并列时，为避免投入并列瞬间发生电流、功率以及发电机内部机械力的冲击，待并发电机与电网之间应满足下列条件。

1）电压大小相等且同相位。

2）相序相同。

3）频率相同。

上述条件中，无论哪个条件不满足，都会造成瞬时值不等而出现冲击环流。其中，相序相同是必须满足的，其他两个条件允许略有差别。

第二项中的条件相序相同一般在安装发电机时，根据发电机规定的旋转方向，便可确定发电机的相序，因而得到满足。这样并列投入时只要调节待并发电机电压的大小、相位和频率与电网相同，即满足了并列条件。事实上绝对地符合并列条件只是一种理想，通常允许在小的冲击电流下将发电机投入电网并列运行。

（2）并列方法。发电机的并列操作是一个很复杂的过程，一台发电机从冷备用状态到入电网运行，水轮发电机只需要几分钟，而汽轮发电机从锅炉点火到发电机并网后带满负载运行，正常情况下大约需要几个小时。发电机的并列过程一般分为三步。

1）启动前准备。对发电机及相关辅助系统和设备进行检查、测试、送电等准备工作。

2）启动、升速与升压。如汽轮发电机的启动，对锅炉进行点火、暖管后，开启汽轮机主汽门，冲动汽轮机启动，缓慢增加汽门开度对发电机进行升速。发电机升到额定转速后，转子绕组接通励磁电源，缓慢增加励磁电流升高发电机定子绕组电压。

3）并列操作。当待并发电机的转速（频率）和电压满足条件时，立即合上并车开关，将待并发电机并入电网。

（3）并列操作步骤。准同步法并列接线有多种方法，主要有同步表法、旋转灯光法及暗灯法等。同步表法是在仪表的监视下调节待并发电机的频率和电压，使之符合与系统并列的条件，其原理接线和同期装置如图 3-5-1（a）所示。同步表法的并列操作如下：

1）接入电网电压。将电网电压接入同期装置中，引进电网频率与电压量，电网频率和电压用频率表 PF1 和电压表 PV1 监视。

2）调频（调速）。调节汽门或水门开度，升高待并发电机原动机的转速，使其接近系统的频率，待并发电机的频率用 PF2 监视。

3）调压（调励磁）。调节励磁电流 I_f 升高待并发电机电压，使其接近电网电压，发电机电压的大小用 PV2 表示。

4）微调。同步表的电压相位差和频率差可有同步表 PS 监视，如图 3-5-1（b）左边所示为指针式同步表，现在较多使用 LED 同步表。当同步表的指针或 LED 表亮灯向"快"的方向旋转时（顺时针），表明待并发电机频率高于系统频率，此时应减小原动机转速，反之亦然。若同步表指针或 LED 表灯停留在同步点以外较远的地方不动，则说明频率已与电网相同，但电压相位不同。此时可微调汽门或水门，使其变化达到同相位。

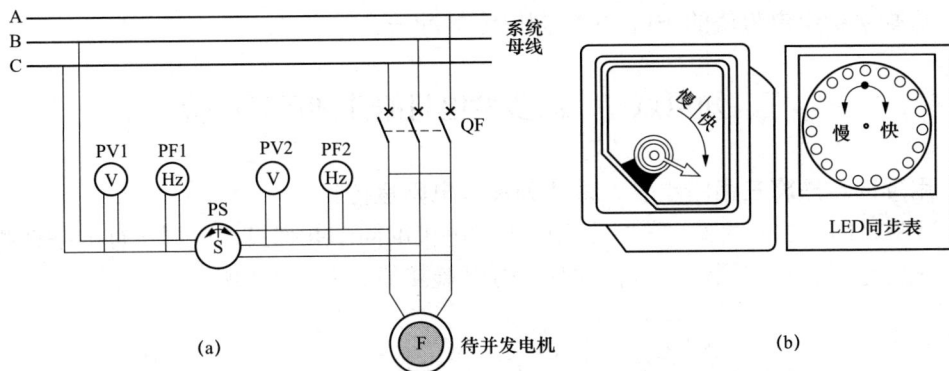

图 3-5-1 准同步法并列原理接线图

（a）同步表法并列接线图；（b）同步表的外形

5）并车。当调节到仪表 PV2、PF2 与 PV1、PF1 的读数相同，同步表 PS 的指针顺时针方向缓慢旋转（4～10r/min），使同步表指针接近同步点（同步表上中部的圆点）时，表示待并发电机与电网已基本达到同步，此时应迅速合上并车开关 QF，完成并列操作，将发电机并入电网运行。

在这一并列操作过程中，如调压、调频及断路器的合闸均由运行人员手动完成称为手动准同步，全部由自动装置完成称为自动准同步。其中任一项或几项由自动装置完成而其余项由手动完成的称为半自动准同步。发电厂准同步自动装置应用已十分广泛，新型的大型发电机组均采用自动同步装置来完成发电机的并列操作。

准同步法是把发电机调整到完全符合并列条件后并入电网的方法。优点是投入瞬间发电机与电网间无冲击电流；缺点是操作复杂，需要较长时间进行调整（转速和电压的调整相互有影响，电网和发电机的频率电压均有小的波动）。尤其是电网处于异常状态时，电压和频率都在不断地较大幅度变化，此时要用准同步法并列就相当困难。故其主要用于系统正常运行时的并列。

知识点二 同步发电机自同步并列法

（1）原理电路。用准同步法投入并列的优点是合闸时无冲击电流，但操作复杂且费时。当电网出现事故需迅速将机组投入电网时，可采用自同步法，其原理电路如图 3-5-2 所示。

（2）操作步骤。先将同步发电机励磁绕组经限流电阻 R 短接，在发电机与电网相序相同的条件下，当发电机转速升到接近同步转速时，先合上并列开关，再立即加上直流励磁电流 I_f，发电机靠定子、转子磁场间形成的电磁转矩自动将发电机牵入同步。

自同步法操作简单、迅速，不需添加复杂的设备，其缺点是合闸及加励磁时都有电流冲击。因此，限流电阻 R

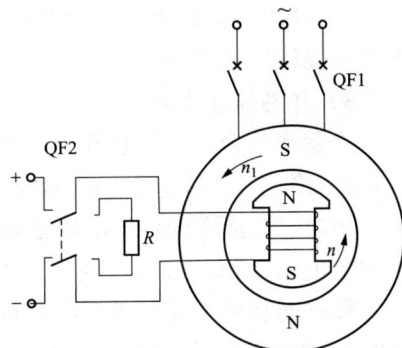

图 3-5-2 自同期法并列原理接线图

的阻值取约励磁绕组电阻值的 10 倍来限制电流的冲击。

知识点三　同步发电机的并列运行试验

一、用准同步法将三相同步发电机并列投入电网运行

（1）试验目的。通过试验，掌握三相同步发电机准同步并列投入电网运行的条件和方法。

（2）试验电路。三相同步发电机并列运行试验接线如图 3-5-3 所示。

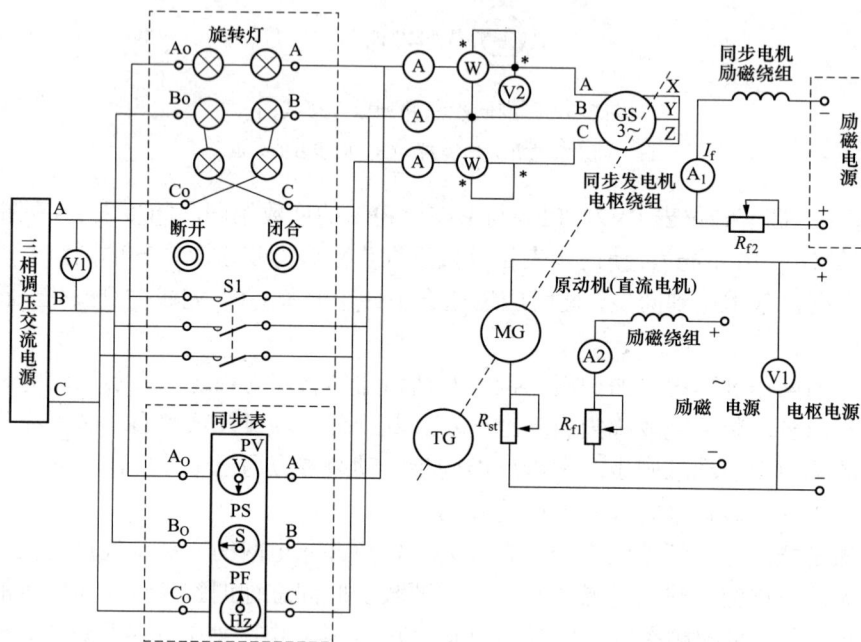

图 3-5-3　三相同步发电机并列运行试验接线图

（3）试验方法。

1）按图 3-5-3 接线。MG 为原动机（采用直流电机），GS 为三相同步发电机，TG 为转速表，R_{f2} 为发电机励磁回路电阻，R_{f1} 为原动机励磁回路电阻，R_{st} 为直流电机启动电阻，S1 为三相同步开关。

2）经检查接线无误后，把开关 S1 打在"关断"位置。三相调压器旋钮退至零位，电枢电源及励磁电源开关置于"关断"位置。

3）并网操作步骤。

步骤一：合上电源总开关，按下"启动"按钮，调节调压器使电网电压 V1 升至额定电压（如 220V）。启动直流电机 MG，调节 R_{st}、R_{f1} 使直流电机转速达到同步转速（如 1500r/min）。

步骤二：接通同步发电机励磁电源，调节 R_{f2} 改变发电机励磁电流 I_f，使发电机电压升高到额定电压（如 220V）。观察三组相灯明灭情况，若依次明灭形成旋转灯光，则表示发电机相序和电网相序相同，若三组相灯同时发亮、同时熄灭则表示发电机相序和电网相序不相同（图 3-5-3 中的三组相灯按旋转灯光接线）。当发电机相序和电网相序不同时，应停机（即将 R_{st} 调至最大位置，断开电枢电源开关，再按下交流电源"停止"按钮）检查，并把三相调压器旋至零位。在确保断电的情况下，调换发电机或三相电源任意两根端线以改变相序，再按前述方法重新启动直流电动机 MG，观察此时发电机与电网的相序是否一致。

步骤三：当发电机相序和电网相序相同时，调节同步发电机励磁电流使同步发电机电压和电网（电源）电压相同。再进一步细调原动机转速。使各相灯光缓慢轮流旋转发亮，此时接通同步表上琴键开关，观察电压表 PV 和频率表 PF 上指针偏转情况。

步骤四：若同步表 PS 指针缓慢旋转（顺时针偏转）。表示发电机与电网的频差、电压相位差已基本相同，待 A 相相灯熄灭瞬间，合上并网开关 S1，把同步发电机投入电网并列运行（为选准并网时机，可让其循环数次后再并网）。

4）解列操作。先断开同步表上琴键开关，然后断开并网开关 S1，将 R_{st} 调至最大，断开电枢电源，再断开励磁电源，把三相调压器旋至零位。

二、三相同步发电机与电网并列运行后的有功功率调节

（1）试验目的。通过试验，掌握同步发电机并网后输入、输出功率的调节方法。

一般情况下，要改变同步发电机的输入、输出功率，只需改变原动机（用直流电机模拟）的输入功率（即通过调节直流电机的励磁调节电阻，便可改变同步发电机的输出电流 I、输出功率 P_2、功率因数等参数，发电厂则是通过改变汽轮机汽门或水轮机水门开度来调节同步发电机的有功功率）。

（2）试验电路。三相同步发电机与电网并列运行接线如图 3-5-3 所示。

（3）试验方法。

1）用准同步法将三相同步发电机投入电网并列运行（操作步骤参考"用准同步法将三相同步发电机并列投入电网运行"）。

2）调节直流电机 MG 的励磁电阻 R_{fl} 和发电机的励磁电流 I_f 使同步发电机定子电流接近于零，这时相应的同步发电机励磁电流 $I_f=I_{f0}$（称正常励磁）。

3）在不改变励磁电流 $I_f=I_{f0}$ 情况下调节直流电机的励磁调节电阻 R_{fl}，使其电阻值增加，同步发电机输入功率增大、输出功率 P_2 也随之增大。

4）在同步发电机定子电流从零上升到额定电流范围内读取三相电流、三相功率、功率因数的值 6～7 组记录于表 3-5-1 中。

表 3-5-1　　　　同步发电机并列运行有功调节数据记录及计算　　　U=220V（Y），$I_f=I_{f0}$=＿＿A

名称 序号	试　验　数　据							计算数据
	输出电流 I(A)				输出功率 P_2(W)			功率因数
	I_A	I_B	I_C	I	P_I	P_{II}	P_2	$\cos\varphi$
1								
2								
3								
4								
5								
6								

（4）数据计算。

$$I = (I_A + I_B + I_C)/3, \quad P_2 = P_I + P_{II}, \quad \cos\varphi = P_2/\sqrt{3}UI$$

三、三相同步发电机与电网并列运行后的无功功率调节

（1）试验目的。通过试验，掌握同步发电机送出 Q_L 和吸收无功功率的调节方法。

（2）试验电路。三相同步发电机与电网并列运行接线如图 3-5-3 所示。

（3）试验方法。

1）测取 $P_2=0$ 时三相同步发电机的 V 形曲线。

①用准同步法将三相同步发电机投入电网并列运行。

②保持同步发电机的输出功率 $P_2≈0$。

③调节 R_{f2} 使同步发电机励磁电流 I_f 上升，当同步发电机定子电流上升到额定电流时，调节 R_{st} 保持 $P_2≈0$。记录此点同步发电机的励磁电流 I_f 和定子电流 I。

④减小同步发电机励磁电流 I_f 使定子电流 I 减小到最小值，记录此点 I_f 及 I 的大小。

⑤继续减小同步发电机励磁电流 I_f（欠励），这时定子电流 I 又将增大。

⑥在过励和欠励情况下读取 9～10 组数据记录于表 3-5-2 中。

表 3-5-2　　　　　同步发电机并列运行无功调节数据记录及计算　　　$n=$____r/min，$U=$____V，$P_2≈0$W

序　号	电枢电流 I(A)				励磁电流 I_f(A)
	I_A	I_B	I_C	I	I_f
1					
2					
3					
4					
5					
6					
7					
8					
9					

2）测取 $P_2=0.5P_N$ 时三相同步发电机的 V 形曲线。

①用准同步法将三相同步发电机投入电网并列运行。

②保持同步发电机的输出功率 P_2 等于 0.5 倍额定功率。

③增加同步发电机励磁电流 I_f，使同步发电机定子电流上升到额定电流，记录此点同步发电机的励磁电流 I_f 和定子电流 I。

④减小同步发电机励磁电流 I_f 使定子电流 I 减小到最小值并记录此点数据。

⑤继续减小同步发电机励磁电流 I_f，这时定子电流又将增大至额定电流。

⑥在过励和欠励情况下共读取 9～10 组数据记录于表 3-5-3 中。

表 3-5-3　　　　　同步发电机并列运行无功调节数据记录及计算　　　$n=$____r/min，$U=$____V，$P_2≈0.5P_N$

序号 名称	三相电流 I(A)				励磁电流 I_f(A)
	I_A	I_B	I_C	I	I_f
1					
2					

续表

名称 序号	三相电流 I(A)				励磁电流 I_f(A)
	I_A	I_B	I_C	I	I_f
3					
4					
5					
6					
7					
8					
9					
10					

（4）数据计算。

三相电流的平均值为

$$I = (I_A + I_B + I_C)/3$$

四、试验报告

（1）抄录所用设备仪器名称、规格及编号，绘出试验电路图，列出试验数据表。

（2）列出试验目的、试验设备、试验电路、测量数据。

（3）根据试验数据进行分析，写出心得体会（或结论）等。

（4）绘出 $P_2 \approx 0$ 和 $P_2 \approx 0.5 P_N$ 时同步发电机的 V 形曲线。

（5）说明三相同步发电机和电网并列运行时有功、无功功率的调节方法。

单 元 小 结

（1）并列运行是同步发电机的主要运行方式，采用并列运行可提高供电可靠性，改善电能质量，实现经济运行。

（2）并列的方法有准同步法和自同步法，准同步法的并列条件为：待并电机和电网的电压大小相等、相位相同，频率相等，相序相同。任一条件不满足时并入电网，将产生冲击电流和拍振电压，使发电机损坏或无法拉入同步。自同步法主要用于事故状态下的并列，要求合闸瞬间冲击电流不超过允许的数值。

（3）同步发电机的并列运行试验，主要是用准同步法将三相同步发电机并列投入电网运行，试验的目的是通过试验，掌握三相同步发电机准同步并列投入电网运行的条件和方法以及并入电网后有功功率的调节过程。

思考与练习

一、单选题

1. 同步发电机并列的方法有准同步法和（　　）。

    A．同步法　　　　　　　　B．自同步法　　　　　　　　C．多台电机同期法

2. 同步发电机用准同步法与无穷大电网并列的特点是，先励磁，后（　　）。

　　A．并网　　　　　　　　　　B．增加电压　　　　　　　C．调节转速

3．同步发电机用自同步法与无穷大电网并列的特点是，先并网，后（　　）。

　　A．调节电流　　　　　　　　B．调节电压　　　　　　　C．励磁

4．同步发电机用准同步法与无穷大电网并列的条件是：①电压大小相等且同相位；②相序相同；③（　　）。

　　A．频率相同　　　　　　　　B．电压相同　　　　　　　C．转速相同

5．目前用准同步法并列的接线有多种方法，主要有同步表法及（　　）等。

　　A．自同步法　　　　　　　　B．旋转灯光法　　　　　　C．多表法

6．采用自同步法的操作步骤是：先将同步发电机励磁绕组经限流电阻 R 短接，在发电机与电网相序相同的条件下，当发电机转速升到接近同步转速时，先合上并列开关，再立即加上直流励磁电流 I_f，发电机靠定子、转子磁场间形成的（　　）自动将发电机牵入同步。

　　A．电磁转矩　　　　　　　　B．阻力矩　　　　　　　　C．励磁转矩

7．并列运行是现代同步发电机的主要运行方式，采用并列运行可提高供电可靠性，改善电能质量，实现（　　）。

　　A．安全运行　　　　　　　　B．经济运行　　　　　　　C．同步运行

8．同步发电机与无穷大电网并列，当发电机与电网相序不同时，应将发电机接到并列开关上的（　　）相互对换。

　　A．任意两根引出线　　　　　B．AB 相　　　　　　　　C．CB 相

9．同步发电机用准同步法与无穷大电网并列，当 $f_F{\neq}f$ 时，应适当调节（　　）。

　　A．原动的转速　　　　　　　B．发电机电压　　　　　　C．发电机的相序

10．同步发电机用准同步法与无穷大电网并列，当 $U_F{\neq}U$ 时，应适当调节（　　）。

　　A．原动的转速　　　　　　　B．发电机相序　　　　　　C．发电机的励磁电流

二、判断题（对的打√，错的打×）

1．并列运行是指两台及以上的发电机三相绕组出线端，分别接到公共的母线上，共同向用户供电的方式。　　　　　　　　　　　　　　　　　　　　　　　　　　　　　　（　　）

2．同步发电机的并列操作，是发电厂经常需要进行的一项操作，并列不恰当操作不会产生冲击电流。　　　　　　　　　　　　　　　　　　　　　　　　　　　　　　　　　（　　）

3．发电厂是通过改变汽轮机汽门或水轮机水门开度来调节同步发电机的有功功率。

　　　　　　　　　　　　　　　　　　　　　　　　　　　　　　　　　　　　　　（　　）

4．现代发电厂在电网正常运行状况时，采用准同步法和自同步法将同步发电机并入电网。

　　　　　　　　　　　　　　　　　　　　　　　　　　　　　　　　　　　　　　（　　）

5．准同步法是把发电机调整到完全符合并列条件后并入电网的方法。该法的优点是投入并列瞬间发电机与电网间无冲击电流。　　　　　　　　　　　　　　　　　　　　　（　　）

第六单元 同步发电机有功功率的调节及静态稳定分析

知识要求

（1）了解同步发电机的功率平衡和转矩平衡关系。

（2）掌握并列于无穷大电网同步发电机的功角特性及有功功率的调节方法。

（3）掌握同步发电机静态稳定的概念及判定。

能力要求

（1）能计算同步发电机的电磁功率和有功功率。

（2）能掌握同步发电机静态稳定的判定方法。

导学

同步发电机并入电网后，必须向电网输送有功、无功功率，并能根据电网中负载变化情况进行有功功率的调节。静态稳定指同步发电机受到微小干扰后能自行恢复到原运行状态所具有的能力。

并列于无穷大容量电网上的同步发电机，可通过调节原动机的输入功率来调节它的输出有功功率，发电机有功功率 P_M 的变化表现为功角 δ 的变化。一般情况下调节有功功率时，即使励磁电流 I_f 不变，由于发电机内部磁场的变化，发电机输出的无功功率也会随之改变。

知识点一 同步发电机有功功率的调节及功角特性

一、同步发电机功率与转矩平衡方程

同步发电机并入电网后，就可以向电网输送功率，并可根据电网的需要随时进行调节，以满足电网中负载变化的需要。发电机输出功率 P_2 的大小是通过增加汽门和水门的开度，即通过调节原动机的输入机械功率 P_1 来实现的。同步发电机并入无穷大电网后，其频率和电压将受到电网的约束而与电网一致，这是并网运行的一个特点。

（1）功率平衡方程。同步发电机在对称负载下稳定运行时，原动机从转轴上输入发电机的机械功率为 P_1，这个功率的一部分用来抵偿机械损耗 P_Ω、铁损耗 P_{Fe} 和附加损耗 P_Λ，其余部分以电磁感应的方式传递到同步发电机的电枢绕组，这部分功率称为电磁功率，用 P_M 来表示，其功率转换如图 3-6-1 所示。

$$P_M = P_1 - (P_\Omega + P_{Fe} + P_\Lambda) = P_1 - P_0 \tag{3-6-1}$$

P_0 为空载损耗，且 $P_0 = P_\Omega + P_{Fe} + P_\Lambda$。若发电机带有同轴励磁机，则 P_1 还应扣除励磁机的输入功率后才是电磁功率 P_M。若由另外的直流电源供给励磁，则励磁损耗与输入功率 P_1 无关。

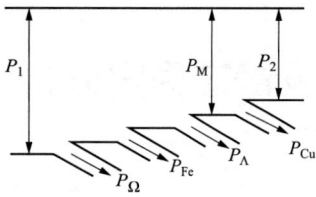

图 3-6-1 同步发电机的功率流程图

电磁功率是发电机通过转子传递到定子的功率，扣除电枢绕组中的铜损耗 $P_{Cu}=3I^2R_a$，才是输出的电功率 P_2，即

$$P_2 = P_M - P_{Cu} \tag{3-6-2}$$

对大、中型同步发电机，定子铜损耗很小，可略去不计，则

$$P_M \approx P_2 = mUI\cos\varphi \tag{3-6-3}$$

（2）转矩平衡方程。由于功率与转矩之间存在有 $P=T\Omega$ 关系，若将式（3-6-1）两边除以同步机械角速度 $\Omega = 2\pi\dfrac{n_1}{60}$，整理后便得到转矩平衡方程式

$$T_1 = \frac{P_1}{\Omega} = \frac{P_M}{\Omega} + \frac{P_0}{\Omega}$$

$$T_1 = T + T_0 \tag{3-6-4}$$

式中：T_1 为原动机输入转矩（驱动转矩）；T 为发电机电磁转矩（制动转矩）；T_0 为空载转矩（制动转矩）。

式（3-6-4）说明同步发电机的驱动转矩与制动转矩大小相等、方向相反。发电机旋转方向与驱动方向相同，发电机处于转矩平衡状态，在额定转速下稳定运行。

二、同步发电机的功角特性

同步发电机并入无穷大电网后，发电机端电压（即电网电压）和频率的大小不变。如果励磁电流不变，则空载电动势 E_0 的大小不变，此时发电机发出的电磁功率 P_M 与功角 δ 之间的关系称为功角特性（如图 3-6-2 所示），即 $P_M=f(\delta)$。

（1）隐极同步发电机的功角特性。隐极同步发电机通常容量较大，其电枢绕组电阻 R_a 远小于同步电抗，可忽略不计。由隐极同步发电机的简化相量图 3-6-3 可推导出

$$Ix_t\cos\varphi = E\sin\delta$$

$$I\cos\varphi = \frac{E_0}{x_t}\sin\delta \tag{3-6-5}$$

将式（3-6-5）代入式（3-6-3），可求得

$$P_M = m\frac{E_0U}{x_t}\sin\delta \tag{3-6-6}$$

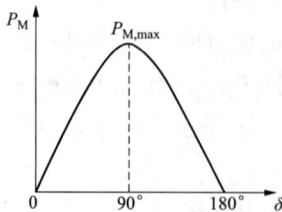

图 3-6-2 同步发电机的功角特性

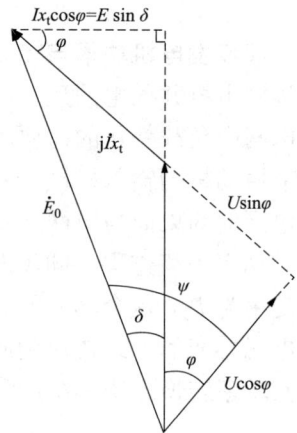

图 3-6-3 带辅助线的简化相量图

由式（3-6-6）可知：由于无穷大电网电压 U 和频率 f 是恒定的，同步电抗 x_t 为常数，当励磁电流 I_f 不变时，空载电动势 E_0 也不变。此时同步发电机的电磁功率只决定于 $\dot{E}_0$ 与 $\dot{U}$ 的

夹角 δ，式（3-6-6）称为隐极同步发电机的功角特性，描绘成曲线如图 3-6-2 所示。

从功角特性可知，当 $\delta=90°$ 时，发电机出现最大电磁功率 $P_{M,max}$ 和最大电磁转矩 T_{max}。最大电磁功率与额定功率之比称为同步发电机的静态过载能力 k_m，一般要求 $k_m=1.7\sim3.0$，与此对应的发电机额定运行时的功角 $\delta_N=25°\sim35°$。最大电磁功率为

$$P_{M,max} = m\frac{E_0 U}{x_t} \qquad (3\text{-}6\text{-}7)$$

过载能力为

$$k_m = \frac{P_{M,max}}{P_N} = \frac{m\dfrac{E_0 U}{x_t}}{m\dfrac{E_0 U}{x_t}\sin\delta_N} = \frac{1}{\sin\delta_N} \qquad (3\text{-}6\text{-}8)$$

由图 3-6-2 可知，当 $\delta=180°$ 时，电磁功率由正变负，说明发电机此时不向电网输送有功功率，而是从电网吸收有功功率，这时同步发电机转入同步电动机运行状态。

功角 δ 的物理意义：功角 δ 是 $\dot{E}_0$ 和 $\dot{U}$ 两个时间相量之间的夹角；δ 同时又是励磁磁动势 $\bar{F}_{f1}$ 和定子合成等效磁动势 $\bar{F}_\delta$ 两个空间相量之间的夹角，也就是转子磁极轴线和气隙合成等效磁极轴线之间的夹角。

（2）凸极同步发电机的功角特性。由凸极同步发电机的电动势方程式和相量图可以得到

$$\begin{aligned} P_M &\approx mUI\cos\varphi = mUI\cos(\psi-\delta) \\ &= mUI\cos\psi\cos\delta + mUI\sin\psi\sin\delta \\ &= mUI_q\cos\delta + mUI_d\sin\delta \end{aligned} \qquad (3\text{-}6\text{-}9)$$

将 $I_q x_q = U\sin\delta$，$I_d x_d = E_0 - U\cos\delta$ 代入式（3-6-9）中，经整理可得凸极同步发电机的功角特性为

$$P_M = m\frac{E_0 U}{x_d}\sin\delta + m\frac{U^2}{2}\left(\frac{1}{x_q}-\frac{1}{x_d}\right)\sin 2\delta \qquad (3\text{-}6\text{-}10)$$

式中：$m\dfrac{E_0 U}{x_d}\sin\delta$ 为凸极同步发电机的基本电磁功率；$m\dfrac{U^2}{2}\left(\dfrac{1}{x_q}-\dfrac{1}{x_d}\right)\sin 2\delta$ 为凸极同步发电机的附加电磁功率。

附加电磁功率与 $\dot{E}_0$ 无关，它是由于 $x_q\neq x_d$（交轴与直轴同步电抗）不同而引起的磁阻功率。凸极同步发电机的功角特性描绘成曲线如图 3-6-4 所示。

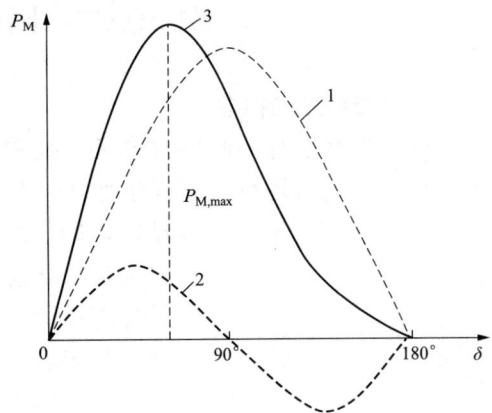

图 3-6-4　凸极式同步发电机的功角特性

1—基本电磁功率；2—附加基本电磁功率；3—功率特性

三、有功功率的调节

同步发电机向电网输出有功功率 P_2 的大小是通过增加发电机组的汽门和水门的开度，即增加原动机输入的机械功率 P_1 来实现的。同步发电机并入无穷大电网后，其频率和电压将受到电网的约束而与电网一致，这是发电机并网运行的一个特点。

并网之前发电机处于空载状态，$n=n_N$，$P_1=P_0$，$\delta \approx 0$，此时只需将汽轮发电机汽门或水轮发电机的水门开得很小即可。并网之后若不做任何调整，发电机仍处于空载状态，原动机的驱动转矩仅用于克服发电机的空载转矩。

根据能量守恒原理，逐渐加大汽门或水门开度，增加发电机的有功输入，就能改变发电机输出的有功功率。原动机的驱动转矩 T_1 增大后，发电机的转子瞬时加速，主磁极超前合成磁极 δ 角度，对应的 $\dot{E}_0$ 超前电压 $\dot{U}$ 一个 δ 角，产生电枢电流 $\dot{I}$ 和电磁功率 P_M，发电机向电网输送有功功率 P_2。同时在转子上受到制动转矩 T 的作用使转子减速，当驱动转矩 T_1 和制动转矩 T 重新取得平衡时，转子转速仍保持为同步转速，此时发电机处于负载运行状态。

调节并网发电机汽门或水门的大小，便可调节发电机向电网输送有功功率的大小。汽门或水门调节得越大，δ 角越大，发电机输出的电磁功率 P_M 越大，则输出的有功功率 P_2 越大，直到 $\delta=90°$（对于隐极同步发电机）时，电磁功率 P_M 达到最大值，此功率称为功率极限值 $P_{M,max}$，即

$$P_{M,max} = m\frac{E_0 U}{x_t}$$

同步发电机并入电网后，向电网输送的功率可根据电网的需要随时进行调节，以满足电网中负载变化的需要。发电机输出功率的调节，主要在下述三种运行情况下进行：

（1）有功负载发生变化。

（2）为了电网的经济运行。

（3）解列或停机前转移负载。

知识点二　同步发电机的静态稳定分析

一、静态稳定的概念

并列在电网运行的同步发电机，经常会受到来自系统或原动机方面某些微小而短暂的干扰，导致发电机运行状态发生变化。静态稳定就是指电网或原动机方面出现某些微小扰动时，同步发电机能在这种瞬时扰动消除后，继续保持原来的平衡运行状态，称同步发电机的运行是静态稳定的，否则，就是静态不稳定。如图 3-6-5 所示 a 点是静态稳定的，而 d 点静态不稳定。

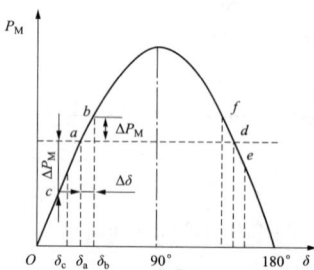

图 3-6-5　隐极同步发电机的
静态稳定分析

二、静态稳定判据

从图 3-6-5 分析可知，在功角特性曲线上升部分的工作点，都是静态稳定的，下降部分的工作点，都是静态不稳定的，将电磁功率对功角 δ 求导，便是比整步功率，用 P_{syn} 表示。其数学表达式为

$$P_{\mathrm{syn}} = \frac{\mathrm{d}P_{\mathrm{M}}}{\mathrm{d}\delta} = m\frac{E_0 U}{x_{\mathrm{t}}}\cos\delta \qquad (3\text{-}6\text{-}11)$$

$\dfrac{\mathrm{d}P_{\mathrm{M}}}{\mathrm{d}\delta}$ 是衡量同步发电机稳定运行能力的一个系数，对于隐极同步发电机来说，功角和电磁功率同时增大时（即图 3-6-5 曲线的上升部分），此时 $\dfrac{\mathrm{d}P_{\mathrm{M}}}{\mathrm{d}\delta} > 0$，发电机的运行是稳定的；当功角增大而电磁功率减小时（即图 3-6-5 曲线的下降部分），此时 $\dfrac{\mathrm{d}P_{\mathrm{M}}}{\mathrm{d}\delta} < 0$，发电机的运行是不稳定的；在 $\dfrac{\mathrm{d}P_{\mathrm{M}}}{\mathrm{d}\delta} = 0$ 处，就是同步发电机的静态稳定极限（也称临界状态）。

三、案例分析

[例 3-6-1]　一台并列运行的汽轮发电机 S_{N}=7500kVA，U_{N}=3150V，$\cos\varphi_{\mathrm{N}}$=0.8（滞后），星形接法，同步电抗 x_{t}=1.5Ω，忽略定子绕组电阻。试求：

（1）发电机带额定负载时输出的有功功率 P_2。

（2）功角 δ_{N} 及过载能力 k_{m}。

解：（1）发电机输出的有功功率。额定负载时 $\cos\varphi$=0.8，$\cos\varphi$=36.87°，$\sin\varphi$=0.6，则额定电流（星形连接）为

$$I_{\mathrm{Nph}} = I_{\mathrm{N}} = \frac{S_{\mathrm{N}}}{\sqrt{3}U_{\mathrm{N}}} = \frac{7500\times10^3}{\sqrt{3}\times3150} = 1374.7(\mathrm{A})$$

额定相电压（星形连接）为

$$U_{\mathrm{Nph}} = U_{\mathrm{N}}/\sqrt{3} = 3150/\sqrt{3} = 1818.7(\mathrm{V})$$

输出有功功率为

$$P_2 = S_{\mathrm{N}}\cos\varphi = 7500\times0.8 = 6000(\mathrm{kW})$$

由隐极同步发电机相量图 3-6-3 可求得内功角 ψ

$$\psi = \arctan\frac{I_{\mathrm{Nph}}x_{\mathrm{t}} + U_{\mathrm{Nph}}\sin\varphi}{U_{\mathrm{Nph}}\cos\varphi} = \arctan\frac{1374.7\times1.5 + 1818.7\times0.6}{1818.7\times0.8} = 65.23°$$

（2）功角和过载能力。由隐极同步发电机相量图 3-6-3 可求得空载相电动势 E_0。功角为

$$\delta_{\mathrm{N}} = \psi - \varphi = 65.23° - 36.87° = 28.36°$$

空载电动势为

$$E_0 = \sqrt{(I_{\mathrm{Nph}}x_{\mathrm{t}} + U_{\mathrm{Nph}}\sin\varphi)^2 + (U_{\mathrm{Nph}}\cos\varphi)^2} = 3472.76(\mathrm{V})$$

过载能力为

$$k_{\mathrm{m}} = \frac{1}{\sin\delta_{\mathrm{N}}} = \frac{1}{\sin28.36°} = 2.1$$

*[例 3-6-2]　一台凸极同步发电机，已知：S_{N}=8750kVA，$\cos\varphi_{\mathrm{N}}$=0.8（滞后），U_{N}=11kV，星形连接，每相同步电抗 x_{d}=17Ω、x_{q}=9Ω，定子绕组电阻忽略不计，试求：

（1）该发电机同步电抗的标幺值。

（2）该发电机在额定运行时的功角 δ_{N} 及空载电动势 E_0。

（3）该发电机的最大电磁功率 $P_{M,max}$，过载能力 k_m 及产生最大功率时的功角 δ。

解：

分析：该题可应用凸极同步发电机的相量图 3-3-6 求得 E_0 和功角 δ_N，再通过令 $dP_M/d\delta=0$ 求得最大功率时的功角 δ，然后求出最大电磁功率时的 $P_{M,max}$ 和过载倍数 k_m。

另外也可运用凸极同步发电机的电动势方程式 $\dot{E}_0 = \dot{U} + j\dot{I}_d x_d + j\dot{I}_q x_q$（用辅助公式 $\dot{E}_Q = \dot{U} + j\dot{I}x_q$ 求出内功角 ψ）求出 $\dot{E}_0$、δ_N，再求最大电磁功率 $P_{M,max}$，过载能力 k_m 及产生最大功率时的功角 δ。

（1）同步电抗标幺值 x_{d*}、x_{q*}

额定相电流为

$$I_{Nph} = I_N = \frac{S_N}{\sqrt{3}U_N} = \frac{8750\times10^3}{\sqrt{3}\times11\times10^3} = 459.3(A)$$

阻抗基准值为

$$Z_N = \frac{U_{Nph}}{I_{Nph}} = \frac{U_N/\sqrt{3}}{I_{Nph}} = \frac{11\times10^3}{\sqrt{3}\times459.3} = 13.83(\Omega)$$

同步电抗标幺值为

$$x_{d*} = \frac{x_d}{Z_N} = \frac{17}{13.83} = 1.29 , \quad x_{q*} = \frac{x_q}{Z_N} = \frac{9}{13.83} = 0.65$$

（2）功角 δ_N 及空载电动势 E_0（应用凸极同步发电机的相量图 3-3-5 和图 3-3-6 求出内功角及空载电动势 E_0）。

$\cos\varphi_N=0.8$ 时，$\varphi_N=36.87°$，$\sin\varphi_N=\sin36.87°=0.6$。

内功角为

$$\psi_N = \arctan\frac{I_{N*}x_{q*} + U_{N*}\sin\varphi_N}{U_{N*}\cos\varphi_N} = \arctan\frac{1\times0.65 + 1\times0.6}{1\times0.8} = 57.4°$$

功角为

$$\delta_N = \psi_N - \varphi_N = 57.4° - 36.87° \approx 20.5°$$

$$E_0 = U_{Nph}\cos\delta_N + I_d x_d = (11\times10^3/\sqrt{3})\times\cos20.5° + 459.3\times\sin57.4°\times17 = 12527(V)$$

其中

$$I_d = I\sin\psi$$

空载电动势标幺值为

$$E_{0*} = \frac{E_0}{U_{Nph}} = \frac{12527}{11\times10^3/\sqrt{3}} = 1.97$$

（3）最大电磁功率 $P_{M,max}$ 及过载倍数 k_m

$$P_{M*} = \frac{E_{0*}U_{N*}}{x_{d*}}\sin\delta + \frac{U_{N*}^2}{2}\left(\frac{1}{x_{q*}} - \frac{1}{x_{d*}}\right)\sin2\delta$$

$$= \frac{1.97\times1}{1.23}\sin\delta + \frac{1^2}{2}\left(\frac{1}{0.65} - \frac{1}{1.23}\right)\sin2\delta$$

$$= 1.6\sin\delta + 0.36\sin2\delta$$

令 $\dfrac{\mathrm{d}P_{\mathrm{M}*}}{\mathrm{d}\delta}=0$，则有

$$\frac{\mathrm{d}P_{\mathrm{M}*}}{\mathrm{d}\delta}=1.6\cos\delta+0.72\cos 2\delta=1.4\cos^2\delta+1.6\cos\delta-0.72=0$$

$$\cos\delta=\frac{-1.6\pm\sqrt{1.6^2+4\times 1.4\times 0.72}}{2\times 1.4}=\frac{-1.6\pm 2.6}{2.8}$$

发电机运行时，$0°<\delta<90°$，$0<\cos\delta<1$，故分子应取正号，于是

$$\cos\delta=\frac{-1.6+2.6}{2.8}=0.357$$

得 $\delta=69°$，代入 $P_{\mathrm{M}*}$ 有

$$P_{\mathrm{M,max}*}=1.6\sin\delta+0.36\sin 2\delta=1.6\sin 69°+0.36\sin 138°=1.73$$

$$P_{\mathrm{M,max}}=P_{\mathrm{M,max}*}S_{\mathrm{N}}=1.73\times 8750=15.138(\mathrm{MW})$$

过载倍数为

$$k_{\mathrm{m}}=\frac{P_{\mathrm{M,max}}}{P_{\mathrm{N}}}=\frac{15138}{8750\times 0.8}=2.16$$

单 元 小 结

（1）功角特性反映同步发电机有功功率和电机本身参数及内部电磁量的关系。

隐极同步发电机的功角特性为

$$P_{\mathrm{M}}=\frac{mE_0 U}{x_{\mathrm{t}}}\sin\delta$$

凸极同步发电机的功角特性为

$$P_{\mathrm{M}}=m\frac{E_0 U}{x_{\mathrm{d}}}\sin\delta+m\frac{U^2}{2}\left(\frac{1}{x_{\mathrm{q}}}-\frac{1}{x_{\mathrm{d}}}\right)\sin 2\delta$$

功角 δ 既是时间相量 $\dot{E}_0$ 与 $\dot{U}$ 之间的相位差，又是转子磁极轴线与合成磁极轴线间的空间相位差。功角 δ 为 $0°\sim\delta_{\max}$（对应 $P_{\mathrm{M,max}}$ 的功角）时，发电机的运行是静态稳定的；静态稳定性与励磁电流、同步电抗及所带的有功功率大小有关。

（2）静态稳定就是同步发电机受到微小干扰后能自行恢复到原运行状态所具有的能力。

（3）并列于无穷大容量电网上的同步发电机，可通过调节原动机的输入功率来调节输出的有功功率。功角 δ 的改变反映了定子、转子磁场间作用力的改变及机电能量转换数量的改变。在调节有功功率的同时，即使 I_{f} 不变，无功功率的输出也会随之改变。

思考与练习

一、单选题

1. 隐极同步发电机有功功率的功角特性表达式为（   ）。

A． $P_{\mathrm{M}}=m\dfrac{E_0 U}{x_{\mathrm{t}}}$ 　　　　　B． $P_{\mathrm{M}}=m\dfrac{E_0 U}{x_{\mathrm{t}}}\sin\delta$ 　　　　　C． $P_{\mathrm{M}}=\dfrac{E_0 U}{x_{\mathrm{d}}}\sin\delta$

2. 凸极同步发电机有功功率的功角特性表达式为（   ）。

A. $P_M = m\dfrac{E_0 U}{x_d}\cos\delta + m\dfrac{U^2}{2}\left(\dfrac{1}{x_q}-\dfrac{1}{x_d}\right)\cos 2\delta$

B. $P_M = m\dfrac{E_0 U}{x_t}\sin\delta$

C. $P_M = m\dfrac{E_0 U}{x_d}\sin\delta + m\dfrac{U^2}{2}\left(\dfrac{1}{x_q}-\dfrac{1}{x_d}\right)\sin 2\delta$

3. 隐极同步发电机过载能力的表达式为（   ）。

A. $k_m = \dfrac{1}{\sin\delta_N}$ B. $k_M = m\dfrac{E_0 U}{x_t}$ C. $k_m = \dfrac{1}{\cos\delta_N}$

4. 同步发电机转矩平衡方程的表达式为（   ）。

A. $T_1 = T + T_0$ B. $T_1 = T - T_0$ C. $T = T_1 + T_0$

5. 同步发电机静态稳定的判据是（   ）。

A. $\dfrac{dP_M}{d\delta}=1.0$ B. $\dfrac{dP_M}{d\delta}>0$ C. $\dfrac{dP_M}{d\delta}<0$

6. 同步发电机作为发电机运行时 $\delta>0°$，作为电动机运行时（   ）。

A. $\delta\approx90°$ B. $\delta\approx-90°$ C. $\delta<0°$

7. 并列于无穷大电网的同步发电机，能够调节的物理量有两个，一个是它的励磁电流 I_f，另一个是（   ）。

A. 从原动机输入的功率 P_1

B. 从原动机输入的电磁功率 P_M

C. 从原动机输入的电磁转矩

8. 凸极同步发电机的电磁功率包括基本电磁功率和（   ）两部分。

A. 有功功率   B. 附加电磁功率   C. 无功功率

9. 凸极同步发电机的附加电磁功率的特点是与励磁电流无关，由（   ）引起的。

A. 交直轴电阻不同   B. 交直轴电抗不同   C. 交直轴电流不同

10. 同步发电机与无穷大电网并列运行，若发电机带额定负载时功角越大，则过载能力越小，静态稳定度（   ）。

A. 不变   B. 略有增加   C. 越大

二、**判断题**（对的打√，错的打×）

1. 功角 δ 既是时间相量 $\dot{E}_0$ 与 $\dot{U}$ 之间的相位差，又是转子磁极轴线与合成磁极轴线之间的空间相位差。   （   ）

2. 并列于无穷大容量电网上的同步发电机，只能通过调节原动机的励磁电流来调节发电机的输出有功功率。   （   ）

3. 并列于无穷大容量电网上的凸极同步发电机，转子不加励磁电流仍有电磁功率。（   ）

4. 在调节同步发电机有功功率的同时，即使 I_f 不变，无功功率的输出也不会改变。（   ）

5. 并列于无穷大电网运行的同步发电机的功率因数由负载性质决定。   （   ）

三、计算题

一台并列的汽轮发电机 S_N=375MVA，U_N=20kV，$\cos\varphi_N$=0.8（滞后），星形接法，同步电抗 x_t=1.5Ω，忽略定子绕组电阻，试求：

（1）发电机带额定负载时输出的电流 I_N 和有功功率 P_2。

（2）功角 δ_N 及过载能力 k_m。

第七单元　同步发电机无功功率的调节及 V 形曲线分析

知识要求

（1）了解同步发电机调节无功功率对有功功率的影响，了解 V 形曲线及其作用。
（2）了解同步发电机的可逆原理和同步发电机的调相运行。
（3）掌握同步发电机与无穷大电网并列时无功功率的调节方法。

能力要求

（1）能作出同步发电机的 V 形曲线并分析其作用。
（2）能进行同步发电机无功功率的调节。
（3）能进行同步发电机的调相运行操作。

导学

同步发电机除供给负载有功功率之外，还供给负载一定数量的无功功率。只要调节同步发电机的励磁电流，就可改变同步发电机发出的无功功率。调节无功功率，对有功功率不会产生影响；但调节无功功率将改变功率极限值和功率角的大小，从而影响发电机的静态稳定度。

V 形曲线是指在有功功率保持不变时，电枢电流和励磁电流的变化关系曲线 $I=f(I_f)$。调相运行是指同步发电机仅向电网输送无功功率的运行方式。

知识点一　同步发电机无功功率的调节

电力系统的负载包含有功功率和无功功率，并列在无穷大容量电力系统上的同步发电机，若只向电力系统输送有功功率，而不能满足电力系统对无功功率的要求时，将会导致电力系统电压降低。电网的负载绝大多数是感性负载，其功率因数均为滞后性。因此，并网后的同步发电机，不仅要向电网输送有功功率，还应向电网输送无功功率。

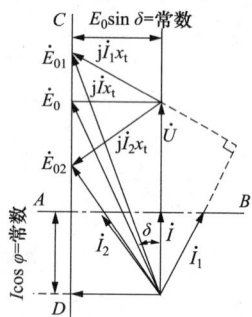

图 3-7-1　不同 I_f 时同步发电机的相量图

电网的负载绝大多数是异步电动机等感性负载，其功率因数均为滞后性的，消耗的无功功率均为感性，以下所述的无功功率，不加特殊说明的均指感性无功。

下面以隐极同步发电机为例，分析调节励磁电流时电枢电流及无功功率的变化情况。设 $R_a \approx 0$，则 $P_2 \approx P_M$ 为常数，且 $P_M = \dfrac{mE_0U}{x_t}\sin\delta =$ 常数，即 $E_0\sin\delta =$ 常数；$P_2 = mUI\cos\varphi =$ 常数，即 $I\cos\varphi =$ 常数，图 3-7-1 给出了保持 $E_0\sin\delta =$ 常数，$I\cos\varphi =$ 常数调节励磁电流 I_f 时同步发电机的相量图。

由于 $I\cos\varphi$＝常数，相量 $\dot{I}$ 末端的变化轨迹为水平线 AB，由于 $E_0\sin\delta$＝常数，相量 $\dot{E}_0$ 末端的变化轨迹线为垂直线 CD，图 3-7-1 按此规律画出了四种情况下的相量图。

（1）正常励磁。$\dot{U}$ 和 $\dot{I}$ 同相位，功率因数 $\cos\varphi=1$，$\varphi=0°$，对应的电动势为 $\dot{E}_0$，电枢电流全为有功分量。发电机只输出有功功率。

（2）过励时。$I_f>I_{f0}$，$E_{01}>E_0$，则电枢电流 $\dot{I}_1$ 中除有功电流外，还出现一个滞后的无功电流分量，向电网输出一个感性的无功功率。

（3）欠励时。$I_f<I_{f0}$，$E_{02}<E_0$，电枢电流 $\dot{I}_2$ 中除有功分量外，还出现一个超前的无功分量，向电网输出一个容性的无功功率，即从电网吸收感性无功功率。如果进一步减少励磁电流，E_0 将更小，功率角将增大，当 $\delta=90°$ 时，发电机达到稳定运行的极限。若再进一步减小励磁电流，发电机将失去同步。

🌱 知识点二　同步发电机的 V 形曲线分析

一、V 形曲线的定义

在有功功率保持不变时，表示电枢电流和励磁电流变化关系的曲线 $I=f(I_f)$，称为 V 形曲线，如图 3-7-2 所示。

V 形曲线是一簇曲线，每一条 V 形曲线对应一定的有功功率。各条曲线都有一个最低点，此点对应于 $\cos\varphi=1$ 的电枢电流值，与此电流值相对应的励磁电流叫正常励磁电流。将所有的最低点连起来将得到与 $\cos\varphi=1$ 对应的线，该线左边为欠励，功率因数为超前，右边为过励，功率因数为滞后。

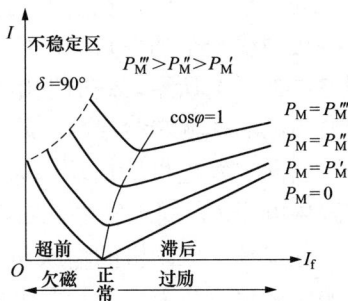

图 3-7-2　同步发电机 V 形曲线

欠励时（图 3-7-2 曲线左边）：$I_f\downarrow \to \varphi\uparrow \to \delta\uparrow \to \cos\varphi\downarrow \to I\uparrow$

过励时（图 3-7-2 曲线右边）：$I_f\uparrow \to \varphi\uparrow \to \delta\downarrow \to \cos\varphi\downarrow \to I\uparrow$

二、V 形曲线的作用

V 形曲线主要用于分析发电机正常运行时，I_f 和 I 的变化关系及制约关系。

一般的发电机都采用过励运行，欠励运行存在一个不稳定区，$\delta>90°$。从 V 形曲线可见，I_f 不变时，负载变化对电枢电流和功率因数的影响，以及负载变化时，要想维持功率因数（或无功功率）不变，应适当调节励磁电流。

三、无功功率与有功功率调节的相互影响

同步发电机与电网并列运行时，有功功率和无功功率都要进行调节。当调节有功功率时，由于功角 δ 大小发生变化，无功功率 Q 也随之改变。例如，原来发电机运行在过励状态，保持励电流 I_f 不变，当增大输出有功功率 P_2 时，其输出的感性无功功率会相应减少。若保持输出无功不变，则需要加大励磁电流来维持，反之亦然。

如果仅调节无功功率，只需要调节励磁电流即可，根据能量守恒原理，对发电机输出的有功功率不会产生影响。但调节无功功率将改变发电机的功率极限值 $P_{M,max}$ 和功率角 δ 的大小，从而影响静态稳定度。

🔧 知识点三 同步发电机的调相运行及同步调相机

电力系统中，多数负载都是电感性质，如变压器及交流异步电动机等。它们运行时需要从电网吸收感性无功功率，若仅靠同步发电机提供感性无功功率，往往不能满足电力系统对感性无功功率的需求。因此，需要采取如电力电容器、调相机、静止无功补偿器等无功电源来满足电力系统对无功的需求。

接在电网上的同步发电机大多数情况是作发电运行，主要向电网输送有功功率，同时也输送感性无功功率。但在特殊情况下可作调相运行，即主要向电网输送无功功率。专门向电网输送无功功率的同步发电机称为同步调相机。

一、同步发电机的可逆原理

同步发电机和其他旋转电机一样具有可逆性，同步发电机运行于哪一种方式完全由它的输入功率是机械功率还是电功率决定。

同步发电机运行在发电机状态时，$0° < \delta < 90°$，其转子主磁极轴线超前于气隙合成磁场等效磁极轴线一个功率角 δ，可以把它想象成转子磁极拖着合成等效磁极以同步转速旋转，如图 3-7-3（a）所示。这时发电机产生的电磁制动转矩与输入的驱动转矩相平衡，把机械功率转变为电功率输送给电网。此时 P_M 和 δ 均为正值，$\dot{E}_0$ 超前于 $\dot{U}$ 一个 δ 角。

当同步发电机输出功率为零时，$\delta = 0°$，$P_M = 0$，$P_1 = P_1$，此时运行于发电机空载状态，调节励磁电流 I_f，同步发电机向电网送出无功功率，如图 3-7-3（b）所示。

逐步减少原动机的输入功率 P_1，转子将瞬时减速，δ 角和 P_M 减小。当 δ 减到零时，发电机的输出功率为零，同步发电机此时运行于发电机空载状态。

当同步发电机接上三相交流电源，从定子输入电功率，P_M 变为驱动转矩，同步发电机运行于电动机状态，此时 $-90° < \delta < 0°$，气隙合成等效磁场超前于转子主极磁场一个功角 δ，它可以想象成为合成等效磁极拖着转子磁极以同步转速旋转，如图 3-7-3（c）所示。

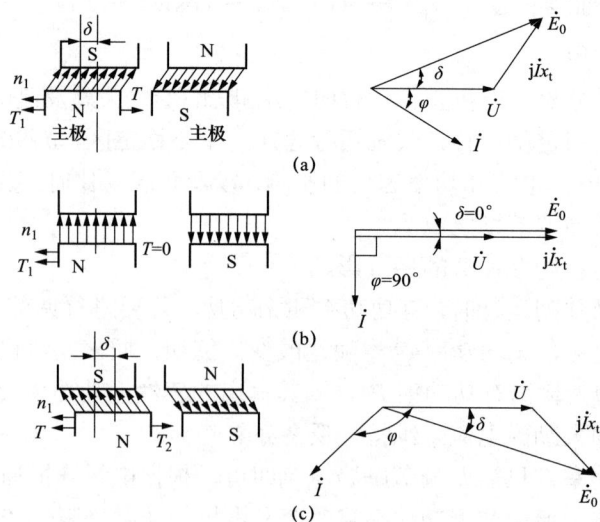

图 3-7-3 同步电机的三种运行状态

（a）发电机状态；（b）空载状态；（c）电动机状态

二、调相运行

调相运行是指同步发电机向电网提供无功功率的运行方式。调相机也称为补偿机，专门用来调节和改善电网的功率因数。

同步发电机处于空载运行状态，由原动机提供少量有功功率，补偿电机运转时的各种损耗，并向电网送出无功功率，即为同步发电机的调相运行。

同步发电机正常运行时向电网输送有功和无功功率，额定功率因数 $\cos\varphi_N=0.85\sim0.9$（滞后）。若将发电机改为调相运行方式，首先将进气量或进水量减小，使输入功率减小，电磁功率 P_M 和 δ 变小，无功增加，发电机达到空载状态，此时，发电机只向电网输出无功功率，如图 3-7-3（b）所示。在不超过总视在功率的前提下，可增加励磁电流，增加无功输出。

水轮发电机组由于启停快、操作简便，由发电运行转为调相运行时，只需将水轮机导水叶关闭，卸去机组有功功率，调节励磁电流即可。汽轮发电机组由于受热力系统的控制，由发电运行转为调相运行比较困难。所以水轮发电机用作调相运行的较多，而汽轮发电机作调相运行的较少。

三、同步调相机

同步发电机可作调相运行，但发电机的主要作用是向电网输入有功功率，调相运行浪费了发电机资源。一般将专门发出无功功率的同步发电机称为同步调相机，也称补偿机，用来调节和改善电网的功率因数。

电网的负荷主要是异步电动机和变压器，它们从电网吸取感性无功功率而使电网功率因数降低，导致线路损耗增大，发电设备利用率降低。若在适当地点装上同步调相机供给感性无功功率，则可减小线路上的无功损耗，提高电网运行的经济性和供电质量。

同步调相机实际上是一台在空载运行情况下的同步电动机。用一台同轴安装的异步电动机启动，并网后从电网吸收少量的有功功率维持电机本身的损耗，在很小的电磁功率和低功率因数的情况下运行。

四、同步电动机的作用

同步电动机应用于大型泵站、水厂、电厂等较稳定场所，同步电动机拖动的主要负载为压缩机、风机、水泵、球磨机等。

根据对电动机的分析，从图 3-7-3（c）中可知，调节同步电动机的励磁电流，使其工作在过励状态，可使同步电动机在拖动有功负载的同时，吸收电网容性无功，向电网输出感性无功功率，用以改善电网的功率因数。

五、案例分析

[例 3-7-1]　一台隐极同步发电机与无穷大电网并列运行，电网电压为 380V，发电机定子绕组为星形接，每相同步电抗 $x_t=1.2\Omega$，此发电机向电网输出线电流 $I=69.5$A，空载相电动势 $E_0=270$V，$\cos\varphi=0.8$（滞后）。若减小励磁电流使相电动势 $E_0=250$V，保持原动机输入功率不变，不计定子电阻，试求：

（1）改变励磁电流前发电机输出的有功功率和无功功率。

（2）改变励磁电流后发电机输出的有功功率、无功功率、功率因数及定子电流。

解：（1）改变励磁电流前，发电机输出的有功功率为

$$P_2 = \sqrt{3}UI\cos\varphi = \sqrt{3}\times380\times69.5\times0.8 \approx 36.6(\text{kW})$$

因 $\cos\varphi=0.8$，则 $\sin\varphi=0.6$，所以输出的无功功率为

$$Q=\sqrt{3}UI\sin\varphi=\sqrt{3}\times380\times69.5\times0.6\approx27.45(\text{kvar})$$

（2）改变励磁电流后（忽略电枢绕组电阻）

$$P_2=P_{\text{M}}=\frac{3E_0U}{x_{\text{t}}}\sin\delta$$

$$\sin\delta=\frac{P_2x_{\text{t}}}{3E_0U}=\frac{36600\times1.2}{3\times250\times220}=0.266$$

$$\delta=15.4°$$

由隐极发电机的相量图 3-3-4 可求得内功角 ψ 为

$$\psi=\arctan\frac{E_0-U\cos\delta}{U\sin\delta}=\arctan\frac{250-220\cos15.4°}{220\times0.266}=33°$$

$$\varphi'=\psi-\delta=33°-15.4°=17.6°$$

故 $$\cos\varphi'=\cos17.6°=0.953$$

有功功率不变，即

$$I\cos\varphi=I'\cos\varphi'=\text{常数}$$

故改变励磁电流后，定子电流为

$$I'=\frac{I\cos\varphi}{\cos\varphi'}=\frac{69.5\times0.8}{0.953}=58.3(\text{A})$$

有功功率不变，则

$$P_2=\sqrt{3}\times380\times58.3\times0.953\text{W}\approx36.6(\text{kW})$$

向电网输出的无功功率为

$$Q=\sqrt{3}UI\sin\varphi'=\sqrt{3}\times380\times58.3\sin17.6°=11.6(\text{kvar})$$

[例 3-7-2]　有一阻感性负载，功率为 1000kW，功率因数 $\cos\varphi=0.5$（滞后），原由一台同步发电机单独供电，为改善电网的功率因数，在用电负荷端并列一台同步调相机，试求：

（1）发电机单独供电时的视在功率。

（2）如增添的调相机完全补偿所需的无功功率，问调相机的容量和发电机的视在功率各为多少？

（3）如果只将发电机的功率因数 $\cos\varphi'$提高到 0.8，求调相机的容量和发电机的视在功率各为多少？

解：（1）发电机单独供电时的视在功率为

$$S=\frac{P_2}{\cos\varphi}=\frac{1000}{0.5}=2000(\text{kVA})$$

由于 $\cos\varphi=0.5$，则 $\varphi=60°$，$\sin60°=0.866$

（2）调相机全补偿时的无功功率 Q 及发电机供给的视在功率 S'为

$$Q=S\sin\varphi=2000\times0.866=1732(\text{kvar})$$

$$S'=P=\sqrt{S^2-Q^2}=\sqrt{2000^2-1732^2}=1000(\text{kW})$$

（3）发电机的功率因数提高到 $\cos\varphi'=0.8$，发电机的视在功率 S'为

$$\cos\varphi'=0.8, \quad \sin\varphi'=0.6,$$

$$S' = \frac{P}{\cos\varphi'} = \frac{1000}{0.8} = 1250(\text{kVA})$$

发电机承担的无功功率为

$$Q' = S'\sin\varphi' = 1250 \times 0.6 = 750(\text{kvar})$$

调相机承担的无功功率（即调相机的容量）为

$$Q = S\sin\varphi - S'\cos\varphi' = 1732 - 750 = 982(\text{kvar})$$

单 元 小 结

（1）通过调节励磁电流 I_f 也就是改变空载电动势 E_0，即可调节同步发电机输出的无功功率 Q。

（2）正常励磁时，发电机不输出无功功率，只输出有功功率；过励时，输出感性无功功率；欠励时，输出容性无功功率；V 形曲线反映保持同步发电机输出功率不变时，定子电流随励磁电流变化的关系曲线。

（3）一般情况下，励磁电流 I_f 与空载电动势 E_0 成正比，I_f 的增减比例与 E_0 的增减比例相同。调节 I_f 只改变无功功率而有功功率不变。I_f 和定子电流 I 的变化关系按 V 形曲线变化。

（4）同步发电机作为发电机运行时，$\delta>0°$；作电动机运行时 $\delta<0°$，向电网吸取有功功率；作调相运行时，$\delta\approx0°$，只向系统输出感性或容性无功功率。同步调相机实质上就是空载运行的同步电动机。

思考与练习

一、单选题

1. 并列于无穷大电网运行的同步发电机，欲调节其功率因数，可以调节发电机的输入功率，还可以调节（　　）。

    A．进气门或水门　　　　　　B．励磁电流　　　　　　C．无功功率

2. 并列于无穷大电网运行的同步发电机，当增加励磁电流而保持有功功率输出不变时，功角将减小，无功功率输出将（　　），功率极限值将不变。

    A．减小　　　　　　　　　　B．不变　　　　　　　　C．增大

3. 并列于无穷大电网运行的同步发电机，带一定的阻感性负载，若减小励磁电流而保持有功功率输出不变时，电枢电流将减小，功率因数将增加，无功功率输出将（　　）。

    A．减小　　　　　　　　　　B．不变　　　　　　　　C．增大

4. 根据功角 δ 的大小和正负不同，同步发电机功角 $\delta=0°$ 时，处于发电机空载运行状态，此时 $\dot{E}_0$ 相量与 $\dot{U}$ 相量同相，此时发电机可向电网输送（　　）功率。

    A．电磁　　　　　　　　　　B．有功　　　　　　　　C．无功

5. 根据功角 δ 的大小和正负不同，同步发电机功角 $\delta\approx0°$（负值），处于同步发电机调相运行状态，此时 $\dot{E}_0$ 相量比 $\dot{U}$ 相量滞后一个很小角度，可以从电网吸收少量有功功率，同时还

向电网输送（　　）功率。

　　　　A．电磁　　　　　　　　　　B．无功　　　　　　　　　C．有功

　　6．并列于无穷大电网运行的同步发电机，由发电机运行状态过渡到电动机运行状态时，电磁转矩 T 由制动性质变为驱动性质，转子的旋转方向（　　）。

　　　　A．不变　　　　　　　　　　B．反转　　　　　　　　　C．增加

　　7．并列于无穷大电网运行的同步发电机，既向电网输出有功功率，又向电网输出感性无功功率，这时发电机的励磁电流处于（　　）。

　　　　A．过励状态　　　　　　　　B．欠励状态　　　　　　　C．正常励磁状态

　　8．并列于无穷大电网运行的同步发电机，既向电网输出有功功率，不输出无功功率，这时发电机的励磁电流处于（　　）。

　　　　A．过励状态　　　　　　　　B．欠励状态　　　　　　　C．正常励磁状态

　　9．并列于无穷大电网运行的同步发电机，带一定的阻感性负载，若保持输出有功功率不变，逐步减小励磁电流，则电枢电流的变化会（　　）。

　　　　A．先增大后减小　　　　　　B．先减小后增大　　　　　C．增大

　　10．判断一台并列于无穷大电网的同步发电机运行在电动机状态的依据是（　　）。

　　　　A．$\dot{E}_0 < \dot{U}$　　　　　　　　B．$\dot{E}_0$ 超前于 $\dot{U}$　　　　　C．$\dot{E}_0$ 滞后于 $\dot{U}$

　　二、判断题（对的打√，错的打×）

　　1．调节无功功率，对有功功率不会产生影响；但调节无功功率将改变功率极限值和功率角的大小，从而影响发电机的静态稳定度。　　　　　　　　　　　　　　　　　　（　　）

　　2．并列于无穷大电网的同步发电机，仅调节励磁电流，既可改变无功功率输出，又可改变有功功率输出。　　　　　　　　　　　　　　　　　　　　　　　　　　　　　　（　　）

　　3．调相运行是指同步发电机向电网提供无功功率的运行方式。　　　　　　（　　）

　　4．V 形曲线是指在有功功率保持不变时，电枢电流和励磁电流的变化关系曲线 $I=f(I_f)$。
　　　　　　　　　　　　　　　　　　　　　　　　　　　　　　　　　　　　　（　　）

　　5．并列于无穷大电网的同步发电机，仅调节励磁电流，功角将发生变化，输出有功功率也将发生变化。　　　　　　　　　　　　　　　　　　　　　　　　　　　　　　　　（　　）

　　三、计算题

　　*一台并列运行的汽轮发电机 $S_N = 15000 \text{kVA}$，$U_N = 6300 \text{V}$，$\cos\varphi_N = 0.8$（滞后），星形接法，同步电抗 $x_t = 3.0\Omega$，忽略定子绕组电阻。试求：

　　（1）发电机带额定负载时输出的有功功率 P_2、功角 δ_N 及过载能力 k_m。

　　（2）若保证额定状态时励磁电流不变，当发电机有功输出减半时，发电机的功角 δ 及功率因数角 φ。

第八单元　同步发电机的异常运行及维护

知识要求

（1）了解同步发电机失磁产生的原因。

（2）了解同步发电机常见故障产生的原因及处理方法。

（3）掌握同步发电机三相突然短路的电磁关系、电抗大小及短路电流对发电机的影响。

（4）掌握同步发电机不对称运行的序阻抗及不对称运行对发电机的影响。

能力要求

（1）能分析同步发电机三相突然短路时的电磁关系、电抗大小关系。

（2）能分析同步发电机的不对称运行、失磁运行。

（3）能分析同步发电机常见故障产生的原因及处理方法。

导　学

同步发电机的突然短路，是发电机发生的一种严重故障。突然短路对发电机的危害主要有：定子绕组受到巨大电磁力的冲击；发电机受到强大电磁转矩的冲击；定子、转子绕组发热。发电机不对称运行会造成转子过热及发电机振动，影响负载的正常工作。同步发电机失磁时，会造成电网无功功率的不足，电压下降，发电机定子、转子发热。

知识点一　同步发电机的突然短路分析

同步发电机发生三相突然短路，是一种严重故障。虽然突然短路的过渡过程时间很短，但定子和转子绕组中流过很大的短路电流，最大值可达额定电流的（$10\sim20$）I_N，短路电流对发电机本身、用户和电网的运行都会产生严重的影响。严重时会造成定子绕组端部损坏，危及同步发电机的安全运行。

同步发电机三相稳态短路时，电枢磁场是一个恒幅值、恒转速的旋转磁场，它与转子同转速、同方向旋转，与转子之间无相对运动，旋转磁场的存在不会在励磁绕组和阻尼绕组中感应电动势和电流。而三相突然短路时，电枢电流和相应的电枢磁场的各分量幅值都发生变化，并在转子绕组中感应出电动势和电流，此电流反过来又影响定子短路电流的大小，由于定子、转子各电磁量之间的相互作用，使突然短路过渡过程十分复杂。

一、突然短路的过渡过程及定子绕组电抗的变化

同步发电机发生突然短路，大多数由事故引起。突然短路发生前，发电机往往是带负载运行；发生短路的地点在出线端的可能性较小；三相同时短路的概率比单相短路的概率小。为了分析方便，特作如下假设：①短路发生在出线端，短路时发电机空载；②发电机转速不

变；③磁路不饱和；④不计绕组电阻的影响。

突然短路发生后，定子电枢绕组实际为一个闭合的电感线圈，它维持突然短路发生瞬间交链的磁链守恒。三相突然短路初瞬（$t=0$），由于转子与定子某相绕组的相对位置不同，该相绕组交链的磁通数值会有所不同，导致各相绕组突然短路电流大小有差别，设突然短路恰好发生在转子磁极的轴线与 A 相绕组轴线相重合的瞬间，则其磁链初始值 $\psi_A(0)=\psi_m$，如图3-8-1 所示。

发生短路的时刻是随机的，为简化分析，取短路瞬间作为计时起点，即 $t=0$，则励磁电流产生的主磁通 Φ_0 在三相绕组引起的磁链 ψ_A、ψ_B、ψ_C 随时间做余弦变化，其表达式为

$$\begin{cases} \psi_A = \psi_m \cos(\omega t + a_0) \\ \psi_B = \psi_m \cos(\omega t + a_0 - 120°) \\ \psi_C = \psi_m \cos(\omega t + a_0 + 120°) \end{cases} \qquad (3\text{-}8\text{-}1)$$

式中：a_0 为转子磁极轴线超前 A 相绕组轴线的角度，当二者重合时 $a_0=0°$；ψ_m 为定子一相绕组交链主磁通 Φ_0 的最大值。

首先分析 A 相绕组的磁链。为维持 A 相绕组的磁链守恒，在电枢绕组中感应的电流必定有两部分磁链组成，一部分磁链数量上等于电枢绕组突然短路发生瞬间时的不变磁链 ψ_{AZ}，另一部分磁链用来抵消突然短路后转子励磁磁通与电枢绕组继续交链所产生的交变磁链 ψ_{AJ}，如图3-8-2 所示。对应的电枢绕组电流也有两个分量，一个是直流分量 i_{AZ}，另一个是交流分量 i_{AJ}。

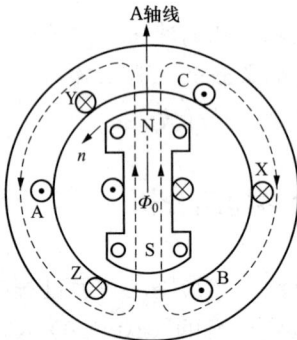

图 3-8-1 $a_0=0°$三相突然短路

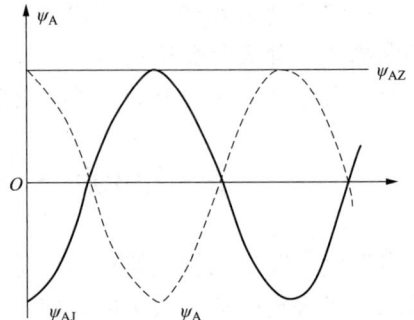

图 3-8-2   A 相绕组磁链

同理，B、C 相电枢绕组中也都出现两个分量的电流，由于突然短路发生瞬间转子与它们的相对位置不同，会导致其直流分量电流的大小值不同。三相电枢绕组的直流分量电流产生一个空间位置固定的电枢磁场，三相电枢绕组的交流电流分量产生一个旋转的电枢磁场、其性质为直轴去磁。下面仅分析三相电枢绕组的交流电流分量的过渡过程。

由于三相绕组发生突然短路后，电枢绕组的磁链不变，则其空载电动势也不变，即 $\dot{U}=0$时，定子短路电流大小只与电枢绕组电抗有关。根据电枢绕组电抗的变化状态。突然短路产生的过渡过程可分为次暂态、暂态、稳态（或称为超瞬态、瞬态、稳态）三个阶段。

（1）次暂态过程及电抗。设发电机短路发生前为空载运行，发电机内仅有励磁绕组产生的主磁通 Φ_0 及励磁绕组漏磁通 $\Phi_{f\sigma}$。突然短路发生后，三相电枢绕组的交流电流分量所产生

的旋转电枢磁场，将产生突变的直轴电枢反应磁通Φ_{ad}及定子漏磁通Φ_σ。Φ_{ad}企图穿过转子铁芯、励磁绕组的阻尼绕组。而励磁绕组和阻尼绕组都是自行闭合的电感线圈，这两个绕组都会产生感应电流，并产生相应的磁通抵制Φ_{ad}穿过，以维持原来的磁链不变。于是Φ_{ad}被排挤到从阻尼绕组和励磁绕组外侧的漏磁路通过，如图 3-8-3 所示。这种状态称为次暂态。对应的电抗称为次暂态直轴电抗x_d''。

由于Φ_{ad}所经磁路为漏磁路，磁阻比稳态短路时的Φ_{ad}所经磁路的磁阻大得多，因此相对应的电抗x_{ad}''比稳态短路时的x_{ad}小得多，而定子漏电抗x_σ与稳态时一样，突然短路初瞬，定子绕组直轴次暂态电抗$x_d'' = x_{ad}'' + x_\sigma \ll x_d$，因此在次暂态状况下，定子电枢绕组会流过很大的短路电流。

（2）暂态过程及电抗。实际上同步发电机的各个绕组都存在电阻，励磁绕组和阻尼绕组中的感应电流会随时间而衰减。阻尼绕组匝数少电流衰减快，可认为阻尼绕组中的感应电流先衰减到零，然后励磁绕组中的电流才开始衰减为I_f。暂态过程是指当阻尼绕组的感应电流衰减到零时，电枢反应磁通可以穿过阻尼绕组，但仍被排挤到励磁绕组外侧的漏磁路通过的状态，如图 3-8-4 所示。对应的电抗称为暂态直轴电抗x_d'。此时电枢反应磁通Φ_{ad}经过的磁阻明显小于次暂态时的磁阻。因此暂态电抗x_d'比次暂态电抗x_d''大，在暂态下，定子电枢绕组的短路电流虽有所减小，但仍然很大。

（3）稳态过程及电抗。由于励磁绕组电阻的存在，最后感应电流将衰减到零，电枢反应磁通Φ_{ad}将穿过阻尼绕组和励磁绕组，发电机进入短路稳定状态运行，此时，对应该电枢磁通即为直轴同步电抗X_d或X_t，如图 3-8-5 所示。

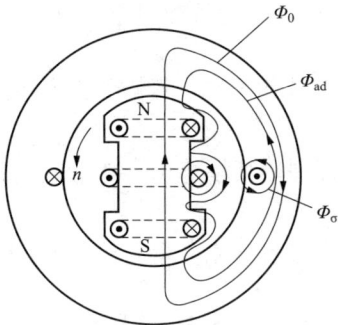

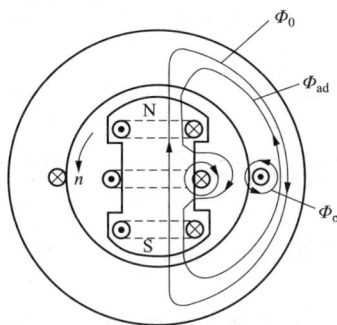

图 3-8-3　次暂态时的磁通分布　　　图 3-8-4　暂态时的磁通分布　　　图 3-8-5　稳态时的磁通分布

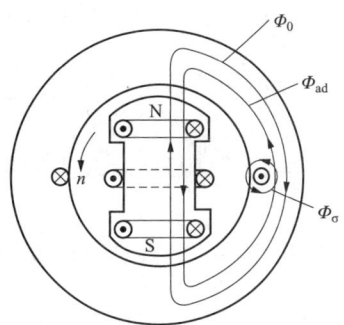

综上所述，同步发电机从正常运行到稳定短路运行状态，一般需经历次暂态（有阻尼绕组）到暂态，再从暂态进入稳态的过渡过程。同步发电机发生突然短路后，要维持磁链守恒，转子阻尼绕组和励磁绕组都将感应电流并产生磁通，排挤突然出现的电枢反应磁通，迫使电枢反应磁通沿气隙和转子绕组的漏磁路闭合。由于漏磁路的磁阻较大，导致对应的电抗比稳态时的同步电抗小得多，且随转子绕组电流的衰减而变化，导致过渡过程中同步发电机的定子电流发生相应的变化。

二、突然短路电流的表达式及衰减

（1）突然短路电流的最大值。综合前面的分析可知，定子三相绕组的短路电流有直流和交流两个分量，发生短路的时刻不同，直流分量的数值也不同。假设突然短路正好发生在转

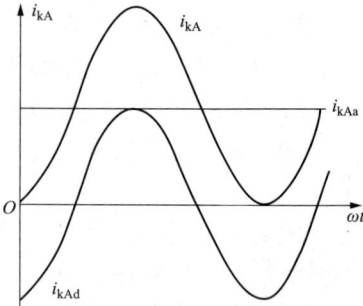

图 3-8-6　A 相绕组不考虑衰减的短路电流（$\alpha_0 = 0°$）

子磁极的轴线与 A 相绕组轴线重合的瞬间，因此，A 相短路电流交流分量 i_{kAd} 的初始值为 $-\dfrac{E_{om}}{x_d''}$，而直流分量 i_{kAd} 的最大值为 $\dfrac{E_{om}}{x_d''}$，所以 A 相绕组的电流将是三相中最大的。不考虑衰减时的电流波形如图 3-8-6 所示。

从图 3-8-6 中可见，经半个周期，当交流分量达正的幅值时，A 相短路电流达最大值，为两个分量之和。考虑到衰减，则为 $k\dfrac{E_{om}}{x_d''}$，k 为冲击系数，一般为 1.8～1.9。

例如，一台 600MW 的汽轮发电机，$E_{0*} = 1.05$，$x_{ad*}'' = 0.22$，则其三相突然短路电流的最大值为

$$i_{maq*} = 1.8\frac{E_{om*}}{x_{d*}''} = 1.8 \times \frac{\sqrt{2} \times 1.05}{0.22} = 12.15$$

即在突然短路发生后的 0.01s 时，最大突然短路冲击电流可达额定电流的十几倍到二十几倍。根据国家标准规定，同步发电机必须能够承受空载电压等于 105%额定电压下的三相突然短路电流的冲击。

（2）突然短路电流的衰减。实际上，定子绕组、励磁绕组和阻尼绕组都存在电阻，会消耗能量，因此短路电流的交直流分量都会按对应绕组的时间常数逐渐衰减。衰减的快慢，与绕组时间常数 $T = \dfrac{L}{r}$（r 为绕组的电阻；L 为绕组与其他绕组有磁耦合情况下的等效电感）有关。

从前面分析可以知道，定子绕组交流分量电流的衰减，在次暂态过程中，其幅值由 $\dfrac{E_{om}}{x_d''}$ 变到 $\dfrac{E_{om}}{x_d'}$，其衰减速度取决于阻尼绕组的时间常数 T_d''；在暂态过程中，其幅值由 $\dfrac{E_{om}}{x_d'}$ 变为稳态短路电流 $\dfrac{E_{om}}{x_d}$，其衰减速度取决于励磁绕组的时间常数 T_d'。定子绕组直流分量电流的衰减则取决定子绕组本身的时间常数 T_a。A 组绕组考虑衰减的短路电流波形如图 3-8-7 所示。

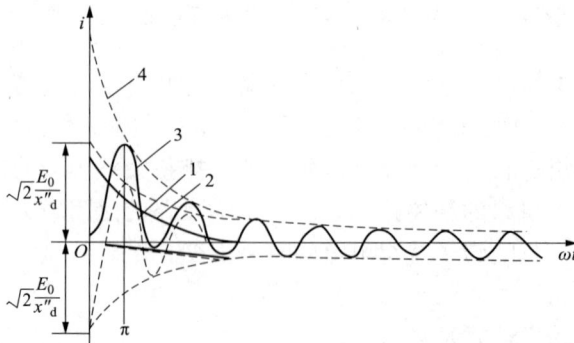

图 3-8-7　有阻尼绕组的同步发电机 $\psi_A(0) = \psi_m$ 时三相突然短路的 A 相电流波形

1—交流分量；2—直流分量；3—短路电流；4—包络线

三、突然短路电流对发电机的影响

（1）定子绕组端部承受巨大的电磁力作用。突然短路时冲击电流的峰值可达 $20I_N$，这意味着要产生巨大的冲击电磁力，电磁力的作用趋向于使定子绕组端部向外张开，最危险区域在线棒伸出的槽口处。如发电机端部的支撑和固定不良，会使线圈变形，绝缘受损，对绕组的端部造成破坏。

（2）发电机受到强大电磁转矩的冲击。在突然短路时，气隙磁场变化不大，而定子电流却增长很多，因此会产生巨大的电磁转矩可达 $10T_N$。此电磁转矩会引起发电机振动；对其结构部件，如转轴颈部分、基础螺杆，产生很大的冲击机械应力。

突然短路时，各绕组都出现较大的电流，致使绕组铜损耗增加。但由于短路电流衰减较快，故各绕组的温升实际增加不多，受到热破坏的情况很少。

为了减小或避免突然短路对发电机的影响，一是在电机的结构设计和制造时加强相应部件的机械强度，二是配置合适的继电保护装置。

📗 知识点二　同步发电机的不对称运行分析

三相同步发电机的不对称运行，属于发电机的异常运行状态。异常运行是介于正常运行和事故运行之间的一种运行状态。如发生不对称故障，带大功率的单相负载，断路器或隔离开关一相开合不良，某条输电线路非全相运行，发电机、变压器、供电线路一相断线，发生两相短路、单相短路事故等，都会造成发电机的不对称运行。不对称运行时，发电机的三相电流、电压大小不相等，它们的相位差也可能不对称，发电机中会出现正序、负序电流，还可能出现零序电流。分析发电机的不对称运行常采用对称分量法。

一、不对称运行的分析方法

（1）对称分量法。对称分量法是将任一组不对称的三相系统，分解为三相对称的正序、负序、零序三个分量，每一个分量各自构成一个对称的独立系统。分别根据三个相序电动势、电流和阻抗计算出对称系统各分量，然后根据叠加原理合成不对称系统的各物理量。

（2）相序电动势。由于同步发电机三相绕组结构的对称性，三相励磁电动势 $\dot{E}_0$ 是对称的正序系统，当转子励磁磁场按规定的方向旋转，在定子绕组中感应的三相电动势便是正序电动势，即正常运行时的空载电动势。由于发电机不存在反转的转子励磁磁场，所以不会有负序电动势，也不会有零序电动势。

（3）相序电抗。每个相序电流系统都将建立自己的气隙磁场和漏磁场，并具有相应的相序阻抗。若忽略阻抗中的电阻分量，则变为相序电抗。相序电抗有正序电抗、负序电抗、零序电抗之分。

1）正序电抗 x_+。指转子通入励磁电流正向同步旋转时，电枢绕组中所产生的正序三相对称电流所遇到的电抗。所以正序电抗就是发电机正常运行时的同步电抗，即 $x_+=x_t$。

2）负序电抗 x_-。负序电抗指转子正向旋转但励磁绕组短路时，电枢绕组中流过的负序三相对称电流所遇到的电抗。

正序电流产生的合成磁场是转速、转向与转子相同（即同步）的旋转磁场，转子绕组不切割正序旋转磁场。而负序电流流过定子绕组时，产生的负序旋转磁场转向与转子相反，其转速也为同步速。负序旋转磁场的漏磁通与正序电流流过定子绕组时产生的漏磁通的情况完全相同，因而漏电抗也相等，即 $x_{\sigma-} = x_{\sigma+} = x_\sigma$。由于负序旋转磁场转向与转子的转向相反，它相对于定子的转速为 n_1，相对于转子的转速为 $2n_1$，因而转子励磁绕组和阻尼绕组都将以 $2n_1$ 的速度切割负序磁场感生电动势和电流，其频率为定子的 2 倍额定频率（$f_2 = 2f_1$），反过来转子负序电流又建立转子反磁动势，它把定子负序磁场挤到励磁绕组和阻尼绕组漏磁路上去，此情况与突然短路时次暂态过程相似。因此负序电抗与次暂态电抗相类似。

由于同步发电机转子交、直轴上的结构不同，如气隙大小、绕组数目不同，当负序旋转磁场的轴线与转子的直轴重合时，为直轴负序电抗 $x_{d-} = x_\sigma + x_{ad-}$；当负序旋转磁场的轴线与转子的交轴重合时，为交轴负序电抗 $x_{q-} = x_\sigma + x_{aq-}$。因而负序电抗值是变化的，一般取它们的平均值作为负序电抗值，即 $x_- = \dfrac{x_{d-} + x_{q-}}{2}$，为方便起见，常取 $x_- = x_d''$。

3）零序电抗 x_0。零序电抗是转子正向同步旋转、励磁绕组短路时，电枢中通入零序电流所遇到的电抗。由于三相零序电流是一组大小相等、相位相同的相量，不能形成旋转磁场。而只能产生定子绕组的漏磁场。故零序电抗实质上为一漏电抗。零序电抗的数值与绕组节距有关。对于单层和双层整距绕组，任一瞬间每槽内线圈边中电流方向总是相同的，故零序电抗等于正序漏电抗 $x_0 = x_\sigma$。对于双层短距绕组，有一些槽的上、下层线圈属于不同相，它们流过的电流大小相等、方向相反，这些槽的零序漏磁通互相抵消，所以零序漏电抗小于正序漏电抗，即 $0 < x_0 < x_\sigma$。

（4）相序电动势方程式和等值电路。在进行对称系统的运算时，一般需列出各序的电动势方程式。对任意一相，各序电动势方程式的通用形式为（忽略定子绕组的电阻）

$$\begin{cases} \dot{E}_0 = \dot{U}_+ + j\dot{I}_+ x_+ \\ 0 = \dot{U}_- + j\dot{I}_- x_- \\ 0 = \dot{U}_0 + j\dot{I}_0 x_0 \end{cases} \tag{3-8-2}$$

根据电动势方程式，可作出各序等值电路，如图 3-8-8 所示。最后可用叠加定理求出各相电压、电流的实际值。

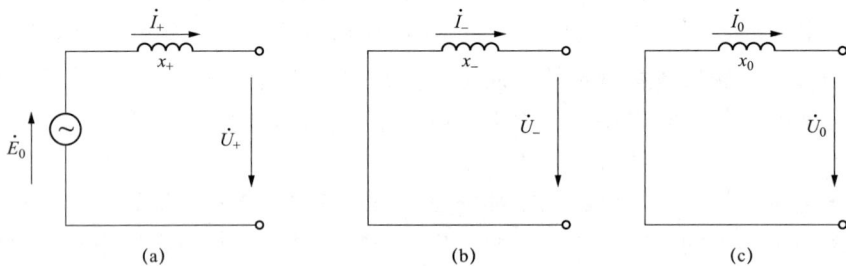

图 3-8-8　同步发电机各序等值电路

（a）正序等值电路；（b）负序等值电路；（c）零序等值电路

二、不对称运行对发电机的影响

（1）引起发电机端电压不对称。发电机不对称运行时，由于负序电流的存在，致使发电机存在负序电抗压降，造成发电机的相电压与线电压均不对称。

（2）引起转子附加发热。发电机不对称运行时，负序电流产生的负序旋转磁场以两倍的同步转速扫过转子，在转子铁芯和绕组中感应出两倍工频的电动势及相应的电流。引起附加

铁损耗和附加铜损耗，使转子过热，影响同步
发电机的功率。因频率较高，集肤效应较强，
在转子的表面薄层中形成环流，如图3-8-9所示。
环流流经齿、护环与转子本体搭接的区域，造
成转子温升的提高。

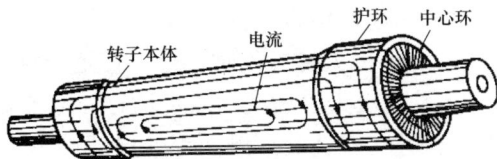

图3-8-9　负序磁场引起的转子表面环流

（3）引起发电机振动。不对称运行时，因
负序磁场与励磁磁场之间有 $2n_1$ 的相对转速，会在转子上产生 100Hz 的交变附加电磁转矩，
引起机组的振动并产生噪声。

综上所述，对电机造成不良影响的根本原因是不对称运行时出现的负序电流和负序磁场。
在电机转子上装设阻尼绕组后。由于其漏阻抗很小且装在励磁绕组外侧，故可有效地削弱负
序磁场，减小负序电抗，从而削弱不对称运行带来的不良影响，因此中型以上的同步发电机
大都装有阻尼绕组。

知识点三　同步发电机的失磁运行分析

同步发电机的失磁运行是指发电机失去励磁后，仍输出一定的有功功率，以低转差率与
电网并联运行的一种特殊运行方式。发电机的直流励磁电流下降或完全消失称为失磁。一般
将前者称为部分失磁或低励，将后者称为完全失磁。

当发电机出现失磁故障时，若能允许短时异步运行，电气人员便可借此机会寻找失磁原
因，迅速消除失磁故障，恢复励磁实现再同步，恢复发电机正常运行。有利于提高电力系统
的稳定性、可靠性和经济性。

一、发电机失磁的物理过程

同步发电机正常运行时，原动机输入的驱动转矩和电磁转矩相平衡，发电机以同步转速
稳定运行。失磁时，由于励磁回路电感较大，尽管励磁电压可以很快降到零，励磁电流即是
按指数规律逐渐衰减。因此转子磁场和相应的定子绕组感应电动势 E_0 也按指数规律逐渐衰
减，使发电机的电磁转矩逐渐减小。而当电磁转矩小于驱动转矩时，出现过剩的转矩使转子
加速，脱出同步。在此同时，由于 E_0 的减小，发电机变为欠励，从电网吸收感性无功功率，
以维持气隙磁场。

由于转子与定子旋转磁场之间有了相对速度，出现了转差率 s，于是在励磁绕组、阻尼
绕组、转子表面等处感应出频率与转差率相应的交变电流。该电流和定子磁场作用产生制动
性质的异步转矩。此时，从原动机输入的驱动转矩在克服异步转矩的过程中做功，将机械能
转变为电能，因此同步发电机异步运行继续向电网送出有功功率。随着转差率的增大，异步
转矩也增大，当驱动转矩和异步转矩相等时，即达到新的平衡。此时发电机处于无励磁的异
步运行状态。

综上所述，在失磁运行状态下，发电机吸收无功功率，送出有功功率。发电机内部的磁
场由电网的无功励磁，转子和定子旋转磁场异步运行。实际上，这时同步发电机处于异步发
电机运行状态。

二、失磁运行的影响

失磁后对发电机本身及电网的影响主要有以下几点。

（1）引起发电机过热。

1）发电机失磁后欠励运行，使定子绕组端部漏磁通增大，引起定子端部发热。

2）发电机失磁后变为异步运行，定子旋转磁场在转子表面产生的差频电流，会引起转子槽楔、护环与本体的接触面等处局部过热。

3）发电机失磁后，由于从电网吸收大量无功功率，使定子绕组的电流增大、温度升高。

（2）引起发电机振动。由于转子交、直轴上结构及参数的不同，异步运行时，会造成发电机输出的有功功率周期性地摆动和引起发电机组的振动。

（3）影响系统的稳定运行。发电机失磁后，从系统吸取感性无功功率，必然会造成系统的感性无功功率不足，特别是大容量的发电机，引起系统电压降低较多。影响系统的稳定运行。

三、失磁的原因

失磁一般是由于励磁回路短路或开路所造成的。例如，主励磁机换向故障、副励磁机回路断线、励磁调节失误、励磁接触器开路、自动励磁调节器故障、集电环过热故障、转子绕组匝间短路等，均可造成励磁回路失磁故障。

四、失磁后的处理方法

发电机发生失磁后，各电厂应结合本厂机组的运行情况及实际试验数据进行处理，并遵循以下原则：

（1）对于不允许无励磁运行的发电机立即从电网上解列，以避免损坏设备或造成系统事故。

（2）允许无励磁运行的发电机应按无励磁运行规定执行。

对于凸极式转子水轮发电机，需要较大的转差才能产生一定的异步转矩，转子有过热的危险，故不允许失磁运行。对于大型汽轮发电机，例如额定功率为 300、600MW 的机组，由于其单机容量大，对系统影响大，因此不允许失磁运行。

对经过试验允许失磁运行的发电机，失磁后，应在规定时间（如 3min）内将负载降至 40% 额定值以下，允许运行 10～30min，同时监视定子电流不要超过 $110\%I_N$，定子端电压不小于 $90\%U_N$，各部件温度小于规定值；设法恢复励磁拉入同步，否则解列。

🔖 知识点四　同步发电机常见故障原因及处理方法

同步发电机的故障原因是多方面的，但主要原因为制造上的缺陷、安装和检修质量不良、绝缘老化、运行人员的误操作、大气过电压、操作过压以及外部短路等，较常见的故障有转子绕组故障、定子绕组故障、定子铁芯故障以及冷却系统故障等。现将部分故障产生的原因和处理方法列于表 3-8-1 中。

表 3-8-1　　　　　　　　　　同步发电机常见故障原因和处理方法

故障现象	故　障　原　因	处　理　方　法
轴承过热	（1）安装不良或轴承损坏； （2）润滑油（脂）牌号不符合要求，装入数量不合要求，润滑油（脂）变质或含杂质； （3）轴承绝缘损坏	（1）重新安装或更换轴承； （2）清洗轴承，更换符合要求的润滑油（脂）； （3）有绝缘结构的轴承，应定期测量绝缘电阻，经常清除绝缘物附近的杂质

续表

故障现象	故　障　原　因	处　理　方　法
电刷冒火	(1) 电刷或刷盒不清洁； (2) 集电环面有污渍、锈蚀或粗糙不平； (3) 电刷与集电环的接触面积太小； (4) 电刷过度磨损或破裂，弹簧压力过小	(1) 清除刷盒附近的炭粉、污物 (2) 用 0 号细布研磨集电环面，使其光滑清洁； (3) 研磨电刷，使电刷有 80% 以上的面积与集电环面良好接触； (4) 更换电刷、刷握弹簧
转子绕组绝缘电阻降低或绕组接地	(1) 长期停用受潮； (2) 灰尘积淀在绕组上； (3) 集电环下有碳粉和油污堆积； (4) 集电环、引线绝缘损坏； (5) 转子绝缘损坏	(1) 进行干燥处理； (2) 进行检修清扫； (3) 清理油污并擦拭干净； (4) 修补或重包绝缘； (5) 修补或更换绝缘
转子绕组匝间短路	(1) 匝间绝缘因振动或膨缩被磨损、脱落或位移； (2) 匝间绝缘因膨胀系数与导线不同，破裂或损坏； (3) 垫块配置不当，使绕组产生变形； (4) 通风不良，绕组过热，绝缘老化损坏	(1) 进行修补； (2) 进行修补； (3) 重新配垫块和对绕组进行修复； (4) 修补绝缘、疏通通风道
发电机失去励磁	(1) 接触不良或断线； (2) 磁场线圈断线、自动励磁调整装置故障	(1) 迅速减小负荷，使电流在额定值范围，检查灭磁开关有无跳闸，如跳闸应迅速合上； (2) 查明自动励磁调整装置是否失灵，并改用手动加大励磁； (3) 对不允许失磁运行的发电机应解列停机检查处理；对允许失磁运行的发电机，应在允许的时间内恢复励磁，否则应解列停机检查
定子槽楔和绑线松弛	(1) 槽楔干缩； (2) 运行中的振动或经短路电流的冲击力的作用； (3) 制造工艺和制造质量的缺陷	(1) 更换槽楔； (2) 在槽内加垫条打紧； (3) 重新绑扎
定子绕组过热	(1) 冷却系统不良，冷却及通风管道堵塞 (2) 绕组端头焊接不良 (3) 铁芯短路	(1) 检修冷却系统，疏通管道 (2) 重新焊接 (3) 清除铁芯故障
定子绕组绝缘击穿	(1) 雷电过电压或操作过电压； (2) 绕组匝间短路、绕组接地引起的局部过热； (3) 绝缘受潮或老化； (4) 绝缘受机械损伤； (5) 制造工艺不良	(1) 更换被击穿的线棒； (2) 消除引起绝缘击穿的原因； (3) 修复被击穿的绝缘和被击穿时电弧灼伤的其他部分
定子绝缘老化	(1) 自然老化； (2) 油浸蚀，绝缘膨胀； (3) 冷却介质温度变化频繁，端部表面漆层脱落； (4) 绕组温升太快，绕组变形使绝缘裂缝	(1) 恢复性大修，更换全部绕组； (2) 除油污、修补绝缘、表面涂漆； (3) 表面涂漆； (4) 局部修补绝缘或更换故障线圈，表面涂漆
电腐蚀	(1) 定子线棒与槽壁嵌合不紧存在气隙（外腐蚀）； (2) 线棒主绝缘与防晕层黏合不良存在气隙（内腐蚀）	(1) 槽内加半导体垫条； (2) 采用黏合性能好的半导体漆
铁芯硅钢片松动	(1) 铁芯压得不紧或不均匀； (2) 片间绝缘层破坏或脱落； (3) 长期振动	在铁芯缝中塞进绝缘垫或注入绝缘漆；消除振动的原因
定子铁芯短路	硅钢片间绝缘因老化、振动磨损或局部过热而被破坏	消除片间杂质和氧化物，在缝中塞进绝缘垫或注入绝缘漆、更换损坏的硅钢片
氢冷发电机漏氢	(1) 制造中有缺陷； (2) 检修质量不良； (3) 绝缘垫老化； (4) 冷却器泄漏	查漏、堵漏、更换绝缘垫

续表

故障现象	故 障 原 因	处 理 方 法
水冷发电机漏水	（1）接头松动； （2）绝缘引水老化破裂； （3）转子绕组引水管弯脚处拆裂； （4）焊口开裂； （5）空心导线质量不良； （6）冷却器泄漏	（1）拧紧接头、更换铜垫圈； （2）更换引水管； （3）更换引水弯脚； （4）焊补裂口； （5）更换线棒； （6）检查堵漏
空气冷却漏水	水管腐蚀损坏	少量水管漏水时将该管两头堵死，大量水管漏水时更换空气冷却器

单 元 小 结

　　（1）突然短路是危害同步发电机安全的故障之一。分析发电机突然短路的理论基础是闭合线圈的磁链不能突变，同步发电机突然短路发生后，阻尼绕组和励磁绕组中将感生电流，抵制电枢反应磁通对其的穿过，迫使电枢反应磁通经阻尼绕组和励磁绕组的漏磁路通过，磁路的磁阻增大，故过渡过程中电枢绕组的电抗比稳态时同步电抗小很多。突然短路电流变大，可达额定电流的十几倍。突然短路对发电机的危害主要有：①定子绕组受到巨大电磁力的冲击；②电机受到强大电磁转矩的冲击；③定子、转子绕组发热。

　　（2）发电机的不对称运行会造成转子过热及电机振动，而且会影响负载的正常工作。同步发电机的不对称稳态运行可以采用对称分量法进行分析。分析步骤是：①根据负载端的边界条件分解出电流、电压的各相序分量；②由各相序的基本方程式求解出各相序分量；③用叠加定理求出各相电压、电流的实际值。

　　（3）并列于大电网的同步发电机失磁时，会造成电网无功功率的不足，电压显著降低，电机定子、转子发热。引起机组振动，影响系统的稳定运行。对于允许失磁运行的发电机，必须在规定的时间内恢复励磁，否则应将发电机从系统中解列。

　　（4）发电机故障的主要原因多是由于制造上的缺陷、安装和检修质量不良、绝缘老化、运行人员的误操作、大气过电压和操作过电压以及外部短路所造成。常见的故障有转子绕组、定子绕组、定子铁芯以及冷却系统故障。

思考与练习

一、单选题

1. 同步发电机中下列电抗关系正确的是（　　　）。

　　A．$x_d'' > x_d' > x_d > x_\sigma$　　　　　　B．$x_d'' > x_d' > x_d'' > x_\sigma$　　　　　　C．$x_\sigma > x_d'' > x_d' > x_d$

2. 同步发电机突然短路时，三相交流合成旋转磁动势波的幅值将发生突变，它在转子各绕组中感应（　　　）分量电流。

　　A．交流　　　　　　　　　　B．交直流　　　　　　　　　　C．直流

3. 同步发电机突然短路时，转子励磁绕组和阻尼绕组为了保持磁链初始值不变，必将感应出对电枢反应磁通起（　　　）作用的电流。

　　A．反抗　　　　　　　　　B．瞬变　　　　　　　　　C．相同

4．同步发电机突然短路时，定子直流分量产生一个不动磁场，它在转子各绕组中感应（　　）分量电流。

　　A．交流　　　　　　　　　B．交直流　　　　　　　　C．直流

5．同步发电机三相突然短路时，定子电流将产生（　　）。

　　A．不动磁场　　　　　　　B．旋转磁场　　　　　　　C．不动磁场和旋转磁场

6．不对称运行的同步发电机，其正序电抗 X_+ 指的是正序电流流过（　　）绕组时所遇到的电抗。

　　A．定子　　　　　　　　　B．转子　　　　　　　　　C．阻尼绕组

7．不对称运行的同步发电机，其负序电抗 X_- 指的是（　　）电流流过定子绕组时所遇到的电抗。

　　A．正序　　　　　　　　　B．零序　　　　　　　　　C．负序

8．发电机的不对称运行会造成（　　）及电机发振动，而且会影响负载的正常工作。

　　A．励磁绕组过热　　　　　B．转子过热　　　　　　　C．定子过热

9．并列于无穷大电网的发电机失磁后，仍可向电网输出（　　）功率，为了维持气隙磁场，还必须从电网吸收很大的感性无功功率。

　　A．有功　　　　　　　　　B．视在　　　　　　　　　C．容性无功

10．发电机失去励磁的原因，一般是由于励磁回路（　　）或开路所造成的。

　　A．未连接　　　　　　　　B．异常　　　　　　　　　C．短路

二、判断题（对的打√，错的打×）

1．突然短路是危害同步发电机安全的故障之一。　　　　　　　　　　　（　　）

2．同步发电机三相突然短路时，定子交流分量相对应的转子直流分量电流的起始值，与转子在短路发生瞬时的位置有关。　　　　　　　　　　　　　　　　　（　　）

3．零序电流流过定子绕组时所遇到的电抗，称为零序电抗。　　　　　　（　　）

4．发电机失磁后欠励运行，使定子绕组端部漏磁通增大，引起定子端部发冷。（　　）

5．发电机故障的主要原因多是由于制造上的缺陷、安装和检修质量不良、绝缘老化、运行人员的误操作、大气过电压和操作过电压以及外部短路所造成。　　　　　（　　）

第四部分

其他电机与电力拖动

电力系统中除汽轮发电机、水轮发电机、电力变压器和异步电动机等常用电机外，还有许多其他形式的电机（如伺服电机、步进电动机、测速发电机、永磁电机等），这些控制电机广泛用于工业自动控制中的精密数控加工、计算技术、遥控技术、高速运输、机器人等领域。

第一单元　直流电机的结构和工作原理分析

知识要求

（1）了解直流电机的基本结构。
（2）掌握直流电机的基本工作原理和主要结构。
（3）掌握直流电机铭牌数据的含义。

能力要求

（1）能简述直流电机的工作原理。
（2）能读懂直流电机的铭牌数据。

导学

输入或输出为直流电的旋转电机，称为直流电机。直流电机和交流电机相似，属于能量转换的机械。根据能量转换方向的不同，直流电机可分为直流发电机和直流电动机两大类。直流发电机把机械能转换成直流电能，而直流电动机则把直流电能转换成机械能。

由于直流电动机的调速性能好，启动转矩及制动转矩大，过载能力强，又易于控制，可靠性高。因此广泛应用于驱动电力机车、船舶机械、轧钢机、机床、电气铁道牵引、高炉送料、造纸、纺织拖动、挖掘机械、卷扬机和起重设备中。

随着半导体技术的发展，晶闸管整流的直流电源正在逐步取代直流发电机，晶闸管整流电源配合直流电动机而组成的调速系统目前正被广泛采用。

知识点一　直流电机的工作原理

一、直流发电机的工作原理

直流发电机的工作原理是建立在电磁力及电磁感应原理基础之上的。直流发电机借助电刷和旋转换向器作机械整流，而实现电枢绕组中的交流电和外电路中的直流电之间的相互变换。从结构上看，一般直流发电机均是磁极固定，电枢旋转。图 4-1-1 是一个简单的直流发电机模型的工作原理图，N、S 为一对固定的磁极，转子电枢线圈 abcd 两端分别接到两个半圆柱体的铜片上，称为换向片，由换向片构成的整体称为换向器。铁芯和线圈合称电枢，通过在空间静止不动的电刷 A 和 B 与换向片接触，即可向外部供电。

当原动机拖动电枢以恒转速 n 逆时针方向旋转时。在线圈中将感生电动势，其大小为

$$e = B_\delta l v \tag{4-1-1}$$

式中：l 为导体的有效长度，m；v 为导体与磁场的相对速度，m/s；B_δ 为导体所在位置处的磁通密度，Wb/m^2。

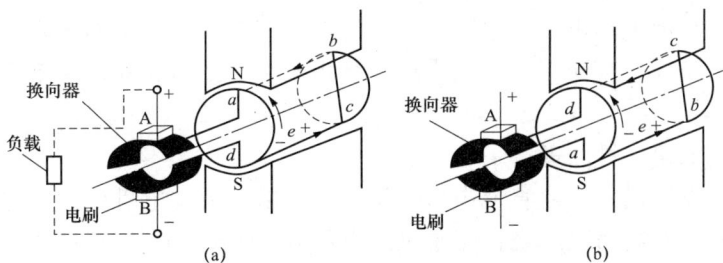

图 4-1-1　直流发电机的工作原理图

（a）ab 导体处于 N 极下；（b）dc 导体处于 N 极下

线圈感生电动势的方向可用"右手定则"确定。在图 4-1-1（a）所示瞬间，ab 导体处于 N 极下，根据"右手定则"可以判定其电动势的方向由 b→a，而 cd 导体处于 S 极下，电动势的方向由 d→c。整个线圈的电动势为 2e，方向由 d→c→b→a，此刻 a 点通过换向片与电刷 A 接触，d 点通过换向片与电刷 B 接触，则电刷 A 呈正电位，电刷 B 呈负电位，流向负载的电流是由电刷 A 指向电刷 B。

如果线圈转过 180°，如图 4-1-1（b）所示，导体 cd 处在 N 极下方，根据"右手定则"可以判定其电动势的方向由 c→d；导体 ab 处于 S 极下，其感应电动势的方向由 a→b，元件中的电动势方向为 a→b→c→d，与图 4-1-1（a）正好相反，可见线圈中的电动势是交变电动势，电动势的大小随时间按正弦规律变化。

从以上分析可见，由于换向器的作用，使处在 N 极下面的导体永远与电刷 A 相接触，处在 S 极下面的导体永远与电刷 B 相接触，使电刷 A 总是呈正电位，电刷 B 总是呈负电位，从而获得直流输出电动势。实际的直流发电机电枢铁芯上有许多个线圈，它们按照一定的规律连接起来，构成电枢绕组。感生的电动势脉动程度很小，可以认为是直流电动势。相应的发电机是直流发电机，同时也说明直流发电机实质上是带有换向器的交流发电机。

二、直流电动机的工作原理

直流电动机的工作原理是建立在电磁力定律及电磁感应原理基础之上的。直流电动机将外部电源的直流电借助于换向装置变成交流电送至电枢绕组，利用载流导体在磁场中受到力的作用而旋转。如图 4-1-2 所示，在电刷 A 和电刷 B 之间加上一直流电压，若电流由电刷 A 经线圈 abcd 的方向从电刷 B 流出，根据"左手定则"判定，处在 N 极下的导体 ab 受到一个向左的电磁力；处在 S 极下的导体 cd 受到一个向右的电磁力作用。两个电磁力形成一个使转子按逆时针方向旋转的电磁转矩。当电枢转过 180°时，外部电路的电流 i 不变，线圈中的电流方向为 d→a，此时电磁力的方向不变，电动机沿恒定方向旋转，带动轴上的负载也按恒定方向旋转。

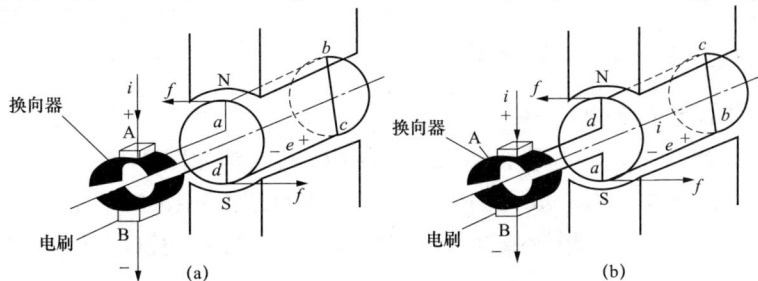

图 4-1-2　直流电动机的工作原理图

（a）ab 导体处于 N 极下；（b）dc 导体处于 N 极下

由此可见，在直流电动机中，线圈中的电流是交变的，但产生的电磁转矩的方向是恒定的。与直流发电机一样，直流电动机的电枢也是由多个线圈组成的，多个线圈所产生的电磁转矩方向一致。

三、直流电机的可逆性原理

从前面分析可以看出，一台直流电机理论上既可以作为发电机运行，也可以作为电动机运行，只是前提条件不同而已。当直流电机的电刷 A、B 接在电压为 U 的直流电源上时，电机运行在电动机状态，线圈按一定方向不停地旋转，通过齿轮或皮带等机构拖动负载工作，把电能转换为机械能；当用原动机拖动直流电机的电枢时，电机运行在发电机状态，两电刷引出的是具有恒定方向的电动势，负载上得到的是具有恒定方向的电压和电流，从而把机械能转换为电能。

在电机理论中，一台电机既能做发电机运行又能做电动机运行的原理，称为直流电机的可逆性原理。

知识点二　直流电机的基本结构

无论直流电机作为发电机还是电动机来使用，它们的基本结构都是相同的，主要由定子（静止部分）和转子（转动部分）两大部分组成，如图 4-1-3 所示为一台小型直流电机基本结构。定子由主磁极、换向极、机座、端盖、电刷装置等部件组成，其作用是产生磁场和作为电机的机械支撑。转子由电枢绕组和电枢铁芯组成，称为电枢，其作用是感生电动势和实现能量的转换；另外转子上还装有换向器、转轴、风扇等部件。直流电机的横剖面图如图 4-1-4 所示。

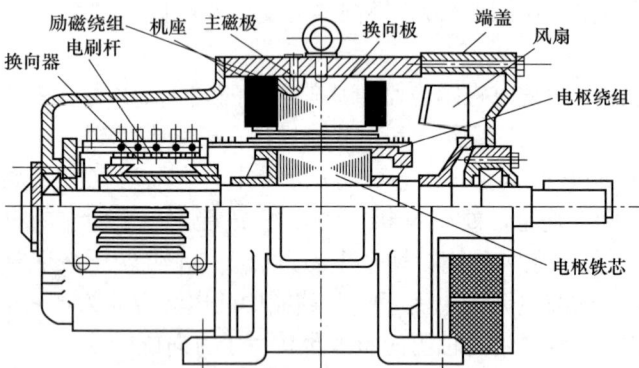

图 4-1-3　小型直流电机的基本结构

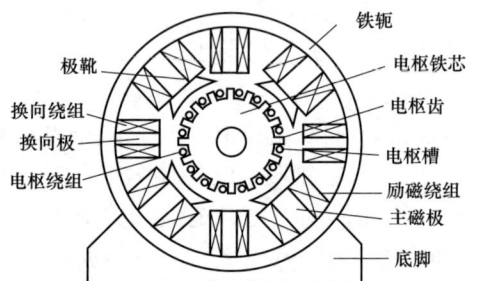

图 4-1-4　直流电机的横剖面示意图

一、直流电机的定子结构

（1）主磁极。主磁极由铁芯和绕组两大部分组成，其结构如图 4-1-5 所示。铁芯一般由 1～1.5mm 厚的低碳钢板冲片叠压而成（为的是减小主磁极磁通变化而产生的涡流损耗），叠片用铆钉铆成整体。铁芯下部称为极靴或极掌，它比极身（套绕组的铁芯部分）宽，这样设计是为了让气隙磁场分布更合理。

主磁极的作用是在定子、转子之间的气隙中建立磁场，使电枢绕组在磁场的作用下感生电动势和产生电磁转矩。

（2）换向极。换向极的作用是改善直流电机的换向。结构如图 4-1-6 所示。换向极由换向极铁芯和套在铁芯上的换向极绕组构成。换向极铁芯用整块扁钢或硅钢片叠成，对于换向要求高的场合，需用钢片经绝缘叠装而成。换向极绕组一般用几匝粗的扁铜线绕成，并与电枢绕组电路相串联。换向极装在两相邻主磁极之间并用螺钉固定于机座上。

（3）机座。机座有两个作用：一是作为电机主磁路的一部分，二是用来固定主磁极、换向极和端盖等部件，起机械支承作用。机座通常用铸钢或厚钢板焊成。

（4）端盖。端盖装在电机机座两端，其作用是保护电机免受外部机械破坏，同时用来支撑轴承、固定刷架。

（5）电刷装置。电刷装置的作用是把转动的电枢绕组与静止的外电路相连接，引入（或引出）直流电。

电刷装置由刷杆座、刷杆、刷握、电刷和汇流条等组成，如图 4-1-7 所示。刷杆座固定在端盖或轴承内盖上，电刷组的数目一般等于主磁极的数目，各电刷组在换向器表面的分布距离相等，电刷的位置通过电刷座的调整进行确定。电刷的后面有一铜辫，是由细铜丝编织而成，其作用是引入、引出电流。

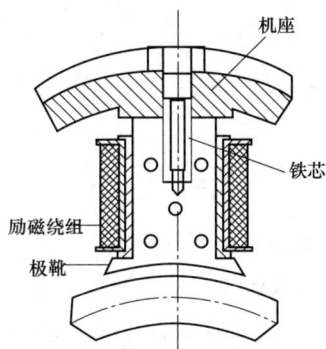

图 4-1-5　直流电机主磁极示意图　　　图 4-1-6　换向极的基本结构　　　图 4-1-7　电刷装置的结构

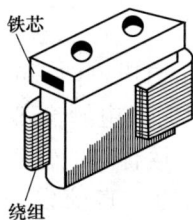

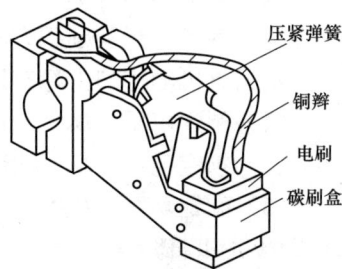

二、直流电机的转子结构

直流电机的转子称为电枢，由电枢铁芯、电枢绕组、换向器、转轴、轴承、风扇等部件。

（1）电枢铁芯。电枢铁芯是磁路的一部分，用来嵌放电枢绕组。电枢铁芯一般用厚 0.5mm 的低硅钢片或冷轧硅钢片叠压而成，两面涂有绝缘漆（如有氧化膜可不用涂漆），为了减少磁滞和涡流损耗，提高效率。每张冲片冲有槽和轴向通风孔。叠成的铁芯两端用夹件和螺杆紧固成圆柱形，在铁芯的外圆周上有均匀分布的槽，内嵌电枢绕组。

（2）电枢绕组。电枢绕组是由许多按一定规律连接的线圈组成，它是直流电机的主要电路部分，也是通过电流、感应电动势实现机电能量转换的关键性部件。线圈用漆包线绕制而成，嵌放在电枢铁芯槽内，每个线圈有两个出线端，分别接到换向器的两个换向片上。所有线圈按一定规律连接成一闭合回路。

（3）换向器。在直流电动机中，换向器的作用是将电刷上的直流电流转换为绕组内的交流电流；在直流发电机中，它将绕组内的交流电动势转换为电刷端上的直流电动势。换向器由许多梯形铜排制成的换向片组成，每片之间用云母绝缘。如图 4-1-8 所示，换向片数与线圈元件数相同。

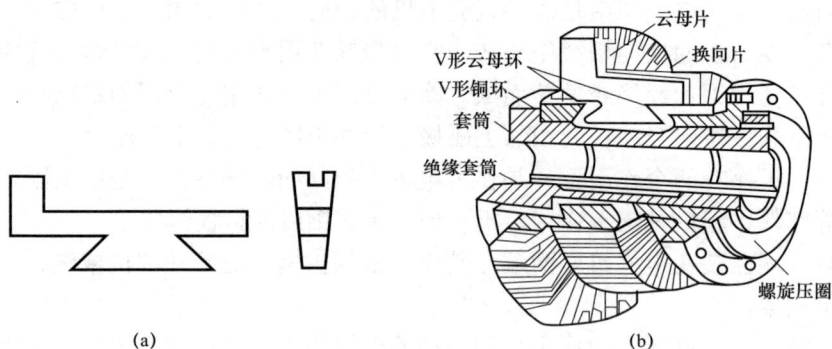

图 4-1-8 拱形换向器的结构

（a）换向片；（b）换向器

知识点三 直流电机的铭牌参数

一、直流电机的铭牌数据

直流电机的铭牌标明直流电机的型号及额定使用数据。它包括电机的型号、额定值、绝缘等级、励磁电流及励磁方式、厂商和出厂数据等。

常见电机的铭牌上标有以下数据。

（1）额定电压（U_N）。指额定运行时电刷两端的电压，单位为 V。

（2）额定电流（I_N）。指额定运行时经电刷输出（或输入）的电流，单位是 A。

（3）额定功率（P_N）。指电机额定运行时的输出功率，单位为 kW 或 W。额定功率对直流发电机和直流电动机来说是不同的。直流发电机的功率是指电刷间输出的电功率，$P_N=U_N I_N$；而直流电动机的额定功率是指电动机轴上输出的机械功率，$P_N=U_N I_N \eta_N$。

（4）额定转速（n_N）。指额定运行时转子的转速，单位是 r/min。

（5）额定励磁电流（I_{fN}）。指额定运行时励磁电流的大小，单位是 A。

（6）励磁方式。励磁方式是指直流电机励磁电流的供给方式。如他励、并励、串励和复励等方式。

除以上标志外，电机铭牌上还标有额定温升、工作方式、绝缘等级、防护等级、出厂日期、出厂编号等。

二、案例分析

[例 4-1-1] 一台直流发电机的额定功率 $P_N=7.5$kW，额定电压 $U_N=220$V，额定转速 $n_N=1450$r/min，额定效率 $\eta_N=90\%$，求电动机的额定电流 I_N 及额定负载时的输入功率 P_1。

解：额定电流 $\quad I_N=P_N/(U_N \eta_N)=7.5\times10^3/(220\times0.9)=38.88$（A）

输入功率 $\quad\quad P_1=P_N/\eta_N=7.5\times10^3/0.9=8.333$（kW）

解题要点：

（1）P_N 是指直流电机额定输出功率。P_N 与输出功率 P_2 的区别是：P_2 是泛指，P_N 是特指额定时的输出功率。

（2）在计算直流电机的额定电压或额定电流时，可像"电路基础"中计算直流电路电压、电流的方法一样计算，但要注意区别它们是发电机或是电动机，对于发电机 $P_N=U_NI_N$；对于电动机 $P_N=U_NI_N\eta_N$，理由是电动机的 P_N 是转轴上输出的机械功率，它与输入电功率之间存在一个效率。

单 元 小 结

（1）直流电机的结构包括定子和转子两大部分。定子的主要部件有主磁极、换向极、机座、端盖、电刷装置。主磁极的作用是产生主磁场；而换向极的作用则是改善换向。转子的主要部件是换向器、电枢铁芯和电枢绕组。换向器与电刷配合起整流作用；电枢绕组在运行时产生感应电动势和电磁转矩，实现机电能量的相互转换。

（2）直流发电机的工作原理归纳为：原动机拖动转子以 n（r/min）旋转（电机内有磁场存在），电枢导体切割磁场感应电动势，经换向器和电刷的作用而输出直流电。即：直流发电机借电刷和旋转的换向器作机械整流而实现电枢绕组中的交流电和外电路中的直流电之间的相互变换。

（3）直流电动机的工作原理归纳为：将电枢绕组接通直流电源，电枢导体便有电流 I 流通（电机内有磁场存在）；载流的转子导体在磁场中受到电磁力的作用并产生电磁转矩驱使转子旋转。即：直流电动机将外部电源的直流电借助于换向装置变成交流电送至电枢绕组，利用载流导体在磁场中受到力的作用而旋转。

（4）直流电机的铭牌是正确使用电机的依据，铭牌上标注的数据主要有：电机的型号、额定值、绝缘等级、励磁电流及励磁方式等。

思考与练习

一、单选题

1. 直流电动机运行时进行能量转换的关键部件是（　　）。
　　A. 电枢　　　　　　　B. 电枢绕组　　　　　　C. 定子

2. 直流电动机电枢的作用是（　　）。
　　A. 将交流电变直流电　　　　　　　　B. 实现直流电能与机械能之间的转换
　　C. 将直流电变交流电

3. 直流电动机的额定功率 P_N 是指（　　）。
　　A. 输入电动势　　　B. 电磁功率　　　　　C. 轴上输出的机械功率

4. 直流发电机的额定功率 P_N 是指（　　）。
　　A. 电磁功率　　　　　　　　　　B. 轴上输出的机械功率
　　C. 额定电压与额定电流的乘积

5. 在直流发电机中，将交流电动势转变为直流电动势的部件是（　　）。
　　A. 电枢绕组　　　B. 换向器和电刷　　　C. 换向极

6. 直流电机电枢绕组元件中的电动势和电流是（　　）。
　　A. 交流的　　　　B. 直流的　　　　　C. 仅电流是直流

7．直流发电机主磁极磁通产生的感生电动势存在于（　　　）中。

    A．电枢绕组   B．励磁绕组   C．电枢绕组和励磁绕组

8．一台 4kW、220V，效率 η_N=84%的直流电动机，额定电流为（　　　）A。

    A．18.4   B．19.5   C．21.7

9．一台直流发电机 P_N=11kW，U_N=230V，额定电流 I_N 为（　　　）A。

    A．35.4   B．38.9   C．47.8

10．直流电机两电刷之间的电动势是（　　）电动势。

    A．交流   B．直流   C．交、直流混合

二、**判断题**（对的打√，错的打×）

1．直流电机电枢元件中的电动势和电流都是直流的。 （　　　）

2．直流电机的换向极主要是改善直流电机的换向。 （　　　）

3．直流电机的电枢绕组是电机进行能量转换的主要部件。 （　　　）

4．直流发电机将电能转换为机械能输出。 （　　　）

5．直流电动机将机械能转换为电能输出。 （　　　）

第二单元 控制电机及其应用

知 识 要 求

（1）了解伺服电动机、测速电机的作用、分类及控制要求。
（2）了解步进电动机的应用、分类、选择及驱动电源。
（3）掌握伺服电动机的结构及工作原理。
（4）掌握步进电动机、永磁电机的结构及工作原理。
（5）掌握交流测速发电机的工作原理。

能 力 要 求

（1）能对步进电动机及伺服电动机进行转速及转向控制。
（2）能识别步进电动机的驱动电路，并正确进行端子接线。
（3）能掌握测速发电机、永磁电机的结构及工作原理。

导 学

随着计算机装置和自动控制系统的不断发展，在普通旋转电机的基础上派生出许多具有特殊功能的小功率旋转电机。它们在自动控制系统、生产和日常生活中得到了广泛的应用，而它们的工作原理与普通电机并没有本质区别。

知识点一 控制电机的特点及类型

控制电机是指具有某些特殊功能和作用的电机，它们大多数用于自动控制系统和计算机装置中做检测、放大、执行、校正、解算、转换或放大功能。随着科学技术的发展，新品种、高性能的控制电机不断地出现，本单元仅对常用的一些控制电机作简要介绍。

一、控制电机的特点

控制电机与普通电机从电磁感应原理作用上看，没有本质上的差别。普通电机功率大，侧重于对电机启动、运行、调速及制动等方面性能指标的要求；而控制电机输出功率小，侧重于电机的高可靠性、高精度和快速响应。主要有如下特点：

（1）高可靠性。在自动控制系统中，可靠性高是确保系统正常工作的基础，因此要求使用中的控制电机能在高低温、潮湿、腐蚀、冲击和振动等恶劣环境下可靠地工作。

（2）高精度。控制电机的精度直接影响自动控制系统的精度，测速和测位用控制电机常用高精度作为考察指标，执行和放大用控制电机主要用线性度和不灵敏区等指标作为精度的标准。

（3）快速响应。由于控制电机对信号的响应能力远低于同一系统中的其他元器件，所以执行用控制电机必须具备快速响应的能力。

二、控制电机的类型

控制电机的类型大致可分为如下五种类型：

（1）执行用控制电机。其任务是根据不断变化的指令快速准确地动作，带动负载完成规定的工作，如无刷直流电动机、交流伺服电动机、直流伺服电动机、步进电动机等。

（2）测速用控制电机。用作解算元件和阻尼元件，如交、直流测速发电机。

（3）放大用控制电机。可放大输入量或反馈量，对输入量进行校正或变换，如放大器和电机扩大机。

（4）测位用控制电机。用来测量机械转角和转角差，如自整角机、旋转变压器等。

（5）特殊控制电机。如低速用步进电动机、谐波电动机、静电电动机等。

*知识点二　伺服电动机的应用

伺服电动机又称执行电动机，在自动控制系统中作为执行元件使用。通常分为直流伺服电动机和交流伺服电动机两类。它的工作状态受控于信号，按信号的指令而动作。

一、直流伺服电动机

（1）结构与分类。直流伺服电动机是指使用直流电源的伺服电动机。直流伺服电动机的结构和普通他励直流电动机一样，所不同的是直流伺服电动机的电枢电流很小，换向并不困难，因此不装换向磁极，并且转子做得细长，气隙较小，磁路不饱和，电枢电阻较大。按励磁方式不同可分为电磁式和永磁式两种。电磁式直流伺服电动机的磁场由励磁绕组产生，一般用他励式；永磁式直流伺服电动机的磁场由永磁铁产生，无需励磁绕组和励磁电流，可减小体积和损耗。直流伺服电动机按结构可分为普通型直流伺服电动机、盘形电枢直流伺服电动机、空心杯电枢直流伺服电动机和无槽电枢直流伺服电动机等种类。结构如图 4-2-1～图 4-2-4 所示。

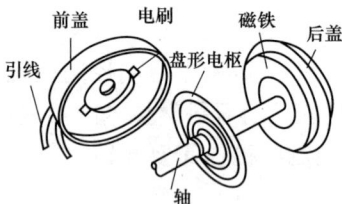

图 4-2-1　盘形电枢直流伺服电动机结构

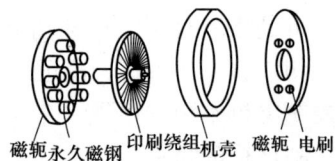

图 4-2-2　印刷绕组直流伺服电动机结构

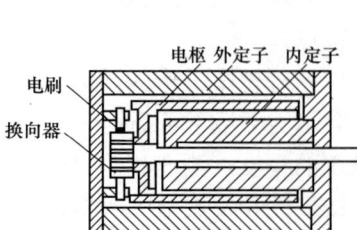

图 4-2-3　空心杯电枢直流伺服电动机结构

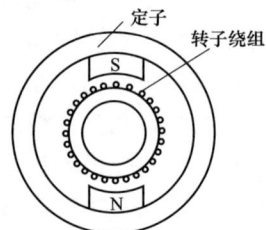

图 4-2-4　无槽直流伺服电动机结构

（2）特点和应用范围。不同种类的直流伺服电动机有着不同的特点和性能，应用范围也不一样，各类直流伺服电动机的特点和应用范围参见表 4-2-1 说明。

表 4-2-1　　　　　　　　　　　　各类直流伺服电动机的特点和应用范围

名　　称	励磁方式	产品型号	结 构 特 点	性 能 特 点	适用范围
一般直流伺服电动机	电磁或永磁	SZ 或 SY	与普通直流电动机相同，但电枢铁芯长度与直径之比稍大，气隙较小	具有下降的机械特性和线性的调节特性，对控制信号响应迅速	一般直流伺服系统
无槽电枢直流伺服电动机	电磁或永磁	SWC	电枢铁芯为光滑圆柱体，电枢绕组用环氧树脂粘在电枢铁芯表面，气隙较大	具有一般直流伺服电动机的特点，转动惯量和机电时间常数小，换向良好	需要快速动作，功率较大的直流伺服系统
空心杯形电枢直流伺服电动机	永磁	SYK	电枢绕组用环氧树脂浇注成环型，置于内、外定子之间，内、外定子分别用软磁材料和永磁材料制成	具有一般直流伺服电动机的特点，转动惯量和机电时间常数小，低速运转平滑，换向好	需要快速动作的直流伺服系统
印刷绕组直流伺服电动机	永磁	SN	在圆盘形绝缘薄板上印刷裸露的绕组，构成电枢，磁极轴向安装	转动惯量小，机电时间常数小，低速运行性能好	低速和启动、反转频繁的控制系统
无刷直流伺服电动机	永磁	SW	由晶体管开关电路和位移传感器代替电刷和换向器，转子用永久磁铁制成，电枢绕组在定子上做成多相式	既保持了一般直流伺服电动机的优点，又克服了换向器和电刷带来的缺点。寿命长，噪声低	要求噪声低，对无线电不产生干扰的系统

二、交流伺服电动机

（1）交流伺服电动机的结构。交流伺服电动机实际上是两相异步电动机，由定子和转子两部分组成。定子绕组为两相绕组（励磁绕组和控制绕组，如图 4-2-5 所示），绕组结构完全相同，它们在空间互差 90°电角度；定子绕组一相为励磁绕组，另一相为控制绕组。转子结构有笼型和空心杯型（如图 4-2-6 所示）两种。

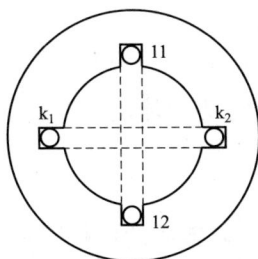

图 4-2-5　交流伺服电动机的两相绕组

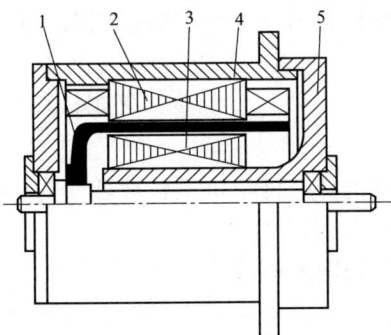

图 4-2-6　空心杯型转子伺服电动机

1—杯型转子；2—外定子；3—内定子；4—机壳；5—端盖

（2）基本工作原理。交流伺服电动机工作时，励磁绕组接交流电压 U_f，控制绕组接控制信号电压 U_C，这两个电压同频率，相位互差 90°电角度。若控制电压和励磁电压的幅值相等，则在空间形成圆形旋转磁场；若控制电压和励磁电压的幅值不相等，则在空间形成椭圆形的旋转磁场，从而产生电磁转矩，使转子在磁场的作用下旋转。其特点为调速范围宽，转动惯量小，动作快且灵敏。

（3）控制方式。由于电磁转矩的大小由气隙每极磁通量、转子电流的大小与相位所决定，也即受控于控制电压的大小与相位。所以可以采用幅值控制、相位控制以及幅值—相位控制方法来控制交流伺服电动机，实现启动、旋转、变速或停止等动作。

1）幅值控制。通过调节控制电压的大小来改变伺服电动机转速的控制方法称为幅值控制。幅值控制始终保持控制电压 U_c 和励磁电压 U_f 的相位差为 90°。励磁电压保持为额定值，当控制电压在零到最大值之间变化时，伺服电动机的转速在零和最大值之间变化，其工作原理如图 4-2-7 所示。

2）相位控制。通过调节控制电压和励磁电压之间的相位角 α 来改变伺服电动机转速的控制方法称为相位控制。当相位角 $\alpha=0°$ 时，控制电压和励磁电压同相位，气隙磁动势为脉振磁动势，电动机停转，$n=0$。当相位角 $\alpha=90°$ 时，磁动势为圆形旋转磁动势，电动机转速最高。当相位角 α 在 0°～90°变化时，电动机的转速由低向高变化。

3）幅值—相位控制。幅相控制是对幅值和相位差都进行控制，即通过改变控制电压的幅值及控制电压与励磁电压的相位差 α 来控制电动机的转速，如图 4-2-8 所示。当改变控制电压的幅值时，由于转子绕组的耦合作用，使励磁绕组中的励磁电流随之改变，励磁电流的改变引起电容两端的电压发生变化，此时控制电压和励磁电压的相位差也发生变化。

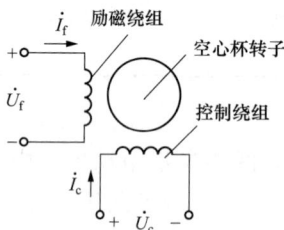

图 4-2-7　交流伺服电机的工作原理　　　　图 4-2-8　幅相控制接线图

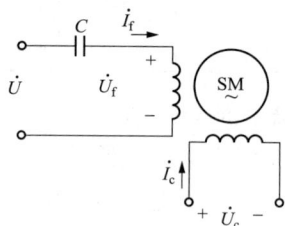

幅相控制设备简单，不需要移相器（利用串联电容分相），成本低，实际应用广泛。

知识点三　测 速 发 电 机

测速发电机是一种把机械转速转变为电压信号输出的元件，分为交流测速发电机和直流测速发电机两大类。

一、交流测速发电机

交流测速发电机分为同步和异步两类。同步测速发电机就是永磁转子的单相同步发电机，由于输出电压的大小及频率随转速而变化，多用于指示式转速计中，一般不用于自动控制系统中的转速测量。异步测速发电机输出电压的频率与励磁电压的频率相同，且与转速无关，而输出电压的大小与转速成正比，因此在控制系统中异步测速发电机应用较广。

（1）异步测速发电机的结构与原理。异步测速发电机在结构上与交流伺服电动机相似。有笼型和空心杯型两种，定子铁芯中嵌有互差 90°电角度的两相绕组，它们分别是励磁绕组和输出绕组。笼型异步测速发电机的转动惯量大、性能差；空心杯型转动惯量小，测量精度高，用得较为广泛。空心杯型异步测速发电机的转子是空心杯，为了增大转子电阻，用电阻率较大的磷青铜制成，属于非磁性材料。其定子内有内、外定子之分，小容量测速发电机的励磁绕组和输出绕组装在外定子槽中，而容量较大的测速发电机的励磁绕组和输出绕组则分装在内、外定子中。它结构简单，工作可靠，是目前较为理想的测速元件，应用较广泛。

图 4-2-9 是空心杯型转子异步测速发电机的工作原理图。在励磁绕组上施加恒压恒频的励磁电压 U_f，U_2 是发电机的输出电压。设励磁绕组的轴线为直轴（d 轴），输出绕组的轴线为交轴（q 轴），当励磁绕组中有电流通过时，在内外定子气隙间产生和电源频率相同的脉振磁动势 F_d 和脉动磁通 Φ_d。它们都在励磁绕组的轴线方向上脉动，脉振磁通和励磁绕组及空心杯导体相交链。根据发电机的运行状态分为以下两种情况讨论：

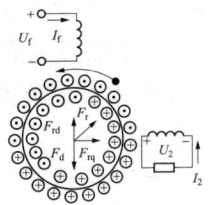

图 4-2-9　异步测速发电机工作原理图

1）当转子静止时。此时的励磁绕组和空心杯转子之间的关系如同变压器的一次与二次侧。转子绕组中有变压器电动势产生，由于转子短路且电阻大，则转子电流基本与电动势同相位。转子电流产生磁通，该磁通的方向也是 d 轴方向。输出绕组和励磁绕组在空间正交，所以没有感应电动势产生，输出电压 $U_2=0$。

2）发电机旋转时。转子绕组中除了产生变压器电动势外，还因转子旋转切割励磁绕组生的脉振磁通而产生切割电动势。切割电动势的大小和转速成正比，其频率与脉振磁通的频率相同，其方向可由"右手定则"判定。切割电动势在短路绕组中产生短路电流，产生脉振磁动势 F_r，把 F_r 分解成直轴磁动势 F_{rd} 和交轴磁动势 F_{rq}。F_{rd} 影响励磁电流的大小，而 F_{rq} 产生的磁通和输出绕组交链，从而在输出绕组中产生感应电动势，此电动势的大小和测速发电机的转速成正比。

（2）异步测速发电机的应用。交流异步测速发电机在自动控制系统中可用来测量转速或传感转速信号，信号以电压的形式输出，测速发电机还可作为解算元件用在计算解答装置中，也可作为阻尼元件用在伺服系统中。

二、直流测速发电机

直流测速发电机的基本结构、工作原理与普通直流发电机相同，它实际上是一种微型直流发电机，按励磁方式分为永磁式直流测速发电机（如图 4-2-10 所示）和电磁式直流测速发电机（如图 4-2-11 所示）。在恒定磁场作用下，旋转的电枢切割磁通，在电刷之间产生直流电动势，其大小与转速成正比（$E=C_e\Phi n$）。改变转子的旋转方向，输出电压的极性随之改变。近年来，随着技术的发展，无刷测速发电机改善了性能，提高了可靠性，使直流测速发电机获得了广泛应用。

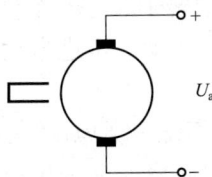

图 4-2-10　永磁式直流测速发电机

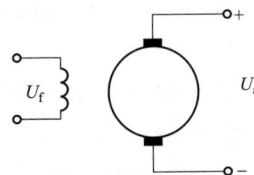

图 4-2-11　电磁式直流测速发电机

知识点四　步进电动机的应用

步进电动机又称脉冲电机，是数字控制系统中的一种重要执行元件，它将电脉冲信号变换成转角或转速的执行电动机，其角位移量与输入电脉冲成正比，其转速与电脉冲的频率成正比，在负载能力范围内，这些关系将不受电源电压、负载、环境、温度等因素的影响，还可以在很宽的范围内调速，快速启动、制动和反转。随着数字技术和计算机的发展，步进电动机的控制更加简便、灵活和智能化。现已广泛用于各种数控机床、绘图机、自动化仪表、计算机外设、数模变换等控制系统中作为执行元件。步进电动机一般分为磁阻式、感应式和永磁式等种类。

一、磁阻式步进电动机

三相磁阻式步进电动机定子上装有六个均匀分布的磁极，如图 4-2-12 所示；每个磁极上都绕有控制绕组，绕组一般接成三相星形，其中每两个相对的磁极组成一相；定子铁芯由硅钢片叠成。其转子上没有绕组，由硅钢片或软磁材料叠成，转子具有图 4-2-13 中所示的四个均匀分布的齿。

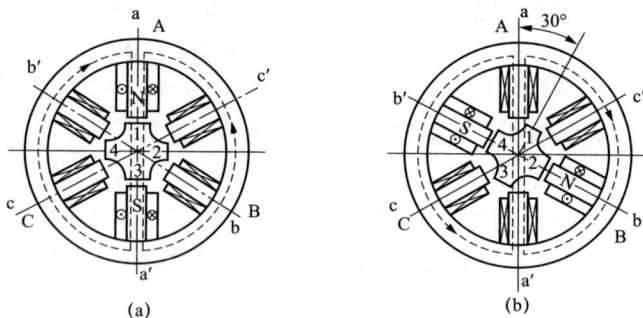

图 4-2-12　三相磁阻式步进电动机工作原理（三相单三拍）

(a) A 相绕组通电；(b) B 相绕组通电

当 A 相绕组通入电脉冲时，气隙中产生一个沿 a-a' 轴线方向的磁场，由于磁通总是要沿磁导最大的路径闭合，于是产生磁拉力，使转子铁芯齿 1 和齿 3 与轴线对齐，如图 4-2-12（a）所示。此时，转子只受沿 a-a' 轴线上的拉力作用而具有自锁能力。如果将通入的电脉冲从 A 相换到 B 相绕组，则由于同样的原因，转子铁芯齿 2 和齿 4 将与轴线 b-b' 对齐，即转子顺时针转过 30° 角，如图 4-2-12（b）所示。当 C 相绕组通电而 B 相绕组断电时，转子铁芯齿 1 和齿 3 又转到与 c-c' 轴线对齐，转子又顺时针转过 30° 角。如定子三相绕组按 A→B→C→A… 的顺序通电，则转子就沿顺时针方向一步一步转动，每一步转过 30° 角。每一步转过的角度称为步距角 θ。从一相通电换接到另一相通电称作一拍，每一拍转子转过一个步距角。如果通电顺序改为 A→C→B→A…，则步进电动机将反方向一步一步转动。步进电动机的转速取决于脉冲频率，频率越高，转速越高。转动方向取决于相序。

上述的通电方式称为三相单三拍，"单"是指每次只有一相绕组通电，"三拍"是指一个循环只换接三次。对于三相单三拍通电方式，在一相控制绕组断电而另一相控制绕组开始通电时容易造成失步，而且单一控制绕组通电吸引转子，也容易造成转子在平衡位置附近产生振荡，运行的稳定性比较差，所以很少采用。通常将通电方式改为三相双三拍，按 AB→BC→CA→AB···顺序进行，每次有两组控制绕组同时通电，如图4-2-13所示。

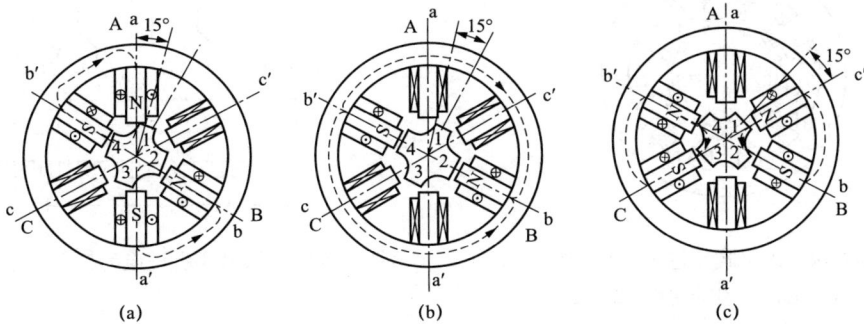

图4-2-13 磁阻式步进电动机三相双三拍和三相六拍方式运行
(a)、(c) 三相双三拍；(a)、(b)、(c) 三相六拍方式运行

当A、B两相同时通电时，磁通轴线与未通电的C相绕组的轴线c、c'重合，此时转子铁芯齿3和齿4间的槽轴线与轴线c、c'对齐；当B、C两相同时通电时，转子齿4和齿1间的槽轴线与轴线a、a'对齐。由此可见，双三拍运行和单三拍运行的原理相同，步距角仍为30°角，但双三拍运行更稳定。若步进电动机按A→AB→B→BC→C→CA→A→···顺序通电，则称为三相六拍运行方式，即为每相通电和两相通电相间，每循环共六拍。当A相通电时，转子齿轴在a、a'轴线上；当AB两相通电时，转子槽轴在c、c'轴线上；当B相通电时，转子齿轴在轴线b、b'轴线上。每拍转过15°角，即步距角θ=15°角。步进电动机的控制精度由步距角θ决定，θ越小精度越高。

步进电动机必须由专门驱动电源供电。普通的步进电动机驱动电源是由逻辑电路与功率放大器组成，近年来微处理器与微型计算机技术给步进电动机的控制开辟了新的途径。驱动电源和步进电动机是一个整体，步进电动机的功能和运行性能都是两者配合的综合结果。

二、实用小步距角磁阻式步进电动机

在实际应用中，要求步进电动机的步距角小，以满足精度的要求。最常用的一种小步距角三相磁阻式步进电动机的结构如图4-2-14所示。它的转子上均匀分布40个小齿，定子每个极面上有5个小齿。定、转子小齿的齿距相等。当A相控制绕组通电时，电动机中产生沿a极轴线方向的磁通，磁通沿磁阻最小的路径构成闭合回路，使转子受到磁阻转矩的作用而转动，直至转子齿和定子a极面上的齿对齐为止。由于转子上有40个齿，每个齿的齿距为360°/40=9°，而每个定子磁极的极距为360°/6=60°，所以每个极距所占的齿距数不是整数。其定、转子展开图如图4-2-15所示（t为齿距）。由图可见，当a极极面下的定、转子齿对齐时，b极和c极极面下的齿就分别和转子齿相错1/3的转子齿距，即为3°角。

若断开A相绕组而由B相绕组通电，这时，电动机中产生沿b极轴线方向的磁通。同理，在磁阻转矩作用下，转子按顺时针方向转过3°角，使定子b极极面下的齿和转子齿对齐，相应定子a极和c极极面下的齿又分别和转子齿相错1/3的转子齿距。若采用三相六拍通电方式进行，即按A→AB→B→BC→C→CA→A顺序循环通电，步距角将减小一半，即每拍转子仅转过1.5°角。如果转子的齿数为Z_r，运行的拍数为m，则每走一步，前进1/m的齿距（360°/Z_r），步进电动机的步距角θ为

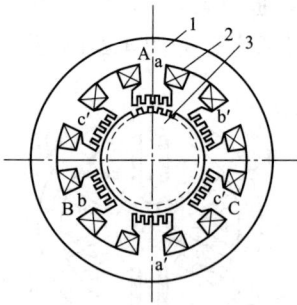

图 4-2-14 磁阻式步进电动机结构

1—定子铁芯；2—定子绕组；3—转子

图 4-2-15 磁阻式步进电动机定转子展开图

$$\theta = \frac{360°}{mZ_r} \tag{4-2-1}$$

当脉冲频率为 f（单位为 Hz）时，步进电动机的转速（单位为 r/min）为

$$n = \frac{60f\theta}{360°} = \frac{60f}{mZ_r} \tag{4-2-2}$$

磁阻式步进电动机在脉冲信号停止输入时，转子将因惯性而可能继续转过某一角度，因此需解决停车时的转子定位问题。一般是在最后一个脉冲停止时，在该绕组中继续通以直流电，即采用带电定位的方法。

磁阻式步进电动机具有结构简单，维修方便，性能可靠，反应灵敏，调速范围大，转速只决定于电源频率，其步距角不受电压波动与负载变化的影响，在不丢步的情况下其角位移或直线位移误差不会长期积累且精度高等优点。

三、永磁爪极式步进电动机

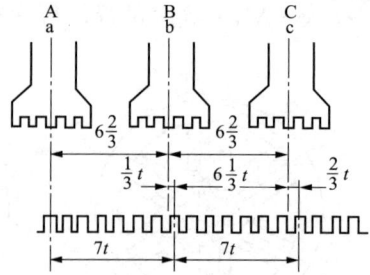

图 4-2-16 永磁爪极式步进电动机结构

1—机壳；2—端盖；3—定子绕组；4—转子

永磁爪极式步进电动机结构如图 4-2-16 所示。其定子沿轴向分为完全相同的两段，两段间相互错开一个步距角。每段定子由机壳、端盖和定子绕组组成。转子采用环形磁钢，沿径向多极充磁，一般采用铁氧体、钕铁硼永磁材料。定子爪极磁极形成的定子磁场与转子磁场作用产生电磁转矩使电动机步进旋转。其步距角为

$$\theta = \frac{360°}{pm} \tag{4-2-3}$$

式中：p 为极对数；m 为拍数。

永磁爪极式步进电动机具有体积小、质量轻、控制功率小、断电后有定位转矩等优点，常用于打印机和传真机的送纸机构、打印头、字盘系统、磁头驱动装置等，还用于数字仪器、仪表及空调器等设备中。

🌱 知识点五　永磁电机的分类及用途

永磁电机是通过电磁感应原理实现机电能量和机电信号相互转换的电机。一般永磁磁场比电磁场复杂，且形式多样。特别是钕铁硼稀土永磁材料的出现，使永磁电机的性能大大提

高。其优点是体积小，结构简单，质量轻；损耗低，效率高，节约能源；温升低，可靠性高，使用寿命长；适应性强，特别是电机与电子控制的匹配性好，以致电机组成系统总价便宜。

一、永磁电机的分类

永磁电机的主要材料是钕铁硼稀土永磁材料，其输出功率可以做到小至毫瓦级，大至 1000kW 以上。目前永磁电机不仅覆盖了微、小型及中型电机的功率范围，且延伸至大功率领域。永磁电机可分为发电机、电动机及信号传感器（测速发电机）三大类型。

（1）永磁发电机。包括永磁交流同步发电机、永磁直流发电机。

（2）永磁电动机。包括永磁交流同步电动机、永磁交流感应子式同步电动机、永磁交流同步感应电动机、永磁交流同步伺服电动机、永磁直流电动机、永磁直流无刷电动机、永磁直流力矩电动机、永磁直流特殊绕组电动机、永磁步进电动机和永磁感应式步进电动机。

（3）永磁信号传感器（测速发电机）。包括永磁交流测速发电机、永磁直流测速发电机。

二、永磁电机的结构与性能

（1）永磁直流电动机。永磁直流电动机结构如图 4-2-17 所示，永磁直流电动机主磁场的励磁部分是永磁体。它与小功率电磁式直流电动机相比，除永磁体代替主磁极外，其他结构基本相同，其结构解体如图 4-2-18 所示。永磁体主要由磁钢和导磁体组成，磁钢采用铝镍钴、铁氧体和稀土（包括钕铁硼）三类永磁材料。不同永磁体决定了电动机不同的结构、性能、成本和使用场合。永磁电机的性能主要是磁钢充磁和磁钢的稳磁处理。

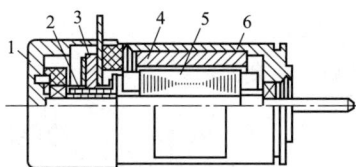

图 4-2-17　永磁直流电动机结构
1—端盖；2—换向器；3—电刷；
4—磁钢；5—电枢；6—机壳

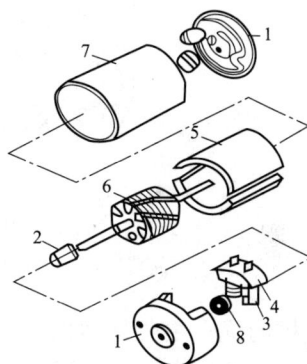

图 4-2-18　永磁直流电动机结构解体
1—端盖；2—换向器；3—电刷；4—电刷架；
5—磁钢；6—电枢；7—机壳；8—轴承

（2）永磁直流无刷电动机。永磁直流无刷电动机没有电刷换向器，它由三部分组成：电动机本体、传感器和电子换向控制线路，因此，又称为电子电动机。它的发展与电子技术的发展紧密相关。该类电动机本体由定子和转子组成，定子上多相绕组放置在铁芯槽内；转子上有磁钢产生励磁磁场。位置传感器检测旋转转子的位置，与电子换向线路一起实现电子换向。借助反映电动机定子、转子相对位置的传感器输出信号，通过电子换向线路（或称为位置译码电路）去驱动与电枢绕组连接的相应的功率器件，使定子电枢绕组依次通电，在电动机定子上产生一个跳跃式旋转磁场，拖动永磁转子旋转。随着转子的转动，位置传感器通过电子换向线路不断地送出信号，以改变电枢绕组的通电状态，保证在一定范围内定子磁场与转子磁场成正交关系，保持转矩连续不断地产生，使转子输出机械功率。

（3）永磁交流同步电动机。永磁同步电动机具有效率高、功率因数可超前的优点；其缺点是成本较高。但它与异步电动机的成本差价，一般可在 2～3 年内从节约的运行费中回收。因此，永磁同步电动机具有广阔的潜在市场。

永磁同步电动机可分为异步启动同步电动机、磁滞启动永磁同步电动机、爪极永磁同步电动机等多种。以异步启动同步电动机为例，它的定子结构与异步电动机相同，由定子铁芯和定子绕组组成。定子绕组分为三相或单相绕组。转子结构比较特殊和复杂，除了由磁钢和极靴组成的磁极外，还有笼型条组成的启动绕组。图 4-2-19 所示是几种常用的转子结构形式，图 4-2-19（a）、（b）为星形磁路结构，图 4-2-19（a）所示结构采用铝镍钴磁钢，图 4-2-19（b）所示结构采用钕铁硼磁钢；极靴由导磁材料制成，其作用是改善气隙磁场，提高电动机性能；在极靴上装置了笼型铜条或铸铝条作为启动绕组，使电动机异步启动。图 4-2-19（c）、（d）为并联磁路结构，磁钢为薄片形状；在极靴上同样装置了笼型启动绕组。图 4-2-19（e）为分段结构，将磁钢和笼型启动绕组轴向分段；为了减少漏磁，转轴大多采用非磁性钢，或在转轴和转子铁芯间加非磁性轴套。

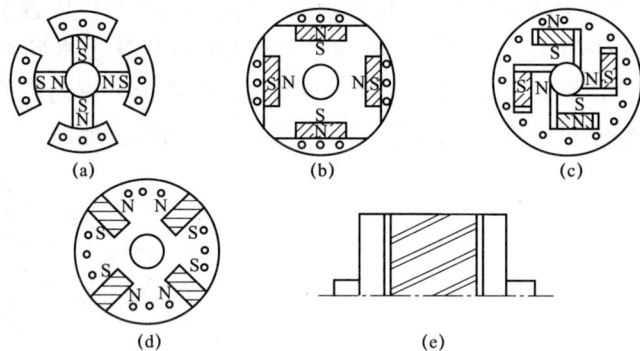

图 4-2-19　永磁同步电动机转子结构形式

（a）、（b）星形结构；（c）、（d）并联磁路结构；（e）分段结构

永磁电机的优点主要是体积小，结构简单，质量轻；损耗低，效率高，节约能源；温升低，可靠性高，使用寿命长；适应性强，特别是电机与电子控制的匹配性好，以致电机组成系统总价便宜。

三、用途和发展

目前，永磁电机在军事上的应用占绝对优势，几乎取代所有电磁电机。永磁电机在工农业和其他各行业的应用也越来越广。

（1）汽车用永磁电机。汽车用电机是汽车的关键部件之一，一般汽车约需用 15 台电机，高级轿车用量高达 80 台以上。其中包括直流电动机、直流无刷电动机、直流发电机、交流同步发电机和步进电动机五类，主要是以永磁电机为主。

（2）电动自行车用永磁电机。效率高、节能，寿命长、免维护、可靠性高，成本价格可接受。

（3）空调器用永磁电机。从 20 世纪 80 年代初期开发变频空调器以来，20 世纪 90 年代中期直流变频空调器开始采用永磁无刷直流电动机带动空调压缩机和通风机，柜式空调器也正朝着直流变频方式发展。随着空调技术和生产的发展，永磁无刷直流电动机在空调器中的应用将更加广泛。

单元小结

（1）控制电机指的是控制微电机和一些特殊用途电机，它们多用于自动化系统和计算机装置中以实现信号（或能量）的执行、检测、解算、转换或放大功能。普通的旋转电机较注重启动和运行时的能力指标，而控制电机则注重特性的高可靠性、高精度和快速响应。

（2）根据控制电机的应用，可将其分成五种类型：执行用控制电机、测位用控制电机、测速用控制电机、放大用控制电机、特殊微电机等。

（3）伺服电动机把输入的电压信号变换为电动机转轴上的角位移或角速度等机械信号进行输出，在自动控制系统中主要作为执行元件（执行电机）。伺服电动机分为直流伺服电动机和交流伺服电动机两类。直流伺服电动机的工作原理与普通直流电动机相同，交流伺服电动机的工作原理和两相交流电动机相同。

（4）直流伺服电动机的控制方式简单，可由控制电枢电压实现对直流伺服电动机的控制。交流伺服电动机的控制方式包括幅值控制、相位控制和幅值—相位控制。

（5）测速发电机是测量转速的一种电机。根据测速发电机所发出电压的不同，分为直流测速发电机和交流测速发电机两类。直流测速发电机的结构和工作原理与他励直流发电机基本相同；交流测速发电机包括同步测速发电机和异步测速发电机两种形式，交流测速发电机的输出电压 U_2 正比于轴上的转速 n。

（6）步进电动机是将电脉冲信号变换成转角或转速的执行电动机，其角位移量与输入电脉冲成正比，其转速与电脉冲的频率成正比，每输出一个电脉冲，步进电动机就前进一步。

（7）永磁电机是通过电磁感应原理实现机电能量和机电信号转换的元件。它体积小、损耗低、可靠性高，温升低、效率高，质量轻、节约能源，在各行各业应用广泛。

思考与练习

一、单选题

1. 根据控制电机的应用，可将其分成五种类型：执行用控制电机、测位用控制电机、测速用控制电机、放大用控制电机、特殊（　　　）等。

　　A. 交流电机　　　　　　　　　B. 直流电机　　　　　　　C. 微电机

2. 控制电机的主要特点有：高可靠性、高精度和（　　　）。

　　A. 安全性　　　　　　　　　　B. 不可靠性　　　　　　　C. 快速响应

3. 直流伺服电动机是指使用（　　）的伺服电动机。

　　A. 交流电源　　　　　　　　　B. 直流电源　　　　　　　C. 交直流电源

4. 交流伺服电动机的控制方式主要采用（　　）、相位控制以及幅值—相位控制等三种方法来控制交流伺服电动机。

　　A. 幅值控制　　　　　　　　　B. 角度控制　　　　　　　C. 电压控制

5. 交流伺服电动机工作时，励磁绕组接交流电压 U_f，控制绕组接控制信号电压 U_C，这两个电压同频率，相位互差（　　　）。

A．30°　　　　　　　　　B．60°　　　　　　　　　C．90°

6．测速发电机是一种把机械转速转变为电压信号输出的元件。分为交流测速发电机和（　　　）发电机两大类。

　　A．功率测速　　　　　　　B．直流测速　　　　　　　C．电压测速

7．步进电动机一般分为磁阻式、感应式和（　　　）等种类。

　　A．电容式　　　　　　　　B．永久式　　　　　　　　C．永磁式

8．永磁发电机包括永磁交流同步发电机、永磁（　　　）发电机。

　　A．交直流　　　　　　　　B．直流　　　　　　　　　C．恒流

9．永磁直流无刷电动机没有电刷换向器，它由电动机本体、传感器和（　　　）控制线路三部分组成。

　　A．电容换向　　　　　　　B．电感换向　　　　　　　C．电子换向

10．步进电动机是将电脉冲信号变换成转角或转速的执行电动机，其角位移量与输入电脉冲成正比，其转速与电脉冲的频率成正比，每输出一个电脉冲，步进电动机就（　　　）。

　　A．倒退一步　　　　　　　B．前进一步　　　　　　　C．前进二步

二、判断题（对的打√，错的打×）

1．测速用控制电机主要作用是作为解算元件和阻尼元件。　　　　　　（　　　）

2．步进电动机是将电脉冲信号变换成转角或转速的执行电动机。　　　（　　　）

3．永磁电机是通过电磁感应原理实现机电能量和机电信号转换的元件。（　　　）

4．电动自行车用永磁电机的效率低、耗能多、寿命短、免维护、可靠性高，成本价格不可接受。　　　　　　　　　　　　　　　　　　　　　　　　　　　（　　　）

5．交流异步测速发电机在自动控制系统中可用来测量电流或传感转速信号。（　　　）

第三单元　电力拖动与电动机的选择

（1）了解电力拖动系统的运动方程式。了解电动机的发热与电动机工作制的关系。
（2）掌握电动机工作制的分类。
（3）掌握电动机类型、额定功率、额定电压、额定转速的选择。

能 力 要 求

（1）能正确选择电动机的额定功率。
（2）能选择电动机的类型。
（3）能根据额定电压、额定转速选择异步电动机。

导 学

电力拖动系统中电动机的选择，主要是在各种工作方式下电动机额定功率的选择，对电动机功率选择的原则是在电动机能够胜任生产机械负载要求的前提下，最经济最合理地决定电动机的功率。

知识点一　电力拖动的动力学基础

一、电力拖动的概念

应用各种电动机使生产机械产生运动的方式称为"电力拖动"。电力拖动装置由电源、电动机、控制设备、工作机构四部分组成。电动机把电能转换成机械动力，用以拖动生产机械的某一工作机构；工作机构是生产机械为执行某一任务的机械部分；控制设备是由各种控制电机、电器、自动化元件及工业控制计算机等组成，用以控制电动机协调地运动，从而实现对生产机械的自动控制；为了向电动机及控制设备供电，在系统中必须设置电源部分，它们之间的关系如图4-3-1所示。

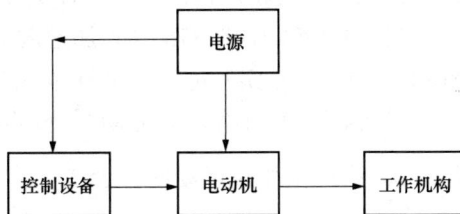

图 4-3-1　电力拖动系统示意图

二、电力拖动系统的运动方程式

电力拖动对电机而言主要是应用"运动方程式""4个象限的机械特性"及"各种状态时的过渡过程"等方法和理论来分析实际问题。

（1）电力拖动系统的运动方程式。如图 4-3-2 所示是一直线运动系统，由牛顿运动第二定律可知，当物体作加速运动时。其运动方程式为

$$F - F_z = m\frac{\mathrm{d}v}{\mathrm{d}t} = ma \tag{4-3-1}$$

式中：F 为驱动力，N；F_z 为阻力，N；m 为物体的质量，kg；$a = \dfrac{\mathrm{d}v}{\mathrm{d}t}$ 为直线运动加速度，m/s^2；$m\dfrac{\mathrm{d}v}{\mathrm{d}t} = ma$ 为使物体加速的惯性力，也称动态力。

模仿直线运动方式，可得到图 4-3-3 所示的电机拖动系统运动方程式

$$T - T_{jt} = J\frac{\mathrm{d}\varOmega}{\mathrm{d}t} \tag{4-3-2}$$

式中：T 为电动机产生的拖动转矩，N·m（相当于 T_2）；T_{jt} 为系统的静阻转矩，N·m；静阻转矩为负载转矩 T_L 与电动机空载转矩 T_0 之和；J 为运动系统的转动惯量，kg·m^2；$\dfrac{\mathrm{d}\varOmega}{\mathrm{d}t}$ 为系统的角加速度，rad/s^2；$\varOmega$ 为角速度，rad/s。

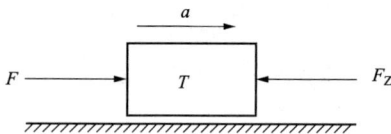

图 4-3-2　直线运动系统　　　　　图 4-3-3　单轴电机拖动系统

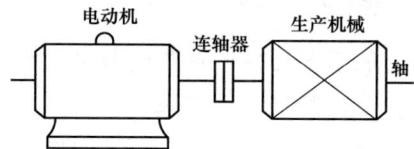

在实际工程计算中，经常用转速 n 代替角速度 $\varOmega$ 表示系统的转动速度，用飞轮矩 GD^2 代替转动惯量 J 表示系统的机械惯性。$\varOmega$ 与 n、J 与 GD^2 的关系为

$$\varOmega = 2\pi n / 60 \tag{4-3-3}$$

$$J = m\rho^2 = \frac{G}{g}\frac{D^2}{4} = \frac{GD^2}{4g} \tag{4-3-4}$$

式中：m 为旋转体的质量，kg；n 为转速，r/min；G 为旋转体的质量，N；ρ 为旋转部件的惯性半径，m；D 为旋转部件的惯性直径，m；g 为重力加速度，$g = 9.18\text{m/s}^2$。

将式（4-3-3）、式（4-3-4）代入式（4-3-2），忽略电动机的空载转矩，有 $T_{jt} \approx T_L$。经整理可得运动方程的实用表达式

$$T - T_L = \frac{GD^2}{375}\frac{\mathrm{d}n}{\mathrm{d}t} \tag{4-3-5}$$

式中：GD^2 为飞轮矩，N·m^2；T_L 为负载转矩。

式（4-3-5）中的 375 具有加速度的量纲；GD^2 是整个系统旋转惯性的整体物理量。电动机和生产机械的 GD^2 可从产品样本或有关设计资料中查找得到。

式（4-3-5）可将电力拖动系统运行分为三种状态（以正向运动为例）。

1）系统做加速运动时，$T > T_L$，$\dfrac{\mathrm{d}n}{\mathrm{d}t} > 0$，电动机把从电网吸收的电能转变为旋转系统的动能，使系统的动能增加。

2）系统做作减速运动时，$T < T_L$，$\dfrac{\mathrm{d}n}{\mathrm{d}t} < 0$，系统将放出的动能转变为电能反馈回电网，使系统的动能减少。

3）系统处于恒转速运行（或静止）时，$T = T_L$，$\dfrac{\mathrm{d}n}{\mathrm{d}t} = 0$ 时，$n =$ 常数（或 $n = 0$），系统既不

放出动能，也不吸收动能。

（2）运动方程式中正、负号的确定。由于所带生产机械负载类型的不同，电动机转矩的大小和方向都会跟随系统运行状态的不同而发生变化。因此运动方程式中的 T 和 T_L 是带有正、负号的代数量。确定方法如下：

首先规定电动机处于电动机状态时的旋转方向为转速 n 的正方向。电动机的电磁转矩 T 与转速 n 的正方向相同时为正，相反时为负；负载转矩 T_L 与转速 n 的正方向相反时为正，相同时为负；$\dfrac{\mathrm{d}n}{\mathrm{d}t}$ 的正负由 T 和 T_L 的代数和决定。

三、负载的机械特性

根据生产、生活的要求，电动机拖动的工作机构对转矩 T_L 和转速 n 的需求大致可分为三类，即恒转矩负载、恒功率负载、风机和泵类负载，各类负载的机械特性与转速特性见表 4-3-1。

表 4-3-1　　　　　　　　　　　　负载的机械特性与转速特性

特　　性	转速 n 与转矩 T_L 的关系	转速 n 与功率 T_L 的关系	实　　例
恒转矩负载	转矩恒定，T_L＝恒值	功率与转速成正比 $P_L \propto n$	摩擦负载、重力性负载
恒功率负载	转矩与转速成反比 $T_L=1/n$	功率恒定 P_L＝恒值	切削机床、卷绕机
风机和泵类负载	转矩与转速二次方成正比 $T_L \propto n^2$	功率与转速三次方成正比 $T_L \propto n^3$	风机、泵类负载、流体负载

从表 4-3-1 可见，负载在不同转速下要求拖动输出不同的转矩。负载的机械特性就是生产机械的负载特性。它表示同一转轴上转速与负载转矩之间的函数关系，即 $n=f(T_L)$。虽然生产机械的类型很多，但是大多数生产机械的负载特性可概括为上述三类。下面简单讨论负载的机械特性。

（1）恒转矩负载特性。恒转矩负载特性指负载转矩 T_L 与 n 无关的特性，即当转速变化时，负载转矩的大小保持恒定不变。恒转矩负载分为反抗性恒转矩负载和位能性恒转矩负载。

1）反抗性恒转矩负载。反抗性恒转矩负载特性的特点是：恒值转矩总是反对运动的方向，而负载转矩的方向总是与转速的方向相反，即负载转矩始终是阻碍运动的。属于这一类的生产机械有起重机的行走机构、皮带运输机等。如图 4-3-4（a）所示为桥式起重机行走机构的行走车轮，在轨道上的摩擦力总是和运动方向相反的。图 4-3-4（b）所示为对应的机械特性曲线，显然，反抗性恒转矩负载特性位于第一和第三象限内。

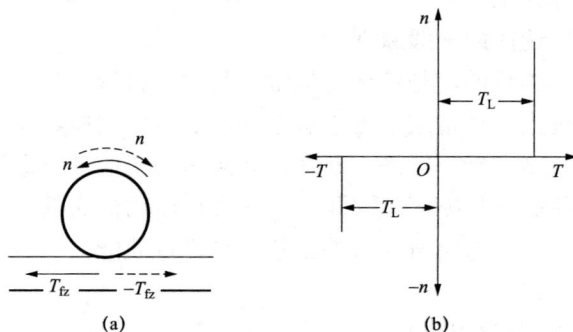

图 4-3-4　反抗性负载转矩与旋转方向关系

（a）示意图；（b）机械特性曲线

　　2）位能性恒转矩负载。位能性恒转矩负载与反抗性的特性不同。它由拖动系统中某些具有位能的部件（如起重类型中的重物）造成，其特点是：不仅负载转矩的大小恒定不变，而且负载转矩的方向也不变。属于这一类负载的有起重机的提升机构，如图 4-3-5（a）所示，负载转矩由重力作用产生，无论起重机是提升重物还是下放重物，重力方向始终不变。如图 4-3-5（b）为对应的机构特性曲线，显然位能性恒转矩负载特性位于第一与第四象限内。

　　（2）恒功率负载特性。一些机床（如车床）在粗加工时，切削量比较大，切削阻力也大，此时低速运行。而在精加工时，切削量比较小，切削阻力小，往往高速运行。其特点是：负载转矩与转速的乘积为一常数，负载功率 $P_L = T_L \Omega = T_L \dfrac{2\pi}{60} n =$ 常数，即负载转矩 T_L 与 n 成反比，它的负载特性是一双曲线，如图 4-3-6 所示。

　　（3）泵与风机类负载特性。泵与风机类（如通风机、水泵等）负载特性的特点是负载转矩与转速的平方成正比，即

$$T_L \propto kn^2$$

式中：k 为比例系数。这类机械的负载特性是一条抛物线，如图 4-3-7 所示。

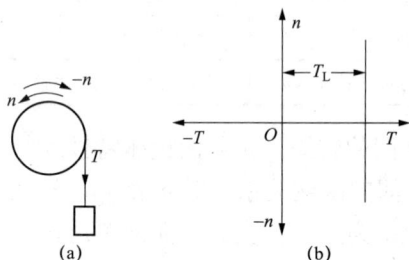

图 4-3-5　位能性负载转矩与旋转方向关系
（a）示意图；（b）机械特性曲线

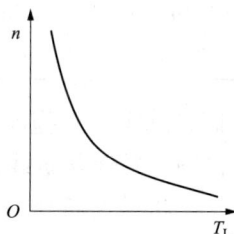

图 4-3-6　恒功率负载特性

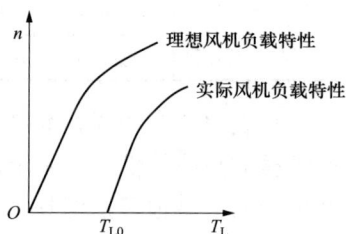

图 4-3-7　泵与风机类负载特性

知识点二　电动机选择的一般概念

　　电动机是提供电力拖动系统中原动力的核心，电动机的配置是否得当，直接影响到系统的经济性和稳定性。电动机的选择一般包括类型、额定功率、额定电压、额定转速等的选择，以电动机额定功率的选择为重点。

一、电动机额定功率选择的一般原则

　　选择电动机额定功率的目的，是使电动机除满足生产机械负载要求下，应尽可能得到充分利用。如果功率选得过大，会造成设备投资增加，而且电动机经常欠载运行，效率低。功率因数低，则运行费用较高，极不经济；反之，如果电动机的功率选得过小，则电动机将过载运行，造成电动机过热而过早损坏。因此，合理选择电动机的额定功率非常必要的。

　　选择电动机功率时，主要考虑电动机的发热、允许过载能力与启动能力等三方面因素。其选择原则是：

　　（1）电动机功率能得到充分利用。

　　（2）电动机的最高运行温度不能超过允许值。

　　（3）电动机的过载能力和启动能力满足负载要求。

二、电动机额定功率选择的一般步骤

在选择电动机额定功率时，对于不同性质的负载及不同的工作制，选择过程略有不同，其选择的一般步骤是：

（1）确定负载的功率 P_L。

（2）根据负载功率要求预选功率相当的电动机。

（3）对预选的电动机进行启动能力、过载能力和发热校验，若不满足要求，则另选一台额定功率稍大一点的电动机再进行校验，直至选择到合格为止。

三、电动机的绝缘材料及允许温度

决定电动机功率时，除要考虑电动机的发热校验外，还要使电动机运行时的最高温度不大于绝缘材料所允许的最高温度。电动机中耐热最差是绕组的绝缘材料，绝缘材料所允许的最高温度就是电动机所允许的最高温度。根据绝缘材料允许温度的不同，把绝缘材料分为 Y、A、E、B、F、H 和 C 七个等级，其中 Y 级和 C 级不常用。常用的绝缘材料耐热等级分为 A、E、B、F、H 五个等级。

（1）A 级绝缘。允许的最高温度为 105℃。指经过绝缘浸渍处理的棉纱、丝、纸等，用于普通漆包线的绝缘漆。

（2）E 级绝缘。允许的最高温度是 120℃。指高强度漆包线的绝缘漆、环氧树脂、三醋酸纤维薄膜、聚酯薄膜及青壳纸、纤维填料塑料。

（3）B 级绝缘。允许的最高温度为 130℃。它包括高强度漆包线的绝缘漆，用有机材料黏合或浸渍的云母、玻璃纤维、石棉等，以及矿物填料塑料。

（4）F 级绝缘。允许的最高温度为 155℃。包括与 B 级绝缘相同的材料，用耐热优良的环氧树脂黏合或浸渍的云母、玻璃纤维、石棉等。

（5）H 级绝缘。允许的最高温度为 180℃。指用硅有机树脂黏合或浸渍的云母、玻璃纤维、石棉、硅有机橡胶、无机填料塑料。

当电动机的温度不超过所用绝缘材料所允许的最高温度时，绝缘材料的使用寿命可达 20 年以上；反之，如果温度超过上述允许的最高温度时，则绝缘材料容易老化、变脆，从而大大缩短了电动机的使用寿命；严重情况下，将使绝缘材料碳化、变质，最终失去绝缘性能，而使电动机烧坏。

四、电动机正常运行时允许温升

绝缘材料最高允许温度是一台电动机带负载能力的限度，电动机额定功率就是代表这一限度的参数。电动机铭牌上所标的额定功率指环境温度为 40℃，电动机带额定负载长期连续工作的温度。全国各地温度相差较大，为了设计和选用电动机需要一个统一标准，我国规定标准环境温度为 40℃。电动机温度 t 与周围环境温度 t_0 的差值，叫作电动机的温升，用 τ 来表示，即 $\tau = t - t_0$，单位为℃。温升是电动机发热校验中常用的一个指标。电动机在运行时，由于内部损耗引起发热，使电动机的温度升高。

电动机的允许温升一般指电动机允许的最高温度 t_{max} 与标准环境温度 t_0 的差值，即

$$\tau_{max} = t_{max} - t_0 \tag{4-3-6}$$

式中：τ_{max} 为电动机允许温升，℃；t_{max} 为电动机绝缘允许的最高温度，℃；t_0 为标准环境温度，40℃。

知识点三 电动机的发热和冷却

电动机的发热是由于工作时其内部产生损耗 ΔP 引起的。冷却则是指电动机减小负载或停运时发热量减少，电动机的温度逐步降低，即温升逐步减小的过程。

一、电动机的发热过程

电动机运行时由于内部损耗所产生的热量，使电动机的温度升高，称这部分温度为储存热 Q_a；另一部分热量则散发到周围的介质中，称为散发热 Q_s，即

$$Q=Q_a+Q_s$$

电动机开始运行时，产生的温差小，主要用于升高电动机的温度，并存储起来。随着温度的升高，温差增大，散发的热量逐渐增多，当散发的热量与发热量相等时，电动机的温度就不再升高，这时电动机的温升叫稳态温升（τ_{bt}）。

电动机的发热过程是指电动机运行时温升 τ 随时间 t 的变化关系，即温升曲线 $\tau=f(t)$。由于电动机的热源主要产生在绕组、铁芯、轴承等部位，且各部分产生的热量不相等、温度也不相同，各部分向周围介质散热的条件和方式也不相同。实际中运行的电动机发热过程十分复杂。为了研究方便，把电动机看成是一个在任何时候各部分温度均相同的均匀整体，其热容量可用一个系数表示，电动机向周围介质散发的热量与二者的温度差（即温升 τ）成正比关系。

由此可知，电动机单位时间内产生的热量 Q 等于电动机的损耗功率 P，故 dt 时间内的发热量为

$$Qdt=Pdt$$

其中用于电动机温度升高的储存热

$$Q_a=Cd\tau$$

式中：C 为热容量，是电动机温度每升高 1℃时所需要的热量，J/℃；$d\tau$ 为电动机在 dt 时间内的温升，℃。

散发到周围介质中的散热量 Q_s 为

$$Q_s=A\tau d\tau$$

式中：A 为散热系数，表示温升为 1℃时每秒钟散发的热量；τ 为电动机的温升。

根据热量守恒原理，电动机的热平衡方程为

$$Qdt = Cd\tau + A\tau dt$$

方程两边同时除以 $Ad\tau$，整理后得

$$\tau + \frac{Cd\tau}{Adt} = \frac{Q}{A} \tag{4-3-7}$$

令 $T=C/A$，$\tau_{bt}=Q/A$，得基本形式的微分方程

$$\tau + Td\tau/dt = \tau_{bt} \tag{4-3-8}$$

一阶微分方程的解为

$$\tau = \tau_{bt}(1-e^{-t/T}) + \tau_{af}e^{-t/T} \tag{4-3-9}$$

式中：τ_{bt} 为 $t=\infty$ 时电动机的稳态温升，℃；T 为发热时间常数；τ_{af} 为 $t=0$ 时电动机的起始温升，℃。

显然，如发热过程由周围介质温度开始，即 $\tau_{af}=0$，则有

$$\tau = \tau_{bt}(1 - e^{-t/T}) \qquad (4\text{-}3\text{-}10)$$

根据式（4-3-9）和式（4-3-10）可做出电动机发热过程的温升曲线，如图 4-3-8 所示，曲线 1 表示起始温升不为 0 的情况，曲线 2 表示起始温升为 0 的情况。电动机的稳态温升 τ_{bt} 与电动机所带的负载有关，负载增加时，损耗增加，发热量增大，故 τ_{bt} 也增大。

值得注意的是，发热时间常数 T 是表明电动机温度变化快慢的物理量，而不是电动机达到稳态温升所需的时间。

二、电动机的冷却过程

电动机的冷却过程是指电动机的发热量小于散热量，电动机的温度逐渐下降，温升逐渐减小的过程。这一过程一般出现在电动机所带负载减小或停止工作的状态。下面分两种情况来分析。

1. 负载减小

电动机损耗功率 Δp 下降，由于发热量小于散热量，电动机的温度将逐渐下降，温升由原来的稳态温升逐渐下降到负载减小后对应的稳态温升。此时电动机温升过程的表达式为

$$\tau = \tau_{bt}(1 - e^{-t/T}) + \tau_{af}e^{-t/T} \qquad (4\text{-}3\text{-}11)$$

式中：τ_{bt} 为负载减小后对应的稳态温升，℃；τ_{af} 为冷却开始时的温升，℃。

当 $\tau_{af} > \tau_{bt}$，温升的变化是按指数规律衰减的，电动机冷却过程中的温升曲线如图 4-3-9 的曲线 1 所示。

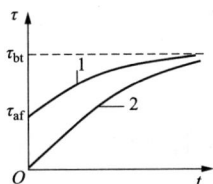

图 4-3-8　电动机发热过程温升曲线　　　　　图 4-3-9　电动机冷却过程温升曲线

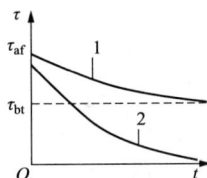

2. 电动机停止工作

电动机 ΔP 或 Q 变为零，则稳态温升 $\tau_{bt}=0$，其温升曲线如图 4-3-9 中曲线 2 所示，其表达式为

$$\tau = \tau_{af}e^{-t/T} \qquad (4\text{-}3\text{-}12)$$

式（4-3-12）表明，电动机将内部储存的热量逐渐散发到周围的介质中，直到与周围的温度相同，稳态温升为零。这时发热时间常数用 T_0 表示，对于风扇自冷式电动机，由于风扇停转，散热条件变差则 $T_0 > T$，对他冷式电动机则有 $T_0 = T$。

🌱 知识点四　电动机工作制的分类

电动机工作时，电动机的温升不仅与负载的大小有关，而且与负载持续时间的长短有关，负载持续时间的长短对电动机的发热情况影响很大。若长时间持续运行，电动机必将达到稳态温升，若仅作短时间运行，其将达不到稳态温升。为充分利用电动机的容量，按电动机发

热的不同情况，可将电动机分为连续工作制、短时工作制和断续周期工作制三种工作方式。

1．连续工作制

连续工作制是指电动机在恒定的负载下连续运行，其温升可达稳态值。其工作时间 $t_w>(3\sim4)T$，一般可达几小时甚至几天，属于这一类的生产机械有造纸机、鼓风机等。

其负载图 $P=f(t)$ 及温升曲线 $\tau=f(t)$ 如图 4-3-10 所示。

2．短时工作制

短时工作制是指电动机在恒定负载下作短时间运行，$t_w<(3\sim4)T$，其温升达不到稳态值，停止运行的时间较长 $t_s>(3\sim4)T$，其温升能够降到零。这种电动机的容量称为短时容量，其负载图 $P=f(t)$ 和温升曲线 $\tau=f(t)$ 如图 4-3-11 所示。

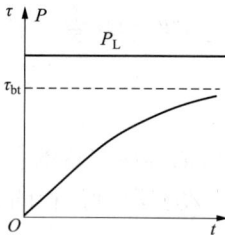

图 4-3-10 连续工作制电动机负载图及温升曲线　　图 4-3-11 短时工作制的负载图及温升曲线

从图 4-3-11 可见，短时工作电动机的最高允许温升小于稳态温升，如果电动机运行时间超过工作时间 t_w，其温升将沿曲线的虚线部分上升，超过绝缘材料的允许温升 τ_{max}，这是不允许的。我国规定短时工作制的标准时间 t_w 有 15、30、60、90min 四种。属于短时工作的生产机械如管道和水库闸门等。

3．断续周期性工作制

断续周期工作制是指电动机工作时间和停机时间周期性交替进行，其运行时间与停机时间都比较短，即 $t_w<(3\sim4)T$，$t_s<(3\sim4)T$。

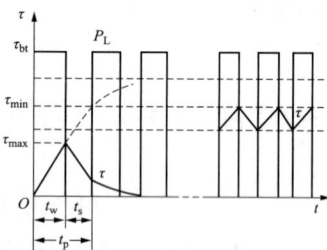

图 4-3-12 断续周期工作制的负载图及温升曲线

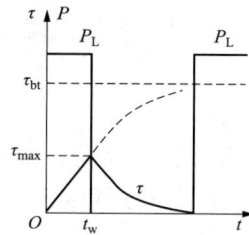

断续周期性工作的电动机，在运行期间温升来不及达到稳态值，在停机时间温升也降不到零。这种电动机的容量称为断续周期容量，其负载图和温升曲线 $\tau=f(t)$ 如图 4-3-12 所示。属于这类工作制的生产机械有起重机、电梯、轧钢辅助机械等。与短时工作制相似，在开始工作的前几个周期，每次运行时起始温升和终了温升，都有所增加，最后电动机的温升将在 τ_{max} 与 τ_{min} 之间上下波动。这类电动机不可连续运行，否则电动机会过热而烧毁。

在断续周期工作制中，负载工作时间 t_w 与整个工作周期 t_p 之比称为负载持续率，用 $ZC\%$ 表示，即

$$ZC\%=\frac{t}{t_p}=\frac{t}{t_w+t_s}\times100\% \tag{4-3-13}$$

我国规定的标准负载持续率有 15%、25%、40% 和 60% 四种，一个工作周期的总时间规定为 $t_p=t_w+t_s\leqslant10min$。

知识点五　电动机额定功率的选择

一、连续工作制电动机额定功率的选择

连续工作制电动机的负载有两类，即恒定负载和周期性变化负载，其额定功率的选择有两种方法。

1. 恒定负载下电动机额定功率的选择

对于恒定负载下电动机的功率选择，首先计算出生产机械的功率 P_L，然后选择一台额定功率 P_N 等于（或稍大于）负载功率 P_L 的电动机，即

$$P_N \geqslant P_L \tag{4-3-14}$$

在生产中，属于恒定负载的生产机械很多，如水泵、风机、大型机床的主轴等。由于连续工作制的电动机是按长期在额定负载下运行来设计和制造的，因此，电动机的稳态温升不会超过允许温升，因此不必进行热校验。

当环境温度与标准环境温度不同时，可对电动机实际可供容量进行修正，修正方法有计算法和经验估算法，经验估算法可按表 4-3-2 进行。

表 4-3-2　　　　　不同环境温度下电动机容量的修正

环境温度（℃）	30	35	40	45	50	55
电动机功率增减的百分数（%）	+8	5	0	−5	−12.5	−25

生产机械功率可从铭牌上查得，也可通过计算求得，常用的计算方法如下：

（1）做旋转运动的生产机械功率为

$$P_L = \frac{T_L n}{9550 \eta} \tag{4-3-15}$$

式中：T_L 为负载转矩，N·m；n 为负载转速，r/min；η 为传动装置的效率。

（2）做直线运动的生产机械功率为

$$P_L = \frac{F_L v}{\eta} \times 10^{-3} \tag{4-3-16}$$

式中：F_L 为负载力，N；v 为运行速度，m/s；η 为传动装置的效率。

（3）泵类生产机械功率为

$$P_L = \frac{q \gamma h}{\eta_p \eta} \times 10^{-3} \tag{4-3-17}$$

式中：q 为单位时间排送液体的体积，m³/s；γ 为液体的比重，N/s³；h 为排送高度，m；η_p 为泵的效率，低压泵为 0.3～0.6，高压离心泵为 0.5～0.8，活塞泵为 0.8～0.9；η 为传动装置的效率，皮带连接为 0.9，直接连接为 0.95～1。

（4）风机类生产机械功率为

$$p = \frac{qp}{\eta_f \eta} \tag{4-3-18}$$

式中：q 为单位时间排送液体的体积，m³/s；p 为排送气体的压力，N/m²；η_f 为风机的效率，

小型风机为 0.2~0.35；中型风机为 0.3~0.5，大型风机为 0.5~0.8；η 为传动装置的效率。

2. 变化负载下电动机额定功率的选择

变化负载下使用的电动机，所带生产机械的负载在连续运行中不是恒定的，而是时大时小，最大值与最小值相差较大，但负载的变化具有周期性，如大型龙门刨床、矿井提升机等。这类电动机功率的选择较为复杂，既不能按最大负载来选，也不能按最小负载来选，而是在最大值和最小值之间进行选择。其方法和步骤如下：

（1）计算并绘制生产机械负载图。

（2）将一个变化周期按负载（功率或转矩）大小分成若干个时间段，在每一个时间段内负载是一定的。

（3）根据负载图计算一个周期内的平均负载（功率或转矩）为

$$P_{\mathrm{Lavg}} = \frac{\sum\limits_1^n P_i t_i}{\sum\limits_1^n t_i} \tag{4-3-19}$$

$$T = \frac{\sum\limits_1^n T_i t_i}{\sum\limits_1^n t_i} \tag{4-3-20}$$

（4）根据平均负载大小 P_{Lavg} 预选电动机。预选电动机额定功率为

$$P_{\mathrm{N}} = (1.1 \sim 1.6) P_{\mathrm{Lavg}}$$

或

$$P_{\mathrm{N}} = (1.1 \sim 1.6) \frac{T_{\mathrm{Lavg}} n_{\mathrm{N}}}{9550} \tag{4-3-21}$$

（5）热校验预选的电动机。通过计算，若电动机的发热小于允许发热，且相差不大时，则热校验合格；否则，重新选择电动机的容量，再次进行热校验，直到合格为止。

（6）过载能力校验。预选电动机的最大电磁转矩 T_{m} 必须大于负载图中的最大转矩 T_{Lm}，即

$$T_{\mathrm{m}} \geqslant T_{\mathrm{Lm}} \tag{4-3-22}$$

考虑到电压的波动，取

$$T = (0.8 \sim 0.86) k_{\mathrm{m}} T_{\mathrm{N}} \tag{4-3-23}$$

式中：k_{m} 为电动机过载倍数；T_{N} 为电动机的额定转矩。

（7）启动能力校验。对于笼式电动机，校验其启动能力。

3. 热校验的方法

热校验就是校核所选电动机运行时的最高温升是否大于绝缘材料所允许的最高温升。当电动机的最高温升小于所允许的最高温升时，该电动机的热校验合格。热校验一般用间接法，即平均损耗法和等效法（包括等效电流法、等效转矩法和等效功率法）进行。

（1）平均损耗法。平均损耗法利用电动机的效率曲线，分别求出每一段负载时的功率损耗 P_i，再求出每一周期的平均功率损耗 P_{avg}。

每一段负载的功率损耗 P_i 为

$$P_i = P_{i1} - P_{i2} = P_{i1} / \eta_i - P_{i2} \tag{4-3-24}$$

式中：P_{i1} 为第 i 段时间电动机的输入功率；P_{i2} 为第 i 段时间电动机的输出功率；η_i 为第 i 段时间电动机的效率。

平均功率损耗为

$$P_{avg} = \frac{P_1 t_1 + P_2 t_2 + \cdots + P_n t_n}{t_1 + t_2 + \cdots + t_n} = \frac{\sum_1^n P_i t_i}{t_p} \tag{4-3-25}$$

如果 $P_{avg} \leqslant P_N$，热校验合格。P_N 为预选电动机在额定负载时的功率损耗。由于电动机的发热是由内部损耗产生，所以当 $P_{avg} \leqslant P_N$ 时，电动机的温升不会超过允许温升。

如果 $P_{avg} > P_N$，说明预选的电动机功率太小，发热校验不能满足要求。需重选功率较大的电动机，再进行发热校验。

平均损耗法可用于电动机大多数工作情况下的发热校验。其缺点是计算步骤比较复杂。

（2）等效电流法。等效电流法用一个不变的等效电流 I_{eq} 代替实际变化的负载电流。代替的条件是：在一个周期时间 t_p 内，等效电流产生的热量与变化的负载电流所产生的热量相等，即

$$P_{eq} t_p = \sum_1^n P_i t_i \tag{4-3-26}$$

式中：P_{eq} 为等效电流 I_{eq} 对应的损耗功率，它相当于平均功率损耗。

由于电动机的损耗由不变损耗 P_0（铁损耗和机械损耗）和可变损耗 P_{Cu}（铜损耗）组成，于是式（4-3-26）变为

$$(P_0 + I_{eq}^2 R) = \sum_1^n (P_0 + I_i^2 R) t_i \tag{4-3-27}$$

当电阻 R 不变时，可求得 I_{eq} 的表达式

$$I_{eq} = \sqrt{\frac{I_1^2 t_1 + I_2^2 t_2 + \cdots + I_n^2 t_n}{t_p}} = \sqrt{\frac{\sum_1^n I_i^2 t_i}{t_p}} \tag{4-3-28}$$

若预选电动机的额定电流 $I_N > I_{eq}$，则热校验合格，否则应重新选择电动机再次校验。等效电流法是在铁损耗和电动机主电路电阻 R 均不变的条件下推导出来的，因此只适用于普通电动机。对深槽型和双笼型异步电动机，它们在启动、制动和反转时，其铁损耗和电阻 R 均发生变化，此时，应改用平均损耗法进行热校验。

（3）等效转矩法。等效转矩法是由等效电流法推导出来的。当电动机磁通保持额定值不变时，电动机的转矩与电流成正比，则有

$$T_{eq} = \sqrt{\frac{T_1 t_1 + T_2 t_2 + \cdots + T_n t_n}{t_p}} = \sqrt{\frac{\sum_1^n T_i^2 t_i}{t_p}} \tag{4-3-29}$$

式中：T_{eq} 为等效转矩。

只要预选电动机的额定转矩满足条件 $T_N \geqslant T_{eq}$，则发热校验合格。电动机的额定转矩计算式为

$$T_N = 9550 P_N / n_N \tag{4-3-30}$$

应用等效转矩法，除应满足等效电流法外，还应满足磁通不变的条件。因此，等效转矩法仅适用于他励直流电动机和负载接近额定值的异步电动机。

（4）等效功率法。等效功率法是由等效转矩法推导出来的，当电动机的基本转速不变时，输出功率与转矩成正比，则式（4-3-29）可写成

$$P_{eq} = \sqrt{\frac{P_1 t_1 + P_2 t_2 + \cdots + P_n t_n}{t_p}} = \sqrt{\frac{\sum_1^n P_i^2 t_i}{t_p}} \tag{4-3-31}$$

只要预选电动机的额定转矩满足条件 $P_N \geqslant P_{eq}$，则发热校验合格。

等效功率法适用于恒电压、恒磁通的直流电动机和机械特性较硬的异步电动机。

二、短时工作制电动机额定功率的选择

对于短时工作制电动机额定功率的选择，可选用连续工作制而设计的电动机，也可以选用专为短时工作而设计的电动机。

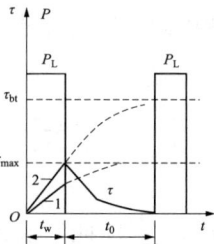

图 4-3-13 短时工作制的负载图及温升曲线

1. 选择为连续工作制而设计的电动机

若按短时负载功率来选择连续工作制的电动机，如选择 $P_N \geqslant P_L$，则因工作时间较短，电动机的温升不会达到允许值，即在工作时间 t_w 后，电动机的温升 τ_w 小于允许温升 τ_{max}。从发热角度来讲，电动机容量得不到充分利用，如图 4-3-13 曲线 1 所示。

为了能充分利用电动机的容量，应选用 $P_N < P_L$ 的电动机，使其在工作时间 t_w 内过载运行，并满足在 t_w 时间内，电动机的温升 $t_w = \tau_{max}$，如图 4-3-13 曲线 2 所示。即

$$P_N = P_L / k_w \tag{4-3-32}$$

式中：k_w 为按发热观点的功率过载倍数。

$$k_w = \sqrt{\frac{1 + k e^{-t_w / T}}{1 - e^{-t_w / T}}} \tag{4-3-33}$$

式中：k 为不变损耗与可变损耗之比，即 $k = P_0 / P_{Cu}$。

当 t_w / T 较小时，k_w 值可能大于电动机的过载倍数 k_m，这时选择连续工作制电动机的额定功率应满足

$$P_N = P_L / k_m \tag{4-3-34}$$

当满足电动机的过载能力时，一般发热都能通过，因此可不进行发热校验。

2. 选择专为短时工作制而设计的电动机

我国专为短时工作制所设计的电动机，其工作时间为 15、30、60min 和 90min 四种。对于同一台电动机，对应不同的工作时间，其额定功率是不同的，时间定额越小，额定功率越大，它们的关系是 $P_{15} > P_{30} > P_{60} > P_{90}$，而电动机的最大功率一定时，其过载倍数 k_m（$k_{15} < k_{30} < k_{60} < k_{90}$）也不相同，一般电动机铭牌上标明的小时功率即为 P_{60}。

如果短时负载 P_L 是恒定的，且负载的工作时间 t_w 与电动机的额定时间相同或相近时，则可直接选择电动机的额定功率，即 $P_N \geqslant P_L$。

若短时负载是变动的，可按等效功率法计算出等效功率，再按等效功率来选择电动机的

功率，即 $P_N \geqslant P_{eq}$。

若负载的工作时间 t_w 与电动机的定额时间 t_q 相差较大，应把负载在工作时间 t_w 下的功率 P_L 换算到电动机在定额时间 t_q 下的功率 P_{1c}，再按换算后的功率 P_{1c} 来选择电动机或发热校验。换算的依据是 t_w 与 t_q 下的损耗相等，即发热情况相同。由此得出 P_{1c} 与 P_L 的关系为

$$P_{1c} = \frac{P_L}{\sqrt{\dfrac{t_q}{t_w} + k\left(\dfrac{t_q}{t_w} - 1\right)}} \tag{4-3-35}$$

式中：k 为电动机不变损耗与可变损耗的比值。

当 t_w 与 t_q 相差不大时，可略去 $k\left(\dfrac{t_q}{t_w} - 1\right)$，则

$$P_{1c} \approx \sqrt{\frac{t_w}{t_q}} P_L \tag{4-3-36}$$

当按电动机的额定功率 $P_N \geqslant P_{1c}$ 来选择电动机时，容量确定后，还需要进行过载能力和启动能力的校验。

三、断续周期工作制电动机额定功率的选择

与短时工作制相似，断续周期工作制同样可选用普通连续工作制电动机。

1. 选择断续周期工作制的电动机

断续周期工作制是指负载的工作时间 t_w 和停机时间 t_s 是交替进行的，每个周期时间 $t_p = t_w + t_s \leqslant 10\text{min}$。由于该类电动机频繁启动和制动，一般的电动机难以满足要求，故应采用专门为这类负载设计的电动机。

对于一台具体的电动机而言，不同的负载持续率 $ZC\%$（我国有 15%、25%、40% 和 60% 四种）。负载持续率越大，额定输出功率越小，即 $P_{15\%} > P_{25\%} > P_{40\%} > P_{60\%}$。另外，同一台电动机，其最大电磁转矩 T_m 是固定的，而额定电磁转矩 T_N 与额定输出功率 P_N 成正比，当额定输出功率越大，则额定电磁转矩越大，其过载能力将越小，即 $k_{15\%} < k_{25\%} < k_{40\%} < k_{60\%}$。

断续周期性工作制电动机功率选择的过程与连续工作制变化负载下电动机的功率选择过程相似，在一般情况下，也要经过预选、校验等步骤。在计算负载功率后做出生产机械的负载图，初步确定负载持续率 $ZC\%$。根据负载功率的平均值（计算平均值时应是工作时间的平均值，不计算停机时间 T_s）及 $ZC\%$ 来预选电动机的功率，然后做出电动机的负载图，进行发热、过载能力、启动能力的校验。

如果负载的实际持续率 $ZC\%$ 与标准持续率 $ZC_n\%$ 不同，应向靠近的标准持续率进行折算，折算后的负载功率 P_{Ln} 与实际负载功率 P_L 之间的关系为

$$P_{Ln} = \frac{P_L}{\sqrt{\dfrac{ZC_n\%}{ZC\%} + k\left(\dfrac{ZC_n\%}{ZC\%} - 1\right)}} \tag{4-3-37}$$

当 $ZC\%$ 与 $ZC_n\%$ 相差不太大时，$k\left(\dfrac{ZC_n\%}{ZC\%} - 1\right)$ 项可略去，得到简便公式

$$P_{Ln} \approx P_L \sqrt{\frac{ZC\%}{ZC_n\%}} \tag{4-3-38}$$

在进行发热校验时，计算公式中应不包括停机时间 t_s。

如果负载持续率 $ZC\%<10\%$，可按短时工作制选择电动机；如 $ZC\%>70\%$，可按连续工作制选择电动机。

2. 选择连续工作制的电动机

当电动机的功率为 P_N 且连续运行时，其允许温升就是稳态温升 τ_{bt}；在同样的负载下作断续周期运行时，其最大温升 τ_{max} 肯定要比 τ_{bt} 小。为了充分利用电动机的容量，可以选择一台容量比 P_N 稍小的连续工作电动机，使其做断续周期性过载运行，只要满足运行时的最大温升 τ_{max} 不超过该电动机的允许温升 τ_{bt} 即可。

预选电动机的计算公式为

$$P_N = P_L \sqrt{\frac{t_w}{(k+1)(t_w+t_s)} - k} = P_L \sqrt{\frac{ZC}{k+1} - k} \qquad (4\text{-}3\text{-}39)$$

式中：ZC 为负载持续率；k 为电动机额定情况下不变耗损与可变损耗之比（普通笼式电动机 $k=0.5\sim0.7$；中小型绕线式电动机 $k=0.45\sim0.6$；冶金用大型绕线式电动机 $k=0.9\sim1.0$；冶金用直流电动机 $k=0.5\sim0.9$；普通直流电动机 $k=1.0\sim1.5$）。

由式（4-3-39）可知，所选电动机功率 P_N 与负载持续率 $ZC\%$ 大小有关。负载持续率越低，选用电动机的功率越小，电动机的过载能力受到限制。当过载能力不满足要求时，可按电动机的过载能力来选择。

知识点六　电动机类型、额定电压与额定转速的选择

除了电动机的功率选择外，还应根据具体情况正确选择电动机的类型、额定电压、额定转速等。

一、电动机类型的选择

电动机的类型有同步电动机、直流电动机、笼型异步电动机和绕线型异步电动机。电动机类型选择的原则是：在满足生产机械特点的前提下，优先选用结构简单、维护方便、价格便宜的笼型异步电动机。

同步电动机具有转速恒定、功率因数可调等特点，但造价高，运行维护较复杂，因此仅用在负载功率较大，且不要求调速的生产机械上，如空气压缩机、球磨机、破碎机等。

直流电动机具有启动转矩大，调速性能好等优点。目前应用在功率较大，调速范围要求高的生产机械，如高精密数控机床、龙门刨床、电力机车等。

笼型异步电动机结构简单、维护方便、运行可靠、价格便宜，但其启动和调速性能较差。因此，在调速要求不高的生产机械应优先选用，如机床、水泵、通风机等。对要求较大启动转矩的生产机械，可选择深槽型或双笼型异步电动机，如纺织机械、空气压缩机、皮带运输机等。

绕线型异步电动机能够限制启动电流、提高启动转矩，且可在一定范围内调速，多用于起重机、卷扬机、电梯、矿井提升机等生产机械上。

随着交流调速系统的不断发展，交流电动机的调速性能不断改善，其技术经济指标正向直流电动机接近，将使交流电动机的应用越来越广泛。

二、电动机额定电压的选择

电动机额定电压应选择与供电电网的额定电压一致。

我国交流供电电压有 220/380V、3kV、6kV、10kV 等多种，对于中小型低压异步电动机，一般采用 220/380V，对于大功率的高压电动机，可根据供电电源情况选择 3kV、6kV 或 10kV 的额定电压。三相电动机接线形式有 Y、△和 Y/△三种，当采用 Y/△降压启动时，则应选择三角形接线的电动机。

直流电动机额定电压的选择应由直流电源装置来确定，直流电源电压有 110、220、330、440、660V 等。常用的直流电源装置有直流发电机、晶闸管整流装置和蓄电池组。

三、电动机额定转速的选择

一般来说，额定功率相同的电动机，额定转速越高，额定转矩越小，电动机尺寸、质量和成本越小，因此选用高速电动机较为经济。但是，对于一定转速的生产机械，若电动机的转速越高，势必加大传动机构的传速比，使传速机构复杂造价高。因此，在电动机额定转速和传速比选择时，必须综合考虑电动机与生产机械两方面的情况，做出正确的选择。

连续工作的电动机，一般从初期投资和运行维护费用来考虑；从几个不同额定转速的方案中选出最合适的转速；对于经常启动、制动及反转，但过渡过程的持续时间对生产影响不大的电动机，除考虑初期投资外，可根据过渡过程能量消耗为最小的条件来选择；对于经常启动、制动及反转，但过渡过程持续时间对生产影响较大的电动机（如龙门刨床的主拖动电机），主要根据过渡过程的持续时间为最短的条件来选择。

四、电动机形式的选择

电动机的工作制有连续、短时和断续周期性工作制。电动机的结构形式，按其安装方式不同，有卧式和立式两种。一般情况多选用卧式，只有特殊情况采用立式，如深井水泵、潜水泵和钻床等。按防护形式不同，有开启式电动机、防护式电动机、封闭式电动机、密闭式电动机和防爆式电动机等，应根据使用地点、使用环境来确定电动机的形式。

（1）开启式电动机。价格便宜，散热性能良好，但尘埃、水滴和铁屑等有害物质容易侵入电动机内部，影响其正常运行和寿命，因此，仅用于干燥和清洁的环境中。

（2）防护式电动机。这种电动机一般可防水滴、防雨、防溅及防止外界物体从上面落入电动机内部，但不能防潮、防尘。它适用于干燥、灰尘不多，没有腐蚀性爆炸性气体的环境。

（3）封闭式电动机。这类电动机又分为自扇冷式、他扇冷式和封闭式三种。前两类可用在潮湿、多腐蚀性灰尘、易受风雨侵蚀的环境中。第三类一般用于浸入水中的设备（如潜水泵电动机），但价格较贵，一般情况下尽量少用。

（4）防爆式电动机。这类电动机应用在有爆炸危险的环境。如煤矿、油库、煤气站等。

五、案例分析

[例 4-3-1] 一台离心式水泵，流量为 $q = \dfrac{720}{3600}$ m³/s，排水高度 h=21m，转速 n=1000r/min，水泵效率 η_b=0.78，水的比重 γ=9810N/m³，传动机械效率 η=0.98，电动机与水泵同轴连接。今有一台电动机，功率 P_N=55kW，额定电压 U_N=380V，额定转速 n=980r/min，是否能用？

解：
$$P_L = \frac{q\gamma h}{\eta_p \eta} \times 10^{-3} = \frac{720 \times 9810 \times 21}{3600 \times 0.78 \times 0.98} \times 10^{-3} = 53.9(\text{kW})$$

今有电动机的功率 P_N=55kW>P_L=53.9kW，n_N 略小于 n，因此可用。

[例 4-3-2] 某台电动机 P_N=10kW，已知标准环境温度为 40℃，允许最高温升为 85℃，设不变损耗和可变损耗均为全部损耗的 50%，求环境温度为 t_0=50℃和 25℃时电动机的额定

功率应修正为多少？

解：当 $t_0=40℃$ 时，电动机的允许温升 $\tau_{\max}=85℃$，电动机绝缘允许的最高温度

$$t_{\max}=\tau_{\max}+t_0=85+40=125(℃)$$

$$k=P_0/P_{Cu}=1$$

当 $t_0=50℃$，$t_{\max}=125℃$，额定功率应修正

$$P=P_N\sqrt{\frac{t_{\max}-t_0}{t_{\max}-40}(k+1)-k}=\sqrt{\frac{125-50}{125-40}\times2-1}=0.874P_N=8.74(kW)$$

当 $t_0=25℃$ 时

$$P=P_N\sqrt{\frac{t_{\max}-t_0}{t_{\max}-40}(k+1)-k}=\sqrt{\frac{125-25}{125-40}\times2-1}=1.163P_N=11.63(kW)$$

[**例 4-3-3**]　某生产机械的负载图 $T=f(t)$ 及转速 $n=f(t)$ 如图 4-3-14 所示，试选择标准环境温度下，$U_N=220V$，直流他励自冷风扇式电动机的容量，并进行热校验。

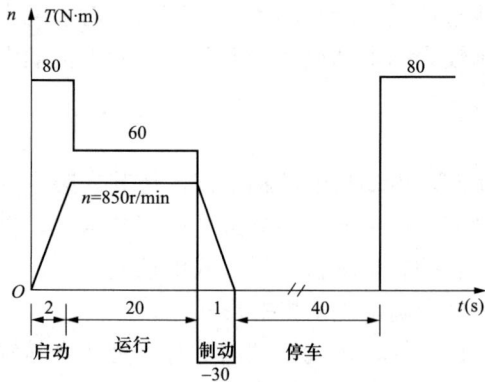

图 4-3-14　生产机械及电动机负载图

解：由图 4-3-14 可知负载持续率为

$$ZC\%=\frac{t}{t_p}=\frac{t_w}{t_w+t_s}\times100\%$$

$$=\frac{2+20+1}{2+20+40+1}\times100\%$$

$$=36.5\%$$

可选择连续短时容量的电动机。

计算负载的平均转矩和平均功率

$$T_{Lavg}=\frac{80\times2+60\times20+30\times1}{2+20+1}=60.43(N\cdot m)$$

$$P_{Lavg}=\frac{T_{Lavg}n}{9550}=\frac{60.43\times850}{9550}=5.38(kW)$$

取系数为 1.3 预选电动机容量为

$$P_N=1.3P_{Lavg}\sqrt{\frac{ZC\%}{ZC_b\%}}=1.3\times5.38\times\sqrt{0.36/0.4}=6.64(kW)$$

查产品目录，选 ZZY-31，$P_N=7kW$，$ZC\%=40\%$，$n_N=850r/min$ 的电动机。用等效转矩法进行发热校验

$$T_{eq}=\sqrt{\frac{T_1t_1+T_2t_2+\cdots+T_nt_n}{t_p}}=\sqrt{\frac{80^2\times2+60^2\times20+30^2\times1}{2+20+1}}=61.04(N\cdot m)$$

$$T_N=9550\frac{P_N}{n_N}=9550\times\frac{7}{850}=78.65(N\cdot m)$$

因为 $T_N>T_{eq}$，所以发热校验合格。

六、解题要点

（1）生产机械电动机的选择原则和方法。为生产机械正确选择电动机时，最重要的是功率 P_N 选择。

1）电动机的发热和冷却规律：$\tau = \tau_{bt}(1 - e^{-t/T}) + \tau_{af}e^{-t/T}$。

2）选择电动机的一般原则：$t_{max} \leqslant \tau_{max}$。

（2）连续工作方式电动机的选择。

1）恒定负载。$P_N \geqslant P_L$，　$P = P_N\sqrt{\dfrac{t_{max} - t_0}{t_{max} - 40}(k+1) - k}$。

2）变化负载。根据负载图预选电动机并进行发热、过载能力校验。发热校验的方法。

平均损耗法：$P_{avg} = \dfrac{p_1t_1 + p_2t_2 + \cdots + P_nt_n}{t_1 + t_2 + \cdots + t_n} = \dfrac{\sum\limits_1^n p_it_i}{t_p}$，　$P_N = (1.1 \sim 1.6)P_{Lavg}$。

等效电流法：$I_{eq} = \sqrt{\dfrac{I_1^2t_1 + I_2^2t_2 + \cdots + I_n^2t_n}{t_p}} = \sqrt{\dfrac{\sum\limits_1^n I_i^2t_i}{t_p}}$，　$I_N \geqslant I_{eq}$ 发热校验通过。

等效转矩法：$T_{eq} = \sqrt{\dfrac{T_1t_1 + T_2t_2 + \cdots + T_nt_n}{t_p}} = \sqrt{\dfrac{\sum\limits_1^n T_i^2t_i}{t_p}}$，　$T_N \geqslant T_{eq}$ 发热校验通过。

等效功率法：$P_{eq} = \sqrt{\dfrac{P_1t_1 + P_2t_2 + \cdots + P_nt_n}{t_p}} = \sqrt{\dfrac{\sum\limits_1^n P_i^2t_i}{t_p}}$，　$P_N \geqslant P_{eq}$ 发热校验通过。

使用公式时注意各种校验方法的使用条件，不满足时必须加以修正。

（3）短时运行方式电动机的选择。

1）选用连续运行方式电动机：$P_N \geqslant P_L/k_w$。

2）选用短时运行方式电动机：$P_{1c} \approx \sqrt{\dfrac{t_w}{t_q}}P_L$。

（4）断续运行方式电动机的选择。

1）选用连续运行方式的电动机。

2）选用断续运行方式的电动机。

$$P_{Lb} \approx P_L\sqrt{\dfrac{ZC\%}{ZC_b\%}}$$

单 元 小 结

（1）直流电机的电力拖动主要研究电动机和生产机械之间的关系，具体表现在电磁转矩 T 与负载转矩 T_L 以及系统转速 n 之间的关系上。在规定的转矩、转速正方向前提下，运动方程式为

$$T - T_L = \frac{GD^2}{375}\frac{dn}{dt}$$

（2）把工作机构的转矩、力矩、飞轮矩和质量折算到电动机轴上，电动机和生产机械就成为同轴连接的系统，它们有着同样的转速 n。$n = f(T)$的方程式和曲线称为电动机的机械特性，

$n=f(T_L)$方程式和曲线称为负载转矩特性。把两者绘制在同一个图上，成了分析电力拖动系统的重要工具。

（3）典型的生产机械负载特性有：反抗性恒转矩负载、位能性恒转矩负载、恒功率负载及水泵、风机类负载。实际的生产机械往往是以某种类型负载为主，同时兼有其他类型的负载。

（4）电动机选择包括额定功率、类型、额定电压、额定转速和结构形式等。其中最重要的是额定功率的选择。

（5）电动机功率选择的一般原则是：电动机功率尽可能得到充分的利用，运行时最高温升不超过电动机的允许温升，同时满足过载能力和启动能力的要求。

（6）选择电动机功率的一般步骤是：首先根据生产机械的负载图，计算负载的功率 P_L，依据负载功率预选一台功率适当的电动机，对预选电动机进行发热、过载能力和启动能力校验，直到合格为止。

（7）电动机发热是由于运行时内部损耗引起的，损耗产生的热量，一部分散发到周围介质中，一部分储存在电动机中，使电动机的温升逐步加大，直至某一稳态值；当电动机减载或停机时，电动机的温升将逐步下降，直至某一稳态值或温升为零。电动机允许的最大温升的高低与电动机的绝缘等级有关。电动机的发热校验，实际上就是检查电动机运行时的最大温升是否超过规定值。

（8）电动机的温升与其持续工作时间有关。按工作制将电动机分为连续工作制、短时工作制和断续周期工作制三种。对于不同的工作制，电动机功率的选择方法也不同。

（9）连续工作制电动机功率的选择，分为恒定负载和周期性变化负载两种情况。对恒定负载，只要满足 $P_N \geq P_L$ 即可；对周期性变化负载，必须计算其平均负载，预选某一功率，再进行发热校验、过载能力校验、启动能力校验。发热校验一般不是直接计算温升，而是用间接的方法来校验，具体有平均损耗法、等效功率法、等效转矩法。

（10）对于短时工作制和断续周期工作的电动机，既可以选用专门的电动机，也可以选用连续工作制的电动机。

在选择电动机功率的同时，还要根据负载的特点、供电电源的情况和经济效益、工作环境等，来确定电动机的类型、额定电压、额定转速和结构形式等。

思考与练习

一、单选题

1．选择电动机包括它的功率、类型、额定电压、（　　）和结构形式。
　　A．额定频率　　　　　　　　B．额定电流　　　　　　　　C．额定转速

2．电力拖动装置由电源、电动机、控制设备、（　　）四部分组成。
　　A．电压　　　　　　　　　　B．工作机构　　　　　　　　C．电阻

3．选择电动机功率时，主要考虑电动机的发热、允许过载能力与（　　）三方面因素。
　　A．启动能力　　　　　　　　B．冷却能力　　　　　　　　C．转动能力

4．选择电动机功率的一般步骤是：根据生产机械的负载图，计算（　　），对预选电动机进行发热、过载能力和启动能力校验，直到合格为止。
　　A．额定电流　　　　　　　　B．额定电压　　　　　　　　C．负载的功率 P_L

5．决定电动机功率时，除要考虑电动机的发热校验外，还要使电动机运行时的最高温度不大于绝缘材料所允许的（　　）。

　　A．额定温度　　　　　　　　B．最高温度　　　　　　　　C．最低温度

6．电动机的工作制分为：连续工作制、短时工作制和（　　）工作制。

　　A．断续周期性　　　　　　　B．计时　　　　　　　　　　C．时差

7．电动机铭牌上所标的额定功率指环境温度为（　　）℃时电动机带额定负载长期连续工作的温度。

　　A．30　　　　　　　　　　　B．40　　　　　　　　　　　C．50

8．B级绝缘允许的最高温度为（　　）℃。

　　A．110　　　　　　　　　　 B．120　　　　　　　　　　 C．130

9．绝缘材料（　　）是一台电动机带负载能力的限度，电动机额定功率就是代表这一限度的参数。

　　A．最低允许温度　　　　　　B．最高允许温度　　　　　　C．最低允许温度

10．防护式电动机一般可防水滴、防雨、防溅，以及防止外界物体从上面落入电动机内部，但不能（　　）和防尘。

　　A．防水　　　　　　　　　　B．防冻　　　　　　　　　　C．防潮

二、判断题（对的打√，错的打×）

1．应用各种电动机使生产机械产生运动的方式称为"电力拖动"。　　　　　　（　　）

2．电动机发热是由于运行时外部损耗引起的。　　　　　　　　　　　　　　（　　）

3．电动机的冷却过程是指电动机的发热量小于散热量，电动机的温度逐渐下降，温升逐渐减小的过程。　　　　　　　　　　　　　　　　　　　　　　　　　　　（　　）

4．选择电动机包括它的功率、类型、额定电压、额定转速和结构形式。其中最重要的是电压的选择。　　　　　　　　　　　　　　　　　　　　　　　　　　　　　（　　）

5．对于短时工作制和断续周期工作的电动机，既可以选用专门的电动机，也可以选用连续工作制的电动机。　　　　　　　　　　　　　　　　　　　　　　　　　　（　　）

三、计算题

1．已知一台离心式水泵的排水量为60m^3/s，扬程高为18m，转速为1450r/min，泵的效率为0.4，泵与电动机直接相连。试选择电动机的功率。

2．一台他励式直流电动机拖动的生产机械，其负载功率如图 4-3-15 所示，今欲选一台 P_N=5.6kW、U_N=220V、n_N=1000r/min、过载能力 k_m=2.3 的电动机，试对该电动机进行发热校验和短时过载能力的校验。

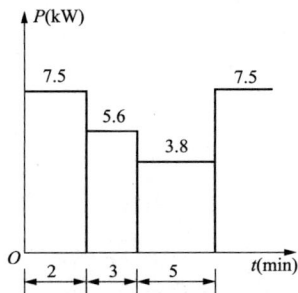

图 4-3-15　负载功率图

第五部分

新能源发电技术简介

近年来国家大力推行新能源发电技术的发展，如风力发电、核能发电、太阳能发电等。

第一单元　风力发电工作原理简介

🎓 **知 识 要 求**

（1）了解风力发电的发展历史，了解我国风电产业的现状及风力发电的意义和特点。
（2）掌握风力发电系统的组成及风力发电的运行方式。
（3）熟悉风力发电机组的结构。

🌱 **能 力 要 求**

（1）能识别风力发电系统的组成元件。
（2）能简述风力发电的运行方式。
（3）能根据风力发电机组的结构说明其用途。

导 学

　　风就是水平运行的空气。风能是一种干净的自然资源，不会造成环境污染。每安装一台单机容量为 1MW 的风能发电机，每年减少 2000t 二氧化碳。风能产生 1MWh 的电量可以减少 0.8～0.9t 的温室气体，相当于煤或矿物燃料一年产生的气体量。风电技术日趋成熟，产品质量可靠，可用率达 95% 以上，是一种安全可靠的能源。

　　我国风能资源丰富，陆地上离地 10m 高度层的风能资源总储量为 32.26 亿 kW，可开发利用的风能储量约 10 亿 kW，其中，陆地上风能储量约 2.53 亿 kW，海上可开发和利用的风能储量约 7.5 亿 kW。而青海、甘肃、新疆和内蒙古是我国陆地风能储备最丰富的地区。

🌱 知 识 点 一　风 力 发 电 概 述

　　能源问题作为关系到世界经济发展和人们生存环境的重大问题正日益受到世界各国的广泛关注。在全球生态环境恶化和石化资源逐渐枯竭的双重压力下，对新能源的研究和利用已成为全球各国关注的焦点。除水电发电技术外，风力发电是新能源发电技术中最成熟、最具大规模开发和最有商业化发展前景的发电方式。由于在改善生态环境、优化能源结构、促进社会经济可持续发展等方面的突出作用，目前世界各国都在大力发展和研究风力发电及其相关技术。作为一种重要的可再生能源，风能的开发和利用在新能源研究中一直被广泛关注。

　　风能是由太阳辐射能转化而来，太阳每小时辐射地球的能量是 $1.74×10^{11}$MW，换句话说，地球每小时接收 $1.74×10^{11}$MW 的能量。太阳辐射造成地球表面受热不均，引起大气层中压力分布不均，空气沿水平方向运动形成风。风能大约占太阳提供总能量的 1%～2%，太阳辐射能量中的一部分被地球上的植物转化成生物能，而被转化的风能总量是生物能的 50～100 倍。全球的风能约为 $2.74×10^{9}$MW，其中可利用的风能为 $2×10^{7}$MW，比地球上可开发利用的水能总量还要大 10 倍。

一、风力发电简史

21 世纪是可再生能源发展的黄金时期。由于风能非常丰富、价格相对便宜且能源不会枯竭，又可以在很大范围内取得，它非常干净、没有污染，不会对气候造成影响，因而风力发电具有极高的推广价值。在我国，风能资源丰富的地区主要集中在北部、西北和东北的草原、戈壁滩以及东部、东南部的沿海地带和岛屿上。这些地区缺少煤炭及其他常规能源，并且冬春季节风速高，雨水少；夏季风速低，雨水多，风能和水能具有很好的季节匹配。

风力发电是在大量利用风力提水的基础上产生的，最早起源于丹麦。早在 1890 年，丹麦政府就制定了一项风力发电计划，经过 18 年的努力，制造出首批 72 台单机功率为 5.25kW 的风力发电机，又经过 10 年的努力，发展到 120 台。时至今日，丹麦已成为世界上生产风力发电设备的大国。

第一次世界大战刺激了螺旋桨式飞机的发展，使近代空气动力学理论有了用武之地。在此期间，高速风轮叶片的桨叶设计有了一定的基础。1931 年，苏联首先采用螺旋桨式叶片设计制造了当时世界上最大的一台 30kW 的风力发电机。

第二次世界大战前后，由于能源需求量较大，不少国家相继注意风力发电机的发展。美国在 1941 年制造了一台 1250kW、直径达 53.3m 的风力发电机。但是这种特大型风力发电机制造技术复杂，运行不稳定，经济性很差，所以很难得到发展。1978 年 1 月，美国在新墨西哥州的克莱顿镇建成的 200kW 风力发电机，其叶片直径为 38m，发电量足够 60 户居民用电。而 1978 年夏，在丹麦日德兰半岛西海岸投入运行的风力发电装置，其发电量则达 2000kWh，风车高 57m，所发电量 75%送入电网，其余供给附近一所学校使用。这个风车有十层楼高，风车钢叶片的直径为 60m；叶片安装在一个塔型建筑物上，因此风车可自由转动，可从任何一个方向获得电力；风速在 38km/h 以上时，发电能力可达 2000kW。由于这个丘陵地区的平均风速只有 29km/h，因此风车不能全部运动。据估计，即使全年只有一半时间运转，它就能满足贝卡罗莱州七个县 1%～2%的用电需求。但是，在后来廉价石油的冲击下，特大型风力发电机只停留在科研阶段，未能实用。20 世纪 70 年代，世界出现了石油危机，以及随之而来的环境问题，这迫使人们开始考虑可再生能源问题，风力发电很快被重新提到了议事日程。

我国是世界上利用风能最早的国家之一。用帆式风车提水已有 1700 多年的历史，在农业灌溉和盐池提水中起到过重要作用。从 20 世纪 70 年代开始，在国家有关部门的领导和协调下，我国开始小型风力发电机的研制，并取得了明显进展，实现了小型机组的国产化，且在内蒙古等地区取得较广泛的应用。但因长期以来一直停留在内蒙古家庭独户利用的水平以及科研型的小规模研制上，人们对风电的认识也多停留在蒙古包水平的概念上。到 20 世纪 90 年代，风力发电设备的研制主要是为了保护地球环境，减排温室气体，减少日益枯竭的化石燃料消耗。随着科学技术水平的进一步提高，风力发电将更有竞争力，其清洁和安全性更符合绿色社会可持续发展的政策。

二、我国风力发电产业简介

我国位于亚洲大陆东南濒临太平洋西岸，海岸线长，季风强盛；我国风能资源丰富，开发潜力巨大，必将成为未来能源结构中的一个重要组成部分。经初步估算，我国陆地上离地 10m 高度层的风能资源总储量为 32.26 亿 kW，可开发利用的风能储量约 10 亿 kW，约相当于 50 座三峡电站的装机容量。

近年来，在国家政策大力扶持和业内企业的不断努力下，风电发电产业出现了良好的发展势头，市场规模不断扩大，经济效益显著。与此同时，风电产业在节能减排、拉动就业等方面也发挥着重要作用。2016 年中国风电并网总装机 1.7 亿 kW，发电量 2800 亿 kW·h，风电已超过核电 173 亿 kW·h 的发电量，成为继煤电和水电之后的第三大主力电源。中国风电市场进入了稳健发展期。

🌱 知识点二　风力发电的意义和特点

一、风力发电的意义

风电是清洁、无污染的可再生能源，它的优势已被人们所认识。但是风电发电成本与常规能源相比仍处劣势，特别是我国，风电发电成本还难以与常规能源相竞争，这制约了我国风电的发展。因此，全面研究我国风力发电技术、研究影响风力发电成本的因素、找到降低风力发电成本的途径，对促进我国风电的发展、改进我国能源结构、治理我国的环境污染具有重要的现实意义。

发展风力发电等可再生能源对于保护环境、改善能源结构等有着重要的战略意义。根据国际上通行的能源预测，石油将在 2050 年左右枯竭，天然气将在 2070 年左右用光，煤炭也只能用到 2230 年。不仅考虑煤炭等自然资源将枯竭，从保护环境方面看发展风力发电十分必要。因为以煤炭为主的能源结构会造成"温室效益"和"酸雨"现象，导致环境污染。

我国是人口第一大国、能耗第二大国，人均资源占有相对匮乏。目前，德国风力发电能满足全国 4% 的电力需求，丹麦风力发电满足全国 5% 的电力需求，而我国风力发电能满足全国 3% 的电力需求。预计到 2030 年，风力发电将占到世界发电量的 25%。我国风力发电的发展与世界上先进国家相比有很大差距，随着现代化进程步伐的加快，我国能源需求会不断上升，能源的压力会不断加大。因此，大力发展风电是十分必要的，而且也符合我国制定的长期可持续发展的初衷。

二、风力发电的特点

（1）可再生的清洁能源。风力发电是一种取之不尽用之不竭的可再生洁净能源，不消耗化石资源也不污染环境，这是火力发电无法比拟的。

（2）建设周期短。例如一个 10MW 级的风电场建设期不到一年。

（3）装机规模灵活。可根据资金情况决定一次装机规模，有一台的资金就可以安装一台投产一台。

（4）可靠性高。现代高科技应用于风力发电机组，使其发电可靠性大大提高，大、中型风力发电机组可靠性从 20 世纪 80 年代的 50% 提高至 98%，高于火力发电，且机组寿命可达 20 年。

（5）造价低。由于我国大中型风力发电机组全部从国外引进，造价和电价相对比火力发电高，但随着大中型风力发电机组实现国产化、产业化，在不久的将来风力发电的造价和电价都将低于火力发电。

（6）运行维护简单。现代大中型风力发电机的自动化水平很高，可以在无人值守的情况下正常工作，只需定期进行必要的维护，不存在火力发电的大修问题。

（7）实际占地面积小。发电机组与监控、变电站等建筑仅占火电厂 1% 的土地，其余场地仍可供农、牧、渔使用，可灵活建设在山丘、海边、荒漠等地。

（8）发电方式多样化。风力发电既可并网运行，也可以和其他能源如柴油发电、太阳能发电、水力发电机组形成互补系统，还可以独立运行，因此对于解决边远地区的用电问题提供了现实可行性。

（9）单机容量小。由于风况不稳定，风时有时无，大风还存在破坏性，风能密度低决定了单台风力发电机组容量不可能很大，与现在的火力发电机组和核电机组无法相比。

知识点三　风力发电的原理及系统组成

一、风力发电的基本原理

风力发电机是将风能转换为机械能的动力机械，又称风车。广义地说，它是一种以太阳为热源，以大气为工作介质的热能利用发动机。风力发电利用的是自然能源，相对柴油发电要好得多。但是若应急，不如柴油发电机。风力发电不可视为备用电源，但是却可以长期利用。

风能具有一定的动能，通过风轮将风能转化为机械能，拖动发电机发电。风力发电的基本原理是利用风带动风车叶片旋转，再通过增速器将旋转的速度提高促使发电机发电。即把风的动能转换为机械动能，再把机械动能转化为电力动能。依据目前的风车技术，大约 3m/s 的微风速度便可以发电。风力发电的原理说起来非常简单，最简单的风力发电机可由叶片和发电机两部分构成，如图 5-1-1 所示。空气流动的动能作用在叶轮上，将动能转换成机械能，从而推动叶片旋转，如果将叶轮的转轴与发电机的转轴相连就会带动发电机发出电来。

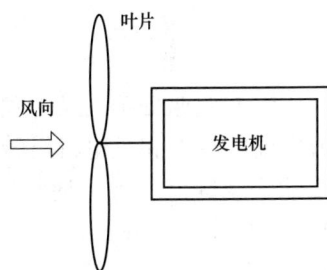

图 5-1-1　风力发电原理图

二、风力发电系统的组成

风力发电系统由风力机、齿轮箱（可选）、发电机、电能变换装置（可选）等组成，如图 5-1-2 所示。

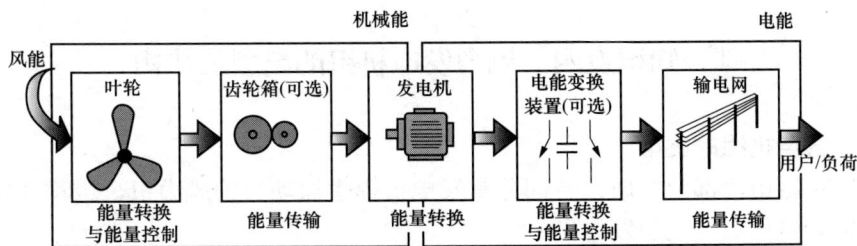

图 5-1-2　风力发电系统的组成

根据图 5-1-2 中各部件类型及组合的不同，目前主要有以下三类风力发电系统：

（1）恒速恒频式风力发电系统。其特点是在有效风速范围内，发电机组产生的交流电能的频率恒定，发电机组的运行转速变化范围很小，近似恒定；通常该类风力发电系统中的发电机组为笼型感应发电机组，结构如图 5-1-3 所示。

风力机　　　　　　笼型感应发电机　　　　　　　　　　　电网

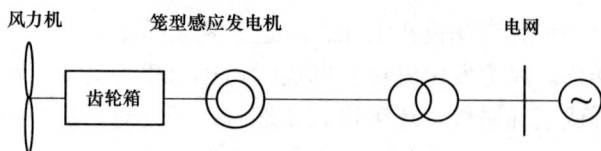

图 5-1-3　恒速恒频式风力发电系统结构

（2）变速恒频式风力发电系统。变速恒频式风力发电系统的特点是在有效风速范围内，发电机组定子发出的交流电能的频率恒定，而发电机组的运行转速变化；通常该类风力发电系统中的发电机组为双馈感应式异步发电机组，结构如图 5-1-4 所示。

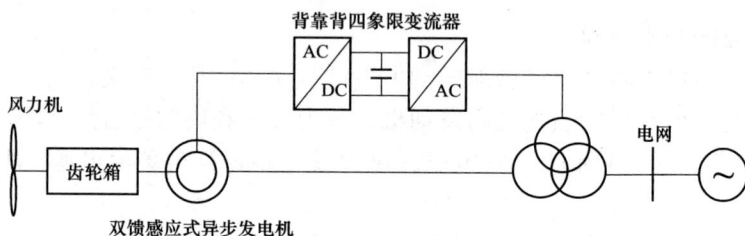

背靠背四象限变流器

风力机　　　　　　　　　　　　　　　　　　　　　　　　　电网

齿轮箱

双馈感应式异步发电机

图 5-1-4　变速恒频式风力发电系统结构

（3）变速变频式风力发电系统。其特点是在有效风速范围内，发电机组定子侧产生的交流电能的频率和发电机组转速都是变化的，因此，此类风力发电系统需要串联电力变流装置才能实现联网运行。通常该类风力发电系统中的发电机组为永磁同步发电机组，结构如图 5-1-5 所示。

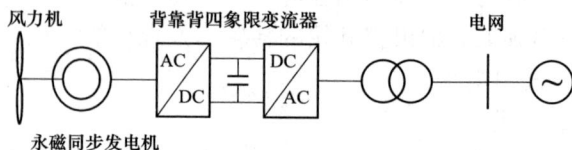

风力机　　　　　　背靠背四象限变流器　　　　　　　电网

永磁同步发电机

图 5-1-5　变速变频直驱式风力发电系统结构

知识点四　风力发电机组的类型及结构

一、风力发电机组的类型

风力发电机组由两部分组成：一部分是发电机提供原动力的风力机，也称风轮机；另一部分是将机械能转化为电能的发电机。

（1）风力机的分类。风力机主要利用气动升力带动风轮。气动升力是由飞行器的机翼产生的一种力。国内外风力机的种类结构形式繁多，从不同的角度可有多种分类方法。

1）按叶片工作原理的不同，可分为升力型风力机和阻力型风力机。

2）按风力机的用途不同，可分为风力发电机、风力提水机、风力割草机和风力脱谷机等。

3）按风轮叶片的叶尖线速度与吹来风速之比大小的不同，可分为高速风力机（比值大于3）和低速风力（比值小于3）。

4）按风机容量大小的不同，可将风力机组分为小型（100kW以下）、中型（100～1000kW）和大型（1000kW以上）三种。我国则分为微型（1kW以下）、小型（1～10kW）、中型（10～100kW）和大型（100kW以上）四种。

目前，按风轮轴与地面相对位置来分类的方法较为流行。按风轮轴与地面相对位置的不同，可分为水平轴风力机和垂直轴（立轴）风力机，如图5-1-6所示。水平轴风力机风轮的旋转轴与风向平行；垂直轴风力机风轮的旋转轴垂直于地面或气流方向。水平轴风力机可分为升力型和阻力型两类。升力型旋转速度快，阻力型旋转速度慢。大型风力发电机组多采用水平轴风力机形式。

图 5-1-6　风力机类型图
（a）水平轴风力机；（b）垂直轴风力机

风力机的风轮与纸风车的转动原理一样，不同的是，风轮叶片具有比较合理的形状。为了减少阻力，其断面呈流线型，前缘有很好的圆角，尾部有相当尖锐的后缘，表面光滑，风吹来时能产生向上的合力，可驱动风轮很快地转动。对于功率较大的风力机，风轮的转速是很低的。而与之联合工作的机械，转速要求又比较高，因此必须设置变速箱，把风轮转速提高到工作机械的工作转速。只有当风垂直吹向风轮转动面时，风力机才能发出最大功率，但由于风向是多变的，因此还要有一种装置，使之在风向变化时保证风轮跟着转动，自动对准风向，这就是机尾的作用。风力机是多种工作机械的原动机。利用它带动发电机的就叫风力发电机。按风力机与发电机的连接方式，有变速连接和直接连接两种。

（2）发电机的选择和分类。发电机的作用是将机械能转换为电能。风力发电机上的发电机与电网上的发电设备相比略有不同，原因是风力发电机需要在波动的机械能条件下运转。

大型风力发电机（100～150kW）通常可产生690V的三相交流电。当电流通过风力发电机旁（或塔内）的变压器时，电压被提高至10～30kV，具体电压取决于当地电网的标准。大型制造商可以提供50Hz或60Hz风力发电机类型。

发电机在运转时需要冷却。大部分风力发电机被放置在管内，并使用大型风扇进行风冷，小部分制造商采用水冷。水冷发电机更加小巧，并且发电效率高，但这种冷却方式需要在机舱内设置散热器来消除液体冷却系统产生的热量。

风力发电机可以使用同步或异步发电机，异步发电机分为笼型异步发电机和绕线式双馈异步发电机两种形式；同步发电机分为永磁同步发电机和电励磁同步发电机两种形式。风力发电机可直接或间接地将发电机连接在电网上。直接电网连接指的是将发电机直接连接在交流电网上。间接电网连接指的是风电机的电流通过一系列电力设备，经调节与电网匹配。采用异步发电机时，这个调节过程将自动完成。

二、风力发电机组的基本结构

一般的风力发电机组由机舱、转子叶片、轴心、低速轴、齿轮箱、高速轴及其机械闸、发电机、偏航装置、电子控制器、液压系统、冷却元件、塔架、风速计、风向标及尾舵等组成。外观及结构如图 5-1-7 和图 5-1-8 所示。

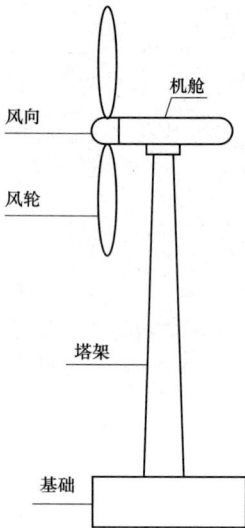

图 5-1-7　风力发电机组的外观图　　　　图 5-1-8　风力发电机组内部结构图

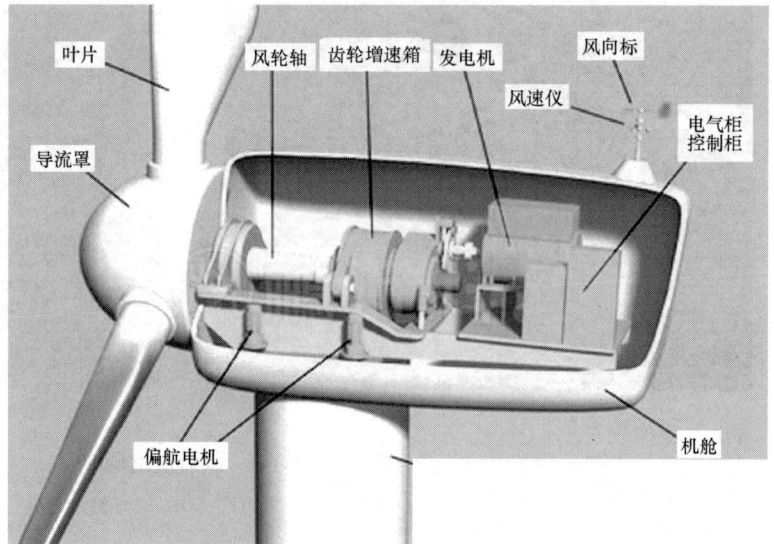

（1）机舱。机舱包容着风力发电机的关键设备，包括齿轮箱和发电机。维修人员可以通过风电机塔进入机舱。

（2）转子叶片。用于捕获风，并将风力传送到转子轴心。600kW 的风力发电机上，每个转子叶片的测量长度大约为 20m，设计得很像飞机的机翼。转子叶片安装在机头上，是把风能转换为机械能的主要部件。大部分风力发电机都具有恒定的转速。大型风力发电机的转子叶片通常呈螺旋状，用玻璃钢制造，以保证叶片后面的刀口沿地面上的风向被推离。小型风力发电机转子叶片用钢及铝合金，但存在重量及金属疲劳等问题。

（3）轴心。转子轴心附着在风力发电机的低速轴上。

（4）低速轴。风力发电机的低速轴将转子轴心与齿轮箱连接在一起。600kW 风力发电机的转子转速相当慢，大约为 19～30r/min。低速轴中有用于液压系统的导管，来激发空气动力闸的运行。

（5）齿轮箱。风力机属于低速旋转机械，因此需要采用变速齿轮箱将风力机轴上的低速旋转输入转变为高速旋转输出，以便与发电机运转所需的转速相匹配。齿轮箱和升速比对风力发电机组的性能及造价有重要影响，合适的升速比应通过系统的方案优化比较来选定。大中型风电场中单机容量在 600kW～1MW 的风力发电机组中齿轮箱的增速比为 1：50～1：70，而齿轮箱组合形式一般为 3 级齿轮传动。

（6）高速轴及其机械闸。高速轴以 1500r/min 运转，并驱动发电机。它装备有紧急机械闸，用于空气动力闸失效或风力发电机维修。

（7）发电机。风力发电机是发电装置中最重要的电气设备，目前并网运行风力发电系统中常采用的发电机有异步发电机、双速异步发电机、双馈异步发电机和低速交流发电机。

（8）偏航装置。风力发电机偏航装置用于将风力发电机转子转动到迎风方向。借助电动机转动机舱，使转子正对着风向。偏航装置由电子控制器操作，电子控制器可以通过风向标来感觉风向。通常，在风改变其方向时，风力发电机一次只会偏转几度。大部分的水平轴的风力发电机都会强迫偏航，即使用一个带有电动机及齿轮箱的机构来保持风力发电机对着风偏转。

（9）电子控制器。包含一台不断监控风力发电机状态的计算机，并控制偏航装置。为防止发生齿轮箱、发电机过热等故障，该控制器可以自动停止风力发电机的转动，并通过电话调制解调器来呼叫风力发电机操作员。

（10）液压系统。用于重置风力发电机的空气动力闸。

（11）冷却元件。包含一个风扇和一个油冷却元件，分别用于冷却发电机和冷却齿轮箱内的油。

（12）塔架。塔架在风力发电机中主要起支撑作用，同时吸收机组振动。目前并网发电机组的塔架全部采用塔筒式。

（13）风速计及风向标。用于测量风速及风向。

（14）尾舵。常见于水平轴上风向的小型风力发电机。位于回转体后方，与回转体相连。主要作用：一为调节风机转向，使风机正对风向。二是在大风风况的情况下使风力机机头偏离风向，以达到降低转速，保护风机的作用。

知识点五　风力发电的运行方式

风力发电机的运行方式可分为独立运行、并网运行（风电场）、风力—柴油发电系统联合运行、风力发电—太阳能电池发电联合运行，以及风力—生物质能—柴油联合发电系统等。

（1）独立运行。通常是一台小型风力发电机向一户或几户提供电力，它用蓄电池储能，以保证无风时的用电。3～5kW 以下的风力发电机多采用这种运行方式，可供边远农村、牧区、海岛、气象台站、导航灯塔、电视差转台及边防哨所等电网达不到的地区利用。

（2）并网运行。风力发电机与电网连接，可向电网输送电能及向大电网提供电力，并网运行是为了克服风的随机性带来的蓄能问题而采取的最稳妥易行的运行方式，也是风力发电的主要发展方向。该运行方式是在风能资源丰富的地区按一定的排列规则成群安装风力发电机组，组成集群，少的3～5 台，多的可达几十台、几百台，甚至上千上万台。风电场内风力发电机组的单机容量为几十千瓦至几百千瓦，也有达兆瓦以上的。

风电场一般选在较大盆地的风力进出口处或较大海洋湖泊的风力进出口处，或者是高山环绕盆地的狭谷地或有贯穿环山岩溶岩洞处，这样就可以获得较大的风力。风电场一般需要达到两个要求：

（1）厂址的风能资源比较丰富，年平均风速在 6m/s 以上，年平均有效风功率密度大于200m/m^2，年有效风速（3～25m/s）累积时间不小于 5000h。

（2）场地面积需达到一定的规模，以便有足够的场地布置风力发电机。风电场大规模利用风能，其发出的电能全部经变电设备送往大电网。风电场如图 5-1-9 所示。

图 5-1-9 风电场
(a) 海上风电场；(b) 草原风电场

（3）风力—柴油发电系统联合运行。该系统由风力发电机、柴油发电机组、蓄能装置、控制系统、用户负荷及耗能负荷等组成。各发电、供电系统既能单独工作，又能联合工作，互相不冲突。采用风力—柴油发电系统可以实现稳定持续的供电。这种系统有两种不同的运行方式：风力发电机与柴油发电机交替运行；风力发电机与柴油发电机并联运行。

（4）风力发电—太阳能电池发电联合运行。该系统是一种互补的新能源发电系统，风力发电机可以和太阳能电池组成联合供电系统。风能、太阳能都具有能量密度低、稳定性差的弱点，并受地理分布、季节变化及昼夜变化等因素的影响。我国属于季风气候区，冬季、春季风力强，但太阳辐射弱，夏季、秋季风力弱，但太阳辐射能力强，两者能量变化趋势相反，因而可以组成能量互补系统，并给出比较稳定的电能输出。风力发电—太阳能电池发电联合运行装置如图 5-1-10 所示。

图 5-1-10 风力发电—太阳能电池发电联合运行装置

（5）风力—生物质能—柴油联合发电系统。该系统是在风力—柴油发电系统基础上增加了更多功能的联合系统，在有生物质能的地方，将柴油发电系统直接接入沼气、天然气或生物柴油等可燃气体或液体，就可以使柴油发电机工作并发电。

单 元 小 结

（1）风就是水平运行的空气，风的能量是由太阳辐射能转化而来，风能是一种干净的自然资源，不会造成环境污染。

（2）风力发电是一种取之不尽用之不竭的可再生洁净能源，建设周期短、装机规模灵活、可靠性高、造价低、运行维护简单、占地面积小。

（3）风力发电机是将风能转换为机械能的动力机械，又称风车。风力发电系统主要有风力机、齿轮箱、发电机、电能变换装置等构成。

（4）风力发电系统的运行主要分为独立运行和并网运行方式。

思考与练习

一、单选题

1. 风能是属于（　　）的转化形式。

　　A．太阳能　　　　　　　　B．潮汐能　　　　　　　　C．生物质能

2. 风力发电机工作过程中，能量的转化顺序是（　　）。

　　A．风能→动能→机械能→电能

　　B．动能→风能→机械能→电能

　　C．动能→机械能→电能→风能

3. 风力发电机组规定的工作风速范围一般是（　　）。

　　A．0～18m/s　　　　　　　B．0～25m/s　　　　　　　C．3～25m/s

4. 风力发电机电源线上，并联电容器组的目的是（　　）。

　　A．减少无功功率　　　　B．减少有功功率　　　　　C．提高功率因数

5. 以下哪一项不属于风力发电系统（　　）。

　　A．恒速恒频式　　　　　　B．恒速变频式　　　　　　C．变速恒频式

6. 按风轮轴与地面相对位置不同，风力机可分为（　　）两大类。

　　A．升力型风力机和阻力型风力机

　　B．风力脱谷机和风力提水机

　　C．水平轴风力机和垂直轴风力机

7. 风轮按（　　）可以分为单叶片、双叶片、三叶片和多叶片风轮。

　　A．叶片工作原理的不同

　　B．风轮叶片数量的不同

　　C．风力机用途不同

8. 以下哪一项不属于风力发电的特点（　　）。

　　A．建设周期长　　　　　　B．可靠性高　　　　　　　C．运行维护简单

9．若在风能资源丰富的地区按一定的排列规则成群安装风力发电机组，这些发电机组应采用（　　　）的运行方式。

A．独立运行

B．并网运行

C．风力—生物质能—柴油联合发电系统

10．风力发电机组由（　　　）两部分组成。

A．叶片和发电机　　　　　B．风力机和发电机　　　　C．轴心和风力机

二、判断题（对的打√，错的打×）

1．风是免费的，所以风电无成本。（　　　）

2．风力发电是清洁和可再生能源。（　　　）

3．风能的环境效益主要是减少了化石燃料的使用从而减少了由于燃烧产生的污染物的排放。（　　　）

4．风力发电机不必有防雷措施。（　　　）

5．风力发电机将影响配电电网的电压。（　　　）

第二单元 核能发电工作原理简介

知识要求

（1）了解国内外核能发电概况，了解核反应堆的类型及作用。
（2）掌握核裂变能和核聚变能的应用。
（3）掌握核能发电的工作原理。

能力要求

（1）能知晓核能发电现状。
（2）能分析核能发电的工作原理。

导学

核电厂（也称核电站）是利用核裂变（Nuclear Fission）或核聚变（Nuclear Fusion）反应释放的能量产生电能的发电厂。目前商业运转中的核能发电厂都是利用核裂变反应而发电。核电站一般分为两部分：利用原子核裂变生产蒸汽的核岛（包括反应堆装置和一回路系统）和利用蒸汽发电的常规岛（包括汽轮发电机系统），使用的燃料一般是放射性重金属铀、钍。

知识点一 核电发展概况

核电是和平利用核能的重要形式。核电是当今世界上大规模可持续供应的主要能源之一。核电与火电、水电是世界上三大电力支柱。

（1）世界核电发展概况。核能的和平利用始于 20 世纪 50 年代初期，1951 年，美国利用一座生产钚的反应堆余热试验发电，电功率为 200kW。1954 年苏联在莫斯科附近的奥布宁斯克建成了世界上第一座核电厂，输出功率为 5MW。之后，英国和法国相继建成了一批生产钚和发电两用的气冷堆核电厂。第一代核电厂属于原型堆核电厂，主要目的是通过试验示范形式来验证其核电在工程实施上的可行性。目前应用的是第三代核电。第四代核电正在研究开发中。

第四代核电最先由美国能源部的核能、科学与技术办公室提出，始见于 1999 年 6 月美国核学会夏季年会，同年 11 月的该学会冬季年会上，发展第四代核能系统的设想得到进一步明确；2000 年 1 月，美国能源部发起并约请阿根廷、巴西、加拿大、法国、日本、韩国、南非和英国等 9 个国家的政府代表开会，讨论开发新一代核能技术的国际合作问题，取得了广泛共识，并发表了"九国联合声明"。随后，由美国、法国、日本、英国等核电发达国家组建了"第四代核能系统国际论坛（GIF）"，拟于 2～3 年内定出相关目标和计划；这项计划总的目标是在 2030 年左右，向市场推出能够解决核能经济性、安全性、废物处理和防止核扩散问题的第四代核能系统（Gen-IV）。

第四代核能系统将满足安全、经济、可持续发展、极少的废物生成、燃料增殖的风险低、防止核扩散等基本要求。第四代核电能系统包括三种快中子反应堆系统和三种热中子反应堆系统。

（2）我国核电发展现状。截至 2015 年 9 月 30 日，我国核电在运机组 23 台，装机容量核电 2414 万千瓦，占全国 6000 千瓦及以上电厂装机容量的 1.74%，远低于世界发达国家的平均水平。中国有 13 台第二代核电机组正在运行发电，未来重点放在建设第三代核电机组上，并开发出具有中国自主知识产权的中国品牌的第三代先进核电机组。中国自主创新的第三代核电项目正在浙江三门和山东海阳进行建设，与正在运行发电的第二代核电机组相比，预防和缓解堆芯熔化成为设计上的必须要求，而这一点也正是作为第二代核电站的福岛核电站事故中暴露出来的弱点。据悉，中国第三代核电站将装备有蓄水池，这样的"大水箱"在紧急情况下能释放出大量的水，从而达到降温等应急需求。

目前我国在建机组 26 台，在建机组全球第一。到 2020 年，核电装机容量将达到 5800 万 kW，在建容量达到 3000 万 kW 以上。

知识点二　核能基础知识

世界上的一切物质都是由原子构成的，任何原子都是由带正电的原子核和绕原子核旋转的、带负电的电子所组成。由于原子核变化而释放出的能量，称为原子能，而原子能实际上是由于原子核发生变化而引起的，因此称之为原子核能，简称核能。核能分为两种，一种叫核裂变能；另一种叫核聚变能，简称聚变能。

一、核裂变能

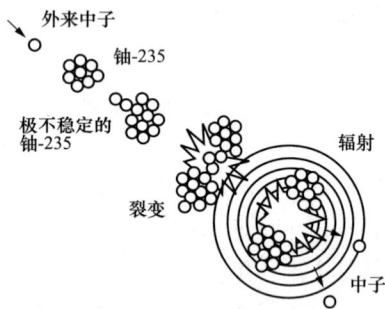

图 5-2-1　铀-235 的裂变过程示意图

核裂变又称核分裂，是指由重的原子核，主要是指铀核或钚核，分裂成两个或多个质量较小的原子的一种核反应形式。原子弹、裂变核电站或核能发电厂的能量来源就是核裂变。其中铀裂变在核电厂最常见，热中子轰击铀 235 原子后会放出 2 到 4 个中子，中子再去撞击其他铀 235 原子，从而形成链式反应。如图 5-2-1 所示。

原子核在发生核裂变时，释放出巨大的能量称为原子核能（俗称原子能）。核能有巨大的威力，1kg 铀-235 全部裂变释放出的能量相当于 2500t 标准煤或 2000t 石油燃烧所放出的能量。如 1t 铀-235 的全部核裂变将产生 20000MWh 的能量，足以让 20MW 的发电站运转 1000h，与燃烧 300 万 t 煤释放的能量一样多。铀裂变在核电厂最常见，加热后铀原子放出 2~4 个中子，中子再去撞击其他原子，从而形成链式反应而自发裂变。撞击时除放出中子还会放出热，再加快撞击，但如果温度太高，反应炉会熔掉，而演变成反应炉熔毁造成严重灾害，因此通常会放控制棒去吸收中子以降低分裂速度。一个重原子核分裂可成为 2 个或更多个中等质量碎片。按分裂的方式裂变可分为自发裂变和感生裂变。自发裂变是没有外部作用时的裂变，类似于放射性衰变，是重核不稳定性的一种表现；感生裂变是在外来粒子（最常见的是中子）轰击下产生的裂变。

二、核聚变能

核聚变是指由质量小的原子（主要是指氘或氚）在一定条件下（如超高温和高压）发生原子核互相聚合作用，生成新的质量更重的原子核，并伴随着巨大的能量释放的一种核反应形式。核聚变过程如图 5-2-2 所示。

原子核中蕴藏巨大的能量，原子核的变化（从一种原子核变化为另外一种原子核）往往伴随着能量的释放。如果是由重的原子核变化为轻的原子核，叫核裂变，如原子弹爆炸；如果是由轻的原子核变化为重的原子核，叫核聚变，如太阳发光发热的能量来源。相比核裂变，核聚变几乎不会带来放射性污染等环境问题，而且其原料可直接取自海水中的氘，来源几乎取之不尽，是理想的能源方式。目前人类已经可以实现不受控制的核聚变，如氢弹的爆炸。

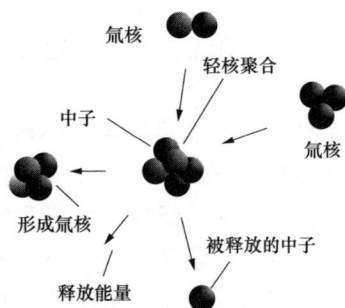

图 5-2-2　核聚变过程示意图

目前唯一最简单可行的可控核聚变方式是以普通氢原子（其他原子也可以，但是需要的启动能量更为巨大）为反应原料，通过降温（和其他降低物质能量）的方法，缩小氢原子之间的距离，直到原子核的融合，从而释放出能量。如每秒钟发生三四次这样的爆炸并且连续不断地进行下去，所释放出的能量就相当于百万千瓦级的发电站。一百万千瓦的能量应该足够将几个普通氢原子拉近到足够的距离了。核聚变的另一定义比原子弹威力更大的核武器——氢弹，就是利用核聚变来发挥作用的。核聚变的过程与核裂变相反，是几个原子核聚合成一个原子核的过程。只有较轻的原子核才能发生核聚变，比如氢的同位素氘、氚等。核聚变也会放出巨大的能量，而且比核裂变放出的能量更大。太阳内部连续进行着氢聚变成氦过程，它的光和热就是由核聚变产生的。核聚变能释放出巨大的能量，但目前人们只能在氢弹爆炸的一瞬间实现非受控的人工核聚变。而要利用人工核聚变产生的巨大能量为人类服务，就必须使核聚变在人们的控制下进行，这就是受控核聚变。实现受控核聚变具有极其诱人的前景，不仅因为核聚变能放出巨大的能量，还由于核聚变所需的原料——氘可以从海水中提取。经过计算，1L 海水中提取出的氘进行核聚变放出的能量相当于 300L 汽油燃烧释放的能量。全世界的海水几乎是"取之不尽"的，因此受控核聚变的研究成功将使人类摆脱能源危机的困扰。科学家正努力研究如何控制核聚变，但是现在看来还有很长的路要走。

知识点三　核反应堆

核反应堆是一个维持和控制核裂变链式反应，实现核能—热能转换的装置。核反应堆的作用与火电站锅炉的作用相同，因此，核反应堆又称为核锅炉，核反应堆是核电站的心脏，核裂变链式反应在堆内进行。

核电站就是利用一座或若干座动力反应堆所产生的热能来发电或兼供热的动力设施。目前世界上核电站常用的反应堆有轻水堆（包括压水堆、沸水堆）、重水堆和改进型气冷堆等，轻水堆是目前核能发电站采用最多的堆型。据统计，在已运行的核电站中，轻水堆装机容量占全部核电站装机容量的78%，其中压水堆为49%（据统计，全世界已有 500 多座压水堆核电站）；在新建的核电站中，轻水堆所占的比例更大，约为 90%，其中沸水堆约为 29%；其次是其他类型的反应堆，如重水堆、石墨气冷堆等。

一、轻水堆

轻水堆以轻水（经净化的普通水，也可称为太空水或蒸馏水）作冷却剂和慢化剂，允许一回路水在堆内发生一定程度的沸腾。沸水堆本体由反应堆压力容器、堆芯、堆内构件、汽水分离器、蒸汽干燥器、控制棒组件及喷泵等部分组成。堆芯处在压力容器中心，由若干单元组成，每单元有 4 盒燃料组件和一根十字形控制棒。每盒燃料组件上部靠上栅板定位，下部安放在下栅板上，并坐在控制棒导向管顶部和燃料支撑杯中。燃料组件由燃料元件、定位格架及元件盒组成。燃料元件以 8×8 排列，采用二氧化铀燃料芯块，以锆-2 合金做包壳，内部充氦气，端部加端塞焊接密封。堆内构件包括上栅板、下栅块、控制棒导向管及围板等部件。汽水分离器用来将蒸汽和水分离开，蒸汽通过蒸汽干燥器除湿，以达到汽轮发电机的工况要求。

目前的核电站中，大多数使用的是轻水堆。轻水反应堆分为压水堆和沸水堆两类。

（1）压水堆。以压水堆为热源的核电站，主要由核岛和常规岛组成。压水堆核电站核岛中的四大部件是蒸汽发生器、稳压器、主泵和堆芯。在核岛中的系统设备主要有压水堆本体、一回路系统，以及为支持一回路系统正常运行和保证反应堆安全而设置的辅助系统。常规岛主要包括汽轮机组及二回路系统等，其形式与常规火电厂类似。压水堆核电站工作流程如图5-2-3 所示。

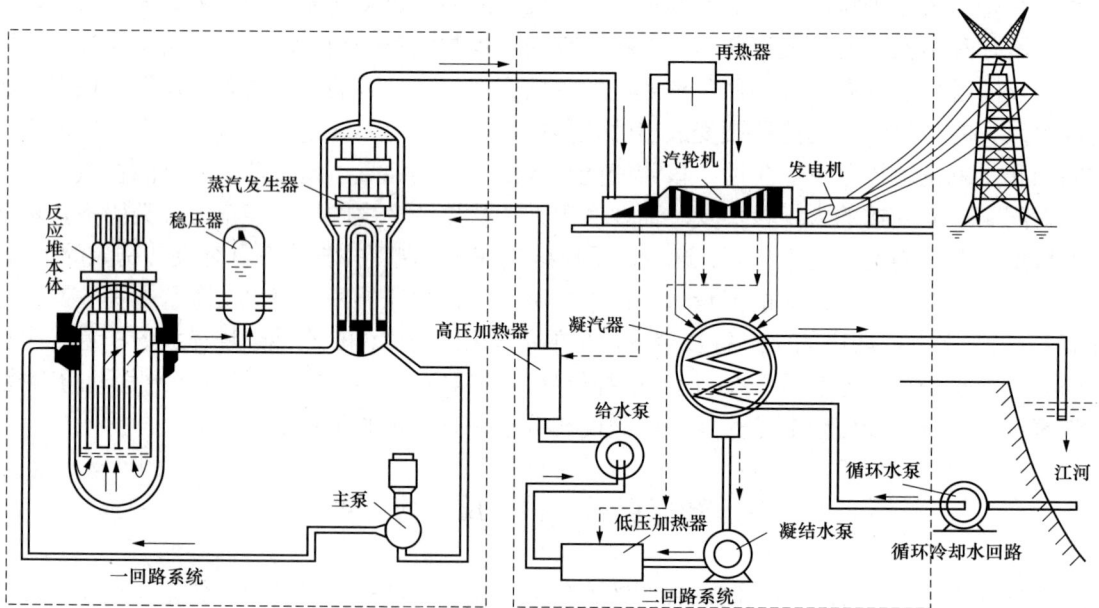

图 5-2-3　压水堆核电站工作流程图

（2）沸水堆。以沸水堆为热源的核电站。如图 5-2-4 所示。沸水堆是以沸腾轻水为慢化剂和冷却剂并在反应堆压力容器内直接产生饱和蒸汽的动力堆。沸水堆与压水堆同属轻水堆，都具有结构紧凑、安全可靠、建造费用低和负荷跟随能力强等优点。它们都需使用低富集铀作燃料。沸水堆核电站系统由主系统（包括反应堆）、蒸汽—给水系统、反应堆辅助系统等组成。

二、重水堆

重水堆是以重水作慢化剂的反应堆，可以直接利用天然铀作为核燃料。重水堆可用轻水或重水作冷却剂，重水堆分压力容器式和压力管式两类。重水堆核电站是发展较早的核电站，有各种类别。

三、快堆

快堆，是"快中子反应堆"的简称，是世界上第四代先进核能系统的首选堆型，代表了第四代核能系统的发展方向。快堆在运行中既消耗裂变材料，又生产新裂变材料。其形成的核燃料闭合式循环，可使铀资源利用率提高至 60% 以上，也可使核废料产生量得到最大程度的降低，实现放射性废物最小化。国际社会普遍认为，发展和推广快堆，可以从根本上解决世界能源的可持续发展和绿色发展问题。

在快堆中，铀-238 原则上都能转换成钚-239 而得以使用，但考虑到各种损耗，快堆可将铀资源的利用率提高到 60%～70%。

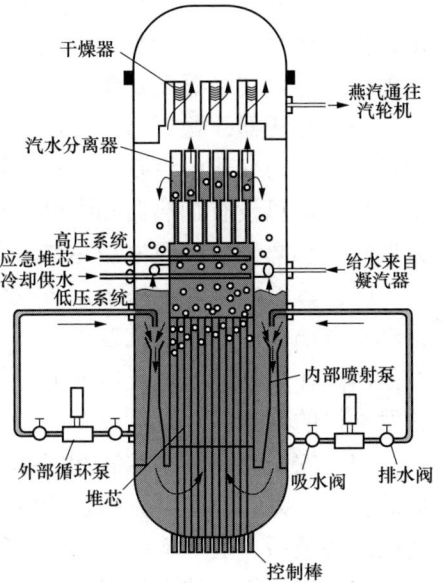

图 5-2-4　沸水堆核电站工作流程图

知识点四　核电发电原理

一、核电发电原理

核电站的发电是以核反应堆来代替火电站的锅炉，以核燃料在核反应堆中发生特殊形式的"燃烧"产生热量，来加热水使之变成蒸汽。蒸汽通过管路进入汽轮机，推动汽轮发电机发电。一般说来，核电站的汽轮发电机及电气设备与普通火电站大同小异，其核心主要在于核反应堆。核电站除了核反应堆外，还有许多与之配合的重要设备，如主泵、稳压器、蒸汽发生器、安全壳、汽轮发电机和危急冷却系统等，核电发电原理如图 5-2-5 所示。

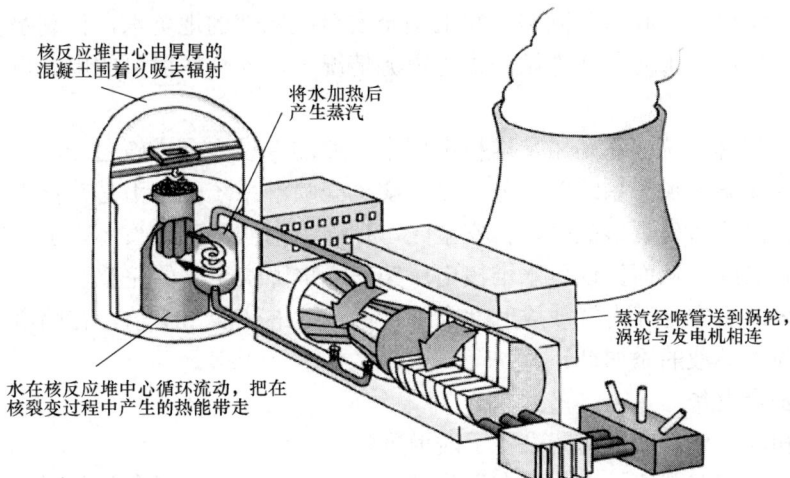

图 5-2-5　核电发电原理图

（1）主泵。如果把反应堆中的冷却剂比作人体血液的话，那主泵就是心脏。主泵的作用是在正常运行时，使冷却剂强迫循环通过堆芯，载出堆芯热量，然后流过蒸汽发生器传热管内侧，将热量传给蒸汽发生器二次侧给水；事故工况下，排出堆内衰变热。

（2）稳压器。稳压器又称压力平衡器，它是一个圆筒形高温、高压容器，是用来控制反应堆系统压力变化的设备。在正常运行时，起保持压力的作用；在发生事故时，提供超压保护。稳压器里设有加热器和喷淋系统，当反应堆里压力过高时，喷洒冷水降压；当堆内压力太低时，加热器自动通电加热使水蒸发以增加压力。

（3）蒸汽发生器。压水堆蒸汽发生器有两种类型：一种是直流式蒸汽发生器；另一种是带汽水分离器的饱和蒸汽发生器。大多数核电厂采用带汽水分离器的饱和蒸汽发生器。蒸汽发生器的作用是把通过反应堆的冷却剂的热量传给二次回路水，并使之变成蒸汽，再通入汽轮发电机的汽缸做功。

（4）安全壳。用来控制和限制放射性物质从反应堆扩散出去，以保护公众免遭放射性物质的伤害。万一发生罕见的反应堆一回路水外溢的失水事故时，安全壳是防止裂变产物释放到周围的最后一道屏障。安全壳一般是内衬钢板的预应力混凝土厚壁容器。

（5）汽轮机。核电站用的汽轮发电机在构造上与常规火电站用的大同小异，所不同的是由于蒸汽压力和温度都较低，所以同等功率机组的汽轮机体积比常规火电站的大。

（6）危急冷却系统。为了应对核电站一回路主管道破裂的极端失水事故的发生，近代核电站都设有危急冷却系统。它是由安全注射系统和安全壳喷淋系统组成。一旦接到极端失水事故的信号后，安全注射系统向反应堆内注射高压含硼水，喷淋系统向安全壳喷水和化学药剂，便可缓解事故后果，限制事故蔓延。当核电站一回路系统的管道或设备发生破损事故后，安全注射系统用来向堆芯紧急注入高硼冷却水，防止堆芯因失水而造成烧毁。

安全注射系统设有两套安全注射管系。一套为安全注射箱管系，在安全注射箱内储有一定容积的高硼水，并用氮气充压，使注射箱内维持恒定的压力。当一回路系统一旦发生大破裂事故，其压力低于安全注射箱的压力时，安全注射箱内的硼水就通过止水阀自动注入一回路系统。另一套为安全注射泵管系，当一回路系统因发生破损事故而压力下降至一定值时，安全注射泵就自动启动，将换料水箱内的硼水注射至一回路系统，换料水箱内的硼水被吸收完后，安全注射泵可改吸收从一回路系统泄漏至安全壳底部的地坑水，使硼水仍能连续不断地注入一回路系统冷却堆芯。在电站失去外电源情况下，安全注射泵的电源可由应急柴油发电机组自动供电。

（7）安全壳喷淋系统。它是压水堆核电厂中重要的专设安全措施之一。安全壳喷淋系统由喷淋主系统和化学添加子系统两部分组成。安全壳喷淋系统的作用是在核电站发生失水事故或二回路主蒸汽管道破裂事故时，自安全壳穹顶向下向安全壳内喷淋冷水，以降低安全壳内大气的压力和温度，从而保证压水堆核电厂第三道屏障安全壳的完整性。此外，为了有效降低发生失水事故后安全壳内气载放射性水平，调节喷淋液的 pH 值，在喷淋液中需添加氢氧化钠溶液作为喷淋液的添加剂。

二、核电安全设备

在核燃料和环境外部空气之间设置了四道屏障。

第一道屏障：燃料芯块核燃料放在氧化铀陶瓷芯块中，并使得大部分裂变产物和气体产物 95%以上保存在芯块内。

第二道屏障：燃料包壳，燃料芯块密封在铝合金制造的包壳中构成核燃料芯棒锆合金，具有足够的强度且在高温下不与水发生反应。

第三道屏障：压力管道和容器冷却剂系统将核燃料芯棒封闭在 20cm 以上的钢质耐高压系统中避免放射性物质泄漏到反应堆厂房内。

第四道屏障：反应堆安全壳用预应力钢筋混凝土构筑壁厚近 100cm，内表面加有 6mm 的钢衬，可以抗御来自内部或外界的飞出物，防止放射性物质进入环境。

核电站配置的外设安全系统有以下几个方面：

（1）隔离系统。用来将反应堆厂房隔离开来，主要有自动关闭穿过厂房的各条运行管道的阀门收集厂房内泄漏物质将其过滤后再排出厂外。

（2）注水系统。在反应堆可能"失水"时，向堆芯注水，以冷却燃料组件避免包壳破裂。注入水中含有硼，用以制止核链式反应。注水系统使用压力氮气，在无电流和无人操作情况下在一定压力下可自动注水。

（3）事故冷却器和喷淋系统。用来冷却厂房以降低厂房的压力。在厂房压力上升时先启动空气冷却（风机、换热器）的事故冷却器；再进一步可以启动厂房喷淋系统将冷水喷入厂房，以降热和降压。

以上所有安全保护系统均采用独立设备和冗余布置，均备有事故电源，安全系统可以抗地震和在蒸汽—空气及放射性物质的恶劣环境中运行。万一发生核外泄事故，应启动应急计划。应急计划的内容主要包括：疏散人员，封闭核污染区（核反应堆及核电站），清除核污染，以保证人身安全和环境清洁。

三、核电厂的运行

核电厂的运行主要是核反应堆的运行，如压水堆核电厂的运行模式包括反应堆启动、正常运行、换料、负荷调节、停堆和换料等过程。

（1）"机跟堆"运行方式。压水堆核电厂的基本负荷运行模式是"机跟堆"运行方式。即汽轮机负荷跟随反应堆功率运行，其功率控制系统只有平均温度定值通道、平均温度测量通道和功率补偿通道及主要部分，以平均温度定值通道为核心，整个系统比较简单，只要完成反应堆启动、停机、抑制波动以维持反应堆功率运行水平即可。例如汽轮发电机负荷降低，平均温度设定值减少，与平均温度测量值相比较产生了偏差信号，控制棒速程序控制单元根据这个偏差信号产生的棒速运行速度和方向信号，驱动控制棒组件下降移动来减少反应堆功率，使其与负荷相匹配，当测量值与设定值的偏差为零时，控制棒组件停止移动，而功率补偿通道则在负荷降低的瞬间引进一个功率失配信号，这个信号超前作用于控制棒驱动机构，加快了控制系统的响应速度，提高了系统的稳定性。这种基本负荷运行模式适用于带基本负荷运行的机组。

（2）"堆跟机"运行方式。当核电在电网中占有一定比重后，核电厂要采取负荷自动跟踪运行方式，即"堆跟机"运行方式，反应堆的功率需要跟随电网的负荷需求而变化。电网需求的变化通过汽轮机控制系统反映为蒸汽流量的变化，反应堆需要具有从电网向反应堆的自动反馈回路，以功率变化做出响应。其功率控制系统较为复杂，由冷却剂平均温度调节系统和根据汽轮机负荷信号控制的功率控制系统两部分组成。前者与基本负荷运行模式中的功率控制系统原理相同，后者利用汽轮机负荷和功率补偿棒棒位的对应关系曲线、根据负荷值确定功率补偿棒组在堆芯的位置实现对反应堆功率的快速控制。

单 元 小 结

（1）核电是和平利用核能的重要形式，核电和火电、水电是世界上三大电力支柱。目前我国在建机组 26 台，到 2020 年，核电装机容量将达到 5800 万 kW，在建容量达到 3000 万 kW 以上。

（2）核能分为两种，一种叫核裂变能，另一种叫核聚变能（简称聚变能）。

（3）核电站就是利用一座或若干座动力反应堆所产生的热能来发电或兼供热的动力设施。核电站常用的反应堆有轻水堆（包括压水堆、沸水堆）、重水堆和改进型气冷堆等。

（4）核电站的发电是以核反应堆来代替火电站的锅炉，以核燃料在核反应堆中发生特殊形式的"燃烧"产生热量，来加热水使之变成蒸汽。压水堆核电站主要由主泵、稳压器、蒸汽发生器、安全壳、汽轮发电机和危急冷却系统等部件组成。

思考与练习

一、单选题

1. 核电站一般分为两部分：利用原子核裂变生产蒸汽的核岛和利用蒸汽发电的常规岛，使用的燃料一般是放射性重金属铀和（　　）。

　　A．铥　　　　　　　　　　B．钚　　　　　　　　　　C．钠

2. 核裂变，又称核分裂，是指由重的原子核，主要是指铀核或（　　）分裂成两个或多个质量较小的原子的一种核反应形式。

　　A．质子核　　　　　　　　B．中子核　　　　　　　　C．钚核

3. 核聚变是指由质量小的原子，主要是指氢或（　　），在一定条件下，发生原子核互相聚合作用，生成新的质量更重的原子核，并伴随着巨大的能量释放的一种核反应形式。

　　A．氘　　　　　　　　　　B．铀　　　　　　　　　　C．钚

4. 目前世界上核电站常用的反应堆有轻水堆（包括压水堆、沸水堆）、重水堆和改进型（　　）等。

　　A．原子堆　　　　　　　　B．中子堆　　　　　　　　C．气冷堆

5. 压水堆核电站核岛中的四大部件是蒸汽发生器、稳压器、主泵和（　　）。

　　A．汽轮机　　　　　　　　B．堆芯　　　　　　　　　C．发电机

6. 重水堆是以重水作慢化剂的反应堆，可以直接利用天然（　　）作为核燃料。

　　A．氘　　　　　　　　　　B．钚　　　　　　　　　　C．铀

7. 压水堆核电站主要由主泵、稳压器、蒸汽发生器、安全壳、汽轮发电机和（　　）等部件组成。

　　A．应急水系统　　　　　　B．紧急热处理系统　　　　C．危急冷却系统

8. 沸水堆核电站系统有：主系统（包括反应堆）、蒸汽—给水系统和（　　）等组成。

　　A．水冷却系统　　　　　　B．反应堆辅助系统　　　　C．危急冷却系统

9. 压水堆核电站中的稳压器（又称压力平衡器）是一个圆筒形高温、高压容器，是用来（　　）压力变化的设备。

A．控制反应堆系统   B．控制蒸汽系统   C．控制给水系统

10．核电站配置的外设安全系统有隔离系统、注水系统、事故冷却器和（　　）。

A．安全系统   B．隔离系统   C．喷淋系统

二、判断题（对的打√，错的打×）

1．核电厂是利用核裂变或核聚变反应所释放的能量产生电能的发电厂。   （　　）

2．核能的和平利用始于 20 世纪 90 年代初期。   （　　）

3．原子核在发生核裂变时，释放出巨大的能量称为原子核能，俗称原子能。   （　　）

4．轻水堆是目前核能发电站采用最少的堆型。   （　　）

5．安全壳喷淋系统是压水堆核电厂中重要的专设安全措施之一。   （　　）

第三单元　太阳能发电工作原理简介

🎓 **知 识 要 求**

（1）了解太阳能的发电原理及优缺点。
（2）掌握太阳能光伏发电系统的组成、分类及工作原理。
（3）掌握光伏发电站的设计方法。

🌱 **能 力 要 求**

（1）能识别光伏发电系统各组成部件的作用。
（2）能分析光伏发电系统的工作原理。
（3）能设计简单的独立光伏发电系统。

导 学

能源是人类社会赖以生存的物质基础，是经济和社会发展的重要资源。太阳是地球永恒的能源。太阳能分布广泛，取之不尽，用之不竭，且无污染，被公认是社会可持续发展的重要清洁能源。太阳能是由太阳中的氢气经过聚变而产生的一种能源，是目前人类可以依赖的能源之一。

🌱 **知识点一　太阳能热发电系统工作原理**

太阳能发电主要有光热发电和光伏发电两种方式。

光热发电是通过光—热—电转换的方式将太阳能转换为电能的发电技术，即利用太阳辐射产生的热能发电。另一类是太阳能热动力发电，利用太阳集热器将太阳能收集起来，加热水或其他工质，使之产生蒸汽，驱动热力发动机，再带动发电机发电。太阳能光热发电的缺点是效率低、成本高。

太阳能热发电系统与常规火力发电系统的工作原理基本相同，其根本区别在于热源不同，前者以太阳能为热源，后者则以煤炭、石油和天然气等化石燃料为热源。在常规火力发电厂中，煤炭或石油供给锅炉燃烧，加热水变成过热蒸汽驱动汽轮发电机发电，从而将热能转换为机械能。常规火力发电厂循环系统原理如图 5-3-1 所示。

太阳能热发电系统利用太阳集热器将太阳能收集起来，加热工质，产生过热蒸汽，驱动热力装置带动发动机发电，从而将太阳能转换为电能。太阳能热发电站热力循环系统原理如图 5-3-2 所示。

比较图 5-3-1 和图 5-3-2 可以清楚地看到，常规火力发电厂和太阳能热力发电站的热力循环系统基本相近，它们的汽轮发电机部分完全一样，都是产生过热蒸汽驱动汽轮发电机组发电；不同之处在于使用的一次能源不同，常规发电厂燃烧矿物燃料，太阳能热发电站收集太阳辐射能为能源。但在收集太阳能的太阳集热器和燃烧矿物燃料的普通锅炉，在各自设计、结构和所需要解决的自身特殊问题上，将有本质上的区别。此外，太阳能为自然能，自身能量密度低，昼夜间歇，冬夏变化，且一天之中变化莫测。为使太阳能热电站稳定运行，一般在太阳能热发电系统中，都设置蓄热子系统或辅助能源子系统，以便夜间或雨天时能提供热能，保证连续供电。也可以组成太阳能与常规能源相结合的混合型发电系统，用常规能源来补充太阳能的不足。

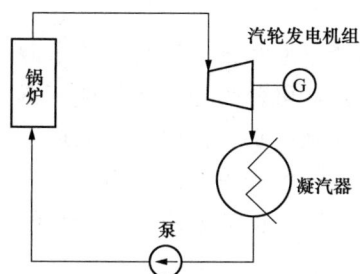

图 5-3-1　常规火力发电厂循环系统原理图　　　　图 5-3-2　太阳能热发电站热力循环系统原理图

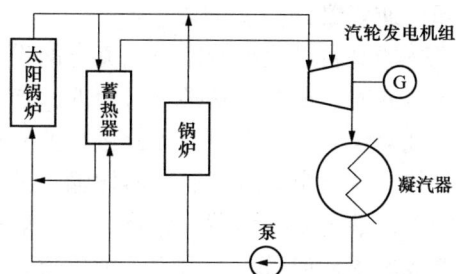

知识点二　光伏发电系统的组成

光伏发电系统通常由太阳能电池组件（太阳能电池板或光伏组件）、蓄电池组、控制器、逆变器和电缆等几部分组成，如图 5-3-3 所示。

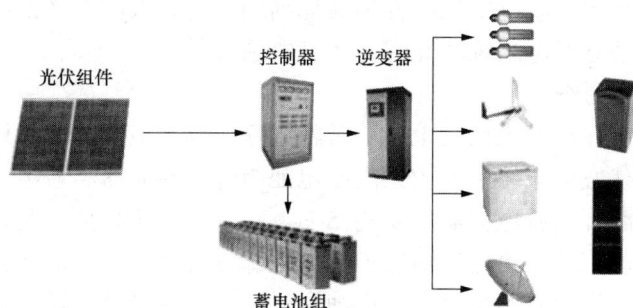

图 5-3-3　太阳能发电系统图

一、太阳能电池组件

太阳能电池组件也叫作太阳能电池板，是太阳能发电系统中的核心部分，是能量转换的器件，其作用是将光能转换成电能。当发电电压、容量较大时，需要将多块电池组件串、并联后构成太阳能组件方阵。太阳能电池一般为硅电池，分为单晶硅太阳能电池、多晶硅太阳能电池和非晶硅太阳能电池 3 种。

二、储能蓄电池

储能蓄电池的作用是储存太阳能电池方阵受光照时发出的电能，并可随时向负载供电。光伏发电系统对所用蓄电池组的基本要求是，使用寿命长，放电能力强，充电效率高，维护少或免维护，价格低廉。与光伏发电系统配套使用的蓄电池主要是铅酸蓄电池和碱性蓄电池（镉镍蓄电池）。

三、控制器

控制器的作用是使太阳能电池和蓄电池高效、安全、可靠地工作，以获得最高效率并延长蓄电池的使用寿命，防止蓄电池过充电和过放电。由于蓄电池的循环充放电次数及放电深度是决定蓄电池使用寿命的重要因素，因此能控制蓄电池组过充电或过放电的充放电控制器是必不可少的设备。

四、逆变器

逆变器是将直流电转换成交流电的设备。由于太阳能电池和蓄电池是直流电源，当负载是交流负载时，逆变器是必不可少的。逆变器按运行方式，可分为独立运行逆变器和并网逆变器。独立运行逆变器用于独立运行的光伏发电系统，为独立负载供电。并网逆变器用于并网运行的光伏发电系统。逆变器按输出波形可分为方波逆变器和正弦波逆变器。方波逆变器电路简单，造价低，但谐波分量大，一般用于几百瓦以下和对谐波要求不高的系统。正弦波逆变器成本高，但可以适用于各种负载。

对逆变器的基本要求是：能输出一个电压稳定、频率稳定的交流电；输出的电压及其频率在一定范围内可以调节；具有一定的过载能力，一般能过载 125%～150%；输出电压波形含谐波成分应尽量小；具有短路、过载、过热、过电压、欠电压等保护功能和报警功能；启动平衡，启动电流小，运行稳定可靠。

知识点三 光伏发电系统的分类

光伏发电系统是利用太阳能电池组件和其他辅助设备将太阳能转换成电能的系统。一般将光伏发电系统分为独立发电系统和并网光伏发电系统。

一、独立光伏发电系统

独立光伏发电也叫作离网光伏发电。通常将它建设远离电网的偏远地区或作为野外移动式便携电源。独立光伏发电系统主要由太阳能电池组件、控制器和蓄电池组成，若要为交流负载供电，则还需要配置交流逆变器，如图 5-3-4 所示。其工作原理是白天在太阳光的照射下，太阳能电池组件产生的直流电流通过控制器一部分传送到逆变器转化为交流电，另一部分对蓄电池进行充电；当阳光不足时，蓄电池通过直流控制系统向逆变器送电，经逆变器转化为交流电供交流负载使用。

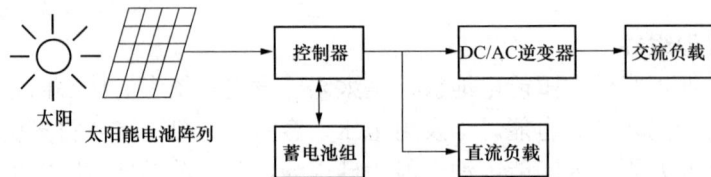

图 5-3-4 独立光伏发电系统示意图

二、并网光伏发电系统

太阳能并网光伏发电系统是将光伏阵列产生的直流电经过并网逆变器转换成符合公共电网要求的交流电之后直接接入公共电网。将电能直接输入电网，免除了配置蓄电池，省掉了蓄电池储能和释放电能的过程；可以充分利用光伏阵列所发的电力，减少了能量的损耗，降低系统成本。但是系统中需要专用的并网逆变器，以保证输出的电力满足电网电力对电压、频率等指标的要求。同时逆变器还会损失部分能量。

　　并网光伏发电系统有集中式大型并网光伏系统，也有分布式中小型并网发电系统。集中式大型并网光伏电站的主要特点是将所发电能直接输送到电网，由电网统一调配向用户供电。但这种电站投资大、建设周期长、占地面积大。而分布式小型并网光伏系统，特别是光伏建筑一体化光伏发电，由于投资小，建设快，占地面积小，国家政策支持力度大等优点，是目前并网光伏发电的主流。并网光伏发电系统供电形式如图 5-3-5 所示。

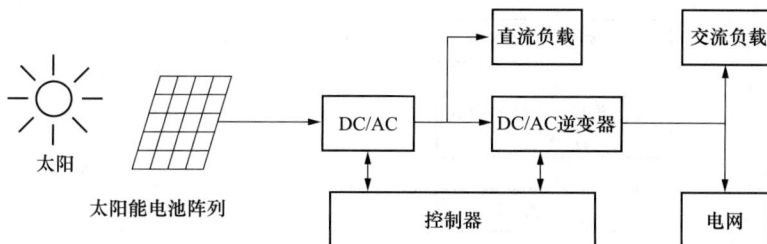

图 5-3-5　并网光伏发电系统供电形式

　　常见的并网光伏发电系统一般有以下形式：

　　（1）有逆流并网发电系统。当太阳能光伏发电系统发出的电能充裕时，可将剩余的电能送入公共电网；当太阳能光伏发电系统提供的电力不足时，由电网向负载供电。由于向电网供电时与电网供电方向相反，所以称为有逆流光伏发电系统。

　　（2）无逆流并网发电系统。当太阳能光伏发电系统即使发电充裕时，也不向公共电网供电，但当太阳能光伏发电系统供电不足时，则由公共电网供电。

　　（3）切换型并网光伏发电系统。它具有自动运行双向切换的功能。一是当光伏发电系统因天气及自身故障等原因导致发电量不足时，切换器能自动切换到电网供电侧，由电网向负载供电；二是当电网因某种原因突然停电时，光伏发电系统可以自动切换使供电与光伏发电系统分离，成为独立光伏发电系统工作状态。一般切换型并网光伏发电系统都带有储能装置。

🌱 知识点四　光伏发电系统的设计

一、光伏发电系统设计的内容

　　太阳能发电系统的设计分为软件设计和硬件设计，软件设计先于硬件设计。

　　太阳能发电系统软件设计包括负载用电量的计算，太阳能光伏阵列辐射量的计算，太阳能光伏组件容量、蓄电池容量的计算及两者之间的相互匹配的优化设计，光伏阵列倾角的计算，系统运行情况预测和经济效益分析等内容。系统硬件设计包括光伏组件和蓄电池的选型，光伏阵列支架的设计，逆变器的设计和选型，控制器的设计和选型，防雷接地、配电设备和低压配电线路的设计和选型等。独立光伏发电系统的设计内容如图 5-3-6 所示。

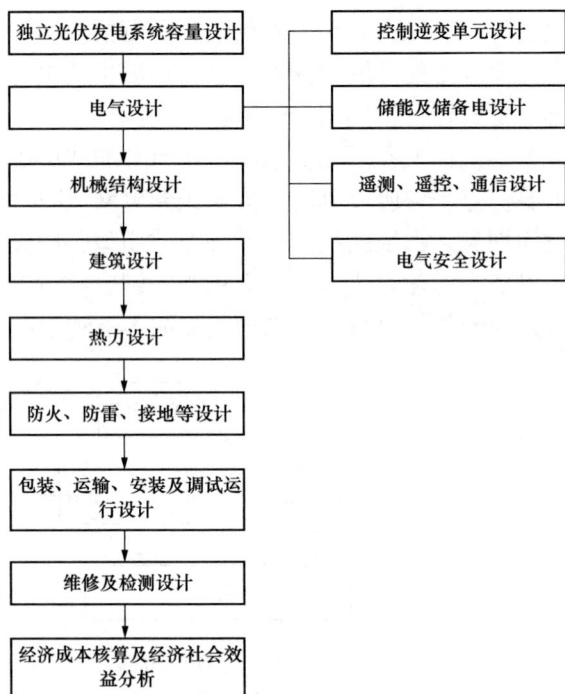

图 5-3-6　独立光伏发电系统设计内容图

二、光伏发电系统的设计原则

（1）成本原则。系统在充分满足用户负载用电的情况下，应尽量减少光伏阵列及蓄电池的容量，以达到可靠性和经济性的最佳组合。避免盲目追求低成本或高可靠性的倾向，纠正片面强调经济效益、随意减少系统容量的做法。

（2）科学原则。光伏发电系统和产品要根据负载的要求和当地的气象及地理条件，如纬度、太阳能辐射值、最长连阴续雨天数等，进行专门的优化设计。

（3）安全原则。设计光伏发电系统要考虑防雷接地、系统安全隐患等方面的问题。如对所有电气设备（包括光伏阵列、逆变器、接线箱和配电柜等）、金属外壳均应进行等电位连接，且连接到建筑物的接地体上。光伏发电系统直流侧应采用防雷等手段来防止雷电的电磁感应、雷电波入侵造成的过电压等。

（4）可靠原则。并网光伏发电系统必须考虑与电网及电力系统的兼容性。系统应采用高可靠性、高电能质量、技术成熟的并网逆变器，结合完善保护措施来提高光伏发电系统的供电可靠性和输出电能质量，从而避免对电网造成任何负面影响。

（5）高效原则。为了增加光伏阵列的输出能量，应尽量让光伏组件更长时间暴露在阳光下，且避免光伏组件之间相互遮光以及被高大建筑物遮挡阳光。

（6）可扩展性。随着太阳能光伏发电技术的发展，光伏发电系统的功能也越来越强大。要求光伏发电系统能适应系统的扩充和升级，光伏发电系统的太阳能电池组件应为并联模块化结构组成，在系统需扩充时可以直接并联加装光伏组件；控制器或逆变器也应采用模块化结构，在系统需要升级时，可直接对系统进行模块扩展。

（7）智能化。所设计的光伏发电系统，在使用过程中不需任何人操作，控制器可以根据光伏组件和蓄电池容量情况控制负载端的输出，所有功能都由微处理器自动控制，还可以实时检测光伏发电系统的工作状态，实时采集光伏发电系统主要部件的状态数据并上传至控制中心，通过计算机分析，实时掌握设备的工作状态。若发现光伏发电系统工作状态发生异常，则能发出故障报警信号，以便维护人员及时处理。

三、设计需考虑的相关因素

（1）负载的特性和用电特点。光伏发电系统设计的第一项工作是了解负载特性和负载的用电特点。负载特性从以下几方面考虑：

1）负载是直流负载还是交流负载，如果是交流负载还要考虑逆变器的设计。

2）负载是冲击性负载（如电动机、电冰箱等）还是非冲击性负载（如电热水器、直流灯等），如果是冲击性负载，在容量设计和设备选型时，应留有合理裕量。

3）从负载使用时间的角度考虑时，仅在白天使用的负载，多数可以由太阳能电池板直接供电，不需考虑蓄电池的配备；对于在晚上使用的负载，蓄电池的容量在设计时应侧重考虑。

（2）光伏阵列的方位角和倾角。光伏阵列的方位角是阵列的垂直面与正南方向的夹角（设定向东偏为负角度，向西偏为正角度）。一般情况下，方阵朝向正南（即方阵垂直面与正南的夹角为 0°）时，太阳电池发电量最大。在偏离正南（北半球）30°时，方阵的发电量将减少约 10%～15%；在偏离正南（北半球）60°时，方阵的发电量将减少约 20%～30%。

（3）阴影对发电量的影响。一般情况下，发电量在方阵面完全没有阴影的前提下计算。因此，如果太阳电池不能被日光直接照射到，要对理论计算值进行校正。通常，在方阵周围有建筑物及山峰等物体时，太阳升起来后，建筑物及山的周围就会存在阴影，因此在选择敷设方阵的地方应尽量避开阴影，实在无法避开，也应从太阳能电池的接线方法上着手，使阴影对发电量的影响降低到最低程度。另外，如果方阵是前后放置时，还应避免前面阵列在后面阵列上形成阴影。

🌱 知识点五　光伏发电的优缺点

一、光伏发电的主要优点

（1）取之不尽，用之不竭。太阳每天照射到地球上的能量要比人类消耗的能量大 6000 倍，达到地球表面的辐射能大约相当于 2.5 万亿桶石油，太阳日照一天的能量相当于全球所有发电厂 250 年的总发电量。

（2）太阳能电池质量轻、体积小、结构简单。输出 40～50V 的晶体硅太阳能电池组件，体积为 450mm×985mm×4.5mm，质量为 7kg。空间用太阳能电池尤其重视功率质量比，一般为 60×100W/kg。

（3）易安装，易运输，建设周期短。只要用简单支架把太阳能电池组件支撑，使之面向太阳，即可发电。

（4）容易启动，维护简单，随时使用，保证供应。配备有蓄电池的太阳能光伏发电系统，其输出电压和功率都比较稳定。

（5）无污染。太阳能发电过程中不产生污染废弃物，是理想的清洁能源。

（6）可靠性高寿命长。晶体硅太阳能电池寿命可长达 20～35 年。

二、光伏发电的主要缺点

（1）初次投资大。目前价格相对较高。

（2）能量密度低。尽管太阳投向地球的能量总和巨大，但是由于地球表面积液很大，致使单位面积上能够直接获得的太阳能量很小。

（3）占地面积大。太阳能能量密度低，使光伏发电系统的占地面积很大，1MW 光伏发电站占地约需 $10000m^2$。

（4）日照不稳定，间歇性大，需要储能装置。

（5）效率有待改进。

单 元 小 结

（1）太阳能热动力发电是利用太阳集热器将太阳能收集起来，加热工质，使之产生蒸汽，驱动热力发动机，再带动发电机发电，从而将太阳能转换为电能的装置。

（2）光伏发电系统由太阳能电池组件、蓄电池组、控制器、逆变器和电缆等组成。

（3）光伏发电系统是利用太阳能电池组件和其他辅助设备将太阳能转换成电能的系统。

（4）太阳能发电系统的设计分为软件设计和硬件设计，软件设计先于硬件设计。

（5）光伏发电的主要优点是取之不尽，用之不竭；质量轻、体积小、结构简单、易启动、易维护、易安装、易运输、寿命长。

思考与练习

一、单选题

1. 太阳能分布广泛，取之不尽，用之不竭，且无污染，被公认是社会可持续发展的重要（　　）。

  A．清洁能源　　　　　　　　B．环保能源　　　　　　　　C．健康能源

2. 利用太阳集热器将太阳能收集起来，加热工质，产生过热蒸汽，驱动热力装置带动发动机发电，从而将太阳能转换为（　　）。

  A．光能　　　　　　　　　　B．热能　　　　　　　　　　C．电能

3. 光伏发电系统通常由太阳能电池组件、蓄电池组、控制器、逆变器和（　　）等几部分组成。

  A．光缆　　　　　　　　　　B．电缆　　　　　　　　　　C．电线

4. 太阳能电池一般为硅电池，分为单晶硅太阳能电池、多晶硅太阳能电池和（　　）3 种。

  A．非晶硅太阳能电池　　　　B．金属硅太阳能电池　　　　C．钛合硅太阳能电池

5. 与光伏发电系统配套使用的蓄电池主要是铅酸蓄电池和（　　）。

  A．化学蓄电池　　　　　　　B．生物电池　　　　　　　　C．碱性蓄电池

6. 独立光伏发电系统主要由太阳能电池组件和（　　）及蓄电池组成。

  A．逆变器　　　　　　　　　B．控制器　　　　　　　　　C．升压器

7. 并网光伏发电系统有：有逆流并网发电系统、无逆流并网发电系统和（　　）。

A．感应型并网光伏发电系统

B．光电型并网光伏发电系统

C．切换型并网光伏发电系统

8．集中式大型并网光伏电站的主要特点是将所发电能直接输送到电网，由电网统一调配向（　　）供电。

    A．单位　　　　　　　　　B．用户　　　　　　　　　C．负载

9．光伏发电系统的设计原则主要有：成本原则、科学原则、安全原则、可靠原则、高效原则、可扩展性和（　　）等。

    A．集成化　　　　　　　　B．程序化　　　　　　　　C．智能化

10．太阳能电池质量轻、体积小以及（　　）。

    A．结构复杂　　　　　　　B．结构简单　　　　　　　C．结构烦琐

二、判断题（对的打√，错的打×）

1．太阳能为自然能，自身能量密度低，昼夜间歇，冬夏变化，且一天之中变化莫测。

（　　）

2．太阳能电池组件也叫作太阳能电池板，是太阳能发电系统中的核心部分。　（　　）

3．光伏发电系统是利用太阳能电池组件和其他辅助设备将太阳能转换成热能的系统。

（　　）

4．设计光伏发电系统不需要考虑防雷接地和系统安全隐患等方面的问题。　（　　）

5．太阳能发电系统的设计分为软件设计和数字设计。　　　　　　　　　　（　　）

参 考 文 献

［1］李元庆．电机技术与维修［M］．北京：中国电力出版社，2008．

［2］马香普，毛源．电机维修实训［M］．北京：中国水利水电出版社，2004．

［3］刘景峰．电机检修［M］．北京：中国电力出版社，1999．

［4］才家刚．图解三相电动机使用与维修技术［M］．北京：中国电力出版社，2003．

［5］肖兰，马爱芳．电机与拖动［M］．北京：中国水利水电出版社，2004．

［6］谢明琛，张广溢．电机学［M］．重庆：重庆大学出版社，2004．

［7］李元．电机与变压器［M］．北京：中国电力出版社，2007．

［8］顾绳谷．电机与拖动基础［M］．北京：机械工业出版社，1980．

［9］李元庆．电机试验与检修实训指导书［M］．北京：中国电力出版社，2015．

［10］周乃君．核能发电原理与技术［M］．北京：中国电力出版社，2014．

［11］于国强．新能源发电技术［M］．北京：中国电力出版社，2009．

［12］邹大为．电机技术与应用［M］．北京：电子工业出版社，2012．

［13］孙为民．核能发电技术［M］．北京：中国电力出版社，2012．

［14］赵君有．电机学［M］．北京：中国电力出版社，2012．